e-fellows.net
wissen

inkl. E-Book

„Perspektive Jura 2025" kostenlos als E-Book herunterladen:
www.e-fellows.net/perspektivejura

Das E-Book steht kostenlos auf unserer Webseite zum Download bereit – auch für deine Freunde. Gib ihnen gerne den Link weiter, damit auch sie von unseren Informationen zu Studium und Berufseinstieg profitieren können.

Auf welchen Geräten kann man das E-Book lesen?

- iPad/iPhone: EPUB-Datei mit iBooks öffnen und lesen
- Laptop/Notebook/PC/Tablet: EPUB z. B. mit Adobe Digital Editions lesen, kostenloser Download unter: www.adobe.com/products/digital-editions/download.html
- E-Reader: EPUB-Datei öffnen und lesen

Perspektive Jura 2025

Berufsbilder, Bewerbung, Karrierewege und Expertentipps zum Einstieg

e-fellows.net
wissen

Stand: August 2024

Verlag: e-fellows.net GmbH & Co. KG

Reihenherausgeber: Dr. Michael Hies

Bandherausgeber: Bernhard Güntner
bernhard.guentner@e-fellows.net

Layout: Punkt 8 | Braunwald + Walter GbR,
www.punkt8-berlin.de

Satz und Illustration: Lesotre®/Conceptual Brand
Creation, www.lesotre.de

Druck und Bindung: Neografia, 03655 Martin, Slowakei

Printed in Slovakia
August 2024

Bildnachweis: Titelbild: Michael – Adobe Stock;
S. 19: Brian Jackson – Adobe Stock; S. 133: Markus
Schieder – Fotolia.com; S. 142: e-fellows.net; S. 143: juris,
Verlag C.H.BECK (oben), e-fellows.net (unten); S. 164:
e-fellows.net; S. 165: Helder Almeida – Fotolia.com;
S. 209: Gina Sanders – Fotolia.com; S. 233: pressmaster –
Fotolia.com. Die Fotos auf S. 11–17 und auf S. 210–228
stammen von den jeweiligen Autor:innen außer S. 212:
Petra Nölle – DZHW. Fotos und Anzeigen ab S. 230
stammen von den entsprechenden Kanzleien; sämtliche
Grafiken und Illustrationen wurden umgesetzt von Yvonne
Hagenbach (Lesotre®/Conceptual Brand Creation).

ISBN-13: 978-3-911001-05-2

Franziskanerstraße 14, 81669 München
Telefon: +49 89 23232-300, Fax: +49 89 23232-222
www.e-fellows.net, presse@e-fellows.net

Inhalt

e-fellows.net
Das Online-Stipendium und Karrierenetzwerk

Seit über 20 Jahren unterstützt e-fellows.net Studierende und Promovierende mit einem Stipendium und bringt sie ihrem Traumjob näher. Mentoringprogramme, Karriereveranstaltungen sowie Angebote für Praktika und Einstiegsjobs bieten einen direkten Draht in die Wirtschaft und garantieren den mühelosen Karrierestart. Zudem sind e-fellows.net-Stipendiat:innen dank kostenfreier Abos von Zeitungen und Zeitschriften, Zugriff auf fachspezifische Datenbanken und Fachbücher frei Haus immer einen Schritt voraus. In der exklusiven Online-Community und bei regelmäßigen Treffen in zahlreichen Unistädten tauschen sich Studierende untereinander aus. Jetzt informieren: www.e-fellows.net/online-stipendium

e-fellows.net wissen
Die Buchreihe von e-fellows.net

Mit dieser Buchreihe informiert e-fellows.net über attraktive Berufsbilder und Weiterbildungen, darunter das LL.M.-Studium, Berufsperspektiven für Jurist:innen, MINT-Frauen und Informatiker:innen sowie die Tätigkeit in einer Unternehmensberatung, im Investment Banking oder im Asset Management. Die Bücher bieten wertvolle Expertentipps und einen fundierten Überblick über die jeweilige Branche. Persönliche Erfahrungsberichte und ausführliche Unternehmensporträts potenzieller Arbeitgeber helfen bei der eigenen Entscheidungsfindung. Weitere Informationen zu den einzelnen Titeln der Reihe **e-fellows.net** wissen findest du auf den Seiten 282–283.

Vorwort

Das Jurastudium ist nicht gerade einfach – viele verschiedene Rechtsgebiete und jede Menge an rechtlichen Fragestellungen wollen betrachtet werden. Wer schließlich beide Examina erfolgreich abgeschlossen hat, kann stolz auf sich sein. Danach steht man vor der wichtigen Frage: Wohin soll der Karriereweg führen? Die Auswahl an Möglichkeiten ist groß: von der Karriere in der Wirtschaftskanzlei über die Beamtenlaufbahn oder eine Tätigkeit in Lehre und Forschung bis hin zur Selbstständigkeit.

Um den richtigen Weg für sich zu finden, sollte man bereits während des Studiums über die eigenen Wünsche und Fähigkeiten nachdenken: In welchen Fachgebieten liegen meine Stärken und Interessen? Will ich später eher beratend oder selbst entscheidend tätig sein? Wie viel will ich verdienen? Sind mir Prestige und Ansehen wichtig? Und wie sieht es mit der Work-Life-Balance aus?

Perspektive Jura gibt Studierenden der Rechtswissenschaften einen umfassenden Branchenüberblick und stellt Berufsbilder im Öffentlichen Dienst, in Wirtschaftskanzleien, Verbänden und Unternehmen vor. Dazu geben wir wertvolle Hinweise zu Studienplanung, Referendariat und Weiterbildungsmöglichkeiten sowie zur Bewerbung und zum Karriereverlauf.

Einen Einblick in den beruflichen Werdegang und Arbeitsalltag erfolgreicher Juristinnen und Juristen geben zahlreiche Erfahrungsberichte und Fallstudien. Abschließend stellen Kanzleien und Unternehmen ihre Einstiegsmöglichkeiten vor.

Wer zusätzlich persönliche Kontakte zu renommierten Sozietäten knüpfen möchte, kann das bei der Veranstaltung e-fellows.net Perspektive Wirtschaftskanzlei tun. Weitere Informationen erhältst du online unter www.e-fellows.net/law.

Sehr gute Studierende, Referendar:innen und Doktorand:innen der Rechtswissenschaften können sich zudem für das e-fellows.net-Stipendium bewerben, das zahlreiche Extras für Jurist:innen bereithält. Mehr Informationen findest du auf Seite 143 sowie online unter www.e-fellows.net/online-stipendium.

Viel Spaß beim Lesen wünscht

Bernhard Güntner
e-fellows.net

Die Autor:innen

Nicole Beyersdorfer, LL.M., Jahrgang 1981, ist Legal Counsel bei Allianz Automotive in München. Nach dem Studium in München und Würzburg arbeitete sie als wissenschaftliche Mitarbeiterin bei Freshfields Bruckhaus Deringer und absolvierte einen LL.M. am King's College. Insgesamt sieben Jahre war sie als Rechtsanwältin im Bereich Banking/Finance bei Latham & Watkins LLP und Gütt Olk Feldhaus tätig.

Matthias Miguel Braun, LL.M., ist stellvertretender Referatsleiter im Referat für Grundsatzfragen des Personalwesens und des Personalrechts im Auswärtigen Amt. Zuvor war er in der Politischen Abteilung, der Zentralabteilung, an der Botschaft Bogotá und der NATO-Vertretung in Brüssel tätig. Er studierte Jura, Politikwissenschaft, Osteuropastudien und Baltistik in Greifswald, Riga und Berlin.

Melanie Budassis, Jahrgang 1975, ist Rechtsanwältin und Steuerberaterin bei der Vierhaus Rechtsanwaltsgesellschaft mbH. Sie absolvierte eine Ausbildung zur Steuerfachangestellten sowie ein Studium der Rechtswissenschaften an der Freien Universität Berlin. Von 2006 bis Juni 2016 war sie im Bereich Tax der KPMG AG Wirtschaftsprüfungsgesellschaft tätig.

Melanie Buhtz, Licence en Droit, Jahrgang 1976, ist Juristin bei der Allianz Lebensversicherungs-AG. Nach dem Studium in Potsdam, Paris, Freiburg und Montreal folgte im März 2003 der Eintritt in die Allianz Versicherungs-AG im Bereich Vertrieb mit anschließendem Wechsel zur Allianz Lebensversicherungs-AG in den Bereich Lebensversicherungen.

Clara Burkard ist seit 2021 für das Bundesministerium der Justiz in Referat ZA1 (Personal höherer Dienst) tätig. Nach dem Jura- und dem LL.M.-Studium in Potsdam und Leiden und dem Referendariat in Berlin mit Stationen im Bundesministerium für Umwelt und dem Auswärtigen Amt war sie Anwältin in einer international tätigen Rechtsanwaltskanzlei in Berlin.

Philipp Dawirs, Dr. iur., LL.M., Jahrgang 1984, ist Rechtsanwalt bei GSK Stockmann in München im Immobilienwirtschaftsrecht mit dem Schwerpunkt Hospitality. Nach dem Studium in Münster, Bielefeld und Rom promovierte er und erwarb einen LL.M. im Real Estate Law in Münster. Seine Referendariatsstationen führten ihn nach Düsseldorf, Guangzhou und New York City.

Marc Engelhart, Dr. iur., Jahrgang 1976, ist Forschungsgruppenleiter und Leiter des Bereichs Wirtschaftsstrafrecht am Max-Planck-Institut für ausländisches und internationales Strafrecht in Freiburg. Zuvor war er bis Ende 2011 als Rechtsanwalt bei Gleiss Lutz in Stuttgart tätig. Das Studium der Rechtswissenschaften absolvierte er in Freiburg und Edinburgh.

Jana Fischer, LL.M., Rechtsanwältin und Steuerberaterin, ist als Partnerin bei Baker McKenzie Rechtsanwaltsgesellschaft mbH von Rechtsanwälten und Steuerberatern tätig. Ihre Tätigkeitsschwerpunkte sind Steuerstreitverfahren und Steuergestaltungsberatung, auch grenzüberschreitend.

Klaus Foitzick, Jahrgang 1965, ist Rechtsanwalt, Prüfstellenleiter des Unabhängigen Landeszentrums für Datenschutz Schleswig-Holstein (ULD), zertifizierter Datenschutzauditor (DSZ) und Gründer der Consultingfirma activeMind AG sowie der Kanzlei activeMind.legal. Seit 1999 berät, schult und prüft er Unternehmen und Behörden aus aller Welt zum Datenschutzrecht und zur Informationssicherheit.

Christiane Freytag, Dr. iur., Maître en Droit, Counsel der Sozietät Gleiss Lutz, ist im Bereich des öffentlichen Wirtschaftsrechts im Stuttgarter Büro tätig. Ihre Beratungsschwerpunkte liegen im Vergaberecht, einschließlich der Beratung zu Public Private Partnerships und zur Privatisierung öffentlicher Unternehmen, sowie im Umwelt- und Gesundheitsrecht.

Robert Germund, Dr. iur., war Partner einer auf Wirtschafts- und Baumediation sowie Nachfolgeberatung ausgerichteten Gesellschaft in Düsseldorf und ist nun Managing Partner der Konfliktmanagementkanzlei DR. GERMUND sowie Geschäftsführer einer Kammer. Schwerpunkte sind außergerichtliche Konfliktlösung, Wirtschafts-, Bau-, Familien- und Erbmediation, Coaching, Nachfolge- und Unternehmensberatung.

Veris-Pascal Heintz, LL.M., Jahrgang 1987, ist selbstständiger Rechtsanwalt und als wissenschaftlicher Mitarbeiter am Lehrstuhl für Bürgerliches Recht, Immaterialgüterrecht, Deutsche und Europäische Rechtsgeschichte der Universität des Saarlandes beschäftigt. Nach dem Referendariat mit Wahlstation beim Bundesverfassungsgericht absolvierte er einen LL.M. am Europa-Institut der Universität des Saarlandes.

Thomas Hollenhorst, Jahrgang 1969, ist Rechtsanwalt und Gründungspartner von Watson Farley & Williams LLP, Hamburg. Er leitet seit über zehn Jahren die Project & Structured Finance Group in Deutschland und berät Banken und Investoren bei Finanztransaktionen und allen sonstigen Fragen des Bank- und Kapitalmarktrechts.

Oliver Michael Hübner, Dr. iur., LL.M. (Edinburgh), ist Rechtsanwalt und Gründungspartner bei Disput Hübner Partnerschaft von Rechtsanwälten mbB. Er ist Lehrbeauftragter an der Freien Universität Berlin und der Hochschule Fresenius und der ADI Akademie der Immobilienwirtschaft. Zudem veröffentlicht er in Fachzeitschriften Beiträge zum Immobilienwirtschaftsrecht und zum öffentlichen Baurecht.

Ulrich Hüttenbach, Jahrgang 1954, Volljurist, ist Geschäftsführer der Bundesvereinigung der Deutschen Arbeitgeberverbände und Leiter der Abteilung Verwaltung und Verbandsorganisation. Der Berufseinstieg in die Verbandswelt erfolgte 1983 über das Geschäftsführungsnachwuchs-Programm der BDA.

Markus Kaulartz, Dr. iur., Jahrgang 1985, ist Rechtsanwalt im Münchener Büro der Sozietät CMS Hasche Sigle. Er berät deutsche und internationale Unternehmen bei der Umsetzung innovativer Geschäftsmodelle sowie in Fragen des IT-, Datenschutz- und Medienrechts. Daneben ist er Herausgeber der Handbücher *Smart Contracts* und *Artificial Intelligence* im Beck-Verlag.

Marcel Klein, LL.B., Jahrgang 1993, arbeitet als Syndikusrechtsanwalt für den Roche Konzern. In einer globalen Position berät er Mandanten bei internationalen Transaktion im Wirtschaftsrecht. Er studierte an der Universität Mannheim Rechtswissenschaften und Wirtschaftswissenschaften. Berufliche Erfahrungen sammelte er bereits in internationalen Großkanzleien und führenden Unternehmen im In- und Ausland.

Lutz Kniprath, Dr. iur., M.A., Jahrgang 1967, ist Gründungspartner von Kniprath Lopez Attorneys for Complex Disputes, Berlin und Barcelona. Nach dem Jura- und Sinologiestudium war er von 2000 bis 2006 Rechtsanwalt bei Freshfields Bruckhaus Deringer LLP. Von 2006 bis 2010 arbeitete er in der Zentralabteilung Recht der Robert Bosch GmbH und seither wieder als Anwalt.

Ditmar Königsfeld, Jahrgang 1956, leitet das Büro Führungskräfte zu Internationalen Organisationen (BFIO).

Ina M. Küchler, Jahrgang 1975, Diplom-Kauffrau, Steuerberaterin, Wirtschaftsprüferin und Certified Public Accountant, ist Geschäftsführerin der Dr. Hilmar Noack GmbH Wirtschaftsprüfungsgesellschaft.

Nico Kuhlmann ist Senior Associate bei Hogan Lovells in Hamburg in der IPMT-Praxisgruppe und berät vor allem führende Unternehmen aus dem Technologiebereich.

Philipe Kutschke, Dr. iur., ist Rechtsanwalt und Partner bei Bardehle Pagenberg. Beratung, Prozessführung, Vertragsgestaltung in Marken-, Urheber- sowie Design- und Wettbewerbssachen. Er ist Fachanwalt für gewerblichen Rechtsschutz, Wirtschaftsmediator (MuCDR), Lehrbeauftragter an der TU München und Autor von Fachbeiträgen.

Marius Mann, Dr. iur., MBA, M.Jur. (Oxford), ist Rechtsanwalt und Partner bei LUTZ | ABEL. Er leitet die Praxisgruppe Commercial und vertritt Mandanten aus dem In- und Ausland vor staatlichen Gerichten und Schiedsgerichten. Seine Schwerpunkte liegen im Vertrags-, Vertriebs-, Handels-, Logistik- und Transport sowie Produkthaftungsrecht.

Simon C. Manner, Dr. iur., Jahrgang 1976, ist ein auf Konfliktlösung und Prozessführung vor staatlichen Gerichten und Schiedsgerichten spezialisierter Rechtsanwalt und Gründungspartner von MANNER SPANGENBERG. Er berät und vertritt Mandanten in wirtschaftsrechtlichen Streitigkeiten sowie in komplexen Vertragsverhandlungen. Zudem ist er regelmäßig als Schiedsrichter tätig.

Arnd Meier, Jahrgang 1965, Rechtsanwalt, ist nach Stationen in der Rechtsabteilung und in der Unternehmensstrategie Compliance-Officer des Einkaufsressorts bei BMW. Vor seinem Wechsel in die Wirtschaft hat Arnd Meier in einer großen Anwaltskanzlei gearbeitet.

Julian Michalitsch, Mag., ist Consultant bei Roland Berger. Er studierte Rechtswissenschaften in Wien und Stockholm und startete seine Karriere nach erfolgreich absolviertem Gerichtsjahr bei der Strategieberatung. Dort ist er Mitglied des Expert Teams „Infrastructure".

Lars Mohnke, Dr. iur., Jahrgang 1976, Rechtsanwalt und Fachanwalt für Arbeitsrecht, ist Counsel bei Hogan Lovells in München. Er begleitet Akquisitionen und Restrukturierungen von Unternehmen, berät und vertritt seine Mandanten in arbeitsgerichtlichen Streitigkeiten und unterstützt sie bei der Gestaltung von Individual- und Kollektivvereinbarungen.

Gundula Müller-Frank, Jahrgang 1978, ist Leiterin des Programmbereichs Gesellschaftsrecht beim Verlag Dr. Otto Schmidt in Köln. Sie studierte Rechtswissenschaften in Augsburg und arbeitete zunächst als Rechtsanwältin. Seit 2009 ist sie im Verlagswesen tätig.

Tilman Müller-Stoy, Prof., Dr. iur., ist Rechtsanwalt und Partner bei Bardehle Pagenberg. Beratung, Prozessführung, Vertragsgestaltung und Verhandlungsführung in Patent- und Lizenzsachen. Er ist Fachanwalt für gewerblichen Rechtsschutz, Wirtschaftsmediator (MuCDR), Honorarprofessor an der TU München, Mitglied des Vorstands bei LESI und LES Deutschland, Mitglied des Herausgeberbeirats der GRUR Patent.

Damian Wolfgang Najdecki, Dr. iur., Jahrgang 1978, ist Notar in München. Er studierte und promovierte an der juristischen Fakultät der Universität Regensburg. Neben dem Notaramt ist er als Dozent im Fachanwaltslehrgang Handels- und Gesellschaftsrecht sowie als Autor im Bereich Gesellschafts- und Erbrecht tätig.

Julius Neuberger, Dr., LL.M., Jahrgang 1977, ist Managing Director bei einem Single Family Office. Nach dem Studium folgten eine Promotion am MPI und ein LL.M. am Institute for Law and Finance. Nach dem Referendariat mit Auslandsstation in New York war er drei Jahre als Rechtsanwalt bei Latham & Watkins LLP in den Bereichen Finance und Private Equity tätig.

Sabine Otte, Prof. Dr. iur., LL.M. (Bristol), Jahrgang 1979, ist seit 2015 Professorin für Zivil-, Handels- und Gesellschaftsrecht an der Hochschule Düsseldorf. Zuvor war sie über sieben Jahre Rechtsanwältin in international tätigen großen Wirtschaftskanzleien. Seit 2020 ist sie Of Counsel in der Sozietät Berner Fleck Wettich, Düsseldorf.

Christoph Poweleit, Jahrgang 1978, ist Rechtsanwalt und Syndikus bei der Commerzbank AG, Group Legal in Frankfurt am Main. Nach einer Ausbildung zum Bankkaufmann studierte er Rechtswissenschaften und Europäisches Recht an der Universität Würzburg. Das Referendariat absolvierte er in Limburg, Darmstadt, Frankfurt am Main und New York.

Christian Reichel, Dr. iur., Jahrgang 1965, Fachanwalt für Arbeitsrecht, ist als Partner bei Baker McKenzie Rechtsanwaltsgesellschaft mbH von Rechtsanwälten und Steuerberatern, Wirtschaftsprüfern und Steuerberatern mbB tätig. Daneben ist er Lehrbeauftragter an der Georg-August-Universität Göttingen sowie der Bucerius Law School Hamburg.

Jörg Risse, Dr. iur., LL.M. (Berkeley), Jahrgang 1967, ist Partner bei Baker McKenzie, wo er Streitigkeiten aus großen Infrastrukturprojekten und Unternehmenskäufen betreut. Daneben ist er oft als Schiedsrichter und Mediator tätig. Er ist Professor an der Universität Mannheim, Lehrbeauftragter an der Humboldt-Universität zu Berlin und schriftleitender Herausgeber der *SchiedsVZ – German Arbitration Journal.*

Florian Ruhs, Dr. iur., Jahrgang 1988, ist Staatsanwalt an der Staatsanwaltschaft Nürnberg-Fürth. Er studierte Jura an der Ludwig-Maximilians-Universität in München und an der Vrijen Universiteit Amsterdam. Vor dem Referendariat im OLG-Bezirk München promovierte er zu einem strafprozessualen Thema an der LMU München.

Matthias Scheifele, Dr. iur., Jahrgang 1974, ist Partner im Bereich Steuerrecht bei Hengeler Mueller in München. Er berät vor allem in M&A-Transaktionen, Umstrukturierungen von Unternehmen sowie Finanzierungstransaktionen.

Jan Erik Spangenberg ist ein auf Konfliktlösung und Prozessführung vor staatlichen Gerichten und Schiedsgerichten spezialisierter Rechtsanwalt und Gründungspartner von MANNER SPANGENBERG. Er berät und vertritt Unternehmen, Personen und Staaten bei Streitigkeiten sowie bei Auslandsinvestitionen und völkerrechtlichen Fragen. Er ist als Parteivertreter sowie Schiedsrichter in internationalen Verfahren tätig.

Florian Stork, Dr. iur., LL.M. oec., Syndikusrechtsanwalt, Group General Counsel/Chief Compliance Officer bei der TÜV SÜD AG. Bis 2020 leitete er die Linde-Rechtsabteilung für Deutschland, die Schweiz, Frankreich, Benelux, Spanien und Portugal und war zuvor Group Compliance Counsel EMEA bei der Linde AG. Bis 2011 arbeitete er bei Linklaters LLP als Rechtsanwalt im Fachbereich Competition/Antitrust.

Britta Süßmann, Jahrgang 1982, war Rechtsanwältin bei Hengeler Mueller in Frankfurt am Main im Bereich Steuerrecht. Ihre Tätigkeitsschwerpunkte umfassen die steuerrechtliche Begleitung von Kapitalmarkttransaktionen sowie die Beratung im Unternehmens- und Investmentsteuerrecht. Seit Juni 2021 ist sie Family Officer bei der FERI Gruppe.

Stefan Tüngler, Dr. iur., Jahrgang 1972, ist Rechtsanwalt bei Freshfields Bruckhaus Deringer LLP. Er gehört der Sozietät seit 2001 an (seit 2007 als Counsel) und arbeitet vom Standort Düsseldorf aus in den Bereichen Konfliktlösung und Kartellrecht. Sein Praxisfokus liegt im Energierecht und hier vor allem im Vertrags- und Regulierungsrecht.

Vivien Vacha, Dr. iur., Jahrgang 1985, ist Rechtsanwältin im Bereich des Energierechts. Nach beruflichen Stationen bei internationalen Wirtschaftskanzleien arbeitet sie als Legal Counsel Germany bei Tree Energy Solutions. Sie ist Mit-Autorin eines Buches zur Einführung in das Energierecht und hat im Bereich der europäischen Strommarktregulierung promoviert.

Christian Vogel, Dr. iur., LL.M., Jahrgang 1977, ist Partner bei Clifford Chance in Düsseldorf. Er berät deutsche und ausländische Mandanten im Übernahmerecht, bei Unternehmenskäufen, Joint Ventures und Umstrukturierungen. Daneben ist er Lehrbeauftragter an der LMU München sowie der Universität Münster zum Thema Joint Ventures und Hauptversammlungen.

Daniel Voigt, Dr. iur., MBA (Durham), Jahrgang 1977, ist Rechtsanwalt und Partner bei CMS Hasche Sigle in Frankfurt am Main. Er studierte in Berlin, Düsseldorf und Durham. Er war Stipendiat des Evangelischen Studienwerks Villigst und ist Autor verschiedener Fachbeiträge.

Olaf Weber, Dr. iur., LL.M. (Edinburgh), ist Vorsitzender Richter am Landgericht Saarbrücken. Zuvor war er Mitarbeiter an den Universitäten Heidelberg und Edinburgh, Anwalt bei Gleiss Lutz und nationaler Experte im juristischen Dienst der EU-Kommission.

Kay Weidner, Jahrgang 1971, Volljurist, ist Pressesprecher im Bundeskartellamt. Er absolvierte sein Studium in Freiburg und Toulouse und ist nach einigen Jahren Anwaltstätigkeit in Frankfurt am Main und Athen seit 2003 im Bundeskartellamt tätig.

Christoph Wittekindt, Dr. iur., Jahrgang 1966, ist Rechtsanwalt in München und war langjähriger Leiter von Legal People, einer juristischen Unternehmensberatung mit Büros im In- und Ausland. Nach seinem Studium in Augsburg, Genf, München und Berlin war er u. a. beim Verlag C. H. Beck mit dem Auf- und Ausbau des Online-Dienstes beck-online und Legal Tech betraut.

Joachim Ziegler, Dr. iur., LL.M., Licence en Droit, Jahrgang 1974, ist im Bereich Marktmanagement der AZ Deutschland tätig. Nach Studium und Promotion begann er 2005 als Assistent des Holding-Vorstands für Growth Markets und bekleidete von 2007 bis 2016 verschiedene Führungs- und Managementfunktionen im operativen Vertrieb der Allianz Beratungs- und Vertriebs-AG sowie in der Allianz SE.

1. Branchenüberblick – Perspektiven für Jurist:innen

Entscheidungsfindung – welcher Berufsweg passt zu mir?

von Dr. Lutz Kniprath

Die Entscheidung für einen Berufsweg ist hochpersönlich. Ratschläge helfen hier allenfalls zufällig. Denkanstöße können jedoch einen sinnvollen Beitrag zur Entscheidungsfindung vor der Berufswahl leisten. Daher sollen hier Fragen gestellt und erläutert werden, mit denen sich jede Juristin und jeder Jurist im Laufe der Karriere auseinandersetzen wird. Früh gestellt, vorläufig beantwortet und danach immer wieder durchdacht, können sie helfen, überraschende Unzufriedenheit zu vermeiden.

„Welcher Berufsweg passt zu mir?" fragt nach den eigenen Vorlieben und Grenzen, nicht nach den Anforderungen der Arbeitgeber. Das ist so gewollt. Schließlich muss jeder selbst mit seinem Beruf zufrieden sein und einen langen Zeitabschnitt über mit ihm leben. Die Beschränkungen des Arbeitsmarkts und der eigenen Qualifikationen sollten erst in einem zweiten Schritt herausfiltern, was derzeit nicht geht. Denn vielleicht ist es ja doch oder zu einem späteren Zeitpunkt möglich, etwa nach einem Anlauf über eine andere Stelle.

Wer bin ich?

Die Mehrzahl der Stellen zum Berufseinstieg fordern heute einen hohen Einsatz. Sie werden zu einem wesentlichen Teil des Lebens. Kann eine Stelle die individuellen Grundbedürfnisse von Berufstätigen nicht befriedigen oder gehen ihnen wesentliche Bedingungen der Stelle gegen den Strich, dann ist ihre Lebensqualität ernsthaft beeinträchtigt. Daher vorweg die Frage nach dem eigenen Wesen. Dies betrifft zum einen den Stellenwert des Berufs im Verhältnis zum privaten Leben. Manche Stellen fordern einen Zeitaufwand und eine Hingabe, die das Privatleben zum Randereignis degradieren. Familie, Freunde, Sport oder Theaterbesuche finden häufig nur sporadisch und kurzfristig auf Zuruf statt. Die Frage bezieht sich des Weiteren auf Einkommen und Prestige. Die Verdienstmöglichkeiten unterscheiden sich schon bei Einsteiger:innen drastisch. Freilich hat das Geld seinen Preis. Bedeutende Arbeitgeber auf der Visitenkarte verhelfen schon am Berufsanfang zu Ansehen. Dem entspricht eine Erwartungshaltung, die den Berufstätigen besonderen Druck im Alltag beschert. Und schließlich betrifft dies die Bereitschaft zu Ortswechseln, im Land und über Grenzen hinweg. Das ist in frühen Jahren zumeist leichter als später, wenn Haushalt und Kinder immer wieder umgepflanzt werden müssten. „Wer bin ich?" – Wer kann das zuverlässig beantworten? Der Mensch ändert sich und lernt sich erst mit den Jahren und Jahrzehnten selbst kennen. Doch die eigenen Grenzen zu erforschen und zu respektieren und sich selbst problembewusst zu beobachten, mag die Einschätzung einzelner Stellenanforderungen erleichtern.

Möchte ich juristisch arbeiten?

Die juristische Ausbildung qualifiziert zu einer bunten Palette juristischer Tätigkeiten, aber sie lehrt auch Fähigkeiten wie strukturiertes Denken und legt damit ein solides Fundament für allerlei andere Berufsfelder. Manche Stellen außerhalb der juristischen Sphäre setzen eine Zusatzausbildung, etwa in BWL, voraus. Bei anderen sorgt der Arbeitgeber für die erforderliche Weiterbildung – und sei es durch Training-on-the-Job. Beispiele sind einige Unternehmensberatungen, die Absolvent:innen aus einem breiten Spektrum von Fachrichtungen einstellen oder Abteilungen von Unternehmen, z. B. für Personal oder Controlling.

Deutschland, Ausland, international?

Das Recht ist grundsätzlich national; jeder Staat hat seine eigene Rechtsordnung. Daher ziehen Juristinnen und Juristen weniger leicht über die Grenze als Ärzt:innen oder Kaufleute. Dennoch kann die Kenntnis ausländischer Rechtsordnungen oder transnationaler Rechtsnormen und Usancen die juristische Arbeit außerhalb Deutschlands ermöglichen. Hierzu zählen etwa das Völkerrecht, das EU-Recht und Bereiche des internationalen Wirtschaftsrechts, einschließlich der Schiedsgerichtsbarkeit. Zudem können auch Lehrtätigkeiten, etwa zum deutschen Recht, Gelegenheit zu langfristigen Auslandsaufenthalten bieten.

Wie international die Berufstätigkeit werden kann, hängt zum einen von den entsprechenden Qualifikationen ab, die man zum Einstieg mitbringt, und zum anderen vom individuellen Lebensentwurf. Eine grenzüberschreitende Berufstätigkeit bedeutet zugleich einen gesteigerten Zeitaufwand unterwegs und gegebenenfalls gesundheitliche Belastung, etwa durch häufige Wechsel von Zeit- und Klimazonen.

Wirtschaftsrecht oder ein anderer Fachbereich?

Dieses Buch legt einen Schwerpunkt auf Tätigkeitsfelder im klassischen Wirtschaftsrecht. In diesem Bereich arbeiten nicht nur Anwält:innen, sondern auch manche Richter:innen, Staatsanwält:innen und Verwaltungsbeamt:innen. Die Optionen an juristischen Tätigkeiten sind damit aber bei Weitem noch nicht erschöpft. Die Spanne reicht vom Familien- und Erbrecht bis hinüber zur Rechtsphilosophie. Auch Rechtsgebiete, die einen hohen Grad an Spezialisierung fordern, haben ihren besonderen Reiz, etwa das Kunst- oder das Tierrecht. Die Spezialisierung von Jurist:innen ist häufig genug das Ergebnis von sonderbaren Zufällen und Gelegenheiten, wenn auch eine persönliche Prädisposition die Zufälle wahrscheinlicher machen kann. Und manche Spezialgebiete erfordern ein Mindestmaß an Leidenschaft für ihre Materie.

Große Organisation oder „freier Beruf"?

Mit der Größe der Organisation nehmen gewöhnlich die Hierarchien und die Regelungsdichte zu. Dies gilt für Unternehmen wie Kanzleien ebenso wie für Verbände. Behörden sind üblicherweise hierarchisch strukturiert und strengen Regeln unterworfen. Eine feste Struktur bietet im Grundsatz Sicherheit und Vorhersehbarkeit. Doch nicht jeder wird darin dauerhaft glücklich. Denn die Sicherheit kann zulasten der Freiheit gehen. Und die Vorhersehbarkeit mag Flexibilität und Spontaneität einschränken. Auch die Zunft der Wirtschaftsanwält:innen lebt in Teilen längst nicht mehr nach dem Ideal des freien Berufs, sondern arbeitet in Law Firms nach angloamerikanischem Muster entweder angestellt oder als Partner:in. Und selbst die Partnerschaft bietet nicht die Freiheit der Einzelanwält:innen alter Schule, sondern bedeutet nicht selten die Unterwerfung unter Mehrheitsentscheidungen und den Zwang zu hoher Profitabilität.

Berater:in, Entscheider:in oder Streiter:in?

Jurist:innen müssen beraten, entscheiden und streiten können. Doch jede Tätigkeit setzt andere Akzente. Während M&A-Anwält:innen schwerpunktmäßig strukturieren, entwerfen, beraten und verhandeln und Richter:innen vor allem analysieren, ausgeglichen vermitteln und entscheiden, sind Prozessanwält:innen am meisten gefordert im Analysieren, Entwerfen von Strategien und im streitigen Auseinandersetzen, aber auch bei der Förderung einer günstigen Einigung. Richter:innen nehmen einen neutralen Standpunkt ein, während Rechtsanwält:innen die Interessen des eigenen Mandanten besonders nahe sind. Diese Aspekte erscheinen vor dem Berufseinstieg als eher zweitrangig. Im Alltag jedoch kann es belastend werden, wenn die eigene Persönlichkeit anders gestrickt ist.

Was will ich?

Manche der oben angesprochenen Überlegungen können schon früh – bereits im Studium – zu wichtigen Weichenstellungen führen, etwa die zur Internationalität. Denn dann ist noch hinreichend Zeit zum Erlernen von weiteren Fremdsprachen oder zum Verbessern der vorhandenen Kenntnisse. Auch ein Auslandsjahr, gegebenenfalls mit Abschluss, kann dann noch untergebracht werden. Und es lassen sich noch die Voraussetzungen für eine möglichst gute Examensnote schaffen. Dafür müssen häufig genug andere Interessen hintangestellt werden. Ihnen kann hingegen mehr Raum gewährt werden, wenn die angestrebte Richtung keinen herausragenden Abschluss erfordert. Einige Aspekte der Frage „Was will ich?" können erst zu einem späteren Zeitpunkt gewinnbringend beantwortet werden, etwa im Referendariat oder sogar erst in einer frühen Berufsphase. Andere Einsichten werden im Laufe vertiefter Erfahrungen allmählich herankeimen, sich ganz individuell zu Wort melden oder von Zufällen abhängen. Glücklicherweise lassen sich manche Entscheidungen im Laufe des Berufslebens noch korrigieren. Schließlich aber kann sich der Mensch – in einem gewissen Rahmen – auch seinem Beruf anpassen.

Fazit

Wichtig erscheint eine beständige Beobachtung der eigenen Fähigkeiten und Grenzen, sowohl bezogen auf einzelne juristische Tätigkeitsfelder als auch auf Arbeitsstile und Lebensentwürfe.

Aktuelle Entwicklungen auf dem Arbeitsmarkt für Jurist:innen

von Dr. Christoph Wittekindt

Das langsame Ausscheiden der Babyboomer-Generation aus dem juristischen Arbeitsmarkt, der zunehmende Einsatz von Legal-Tech-Instrumenten, künstlicher Intelligenz wie ChatGPT und die ewige Work-Life-Balance – das sind die Themen, die Jurist:innen dieses Jahr umtreiben. Wie also entwickelt sich der Markt?

Überblick über den Gesamtmarkt

Der juristische Arbeitsmarkt in Deutschland entwickelt sich im zweiten Jahr nach Beendigung der Corona-Pandemie immer mehr zu einem Arbeitnehmermarkt: Die Nachfrage nach Jurist:innen, sei es für Kanzleien, aber auch für Unternehmen, Verbände oder den Öffentlichen Dienst, hält nach wie vor an, was sich aber nicht immer in der Zahl der Stellenangebote, Print wie online, niederschlägt. Qualifizierte, gut ausgebildete Jurist:innen, sind nach wie vor sehr begehrt. Warum? Unabhängig von der derzeitigen konjunkturellen Entwicklung gibt es seit Jahren einige grundsätzliche Trends, die es in den Blick zu nehmen gilt: Zum einen der nach wie vor junge Trend, Stellen verstärkt befristet auszuschreiben, sogenannte Projekt- oder Interimsjurist:innen – also auf Zeit mit speziellen Aufgaben in Kanzlei, Rechts- oder Personalabteilung zu betreuen und durch den Einsatz von Legal Technology juristische Arbeitsabläufe zu unterstützen und letztlich zu beschleunigen. Das eröffnet gerade für Diplomjurist:innen vielfältige neue Arbeitsfelder. Es müssen also nicht immer Volljurist:innen sein. Zum anderen gilt aber nach wie vor auch: Die jährliche Anzahl der frischgebackenen Volljurist:innen liegt seit Jahren konstant bei ca. 8.500 (bundesweit), von denen wiederum nur ein kleiner Teil das Zweite Staatsexamen mit der begehrten Note „vollbefriedigend“ oder besser abschließt. Das Dilemma: Kanzleien jeglichen Zuschnitts und jeglicher Größe, die dabei zunehmend in Konkurrenz zu Justiz und öffentlicher Verwaltung, aber auch zu den Rechtsabteilungen der großen, internationalen Unternehmen stehen, brauchen jedes Jahr eine gewisse Anzahl dieser hoch Qualifizierten, finden sie aber oft nicht. Daher jagt Kanzlei A gerne Kanzlei B nicht nur einzelne Anwältinnen und Anwälte, sondern gleich ganze Teams ab: Teamleiter:innen bringen den Umsatz mit, die Associates sind die willigen Helfer:innen, die man sich gerne mit einkauft. Boutiquen und kleinere Kanzleien fischen verstärkt im Becken der Großkanzleien und können so manche interessante Kandidat:innen für sich gewinnen. In der Regel sind in den Boutiquen oder kleineren Kanzleien die Anforderungen an die Kandidat:innen, insbesondere bezüglich der Examensnoten, geringer. Aber auch hier sind derzeit vor allem Anwält:innen mit erster Berufserfahrung und gewisser Expertise gefragt. Gesucht wird nach wie vor querbeet über alle Rechtsgebiete hinweg. Querschnittsbereiche wie z. B. Litigation, aber auch Compliance-, Datenschutz- und Geldwäschethemen, spielen eine immer größere Rolle. Neben Kanzleien und Unternehmen suchen derzeit verstärkt Justiz, öffentlicher Verwaltung, aber auch Verbände; hier macht sich bereits die Pensionierungswelle der Babyboomer bemerkbar. Dieser Trend wird sich in den nächsten Jahren noch weiter verstärken. Die Zahl der neu eingestellten Referendar:innen lag zuletzt bei nur noch 7.573, Tendenz weiter sinkend. Mit anderen Worten: es kommt nicht mehr soviel nach wie früher. Die Justiz hat dabei allen Unkenrufen zum Trotz noch die geringsten Probleme, da nach wie vor insbesondere der weibliche Nachwuchs massiv auf die offenen Stellen drängt. Und ein weiterer Trend macht sich verstärkt bemerkbar: Im Zeitalter von Internet und Social Media gelangen viele offene Positionen gar nicht mehr auf den Markt. Unternehmen wie Kanzleien versuchen verstärkt, potenzielle Kandidat:innen über diverse Karriereportale oder auf Karrieremessen direkt anzusprechen oder veranstalten aufwändige Recruitungwochenenenden. Der persönliche Kontakt, das individuelle Gespräch, das Praktikum oder die Wahlstation im Referendariat sind nach wie vor Trumpf und oft Eintrittskarte für den erfolgreichen Start.

Einstiegsgehälter

Die hier skizzierten Entwicklungen spiegeln sich auch in den Gehältern wider. Betrachtet man zunächst die Kanzleien, so sind die Gehaltsunterschiede riesig: Steigen frischgebackene Anwält:innen heute bei kleineren Kanzleien oft mit einem Jahres-Bruttogehalt von 60.000 bis 75.000 Euro ein, so sind es in den Top-50-Kanzleien mittlerweile 100.000 bis 180.000 Euro fix, ggf. zuzüglich Kanzleibonus. In diesen Kanzleien sind 16 Punkte in der Summe beider Examina, ein Doktortitel und/oder ein im Ausland erworbener LL.M. samt entsprechender Fremdsprachenkenntnisse nach wie vor Conditio sine qua non. Generell gilt: je besser die Noten, desto höher das (Einstiegs-) Gehalt. Und: Die angloamerikanischen Kanzleien stehen bei den Gehältern nach wie vor an der Spitze. Bei den Boutiquen liegen die Einstiegsgehälter in der Regel zwischen 75.000 und 100.000 Euro, meist ohne irgendwelche Boni, wobei es hier je nach Stadt und Region große Unterschiede gibt. Die Gehaltsspreizung ist in den letzten Jahren größer geworden, ein Ende dieses Trends ist derzeit nicht absehbar. Allerdings sind die Ansprüche auf beiden Seiten gewachsen. In Unternehmen hängt das Einstiegsgehalt entscheidend von der Größe und von der Branche ab: DAX-Unternehmen mit größeren Rechtsabteilungen wie Siemens oder BMW zahlen derzeit je nach Zusatzqualifikation 85.000 bis 120.000 Euro – zweimal „vb", Dr. iur. oder LL.M. sind auch hier fast immer obligatorisch. Bei Mittelständlern, wo die Rechtsabteilung nur aus ein bis drei Jurist:innen besteht, muss man sich oft mit 60.000 bis 80.000 Euro zufriedengeben. Im Bereich Banken und Versicherungen, Technologie, Pharma und Chemie sind die Einstiegsgehälter höher als in den Bereichen IT, Telekommunikation oder im Medienbereich. Man darf dabei aber nicht vergessen, dass Unternehmen ihren Mitarbeitenden oft zusätzliche (Sozial-)Leistungen offerieren, welche neben einer Regelarbeitszeit von 40 Wochenstunden für manche den Ausschlag geben. Aber auch Unternehmen können sich dem „War for Talents" nicht entziehen, was dazu geführt hat, dass die Einstiegsgehälter im letzten Jahr nochmals deutlich angehoben wurden.

Gehaltsentwicklungen

Noch viel spannender ist aber die Frage, wie sich die Gehälter im Laufe der Jahre entwickeln. Bei Kanzleien hat sich nicht viel geändert: Während die Gehälter in den Top-30-Kanzleien im zweiten bis sechsten Berufsjahr in der Regel stufenweise steigen, gibt es in Boutiquen oder kleineren Kanzleien solche Entwicklungen meist nicht. Gleiches gilt übrigens auch für die Rechtsabteilungen von Unternehmen, bei denen im Laufe der Jahre neben einem „Inflationsausgleich" eine Bonuskomponente zum Gehalt hinzukommt. Dafür ist die Chance in den Boutiquen und kleineren Einheiten, einmal (Junior-)Partner:in zu werden, viel höher. Spätestens nach sechs oder sieben Jahren stellt sich aber auch in den größeren Kanzleien die Frage nach dem Schritt Richtung Partnerschaft. Die Gehälter dieser Senior, Principal oder Managing Associates liegen dann oft schon bei stolzen 175.000 bis 250.000 Euro, was in der Regel einen Bonus oder eine Umsatzbeteiligung beinhaltet. Danach gilt: Ob Junior, Salary bzw. Lockstep oder Equity Partner – es zählt allein der Umsatz. Und wer die Umsatzvorgaben verfehlt, fliegt eben auch mal wieder raus, wird sogar „de-equitised". Leiter:innen von Rechtsabteilungen erreichen dagegen irgendwann eine Gehaltsobergrenze, die sie nur noch dann durchstoßen können, wenn sie zusätzliche Aufgaben übernehmen oder in den Vorstand wechseln. Der variable Gehaltsbestandteil liegt dann oft bei über 50 Prozent; Aktienoptionen und sogenannte Long Term Incentives stellen bei börsennotierten Unternehmen eine zusätzliche Gehaltskomponente dar.

Wechsel- und Aufstiegsmöglichkeiten

Seit 2016 sind die Unternehmensjurist:innen („Syndici") mit den Kanzleijurist:innen formal gleichgestellt. Es kam dadurch bisher nicht wieder zu einem stärkeren Wechsel aus den Kanzleien hinein in die Unternehmen, wie es früher einmal zu beobachten war. Zwar werden Unternehmen von Jurist:innen nach wie vor als attraktive Arbeitgeber wahrgenommen; allerdings erfolgen derzeit die Wechsel eher innerhalb der Unternehmen und Kanzleien. Dies hat mehrere Gründe: Ein Quereinstieg in eine Kanzlei aus einem Unternehmen heraus ist oft schwierig, hier wird in der Regel von Wechselwilligen ein sogenannter transportabler Umsatz erwartet, den er mitbringen soll, aber oft nicht kann. Umgekehrt legen die Unternehmen immer öfter Wert auf Kandidat:innen, die bei einem Wechsel über „Inhouse"- oder Branchenerfahrung verfügen. Und: Nach wie vor ist die Arbeitsbelastung bei den Kanzleien sehr hoch, die meisten halten nach wie vor am Up-or-Out-Prinzip fest, und der Weg zur Partnerschaft ist oftmals wenig transparent – zumal wenn „Committees" darüber entscheiden, die in London oder New York angesiedelt sind und in denen der deutsche Partner oder die Partnerin nur eine Stimme hat. Die Kanzleien haben auf diesen Trend zum Teil bereits reagiert und bieten verstärkt den Counsel-Status oder die Salary-Partnerschaft als Endstufe der beruflichen Entwicklung in der Kanzlei an. So versuchen sie, gute Anwält:innen, die nicht Vollpartner:innen werden wollen oder können, dauerhaft an sich zu binden, u.a über Teilzeitpartnerschaftsmodelle. Man darf sich aber nicht zu der Annahme versteigen, die Arbeitsbelastung in einem Unternehmen sei stets erheblich geringer; 40-Stunden-Wochen sind auch hier *de facto* mittlerweile eher die Ausnahme. Dennoch sehen viele die Chance einer ausgeglichenen Work-Life-Balance, gepaart mit ein bis zwei Arbeitstagen pro Woche im Homeoffice, bei Unternehmen höher als in einer Kanzlei. Zudem fördern viele Unternehmen mittlerweile außerbetriebliche Aktivitäten ihrer Mitarbeitenden, z. B. mittels einer Jahreskarte für das Fitnessstudio. Kanzleien versuchen zunehmend durch „Social Activities" wie das gemeinsame Skiwochenende in Kitzbühel nicht nur den Zusammenhalt der Truppe, sondern auch die sportlichen Ambitionen zu befriedigen. Viel wichtiger sind aber ein eigener Betriebshort oder -kindergarten, wo berufstätige Eltern ihre Kinder in Obhut geben können. Flexible Arbeitszeitmodelle, z. B. Teilzeit- und Heimarbeitstätigkeiten, sind seit der Corona-Krise gefragter als je zuvor, in der Praxis allerdings nicht immer umsetzbar. Für manche Berufseinsteiger:innen zählen solche Parameter bei der Arbeitsplatzwahl mittlerweile mehr als das Gehalt.

Alternativer Berufseinstieg

Vielen Absolvent:innen ohne vollbefriedigende Examina oder sonstige Zusatzqualifikationen stellt sich die Frage nach Alternativen zum Berufseinstieg bei Staat, Großkanzlei oder Rechtsabteilung eines Unternehmens. Diese kann man beruhigen: Zunächst gibt es sowohl beim Staat (Justiz wie Verwaltung) als auch bei Kanzleien (z. B. Boutiquen) und in Unternehmen (z. B. Mittelstand) durchaus Möglichkeiten, spannende und verantwortungsvolle Positionen zu besetzen. Einen großen Bedarf haben nach wie vor die „Big Four" der Wirtschaftsprüfungs- und Steuerberatungsgesellschaften, die alle auch einen immer gewichtigeren Legal-Bereich unterhalten. Man darf sich hier nur nicht zu sehr auf eine bestimmte Position oder Stadt fixieren, sondern muss eventuell Umwege gehen und zuerst Berufserfahrung sammeln. Aber auch Verbände (z. B. BDI/BDA, VCI oder der berufseigene DAV), Kammern, die Verwaltung des Deutschen Bundestags, das Auswärtige Amt, die BaFin, die GIZ oder das Bundeskartellamt, europäische oder internationale Organisationen haben einen konstanten Bedarf und können ein exzellentes Karrieresprungbrett sein.

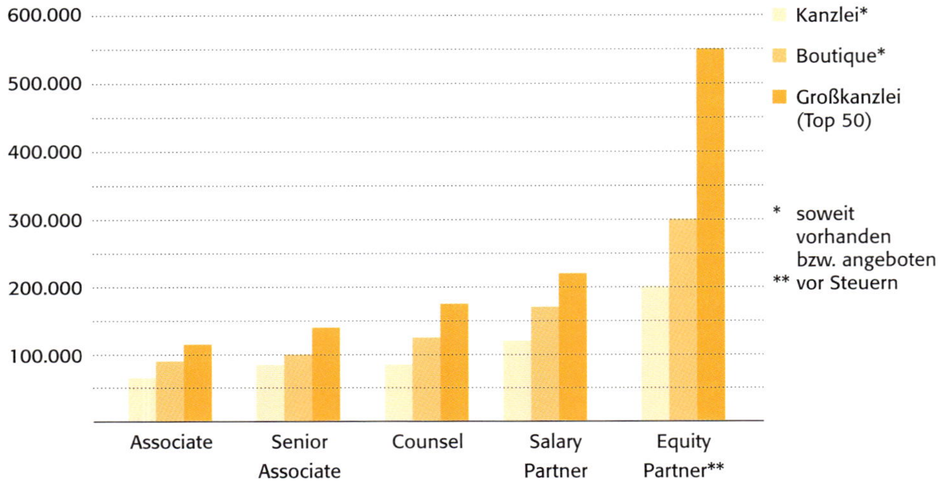

Durchschnittliches Brutto-Jahresgehalt von Rechtsanwält:innen (in Euro)[1]

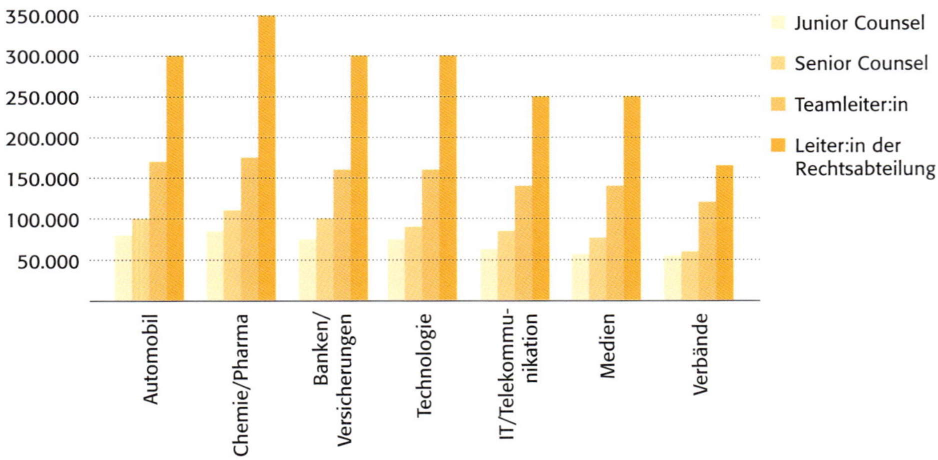

Durchschnittliches Brutto-Jahresgehalt von Unternehmensjurist:innen (in Euro), Quelle: Legal People; Stand: Sommer 2024

1 Es wurde eine durchschnittliche Kostenquote von 40 Prozent (Kanzleien), 50 Prozent (Boutiquen), 60 Prozent (Großkanzleien) zugrunde gelegt (gesamt, inklusive Boni u. Ä., ohne Umsatzbeteiligung und/oder Akquisitionsprämie, Deutschland gesamt).

Juristische Berufe im Öffentlichen Dienst

Verbeamtung auf Lebenszeit, eine relativ krisensichere Anstellung ohne betriebsbedingte Kündigungen, flexible Arbeitszeiten neben der Kernzeit und die Möglichkeit des Freizeitausgleichs von Überstunden... Eine Anstellung im Öffentlichen Dienst bietet meist viele Vorzüge, die bei einer Tätigkeit in einer Kanzlei oder einem Unternehmen in dieser Konstellation nicht gegeben sind. Teilzeitmodelle, Homeoffice und Jobsharing erleichtern zudem die Vereinbarkeit von Beruf und Familie, was von vielen Juristinnen und zunehmend auch von ihren männlichen Kollegen sehr geschätzt wird. Im Gegenzug können Gehälter und Ausstattung des Arbeitsplatzes dem Vergleich mit Kanzleien und Unternehmen in der Regel nicht standhalten.

Was im Einzelnen den Reiz der Tätigkeit als Jurist:in im Öffentlichen Dienst ausmacht, zeigen die Beiträge auf den folgenden Seiten. Das Kapitel gibt einen Überblick von klassischen Berufen in der Justiz über Tätigkeiten in Politik, Behörden und internationalen Organisationen bis hin zu solchen in Lehre und Forschung.

Berufsbilder in der Justiz

Die klassischen Berufsbilder als Staatsanwältin bzw. -anwalt und als Richter:in sind für viele nach wie vor interessante Optionen. Das eigenverantwortliche Arbeiten und die Vorzüge der Verbeamtung machen die Justiz zu einem beliebten Arbeitgeber.

Die Entscheidung für eine Tätigkeit als Richter:in oder als Staatsanwältin bzw. Staatsanwalt muss indes nicht unmittelbar nach dem Studium gefällt werden. Auch der Wechsel nach mehrjähriger Tätigkeit in einer Kanzlei ist gut möglich, da die anwaltliche Berufserfahrung eine wertvolle Qualifikation darstellt.

Mehr Informationen zu den Besonderheiten einer Karriere in der Justiz sowie wichtige Hinweise zum Wechsel zwischen Staatsdienst und Wirtschaft finden sich im Kapitel „Einstieg und Karriere“ ab Seite 165.

Richter:in

von Dr. Olaf Weber

Formale Voraussetzungen: Befähigung zum Richteramt (§ 5 DRiG); deutsche Staatsangehörigkeit; Bewerber:innen mit zwei vollbefriedigenden Examina haben beste Aussichten; teilweise liegen die geforderten Noten nur noch bei 7 Punkten. In der Fachgerichtsbarkeit sind die Anforderungen oft noch etwas höher.

Persönliche Qualifikation: Pragmatismus, soziale, kommunikative und psychologische Fähigkeiten, Stresstoleranz, Eigenständigkeit. Erfahrungen der Anwaltschaft helfen. Nicht unbedingt notwendig, aber auch nicht schädlich, sind eine Promotion oder Auslandserfahrung.

Einstiegsgehalt: abhängig vom Bundesland, dem Dienstalter und der Familiensituation

Aufstiegsmöglichkeiten: Es gibt nur eine begrenzte Anzahl von Beförderungsstellen, die, wenn überhaupt, meist erst nach Jahren im Dienst und einer Erprobung an einem Obergericht erreichbar werden. Verwaltungserfahrung oder Abordnungen an ein Obergericht helfen.

Besonderheiten: persönliche und sachliche Unabhängigkeit; Jobsicherheit (Lebenszeitrichter:innen können in der Regel nicht gegen ihren Willen versetzt oder entlassen werden); Vereinbarkeit von Beruf und Familie (flexible Arbeitszeiten, Elternzeit kein Problem)

Rechtliche Grundlagen der richterlichen Tätigkeit

Die rechtsprechende Gewalt ist gemäß Art. 92 GG den Richter:innen anvertraut. Diese sind nach Art. 97 Abs. 1 GG und § 25 DRiG unabhängig und nur dem Gesetz unterworfen. Diese infolge des Gewaltenteilungs- und Rechtsstaatsprinzips stark abgesicherte richterliche Unabhängigkeit verbietet jede Art von Einflussnahme auf richterliche Entscheidungen durch Behörden – etwa durch Gerichtsvorstände, Justizministerien oder die Dienstaufsicht. Auch persönlich sind sie unabhängig, also grundsätzlich unkündbar und nur vor der Lebenszeitverbeamtung gegen ihren Willen versetzbar. Eine Suspendierung ist nur in absoluten Ausnahmefällen und nur durch das Richterdienstgericht möglich.

Richter:innen stehen in einem öffentlich-rechtlichen Dienstverhältnis eigener Art, das sich aus Normen des Grundgesetzes, des DRiG und den Landesrichtergesetzen definiert; es ist oft an Beamtenrecht angelehnt. Sie sind aber anders als Beamt:innen im Bereich richterlicher Tätigkeit an keinerlei Weisungen, sondern nur an das Gesetz gebunden. Das führt zu einer äußerst begrenzten Dienstaufsicht. Bei spruchrichterlicher Tätigkeit sind sie haftungsprivilegiert. Bei anderen Tätigkeiten, etwa in der freiwilligen Gerichtsbarkeit, sind Haftungsfälle selten, aber möglich.

Richter:innen sind weder an Arbeitszeiten gebunden, noch besteht Präsenzpflicht am Gericht. Sie können sich ihre Zeit einteilen und Urteile zum Beispiel sonntags zu Hause schreiben. Höhere Anforderungen an schnelle richterliche Eilentscheidungen, der verstärkte Einsatz von EDV, der notwendige Kontakt zur Geschäftsstelle und – je nach Einsatzgebiet – die telefonische Erreichbarkeit für Anwält:innen oder die Polizei führen aber praktisch zu höheren Präsenzzeiten. Nebentätigkeiten sind wegen der besonderen Neutralitätspflicht nur eingeschränkt möglich. Das jährliche Arbeitspensum wird durch das Präsidium im Geschäftsverteilungsplan ex ante festgelegt; praktisch verteilen die Präsidien die Dezernate oft nach einem Bewertungssystem (Pebb§y), um alle gleich zu behandeln.

Einstellungsverfahren und Probezeit

Das Einstellungsverfahren ist je nach Bundesland teils bei den Oberlandesgerichten, teils bei den Justizministerien, teils bei besonderen Ausschüssen angesiedelt. Auch die Einstellungsverfahren sind unterschiedlich geregelt. Geeignete Kandidat:innen werden in den meisten Ländern ganzjährig und nicht nur nach Ausschreibungen in eine Liste aufgenommen und bei Bedarf zu Vorstellungsgesprächen geladen, an denen das jeweilige Obergericht, das Justizministerium und die Personalvertretung (des Hauptrichterrats) teilnehmen.

Der Ernennung zur Richterin oder zum Richter auf Probe durch das Justizministerium oder das Landeskabinett geht teilweise eine Wahl durch einen Richterwahlausschuss voraus, dem Vertreter:innen der Landesregierung, des Landesparlaments sowie der Richter- und Anwaltschaft angehören können. Die Ernennung zum oder zur Richter:in auf Lebenszeit erfolgt in der Regel nach drei oder vier Jahren. Eine vorangegangene Tätigkeit, etwa als Rechtsanwalt, kann nach § 10 Abs. 2 DRiG auf die Probezeit angerechnet werden. Während der Probezeit werden die Richter:innen auf Probe regelmäßig in verschiedenen Gerichtsbarkeiten und oft auch bei der Staatsanwaltschaft eingesetzt. Neben dem direkten Einstieg in die Justiz gibt es auch den indirekten Weg über die Verwaltung. Vor allem Finanzrichter:innen werden oft aus den Reihen der Finanzverwaltung rekrutiert.

Arbeitsbelastung

Junge Richter:innen erwartet in den ersten Monaten erfahrungsgemäß eine hohe bis sehr hohe Arbeitsbelastung. Das zu übernehmende Dezernat war oft eine Zeit lang vakant, und Einsteiger:innen erhalten genauso viele neue Akten im Monat wie eingearbeitete Richter:innen. 60 bis 70 Stunden pro Woche sind gleichwohl nicht die Regel. Sobald sie sich mit der Arbeitsweise, den maßgeblichen Rechtsgebieten sowie ihrem Aktenbestand vertraut gemacht haben, tritt meist eine spürbare Normalisierung ein.

Die schiere Zahl der Akten erfordert immer eine Priorisierung: Aus Zeitgründen ist es unmöglich, viel Arbeitszeit in Standardfälle wie im Strafbereich zum Beispiel einen einfachen Diebstahl zu stecken; gleichwohl müssen die Fälle angemessen gelöst werden, denn es geht immer um die Menschen dahinter. Und das Opfer des Diebstahls wird es nicht goutieren, wenn sein Fall „einfach so“ eingestellt wird. Bei anderen Delikten, etwa bei einer fahrlässigen Tötung, gilt das umso mehr. Und Haftsachen wollen unmittelbar vollständig erledigt werden. Im Zivilrecht nützt ein feingeschliffenes 60-Seiten-Urteil den Parteien nichts, wenn es den akuten Nachbarschaftsstreit erst nach fünf Jahren entscheidet; aber es nützt auch ein inhaltlich wenig überzeigendes Urteil nach wenigen Wochen nichts, denn es vermag die Probleme der Beteiligten nicht befriedigend zu lösen. Diese Abwägung zwischen Masse, Tiefe und Geschwindigkeit ist wohl der größte Spagat im Beruf; sie halbwegs zu meistern, tägliche Aufgabe.

Aufgrund auch praktisch gut umsetzbarer Ansprüche auf Elternzeit, Teilzeittätigkeit oder mehrjährige Beurlaubung zur Kinderbetreuung erlaubt es die Tätigkeit dennoch, Beruf und Familie oder Freizeit in Einklang zu bringen. Von Vorteil ist hier die flexible Arbeitszeitgestaltung.

Arbeitsalltag

Die tägliche Arbeit besteht zunächst darin, die von der Geschäftsstelle täglich vorgelegten Akten zu bearbeiten. Diese „Dekretur" umfasst es, eingegangene Schriftsätze zu lesen, weiterzuleiten, Anträge zuzustellen oder Fristen zu bestimmen. Nach einer Einarbeitung in die Akten sind dann Termine zu bestimmen, zu denen Beteiligte geladen werden. Meist ein- oder zweimal die Woche sind dann die so terminierten Sitzungen zu leiten. Im Nachgang sind dann oft lange Entscheidungen, also Urteile oder Beschlüsse zu schreiben. Die täglichen prozessualen und materiellen Rechtsfragen werden mithilfe juristischer Kommentare und Datenbanken geklärt. Wichtig dabei ist ein praktisches Vorgehen, das – anders als an der Universität – vom Ende her denkt und nur die gerade relevanten Fragen beantwortet. Die Schwierigkeit ist es, die Zahl der gelösten Fälle und das rechtliche Niveau vertretbar auszubalancieren. Viele Richter:innen sind zudem im Bereich der Juristenausbildung engagiert, etwa indem sie Referendar:innen ausbilden oder Arbeitsgemeinschaften leiten.

Reiz der richterlichen Tätigkeit

Die Arbeit als Richter:in ist nicht nur anspruchs-, sondern auch verantwortungsvoll. Häufig geht es nicht nur um komplizierte Sachverhalte und Rechtsfragen, sondern um Auswirkungen auf das Leben echter Menschen. Die Tätigkeit ist abwechslungsreich und vielfältig. Als Richter:in arbeitet man mit einem hohen Maß an Unabhängigkeit und Selbstständigkeit. Man ist in keinerlei Hierarchien eingebunden – auch in der Kammer sind alle Stimmen gleich –, wohl aber in eine Organisation. Nach der Ernennung auf Lebenszeit kommen die Unkündbarkeit und Unversetzbarkeit dazu. Mögliche Nebentätigkeiten sind wissenschaftliche Veröffentlichungen, Lehraufträge an der Universität oder eine Prüfertätigkeit im Juristischen Staatsexamen; lukrative Tätigkeiten wie Gutachten oder Rechtsberatung scheiden dagegen aus.

Zu sozialromantisch sollte man die Arbeit indes nicht sehen, wie auch eine aktuelle Debatte zeigt: Denn Qualität und Quantität der Arbeit sind immer gegeneinander abzuwägen. Die wahrscheinlich wichtigste Eigenschaft ist es daher, wesentliche und unwesentliche Fragen voneinander zu scheiden und entsprechend unterschiedlich zu behandeln, um sowohl den Rechtsuchenden gerecht zu werden als auch das Dezernat zu beherrschen. Es geht darum, die Idee des Rechtsstaats umzusetzen, und zwar nicht abstrakt am grünen Tisch der Universität oder des Verfassungsgerichts, sondern im echten Leben unter den Widrigkeiten der Praxis mit ihrer Arbeitsbelastung, den eingeschränkten Möglichkeiten zum Erkenntnisgewinn und den Realitäten der Ökonomie.

Einsteiger:in im ersten Jahr, Besoldungsgruppe R1 (z. B. Staatsanwalt/-anwältin, Richter:in am Amtsgericht, Richter:in am Landgericht), ledig	4.819,92 Euro
Berufsträger:in im 10. Jahr, Besoldungsgruppe R1 (z. B. Staatsanwalt/-anwältin, Richter:in am Amtsgericht, Richter:in am Landgericht), verh., 2 Ki.	7.472,67 Euro
Berufsträger:in nach Beförderung im 20. Jahr, Besoldungsgruppe R2 (z. B. Oberstaatsanwalt/-anwältin, Vorsitzende:r Richter:in am Landgericht), verh., 2 Ki.	8.300,62 Euro
Berufsträger:in in Endstufe, Besoldungsgruppe R1 (z. B. Staatsanwalt/-anwältin, Richter:in am Amtsgericht, Richter:in am Landgericht), verh., 2 Ki.	7.907,30 Euro
Berufsträger:in nach Beförderung in Endstufe, Besoldungsgruppe R2 (z. B. Oberstaatsanwalt/-anwältin, Vorsitzende:r Richter:in am Landgericht), verh., 2 Ki.	8.582,85 Euro

Musterfälle R-Besoldung, exemplarisch: Baden-Württemberg,
Quelle: Deutscher Richterbund, www.richterbesoldung.de

Notar:in

von Dr. Damian Wolfgang Najdecki

Formale Voraussetzungen: im Hauptberuf dreijähriger Vorbereitungsdienst als Notarassessor:in; im Nebenberuf (Anwaltsnotar:in) neben einer allgemeinen und örtlichen Wartezeit das Bestehen einer notariellen Fachprüfung

Persönliche Qualifikation: Unabhängigkeit, Unparteilichkeit, Verschwiegenheit, Freude am Umgang mit Menschen, Organisationsgeschick und herausragende Noten im Zweiten Staatsexamen; bei Anwaltsnotaren zusätzlich sehr gute Ergebnisse in der notariellen Fachprüfung

Einstiegsgehalt: Das Notarassessorengehalt entspricht einer Richterbesoldung der Stufe R 1. Notar:innen fließen die nach dem GNotKG vorgeschriebenen Gebühren zu.

Aufstiegsmöglichkeiten: keine Aufstiegsmöglichkeiten im klassischen Sinne; sofortige Ausstattung mit voller Amtsgewalt und Personalverantwortung

Besonderheiten: gute Vereinbarkeit mit Familie und wissenschaftlicher Lehr- sowie Publikationstätigkeit

Weitere Informationen: www.bnotk.de sowie Websites der Landesnotarkammern

Aufgaben von Notar:innen

Notar:innen sind als Träger:innen eines öffentlichen Amts in der staatlichen vorsorgenden Rechtspflege tätig. In der Funktion als kompetente, unparteiische und unabhängige Betreuer:innen aller Beteiligten erforschen sie den Sachverhalt sowie die Interessen und Wünsche der Vertragsparteien. Anders als Richter:innen, die tätig werden, wenn Streit entstanden ist, wirken Notar:innen im Vorfeld und streitvermeidend. Ihre Urkunden haben eine hohe Beweiskraft und sind häufig Vollstreckungstitel.

Zu den Hauptaufgaben zählen die Beratung, Vertragsgestaltung und Beurkundung auf dem Gebiet des Gesellschafts-, Familien-, Erb- und natürlich des Sachenrechts. Neben der Mitwirkung bei Immobilientransaktionen oder dem Abschluss von Eheverträgen und Scheidungsvereinbarungen sind sie Ansprechpartner:innen bei der Gestaltung von Testamenten, Erbverträgen, Nachlassverzeichnissen und Vorsorgevollmachten. Notar:innen sind Hoheitsträger:innen und Garanten einer funktionierenden vorsorgenden Rechtspflege, was gerade die Covid-19-Pandemie unter Beweis gestellt hat. Sie leisten aufgrund ihrer neutralen und sachkundigen Beratung beim Erwerb von Grundstücken, bei der Gründung und Umwandlung von Gesellschaften aller Art sowie bei der Übertragung von Gesellschaftsbeteiligungen einen wichtigen Beitrag für das Funktionieren des Gemeinwesens. So können sich die für das Grundbuch- und Handelsregister zuständigen Stellen bei den Amtsgerichten auf die Richtigkeit der notariellen Urkunden verlassen. Gerade deren elektronische Übermittlung an das Handelsregister, verbunden mit der vorherigen Verarbeitung der für das Register relevanten Daten, beschleunigt die Eintragung deutlich. Neben Präsenzbeurkundungen wird von den Notar:innen im Bereich des Gesellschaftsrechts ein Online-Verfahren angeboten und umgesetzt. Unterstützt werden alle deutschen Notar:innen durch das in Würzburg ansässige Deutsche Notarinstitut.

Hauptberufliche Notar:innen und Anwaltsnotar:innen

In Deutschland gibt es neben hauptberuflichen Notar:innen auch Anwaltsnotar:innen, die neben ihrer Tätigkeit als Rechtsanwält:innen zugleich das Notaramt ausüben. Zum Teil aufgrund historischer Entwicklungen sind hauptberufliche Notar:innen in ca. zwei Dritteln der Bundesländer tätig (siehe Grafik auf Seite 34). Um zum oder zur hauptberuflichen Notar:in ernannt zu werden, muss man einen dreijährigen Anwärterdienst als Notarassessor ableisten, der auf das Amt des Notars oder der Notarin umfassend vorbereitet. Nähere Informationen zum Bewerbungsverfahren sind auf den Internetauftritten der Landesjustizministerien zu finden. Voraussetzung für die Übernahme in den Anwärterdienst ist ein herausragendes Examensergebnis. In Bayern wird z. B. lediglich jeweils Absolvent:innen mit einem Ergebnis von mindestens 11,50 Punkten („gut") in der Zweiten Juristischen Staatsprüfung die Einstellung in den Notardienst angeboten. Notarassessor:innen stehen in einem öffentlich-rechtlichen Dienstverhältnis zum Staat. Sie werden erfahrenen Notar:innen zugeteilt, bei denen sie sich die komplexen, für den Notarberuf nötigen Fachkenntnisse aneignen können. Zudem erhalten Notarassessor:innen Gelegenheit zur Teilnahme an zahlreichen Fortbildungsveranstaltungen. Bereits nach einer kurzen Einarbeitungszeit werden durch die Übernahme von Notarvertretungen wertvolle Erfahrungen gesammelt.

Um sich für das Amt als Anwaltsnotar:in zu bewerben, müssen Rechtsanwält:innen mindestens fünf Jahre zugelassen und seit drei Jahren an dem Ort, wo sie als Anwaltsnotar:innen amtieren möchten, hauptberuflich als Rechtsanwält:innen tätig sein. Neben einer Wartezeit ist das Bestehen einer bundeseinheitlichen notariellen Fachprüfung Voraussetzung für die Ernennung zum Anwaltsnotar oder zur Anwaltsnotarin. Die Prüfung besteht aus vier fünfstündigen Klausuren und einer mündlichen Prüfung. Für die Bestenauslese sind die Note in der notariellen Fachprüfung zu 60 Prozent und die Note in der Zweiten Juristischen Staatsprüfung zu 40 Prozent ausschlaggebend. Eine Statistik über die letzten Prüfungsergebnisse ist beim Prüfungsamt für die notarielle Fachprüfung zu finden (www.pruefungsamt-bnotk.de).

Zusatzqualifikationen

Zwar sind Fremdsprachen keine notwendige Voraussetzung für den Notarberuf. Sie sind jedoch von erheblichem Vorteil, da man vielfach mit der Beurkundung in englischer oder einer anderen Sprache konfrontiert ist. Aufgrund des zunehmenden elektronischen Rechtsverkehrs, insbesondere im Online-Verfahren, sollte grundsätzlich keine Abneigung gegen den technischen Fortschritt und gegen den Umgang mit Computern bestehen. Notar:innen leisten einen wichtigen Beitrag bei der Digitalisierung der Justiz. Die Sicherheit der digitalen Verfahren steht dabei im Vordergrund.

Reiz der Tätigkeit als Notar:in

Entgegen der teilweise anzutreffenden Ansicht ist der Notarberuf spannend und abwechslungsreich. Die Tätigkeit zeichnet sich durch den Kontakt mit zahlreichen unterschiedlichen Menschen aus. Dabei befassen sich Notar:innen nicht nur mit verschiedenen juristischen Fragestellungen und Problemen, sondern hat zugleich die Möglichkeit, durch interessante Vertragsgestaltungen, insbesondere im Familien- und Erbrecht sowie Handels- und Gesellschaftsrecht, Mandanten zu helfen und diese bei wichtigen Fragstellungen zu unterstützen. Als unparteiische Träger:innen hoheitlicher Gewalt haben der Notar:innen ferner Gelegenheit, unerfahrene oder juristisch schlecht beratene Vertragsbeteiligte vor nachteiligen oder gar sittenwidrigen Vereinbarungen zu schützen. Das Vorlesen der Urkunde ist ein wichtiger Bestandteil der notariellen Tätigkeit, auch im Online-Verfahren. Während der Beurkundung ergeben sich zahlreiche Fragestellungen und interessante Diskussionen, was die Qualität der geschlossenen Vereinbarungen sichert und Gelegenheit zu der gesetzlich vorgeschriebenen Aufklärung und Beratung gibt. Wem die Vorstellung unangenehm ist, vorzulesen und dabei komplexe juristische Zusammenhänge im Auge zu behalten und zu lösen, der sollte sich besser nicht für den Notarberuf entscheiden. Den täglichen Kontakt mit Menschen sollten künftige Notar:innen nicht scheuen, da dieser ein Charakteristikum der Tätigkeit darstellt. Der größte Reiz des Notarberufs liegt in der Unabhängigkeit. Bei der Gestaltung seiner Urkunden unterliegt man keinen Weisungen von Aufsichtsbehörden, sondern allein der Bindung an Recht und Gesetz. Notar:innen üben zwar ein öffentliches Amt aus, jedoch außerhalb der Organisation des Staates. Die notarielle Tätigkeit wird auch attraktiv durch die unternehmerisch-organisatorische Herausforderung, die eigene Geschäftsstelle zu unterhalten, einschließlich der Verantwortlichkeit für das eigene Personal. Wer die fachlichen Voraussetzungen erfüllt, sollte sich auf jeden Fall eingehend mit dem Gedanken auseinandersetzen, die Notarlaufbahn einzuschlagen.

Formen des Notariats in Deutschland,
Quelle: www.bnotk.de/Notar/Notariatsverfassungen/index.php

Staatsanwältin/Staatsanwalt

von Dr. Florian Ruhs

Formale Voraussetzungen: weit überdurchschnittliche Examensergebnisse (abhängig vom Bundesland), deutsche Staatsangehörigkeit, Nachweis der Verfassungstreue, Einhaltung der gesetzlichen Altersgrenzen nach landesrechtlichen Vorschriften, charakterliche und gesundheitliche Eignung

Persönliche Qualifikation: Entscheidungsfreude, Belastbarkeit, Durchsetzungsvermögen, Sozialkompetenz, Konfliktfähigkeit, Flexibilität

Einstiegsgehalt: R1-Besoldung (abhängig vom Bundesland, dem Dienstalter, der familiären Situation sowie dem Standort)

Aufstiegsmöglichkeiten: Staatsanwalt/-anwältin als Gruppenleiter:in, Oberstaatsanwalt/-anwältin, Leitende/r Oberstaatsanwalt/-anwältin, Generalstaatsanwalt/-anwältin

Besonderheiten: persönliche Unabhängigkeit, Vereinbarkeit von Beruf und Familie, sicherer Arbeitsplatz, Wechsel zwischen Staatsanwaltschaft und Gericht möglich (abhängig vom Bundesland)

Das Berufsbild von Staatsanwält:innen ist im Allgemeinen geprägt vom allabendlichen Fernsehprogramm. Dort treten regelmäßig markige Charakterköpfe in Erscheinung, die die Polizei und deren Ermittlungen in die rechtlichen Schranken zu weisen versuchen; etwa Staatsanwältin Wilhelmine Klemm, die im Münsteraner Tatort mit sonorer Stimme Prof. Dr. Dr. Boerne und Kriminalhauptkommissar Thiel durch Mordermittlungen führt, sich mit ihnen bei einem Glas Wein über den Stand der Ermittlungen austauscht und bisweilen selbst dabei ist, wenn die Beschuldigten ihrer Taten überführt werden. Wenig davon hat mit der tatsächlichen Realität und der täglichen Arbeit gemein, wobei bei all der medialen Verzerrung allerdings festzuhalten bleibt, dass die Tätigkeit bei den Strafverfolgungsbehörden stets unglaublich spannend, abwechslungsreich und dynamisch ist.

Aufgaben von Staatsanwält:innen

Die Staatsanwaltschaft ist die „Herrin des Ermittlungsverfahrens". Die einzelnen Staatsanwält:innen sind insofern letztverantwortlich für die Ermittlungen der ihnen zugeordneten Fälle, die ihnen von der Polizei aufbereitet und zugearbeitet werden. Hierbei stehen sie in engem Austausch mit den Polizeibeamt:innen und beraten, welche weiteren Ermittlungsmaßnahmen erforderlich und sinnvoll sein können, wobei man stets das rechtliche Korsett, welches die Strafprozessordnung vorgibt, zu beachten hat. Sind die Ermittlungen abgeschlossen, haben die Staatsanwält:innen unter der Gesamtwürdigung des Ermittlungsergebnisses zu entscheiden, ob die Tat mit den zur Verfügung stehenden Beweismitteln einem Nachweis zugeführt werden kann und ob die rechtlichen Voraussetzungen des jeweils einschlägigen Straftatbestandes vorliegen.

Ferner ist hernach zu entscheiden, ob es erforderlich ist, Anklage zu erheben, oder ob es im Einzelfall sinnvoll sein kann, das Strafverfahren (z. B. gegen Zahlung einer Geldauflage) aus Opportunitätsgründen einzustellen.

Staatsanwält:innen sind im Rahmen dieser Entscheidungskompetenz frei und kraft ihres beim Amtsantritt geleisteten Eides nur Recht und Gesetz verpflichtet, wenngleich sie in eine Behördenhierarchie eingebettet sind und insoweit in Teilen weisungsgebunden zu handeln haben.

Nach Anklageerhebung obliegt es den Staatsanwält:innen in der Hauptverhandlung, diese zu vertreten. Dies beginnt mit dem Verlesen der Anklage. Während der Sitzung und der dort durchzuführenden Beweisaufnahme ist es die Aufgabe der Staatsanwält:innen, zu prüfen, ob sich die Tatvorwürfe bestätigen lassen oder ob vernünftige Zweifel an der Schuld des oder der Angeklagten zurückbleiben. Hierbei fungieren die Staatsanwält:innen auch als Kontroll- und Überprüfungsinstanz des durch die Hauptverhandlung leitenden Gerichts. Das Ergebnis dieses abwägenden Prozesses wird in einem Plädoyer zusammengeführt, in dem die Staatsanwält:innen ihre Auffassung hinsichtlich der Beweis- und Rechtslage darlegen und letztlich dem Gericht einen Sanktionsvorschlag unterbreiten.

Kommt es zu einer Verurteilung, ist es außerdem die Aufgabe der Staatsanwaltschaft, die Strafvollstreckung zu überwachen und zu begleiten, wenngleich diese Tätigkeit im Wesentlichen an Rechtspfleger:innen, die ebenfalls eine langjährige anspruchsvolle juristische Ausbildung zu absolvieren hatten, übertragen ist. Trotzdem bietet auch die Strafvollstreckung für Volljurist:innen ein spannendes, vor allem aber auch anspruchsvolles Betätigungsfeld.

Aufbau der Staatsanwaltschaft

Die Staatsanwaltschaft als solche ist behördlich strukturiert und folgt einer strengen Hierarchie, an deren Spitze der oder die sogenannte Leitende Oberstaatsanwalt/-anwältin steht. Dieser bzw. diesem übergeordnet ist die Generalstaatsanwaltschaft, die an den Oberlandesgerichten angesiedelt ist und ihrerseits vom Generalstaatsanwalt oder der Generalstaatsanwältin vertreten wird. An oberster Stelle stehen die jeweiligen Landesministerien der Justiz.

Innerhalb einer Staatsanwaltschaft ist die Struktur regional unterschiedlich und abhängig von der Größe der Behörde. Größere Staatsanwaltschaften sind geprägt durch Fachabteilungen, in denen sich die Kompetenzen zu spezifischen Strafrechtsgebieten bündeln (z. B. Jugend-, Wirtschafts-, Betäubungsmittel- oder Verkehrsabteilung). Diese Abteilungen werden in der Regel von Oberstaatsanwält:innen geleitet. In kleineren Staatsanwaltschaften, die keine klassische Abteilungsstruktur aufweisen, sind die Übergänge zu den Strafrechtsgebieten fließender, sodass einzelne Dezernent:innen mehrere Rechtsgebiete bedienen.

Formale Einstellungsvoraussetzungen und Entwicklungsmöglichkeiten

In Vorbereitung auf das Zweite Staatsexamen hat man während des Referendariats in aller Regel die Möglichkeit, bereits für mehrere Monate einer Staatsanwältin oder einem Staatsanwalt bei deren täglicher Arbeit über die Schulter zu schauen, als Sitzungsvertreter:in der Anklagebehörde aufzutreten und Strafakten zu bearbeiten. Um nach der Ausbildung die Tätigkeit als Staatsanwältin oder Staatsanwalt beginnen zu können, wird ein weit überdurchschnittliches Examensergebnis in der Zweiten Juristischen Prüfung vorausgesetzt, wobei die formalen Notengrenzen und Einstellungsvoraussetzungen in den Bundesländern hierbei in Teilen erheblich voneinander abweichen. Aufgrund des Fachkräftemangels und der anstehenden Pensionierungswelle ist perspektivisch insgesamt damit zu rechnen, dass die Einstiegshürden abgesenkt werden.

In manchen Bundesländern muss man sich nicht von vornherein für eine ausschließliche Tätigkeit als Staatsanwältin oder Staatsanwalt entscheiden. Vielmehr bewirbt man sich beim jeweiligen Landesministerium der Justiz für eine Laufbahn im Justizdienst und kann insofern als Richter:in oder Staatsanwältin bzw. Staatsanwalt beginnen; weitere Wechsel zwischen Staatsanwaltschaft und ordentlicher Gerichtsbarkeit sind diesem System immanent.

Während der Tätigkeit in der Justiz besteht ferner die Möglichkeit, sich befristet bei Landes- oder Bundesbehörden, bei nationalen oder europäischen Gerichten und Institutionen sowie sonstigen Behörden und Stellen (z. B. einer Justizvollzugsanstalt) abordnen zu lassen. Bei Interesse darf sich auch bei der Referendarsausbildung engagiert werden. Die Entfaltungsmöglichkeiten sind insofern nahezu unbegrenzt und zeitlich sowie örtlich flexibel.

Warum Strafverfolgung?

Die Arbeit bei der Staatsanwaltschaft ist eine Tätigkeit, die durch ihre Vielseitigkeit und Dynamik besticht. In der Regel bearbeitet man eine Vielzahl an kleinen Fällen, die schnell zu erledigen sind (z. B. Ladendiebstähle). Durch das zügige Durcharbeiten der Standardfälle schaffen sich Staatsanwält:innen Raum für die anspruchsvolleren Tatkomplexe, in denen in der Regel eine Vielzahl verschiedenster Ermittlungsmaßnahmen anzustoßen sind. Dabei kann es durch Initiative von Staatsanwält:innen zu verdeckten Ermittlungsmaßnahmen (z. B. Telekommunikationsüberwachung oder Observationen), aber auch zu Wohnungsdurchsuchungen bis hin zur Beantragung von Haftbefehlen kommen. Den Staatsanwält:innen steht es dabei im Rahmen der ihnen zur Verfügung stehenden Arbeitszeit regelmäßig frei, auch persönlich die polizeiliche Arbeit zu begleiten. Hierbei gewinnt man tiefe Einblicke in gesellschaftliche Schichten und Strukturen, die einem in anderen juristischen Berufsfeldern in aller Regel verschlossen bleiben.

Auch die Rechtsgebiete, in denen man sich bewegen darf, sind vielschichtig und bieten eine großes Entwicklungs- und Spezialisierungspotenzial. Materien wie das Jugendstrafrecht stehen dem Einzelnen ebenso offen wie Wirtschaftsstrafsachen oder die Strafverfolgung politischer Straftaten.

Besonders hervorzuheben ist der große Teamgeist, der in der Staatsanwaltschaft herrscht. Das gemeinsame Ziel der effektiven Strafverfolgung und Kriminalitätsbekämpfung vor Augen, ziehen die Staatsanwält:innen mit Begeisterung an einem Strang. Insbesondere beim Dienstbeginn, aber auch im weiteren Berufsalltag lebt die Staatsanwaltschaft davon, Spezialwissen untereinander zu teilen und gemeinsam pragmatische Lösungen zu erarbeiten.

Gleichzeitig ist die Tätigkeit von einem hohen Maß an Eigenverantwortung gekennzeichnet. Als einzelne Staatsanwältin bzw. einzelner Staatsanwalt prägt man mit Anordnungen grundrechtsinvasiver Eingriffsmaßnahmen und dem persönlichen Auftreten in der Hauptverhandlung das Außenbild der Justiz und das Vertrauen der Gesellschaft in den Rechtsstaat entscheidend mit. Dabei sollte man sich zu jeder Zeit bewusst sein, dass Entscheidungen, die man im Rahmen des Ermittlungsverfahrens oder nach dessen Abschluss trifft, für die einzelnen Beschuldigten von großer Tragweite sein können. Wenngleich es unter den Beschuldigten durchaus ein gewisse „Stammkundschaft" gibt, die mit den Gepflogenheiten der Strafverfolgung vertraut ist und sich bisweilen hiervon unbeeindruckt zeigt, treffen die strafprozessualen Maßnahmen regelmäßig auch solche Bürger:innen, die erstmals mit der Justiz in Kontakt treten und für die die Bürden eines Ermittlungsverfahrens erdrückend sein können.

Berufsbilder in Politik, Behörden und internationalen Organisationen

Ob in Ämtern, Ministerien oder auf internationalem Parkett in einer europäischen Institution – der Öffentliche Dienst hält eine Vielzahl interessanter Betätigungsfelder bereit.

Wer sich für eine Stelle im Bereich der öffentlichen Verwaltung oder in internationalen Organisationen interessiert, sollte jedoch bedenken, dass hier regelmäßig Versetzungen anstehen, was große Mobilität und Flexibilität erfordert. Der Lohn ist eine anspruchsvolle und abwechslungsreiche Tätigkeit in immer wieder neuen Fachgebieten.

Aufgrund der Fülle an Einsatzmöglichkeiten für Jurist:innen auf internationaler, aber auch auf Bundes-, Landes- und Kommunalebene können in diesem Kapitel nur einige exemplarische Berufsbilder überblicksartig dargestellt werden: Die folgenden Beiträge bieten Informationen zu juristischen Stellen in der Politik, im Bundeskartellamt, beim Bundesnachrichtendienst, im Bundesministerium der Justiz sowie in internationalen Organisationen.

Ergänzend bieten die Erfahrungsberichte ab Seite 209 detaillierte Einblicke in einzelne Berufsbilder. Ausführliche Informationen zum Bewerbungsprozess bei internationalen Organisationen finden sich ab Seite 202.

Bundesministerium der Justiz

von Clara Burkard

Formale Voraussetzungen: Befähigung zum Richteramt mit erheblich über dem Durchschnitt liegenden Examensergebnissen (für den höheren Dienst)

Einstiegsgehalt: in der Regel Grundgehalt der Besoldungsgruppe A 13 zzgl. Ministerialzulage

Besonderheiten: mehrstufiges Auswahlverfahren bei Neueinstellungen; Einstellung zunächst als Beamter/Beamtin auf Probe; Probezeit von einem Jahr bis zu drei Jahren; nach erfolgreichem Abschluss der Probezeit Ernennung auf Lebenszeit möglich; Möglichkeit vorübergehender Tätigkeit in anderen nationalen und internationalen Institutionen

Weitere Informationen: www.bmjv.de, Referat Z A 1 (Personal höherer Dienst)

Tätigkeitsbereiche des Bundesministeriums der Justiz

Das Bundesministerium der Justiz (BMJ) ist in erster Linie Gesetzgebungs- und Beratungsministerium. Es erarbeitet Gesetzes- und Verordnungsentwürfe im Bereich seiner Federführung, also im Wesentlichen für das bürgerliche Recht, das Handels- und Gesellschaftsrecht, den gewerblichen Rechtsschutz und das Urheberrecht, das Strafrecht und die Prozessrechte. Es wirkt außerdem bei Gesetzes- und Verordnungsentwürfen anderer Ressorts mit und achtet auf die Vereinbarkeit der Entwürfe mit der Verfassung und der Rechtsordnung insgesamt sowie auf eine einheitliche formale Gestaltung und eine möglichst klare Rechtssprache. Sowohl für die federführenden als auch über die in der Federführung anderer Ressorts „mitzuprüfenden" Bereiche wirken die Fachreferate an der Rechtsetzung auf EU-Ebene mit und vertreten in den jeweiligen Arbeitsgremien die Position der Bundesregierung. Weiterhin ist beim BMJ der Nationalen Normenkontrollrat angesiedelt, ein unabhängiges Gremium der Bundesregierung, das mit Bürokratieabbau und besserer Rechtssetzung befasst ist. Schließlich ist das BMJV auch in Verfahren vor dem Bundesverfassungsgericht beteiligt.

Einsatzmöglichkeiten für Jurist:innen

Der Anteil juristisch ausgebildeter Mitarbeiter:innen im BMJV ist hoch. Von den 940 Beschäftigten sind 385 Volljurist:innen. Davon sind etwa 29 Prozent nicht dauerhaft im BMJ beschäftigt, sondern für zwei bis drei Jahre aus der Justiz oder der Verwaltung der Länder an das BMJ abgeordnet. Sie sollen den Austausch der Regierungsarbeit mit der Praxis gewährleisten und nehmen während dieser Zeit die Aufgaben von Referent:innen in einem Ministerium wahr. Regelmäßig findet ein internes Auswahlverfahren für diejenigen abgeordneten Referent:innen statt, die dauerhaft an das BMJ versetzt werden möchten. Zusätzlich findet einmal im Jahr ein externes Auswahlverfahren statt. Teilweise arbeiten – allerdings zeitlich befristet – auch Jurist:innen mit Erstem Juristischen Staatsexamen im BMJ. Stellenangebote werden auf der Internetseite des BMJ veröffentlicht.

Überdurchschnittlich qualifizierten Rechtsreferendar:innen bietet das BMJ die Möglichkeit, im Rahmen des juristischen Vorbereitungsdienstes eine mindestens dreimonatige Ausbildungsstation abzuleisten. Bewerbungen hierfür sollten spätestens sechs Monate vor Beginn der Ausbildungsstation eingereicht werden.

Das BMJ ist wie jedes Bundesministerium hierarchisch gegliedert. An der Spitze steht der Bundesminister der Justiz. Er wirkt als Mitglied des Kabinetts an den Entscheidungen der Bundesregierung mit und trägt die politische Verantwortung für das Ressort. Zur Unterstützung stehen dem Minister ein Parlamentarischer Staatssekretär und eine beamtete Staatssekretärin zur Seite. Der Parlamentarische Staatssekretär pflegt die Verbindung zum Bundestag, zum Bundesrat und zu den politischen Parteien. Die beamtete Staatssekretärin vertritt den Minister als Leitung des Ministeriums nach innen und außen. Der Minister und die Staatssekretär:innen bilden die Hausleitung des Ministeriums.

Das Ministerium selbst gliedert sich in acht Abteilungen, diese wiederum in Unterabteilungen und Referate. In einer Abteilung werden jeweils sachlich zusammengehörige Aufgaben wahrgenommen. So gibt es zum Beispiel eine Abteilung für Rechtspflege, die sich unter anderem mit Prozessrecht, Richterrecht und Rechtsanwaltsrecht befasst, sowie eine Abteilung für Strafrecht, in der unter anderem materielles Strafrecht, Jugendstrafrecht und internationales Strafrecht bearbeitet werden. Die Leitung der Abteilung obliegt in der Regel einem politischen Beamten oder einer politischen Beamtin. Die Abteilungsleitung überwacht und koordiniert die Arbeiten innerhalb der Abteilung und sichert die wechselseitige Information zwischen Hausleitung und Abteilung. Die Referate sind als organisatorische Grundeinheit des Ministeriums die Träger der Sacharbeit und werden fast immer von Jurist:innen geleitet. Neben dem Einsatz in den Fachabteilungen unterstützen Jurist:innen auch die Verwaltungsaufgaben des Ministeriums wie die interne Organisation, Haushalt, Personal und Justiziariat.

Der Reiz der Tätigkeit

Die Arbeit im BMJ ist außerordentlich spannend für Jurist:innen mit breit gefächertem rechtlichem und politischem Interesse. Ihnen bietet sich die reizvolle Möglichkeit, die Rechtslage nicht – wie in den juristischen Tätigkeiten sonst üblich – nur anzuwenden und auszulegen, sondern an ihrer Fortentwicklung mitzuwirken und auch die politische Dimension von Rechtssetzungsvorhaben zu erleben – oft auch im Spannungsfeld verschiedener Interessen. Dabei können Referent:innen Themen ihrer Arbeitsbereiche häufig in den Nachrichten wiederfinden.

Referent:innen wechseln regelmäßig innerhalb der verschiedenen Referate und Abteilungen und haben so nicht nur die Gelegenheit, in unterschiedlichen Rechtsgebieten tätig zu werden, sondern auch, das Ministerium aus verschiedenen Blickwinkeln zu sehen. Hinzu kommen vielseitige Tätigkeiten: Referent:innen erarbeiten Entwürfe von Gesetzen und Verordnungen, prüfen die Entwürfe anderer Ministerien und verhandeln europäische oder internationale Rechtsakte. Daneben beantworten sie Rechtsfragen der Hausleitung, anderer Ressorts, von Mitgliedern des Deutschen Bundestags und von Bürger:innen zu den inhaltlichen Themen. Sie schreiben Informationspapiere, interne Vermerke und Reden, sie bereiten Gespräche mit den verschiedensten Interessengruppen und mit an Gesetzgebungsverfahren Beteiligten vor oder führen diese Gespräche im Rahmen der Vorbereitung von Gesetzgebungsakten selbst. Die Betreuung der Gesetzgebungsverfahren des Hauses bedeutet, dass Referent:innen neben der Erarbeitung der Entwürfe auch für diese gegenüber den anderen Ministerien und weiteren Beteiligten werben und streiten müssen, damit sie vom politischen Willen der gesamten Bundesregierung getragen und schließlich vom Deutschen Bundestag und unter Mitwirkung des Bundesrats beschlossen werden, um tatsächlich als Gesetz oder Verordnung in Kraft zu treten.

In vielen Referaten kommt neben der Unterstützung der nationalen Gesetzgebungstätigkeit heute auch die Verhandlung europäischer Rechtsakte hinzu. Referent:innen haben hier nicht nur die Position der Bundesregierung zum jeweiligen Thema in Abstimmung mit den anderen Ministerien zu erarbeiten, sondern diese auch aktiv in den EU-Gremien zu vertreten. Dementsprechend sind aktive Englischkenntnisse und mindestens passive Französischkenntnisse unverzichtbar; dasselbe gilt für die Fähigkeit, Botschaften klar zu transportieren und die eigenen Zuständigkeiten und Positionen darzustellen. Schließlich führt das BMJ auch die Fachaufsicht über die Gerichte und Behörden in seinem Geschäftsbereich. Die Tätigkeit im BMJ eröffnet daher nicht nur große Gestaltungsmöglichkeiten, sondern ist auch sehr kommunikativ. Referent:innen im BMJ sind im permanenten Gespräch mit ihren „Spiegel"-Kolleg:innen aus anderen Bundesministerien, aus den Landesjustizverwaltungen, den EU-Kommissionsdienststellen, aus anderen EU-Mitgliedstaaten und mit Vertretern von Verbänden und Unternehmen. Sie vertreten das BMJ in Ausschuss-Sitzungen im Bundesrat, im Bundestag, bei der EU-Kommission und im Rat der Europäischen Union. Innerhalb des BMJ arbeiten Referent:innen in einem aufgeschlossenen und kollegialen Arbeitsumfeld, größtenteils in Referaten mit ein bis vier Referent:innen.

Personalstruktur im Bundesministerium der Justiz und für Verbraucherschutz

Im BMJ arbeiten derzeit 385 Volljurist:innen (190 Frauen und 195 Männer). Davon sind 111 Richter:innen, Staatsanwält:innen sowie andere Beamt:innen der Bundesländer oder der Behörden des Geschäftsbereichs, die für eine begrenzte Zeit an das BMJ abgeordnet sind. Umgekehrt ordnet das BMJ regelmäßig Mitarbeiter:innen an andere Ressorts oder Institutionen ab. So sind einige Mitarbeiter:innen beispielsweise auf Zeit bei der Europäischen Kommission oder dem Europäischen Gerichtshof, beim Auswärtigen Amt in den Ständigen Vertretungen Deutschlands (bei der EU in Brüssel, den Vereinten Nationen in Genf oder dem Europarat in Straßburg), am Bundesgerichtshof, Bundesverfassungsgericht oder für den Generalbundesanwalt tätig.

Gleit- und Teilzeitmöglichkeiten erleichtern die Vereinbarkeit von Familie und Beruf. Die Interessen der Mitarbeiter:innen werden durch einen Personalrat, die Gleichstellungsbeauftragte und die Vertrauensperson für schwerbehinderte Menschen vertreten. Seit dem Umzug der Bundesregierung von Bonn nach Berlin im Jahr 1999 sind die meisten Bediensteten am Hauptsitz des Ministeriums in der Nähe des Berliner Gendarmenmarkts tätig.

Bundeskartellamt

von Kay Weidner

Formale Voraussetzungen: Die Voraussetzungen für eine Verbeamtung nach dem Bundesbeamtengesetz müssen gegeben sein (www.gesetze-im-internet.de/bbg_2009/__7.html).

Persönliche Qualifikationen: hervorragende Examina, ausgeprägtes Interesse für wettbewerbspolitische Aufgaben und die interdisziplinäre Arbeit zwischen Ökonomie und Jura, Leistungsbereitschaft sowie Flexibilität und Belastbarkeit, überzeugendes Auftreten, kommunikative und kooperative Fähigkeiten, selbstständiges Handeln, hervorragende Ausdrucksweise in deutscher Sprache, sehr gute Englischkenntnisse (weitere Fremdsprachen sind von Vorteil), gute EDV-Kenntnisse, ausgeprägte Team- und Konfliktfähigkeit, Kenntnisse im Kartellrecht, Wirtschaftsstraf- und Wirtschaftsverwaltungsrecht, Strafverfahrensrecht o. ä. sind von Vorteil.

Einstiegsgehalt: Tarifbeschäftigte:r nach Entgeltgruppe 13 TVöD. Eine Übernahme in das Beamtenverhältnis ist vorgesehen.

Karrieremöglichkeiten: im Rahmen der Bundeslaufbahnverordnung und der internen Beförderungsgrundsätze in einer Bundesoberbehörde

Besonderheiten: interessante, interdisziplinäre Aufgaben, hohes Maß an Selbstständigkeit und entscheidungsorientierter Arbeit, internationaler Bezug

Weitere Informationen: www.bundeskartellamt.de

Tätigkeit und Aufgaben

Volljurist:innen erwartet im Bundeskartellamt eine Vielzahl von interessanten Aufgaben. Die neuen Mitarbeiter:innen erfahren vom ersten Tag an ein hohes Maß an selbstständigem und entscheidungsorientiertem Arbeiten. Die Tätigkeiten haben fast immer einen ausgeprägten internationalen Bezug. Gesprächspartner:innen sind Führungskräfte der Wirtschaft, Angehörige anderer Behörden sowie der Anwaltschaft aus dem In- und Ausland sowie Persönlichkeiten aus Wissenschaft und Politik. Das Bundeskartellamt ist eine selbstständige Bundesbehörde im Geschäftsbereich des Bundesministeriums für Wirtschaft und Klimaschutz. Für die Behörde sind ca. 450 Beschäftigte am Dienstort Bonn tätig, davon rund die Hälfte mit rechts- bzw. wirtschaftswissenschaftlicher Ausbildung. Aufgabe des Bundeskartellamts ist die Sicherung des Wettbewerbs in Anwendung und Durchsetzung des Gesetzes gegen Wettbewerbsbeschränkungen (GWB). Zu den Instrumenten gehören im Einzelnen die Durchsetzung des Kartellverbots, die Fusionskontrolle, die Missbrauchsaufsicht über marktbeherrschende Unternehmen, der Verbraucherschutz und die Überprüfung der Vergabe öffentlicher Aufträge. Entscheidungen treffen in diesen Fällen die insgesamt 13 Beschlussabteilungen des Bundeskartellamts (in Vergabenachprüfungsverfahren die zwei Vergabekammern des Bundes). Das Wettbewerbsregister ermöglicht es öffentlichen Auftraggebern, bundesweit nachzuprüfen, ob ein Unternehmen wegen bestimmter Wirtschaftsdelikte von Vergabeverfahren der öffentlichen Hand auszuschließen ist oder ausgeschlossen werden kann. Die Grundsatzabteilung berät die Beschlussabteilungen in speziellen kartellrechtlichen und ökonomischen Fragen, vertritt das Bundeskartellamt in den Entscheidungsgremien der Europäischen Union, begleitet wettbewerbsrelevante Gesetzesreformen auf nationaler und europäischer Ebene und koordiniert die Zusammenarbeit des Amts mit ausländischen Wettbewerbsbehörden sowie internationalen Organisationen. Sie betreibt die Presse- und Öffentlichkeitsarbeit und unterstützt den Präsidenten des Bundeskartellamts. Die Sonderkommission Kartellbekämpfung unterstützt die Beschlussabteilungen bei der Vorbereitung, Durchführung und Auswertung von Durchsuchungsaktionen im Rahmen von Kartellverfahren. Sie ist zudem Ansprechpartnerin für Unternehmen, die im Rahmen der Kartellverfolgung einen Kronzeugenantrag stellen wollen. Daneben berät die Prozessabteilung das Amt in juristischen Fragen, begleitet gerichtliche Beschwerdeverfahren vor dem OLG Düsseldorf und vertritt das Bundeskartellamt vor dem BGH in Karlsruhe.

Bewerbung und Ausbildung

Freie Stellen für Volljurist:innen werden regelmäßig ausgeschrieben. Die Auswahl erfolgt in einem eintägigen Assessment-Center; dabei gilt es, u. a. zu ordnungspolitischen und anderen Themen Aufsätze zu schreiben sowie verschiedene Gespräche zu führen. Die Tätigkeit im Bundeskartellamt wird danach in der Regel in einer der 13 Beschlussabteilungen als Referent:in begonnen. Sie bekommen nach ihrer Anstellung für eine sechsmonatige Probezeit zunächst eine fachliche Einführungsperson zur Seite gestellt, die oft einen wirtschaftswissenschaftlichen Hintergrund hat. Die neuen Beschäftigten werden schnell mit der selbstständigen Bearbeitung von Fällen aus den verschiedenen Aufgabenbereichen des Amts – Kartellbekämpfung, Missbrauchsaufsicht, Fusionskontrolle, Verbraucherschutz und Vergaberecht – betraut. Marktermittlungen, Schriftsätze, juristische und ökonomische Bewertungen, Termine mit hochrangigen Wirtschaftsvertreter:innen und Rechtsanwält:innen sowie die Entscheidungsfindung erfolgen in Zusammenarbeit mit der Einführungsperson sowie anderen Kolleg:innen. Nach sechsmonatiger Probezeit kann man bei entsprechenden Voraussetzungen in das Beamtenverhältnis übernommen werden.

Weiterer Karriereverlauf

Üblicherweise verbleiben die Mitarbeiter:innen insgesamt etwa eineinhalb Jahre in der Beschlussabteilung. Danach besteht die Möglichkeit, die Karriere als Referent:in in der Grundsatzabteilung, der Prozessabteilung (einschließlich der Sonderkommission Kartellbekämpfung), dem Wettbewerbsregister oder der Zentralabteilung des Hauses fortzusetzen. Üblicherweise folgt danach wieder die Tätigkeit in einer der Beschlussabteilungen oder einer der Vergabekammern des Bundes. Den Mitarbeitenden wird bei entsprechender Eignung die Funktion als Beisitzende:r übertragen. Damit einher geht dann die Verantwortlichkeit für einen bestimmten, nach Wirtschaftsbereichen ausgerichteten Zuständigkeitsbereich sowie die Möglichkeit, nun auch formell als Teil der Beschlussabteilung, im Verbund mit seinem/seiner Vorsitzenden und eine oder einem weiteren Beisitzenden, Entscheidungen zu treffen. Auch die weitere Karriere gewährt Einblicke in die unterschiedlichsten Wirtschaftsbereiche, da nach gewissen Zeiträumen weitere Wechsel zwischen den Abteilungen des Hauses erfolgen. Es besteht auch die Möglichkeit, ein Referat in der Grundsatz- bzw. der Prozessabteilung, der Sonderkommission Kartellbekämpfung, des Wettbewerbsregisters oder der Verwaltung zu leiten und damit Personalverantwortung zu übernehmen.

Bundesnachrichtendienst

Formale Voraussetzungen: abgeschlossenes Hochschulstudium und Referendariat (beide Examina sollten mit mindestens 6,5 Punkten abgelegt sein), deutsche Staatsangehörigkeit

Weitere Qualifikationen: gute Fremdsprachenkenntnisse in Englisch und nach Möglichkeit einer weiteren Fremdsprache, berufsbezogene Auslandserfahrung z.B. im Rahmen eines Praktikums oder einer Wahlstation, herausragende Kommunikationsfähigkeit und interkulturelle Kompetenz, ausgeprägtes Interesse an globalen politischen und wirtschaftlichen Entwicklungen

Einstieg/Karrieremöglichkeiten: Der Einstieg erfolgt in das Einstiegsamt der Laufbahn des höheren Dienstes; das Rotationsprinzip eröffnet die Möglichkeit, alle vier Jahre einen Verwendungswechsel anzustreben und u.a. auch abteilungsübergreifend eingesetzt zu werden. Auslandsverwendungen sind nach einer mehrjährigen Mitarbeit möglich.

Weitere Informationen: www.bundesnachrichtendienst.de

Details zur Bewerbung: www.karriere.bnd.de

Kontakt: per Mail unter jobs@bundesnachrichtendienst.de

Auftrag und Tätigkeitsbereiche

Der Bundesnachrichtendienst (BND) ist der Auslandsnachrichtendienst der Bundesrepublik Deutschland. Er bündelt auf Basis einer weltweiten Präsenz und der Einbindung in internationale Kooperationsstrukturen die politische, wirtschaftliche und militärische Auslandsaufklärung und stellt der Bundesregierung Informationen für ihre außen- und sicherheitspolitischen Entscheidungen zur Verfügung. Die größten Standorte des BND befinden sich in Berlin und Pullach bei München. Die neue Zentrale in Berlin Mitte wurde kürzlich bezogen.

Wer sich für den BND als Arbeitgeber interessiert, verlässt vertrautes berufliches Terrain. Gerade hierin liegen Reiz und Herausforderung einer Tätigkeit beim deutschen Auslandsnachrichtendienst, der bevorzugt auch Jurist:innen einstellt und ihnen neben der klassischen juristischen Tätigkeit berufliche Perspektiven außerhalb dieser Aufgabenfelder bietet.

Einstieg und Karrieremöglichkeiten

Üblicherweise beginnen Jurist:innen ihre Tätigkeit beim BND in einem für sie fachspezifischen, also überwiegend juristisch geprägten Bereich. Das kann das Justiziariat oder der Datenschutz sein; weitere typische Einstiegsbereiche finden sich beispielsweise in den Fachreferaten für Personalmanagement, Dienst- und Arbeitsrecht, sicherheitsrechtliche Fragen oder spezielle nachrichtendienstliche Rechtsthemen (z.B. die Anwendung des BND-Gesetzes).

Da der BND mit einer relativ flachen Hierarchie ausgestattet ist, die bewusst versucht, Entscheidungen dort vorzubereiten, wo größtmögliche Sachnähe besteht, sind Nachwuchskräfte zudem in zahlreichen Abteilungsstäben eingesetzt und beraten ihre Abteilungsleiter:innen in allen anfallenden Rechtsfragen. Gemeinsam ist diesen Aufgaben ein hohes Maß an fachlicher Selbstständigkeit sowie die Möglichkeit, Vorgänge und Projekte von Anfang bis Ende juristisch eigenverantwortlich zu betreuen.

Die personalwirtschaftliche Zielsetzung des BND erschöpft sich nicht nur darin, Jurist:innen in ihrer fachlichen Spezialisierung zu belassen. Vielmehr bietet der BND seinen Nachwuchskräften die Perspektive, sich für spezifisch nachrichtendienstliche Aufgaben und Herausforderungen zu interessieren und - nach juristisch geprägten Erstverwendungen - eingesetzt zu werden. Das kann zum Beispiel eine Tätigkeit im Bereich der Quellenwerbung und -führung sein. Auf diese in konventionellen Berufsbildern naturgemäß wenig vertretene Tätigkeit werden die Mitarbeiter:innen in eigenen Ausbildungsmodulen vorbereitet und geschult. Handeln im Team, Belastbarkeit, hohe Flexibilität, interkulturelle Kompetenz und Fremdsprachenkenntnisse sind hier in besonderem Maße gefragt.

Neben der Beschaffung von Informationen mittels Quellen (HUMINT) gibt es auch die Möglichkeit eines Einsatzes in der Auswertung, wo tagtäglich zu vielen internationalen Krisengebieten und aktuellen Schwerpunktthemen Analysen und Berichte erstellt und an die politischen Entscheidungsträger:innen weitergegeben werden. Da nichts so schnell veraltet wie die aktuelle Information, wird hier mit hoher Schlagzahl, aber auch in großer Nähe zu den Bedarfsträger:innen in den verschiedenen Ressorts der Bundesregierung gearbeitet.

In Einzelfällen finden auch zeitweise Abordnungen zum Bundeskanzleramt oder anderen Bundesressorts statt, um Erfahrungs- und Wissenstransfer zu fördern. In späteren Verwendungen können auch mehrjährige Auslandseinsätze an den zahlreichen Auslandsvertretungen des BND folgen.

Prägendes Merkmal einer Mitarbeit im BND ist die Vielseitigkeit. Es gibt nicht den Karriereweg im BND - so wie es in der internationalen Politik auch nicht den verlässlich prognostizierten Krisenverlauf gibt. Wer an Unwägbarkeiten und den damit verbundenen Abwechslungen im Berufsleben Freude hat, kommt an einer Bewerbung beim BND eigentlich gar nicht vorbei.

Internationale Tätigkeitsfelder für Jurist:innen[1]

von Matthias Miguel Braun

Die Globalisierung und die damit einhergehende Internationalisierung der Arbeitsmärkte gehen auch an den juristischen Berufen nicht spurlos vorüber. Die Welt ruft, und so zieht es auch aus Deutschland angehende Jurist:innen ins Ausland, um dort ihr berufliches Glück zu suchen. Sie gehen in eine Welt, in der in rotes Plastik gebundene Loseblatt-Gesetzessammlungen vielleicht ebenso unbekannt sind wie etwa das Abstraktions- und Trennungsprinzip. Dennoch sind sie nicht verloren und kommen nicht mit leeren Händen. Das juristische Handwerkszeug, wie es in Deutschland in Studium und Referendariat vermittelt wird, ist ein solides. Sachverhalte schnell erfassen, juristische Probleme erkennen, Problemkomplexe zergliedern und Unwichtiges von Wichtigem trennen zu können sowie die Fähigkeit zum selbstständigen Arbeiten und die Befähigung, unbekannte Themengebiete strukturiert und rasch zu durchdringen – deutschen Jura-Absolvent:innen eilt oft der Ruf voraus, all diese Fähigkeiten zu besitzen.

Dies muss allerdings gleich wieder eingeschränkt werden: Eine Tätigkeit außerhalb Deutschlands bedeutet in der Regel, dass man nicht auf Deutsch arbeiten wird und somit auf das zentrale juristische „Arbeitsmittel" verzichten muss, denn Recht ist Sprache. Daher ist das frühzeitige und gründliche Erlernen von mehreren Fremdsprachen unerlässlich, wenn man im Ausland arbeiten möchte. Und das geht am besten im betreffenden Land. Eigentlich eine Binsenweisheit, aber wer während des Auslandsjahres im Erasmus-Rudel abtaucht oder seinen Studienort nur nach Freizeitwert aussucht, vergibt die Chance, eine Fremdsprache (und die entsprechende juristische Fachsprache) gründlich zu erlernen. Sehr gutes Englisch ist mittlerweile überall Grundvoraussetzung; Pluspunkte kann man nur mit weiteren, vielleicht auch exotischeren Sprachen sammeln, doch das ist abhängig von der jeweiligen Tätigkeit.

Einen Königsweg zum Traumjob gibt es angesichts der Vielzahl der möglichen Einsatzgebiete nicht. Überdurchschnittliche Noten spielen oft nicht die ausschlaggebende Rolle, sondern vielmehr der Nachweis, dass man einschlägige praktische Fähigkeiten erworben hat und neben einem guten Allgemeinwissen auch „Common Sense" mitbringt. Neben den schon erwähnten Fremdsprachenkenntnissen ist ein weiteres Element wichtig: Interessent:innen sollten versuchen, einen roten „internationalen" Faden in ihren Lebenslauf hineinzuweben. Wer seine Heimatstadt nach dem Abitur auch für Studium und Referendariat nicht verlässt, wird es sehr schwer haben, nach dem Assessorexamen eine Stelle bei den Vereinten Nationen zu bekommen. Wer hingegen frühzeitig damit beginnt, sich neben fachlichen Kompetenzen auch internationale Erfahrungen anzueignen, hat es viel leichter. Das können Summer Schools sein oder Model United Nations, Praktika im Ausland bei NGOs, Internationalen Organisationen oder deutschen Auslandsvertretungen. Auch Aufbaustudiengänge können hier von Nutzen sein, ebenso wie Auslandssemester oder die Spezialisierung in einem international-rechtlichen Gebiet wie Völkerrecht, Europarecht, Rechtsvergleichung oder Internationales Privatrecht.

---

1 Die Beiträge von Seite 47 bis 58 stellen eine persönliche Meinungsäußerung des Verfassers dar.

Supranationale Institutionen

von Matthias Miguel Braun

Formale Voraussetzungen: abgeschlossenes Hochschulstudium, ausgezeichnete Fremdsprachenkenntnisse (Englisch fließend; i.d.R. sehr gute Französischkenntnisse, im Einzelfall auch andere Sprachen)

Persönliche Qualifikation: vor allem Fähigkeit zur interkulturellen Kommunikation, Teamfähigkeit, Einsatzbereitschaft, selbstständiges Arbeiten, internationale Mobilität, u. U. die Bereitschaft, in Krisengebieten zu arbeiten

Einstiegsgehalt: Berufsanfänger:in, unverheiratet, keine Kinder: bei den VN (Vereinten Nationen) Stufe P 2 Grundgehalt zwischen ca. 61.680 und 83.672 US-Dollar im Jahr, dazu kommen z. T. erhebliche Zuschläge; bei der EU Stufe AD 5 je nach Dienstalterstufe zwischen 68.000 und 77.000 Euro im Jahr[1]

Aufstiegsmöglichkeiten: unterschiedlich – viele Stellen werden nur noch mit Zeitverträgen besetzt. Bei den VN werden auch Leitungsposten öffentlich ausgeschrieben.

Besonderheiten: Praktische Erfahrungen im internationalen Bereich sind oft ein entscheidender Vorteil. Berufserfahrung ist selbst für Einstiegspositionen häufig Voraussetzung; die Dauer wird in der Stellenausschreibung spezifiziert.

Weitere Informationen: www.auswaertiges-amt.de, www.jobs-io.de, Internetseiten der jeweiligen Organisationen

VN, EU, NATO und mehr – Einteilung internationaler Organisationen

Drei internationale Organisationen seien hier zuvorderst genannt: die Vereinten Nationen, die Europäische Union und die NATO – und mit ihnen ihre zahlreichen nachgeordneten Einrichtungen. Sie fallen auch Absolvent:innen, die weder EU- noch Völkerrecht als Schwerpunkt hatte, sofort bei diesem Stichwort ein. Und dies zu Recht: Schon aufgrund ihrer beachtlichen Größe bieten alle drei Institutionen zahlreiche Karrierechancen für Jurist:innen. Hier all diese Möglichkeiten aufzuzählen, würde den Rahmen sprengen, zudem ließe sich Vollständigkeit wohl nie erreichen. Aber auch neben den anderen großen internationalen Organisationen wie OSZE, OECD, Weltbank, Währungsfonds oder Europarat gibt es abseits der ausgetretenen Pfade Nischen, die – sofern die nötige Qualifizierung vorliegt – eine Berufsperspektive bieten können. So mögen Absolvent:innen aus Deutschland vielleicht noch an die Donaukommission in Budapest denken oder an den Ostseerat in Stockholm, aber was ist mit dem World Vegetable Centre in Taiwan? Auch wenn das letztgenannte Weltgemüsezentrum sich schwerpunktmäßig der Forschung widmet und daher nur wenige Berufschancen für

1 Da sich die Zahlen durch Anpassungen etc. ändern können, empfiehlt es sich, bei den jeweiligen Institutionen nachzufragen; Informationen zur Besoldung bei der EU findet man z. B. hier: eutraining.eu/epso-glossary/salary-of-eu-officials-and-civil-servants

Jurist:innen bietet, zeigt dieses Beispiel doch die Fülle der existierenden Organisationen. Ein Überblick über die wichtigsten öffentlichen zwischen- oder überstaatlichen Organisationen und Einrichtungen ist auf der Internetseite des Auswärtigen Amts zu finden. Konkrete Stellenangebote stellt das Auswärtige Amt täglich in seinen Stellen- und Personalpool ein (www.jobs-io.de).

Im Folgenden sollen daher statt einer ohnehin unmöglichen Gesamtdarstellung die Berufsmöglichkeiten unter verschiedenen Aspekten beleuchtet und systematisch vorgestellt werden: nach Art der Organisation, nach Art der Tätigkeit und der Vertragsausgestaltung. Abschließend sollen kurz Hilfestellungen für den Berufseinstieg aufgezeigt werden.

Die eingangs erwähnten internationalen Organisationen lassen sich, was das Dienstrecht (und damit die Zugangsmöglichkeiten) angeht, in vier große Gruppen einteilen: Zunächst sind die Vereinten Nationen mit ihren Unter- und Sonderorganisationen zu nennen, die dienstrechtlich im sogenannten Common System zusammengeschlossen sind. Daneben gibt es Organisationen, die dieses System autonom anwenden (z. B. die OSZE). Die internationalen Finanzinstitutionen, die ihre eigenen Beschäftigungsbedingungen entwickelt haben, kann man in einer zweiten Gruppe zusammenfassen. Die EU-Institutionen bilden eine dritte Gruppe, und schließlich existieren als vierte Gruppe noch die sogenannten koordinierten Organisationen, die sich in einem gemeinsamen Koordinierungsausschuss zur Regelung ihres Dienstrechts zusammengeschlossen haben. Zu ihnen zählen unter anderem OECD, Europarat und NATO. Jede dieser vier Gruppen hat ein eigenes Besoldungssystem, eigene Amts- und Funktionsbezeichnungen und sieht damit auch recht unterschiedliche Karrieremöglichkeiten vor.

Tätigkeitsfelder für Jurist:innen in internationalen Organisationen

Untersucht man internationale Organisationen im Hinblick auf die juristischen Jobmöglichkeiten, so lassen sich drei große Betätigungsfelder ausmachen: Verwaltung, sonstige juristische Tätigkeiten und Referententätigkeiten an den Schnittstellen zu anderen Bereichen wie Menschenrechte oder Politikanalyse.

Auch wenn viele bei UNO und EU zuerst an nächtelanges Feilen an Resolutionen denken oder an einen Verhandlungsmarathon, um eine Einigung bei Agrarsubventionen zu erzielen – diese beiden politischen Organisationen sind zunächst einmal auch Verwaltungen, denn nur so kann das Funktionieren der Organisation als Ganzes sichergestellt werden. Verwaltungen haben jedenfalls immer Bedarf an Spezialist:innen, sodass sich hier eine nicht unbedeutende Karrieremöglichkeit für deutsche Jura-Absolvent:innen ergibt. Denn neben dem theoretischen Wissen im Verwaltungsrecht haben Jurist:innen mit Zweitem Staatsexamen immer auch praktische Verwaltungserfahrung. Personalabteilungen, Arbeitseinheiten für Liegenschaften und der weiterhin an Bedeutung gewinnende Bereich interne Aufsicht, Inspektion, Rechenschaft sind neben den Rechtsabteilungen wichtige Einsatzgebiete für Jurist:innen.

Die zweite Gruppe möglicher Tätigkeiten umfasst die klassischen juristischen Aufgaben, oft auf einem besonderen Rechtsgebiet. Viele Organisationen suchen regelmäßig Legal Officers, die allgemein für juristische Fragen zuständig sind. Anders dagegen bei Organisationen oder Gerichten, die ein bestimmtes Rechtsgebiet zum Gegenstand haben, z. B. für internationales Strafrecht der Internationale Strafgerichtshof, für Völkerrecht der International Court of Justice oder für Europarecht der Europäische

Gerichtshof (EuGH), um nur einige zu nennen. Interessante Einstiegspositionen – die entsprechende Qualifizierung vorausgesetzt – sind Stellen für Referent:innen und wissenschaftliche Mitarbeiter:innen, die den Richter:innen zuarbeiten. Ebenfalls interessant sind am EuGH die Stellen der Lawyer-Linguists, die EuGH-Entscheidungen in die EU-Amtssprachen übertragen.

Im dritten Bereich treten Jurist:innen in Konkurrenz zu Absolvent:innen anderer Disziplinen, insbesondere der Politikwissenschaft und der Internationalen Beziehungen (IB): Wer hier entsprechende Praktika, Zusatzqualifikationen wie einen Master in IB oder auch Engagement bei einem UN-Planspiel wie den National Model United Nations (NMUN) vorweisen kann, hat eher Chancen, sich gegen die Konkurrenz durchzusetzen.

Feste vs. Entsandte vs. Vertragsbedienstete

Eine weitere Kategorisierung der Arbeitsmöglichkeiten kann über die Art der Anstellung vorgenommen werden. Feste, unbefristete Anstellungen sind eher selten, das gilt für fast alle großen internationalen Organisationen, wie die VN und die NATO, wo häufiger mit befristeten als mit festen Verträgen gearbeitet wird. Auch die Europäische Union kennt die Unterscheidung zwischen EU-Beamt:innen und Vertragsbediensteten, für die auch zwei verschiedene Auswahlverfahren (Concours) von der europäischen Personalbehörde EPSO durchgeführt werden. Aber auch wenn man sich für den nationalen Öffentlichen Dienst entscheidet, gibt es später die Möglichkeit, sich an eine internationale Organisation entsenden zu lassen.

Wer keinen „roten Faden“ in seinem Lebenslauf hat, der eine frühe internationale Ausrichtung von Studium und Interessen belegt, wird es schwer haben, nach dem Abschluss in einer internationalen Organisation Fuß zu fassen. Interessent:innen sollten möglichst früh praktische internationale Erfahrungen sammeln. Das kann in erster Linie über Praktika oder auch Stationen im Referendariat geschehen. Die Internetseiten der jeweiligen Organisationen liefern dazu Informationen. Der Förderung von Praktika in internationalen Organisationen hat sich das Carlo-Schmid-Programm verschrieben, aber auch das Mercator Kolleg für internationale Aufgaben fördert Praktika im Ausland allgemein. Daneben ist das in Bonn angesiedelte Regionale Informationszentrum der Vereinten Nationen für Westeuropa (UNRIC) Ansprechpartner für Praktika im gesamten VN-System. Sinnvoll ist auch die Stipendiendatenbank des DAAD. Aber auch Studentenorganisationen wie ELSA oder die Jungen Europäischen Föderalisten bieten die Möglichkeit, sich ehrenamtlich international-europäisch zu engagieren und so Erfahrungen zu sammeln. Wer sich eher für die NATO und transatlantische Sicherheitspolitik interessiert, der sollte Kontakt mit der Youth Atlantic Treaty Association Germany (YATA) aufnehmen, dem Nachwuchsforum der Deutschen Atlantischen Gesellschaft.

Liegen bereits erste Berufserfahrungen vor, so kann man sich beim Programm der Bundesregierung für Beigeordnete Sachverständige bewerben. Beigeordnete Sachverständige sind international bekannt als Junior Professional Officers (JPOs), Associate Experts (AEs) oder Associate Professional Officers (APOs). Die Einsätze schließen Tätigkeiten in den VN-Zentralen und in Regional- und Feldbüros ein. Die Bundesregierung hat mit vielen internationalen Organisationen Abkommen zur Förderung von deutschen Nachwuchskräften als Beigeordnete Sachverständige geschlossen. Informationen zu aktuellen Ausschreibungen, die in der Regel zweimal im Jahr stattfinden, finden sich auf den Seiten des Büros Führungskräfte zu Internationalen Organisationen (BFIO).

Eine nicht zu vernachlässigende Jobmöglichkeit bieten auch internationale Friedenseinsätze, arbeiten derzeit weltweit doch zahlreiche deutsche zivile Fach- und Führungskräfte in über 40 Friedenseinsätzen; dazu kommen die wesensverwandten Wahlbeobachtermissionen. Hier sind erste, oft sogar langjährige Berufserfahrungen allerdings regelmäßig Bewerbungsvoraussetzung. Das Auswärtige Amt hat das Berliner Zentrum für Internationale Friedenseinsätze (ZIF) mit Suche, Vermittlung, Vorbereitung, Betreuung und Qualifizierung von deutschen Fach- und Führungskräften für Friedensmissionen beauftragt. Ein Einstieg kann auch über Wahlbeobachtungsmissionen erfolgen; das ZIF unterhält für Friedens- und Wahlbeobachtermissionen zwei Expertenpools, in denen sich geeignete Interessenten registrieren lassen können.

Die Erfahrung zeigt: Schwierig ist vor allem der Einstieg. Wenn man als Absolvent:in erst einmal Arbeitserfahrungen sammeln konnte, schließen sich oft an die erste Anstellung weitere Arbeitsmöglichkeiten an. Deswegen kommt Praktika und Wahlstationen eine wichtige Funktion zu. Hier kann man als Absolvent:in (oder auch schon als Student:in oder Referendar:in) zeigen, was man kann. Im besten Fall ergibt sich dann aus dem Gastspiel eine Festanstellung.

Auswärtiger Dienst

von Matthias Miguel Braun

Formale Voraussetzungen der Diplomat:innen-Laufbahn: abgeschlossenes Hochschulstudium (mindestens Master oder vergleichbarer Abschluss wie Erstes Staatsexamen, Diplom, Magister Artium – bei ausländischen Mastern muss die Gleichwertigkeit mit einem deutschen Abschluss nachgewiesen werden), deutsche Staatsangehörigkeit (zusätzliche Staatsangehörigkeiten sind möglich), sehr gute Kenntnisse in Englisch (vergleichbar Niveau C1) und einer Zweitsprache (Französisch, Arabisch, Bosnisch, Chinesisch, Farsi, Hindi, Japanisch, Koreanisch, Kroatisch, Polnisch, Portugiesisch, Russisch, Serbisch, Spanisch, Türkisch oder Ukrainisch auf Niveau B2/C1), gesundheitliche Eignung. Bis zur Einstellung müssen gute Grundlagenkenntnisse in Französisch mittels eines durch die Akademie Auswärtiger Dienst durchgeführten Tests nachgewiesen werden (Niveau A2+/B1).

Formale Voraussetzungen des nichttechnischen Verwaltungsdienstes: übliche Kriterien für eine Tätigkeit im höheren Verwaltungsdienst (abgeschlossenes Hochschulstudium, bei Ausschreibungen für Volljurist:innen Erstes und Zweites Staatsexamen)

Persönliche Qualifikation und Eignung: Teamfähigkeit, Belastbarkeit, Interesse an Politik, Wirtschaft, fremden Kulturen, gute Kommunikations- und Kontaktfähigkeit, bei der Sonderlaufbahn nach dem Gesetz über den Auswärtigen Dienst (GAD-Laufbahn) weltweite Versetzungsbereitschaft und gesundheitliche Eignung für den weltweiten Einsatz („Tropentauglichkeit") sowie ferner Einverständnis zu einer erweiterten Sicherheitsüberprüfung (SÜ) nach dem Sicherheitsüberprüfungsgesetz (SÜG).

Einstiegsgehalt: Berufsanfänger:innen im höheren Dienst werden nach A 13 besoldet; im Inland wird eine Ministerialzulage gezahlt; im Ausland kommen Auslandszuschläge hinzu.

Aufstiegsmöglichkeiten: im Ausland Leitung einer Auslandsvertretung (nur GAD-Laufbahn), im Inland Leitungsfunktionen in der Ministerialbürokratie, z. B. Referatsleitung. Auch Spitzenpositionen von Abteilungsleiter:in bis zu Staatssekretär:in werden mit Angehörigen des Auswärtigen Dienstes besetzt.

Besonderheiten: Das Auswahlverfahren für die GAD-Laufbahn („Diplomat:innen-Laufbahn") findet einmal im Jahr statt; für den nichttechnischen Verwaltungsdienstgibt es laufend bedarfsorientierte Ausschreibungen.

Weitere Informationen: www.auswaertiges-amt.de/hoehererdienst

Neben der Diplomat:innen-Laufbahn (Sonderlaufbahn nach dem Gesetz über den Auswärtigen Dienst – GAD) mit weltweiter Rotation und Generalistenprinzip baut das Auswärtige Amt seit 2023 eine weitere Laufbahn aus: den nichttechnischen Verwaltungsdienst. Der nichttechnische Verwaltungsdienst zielt mehr auf Spezialisierung ab und sieht keine Verpflichtung zur weltweiten Rotation vor. Beide Laufbahnen ergänzen sich und bieten unter dem Dach des Auswärtigen Dienstes interessante Karrieremöglichkeiten für Jurist:innen.

Diplomat:in – noch immer ein Beruf mit viel Prestige

Die Zeiten, in denen das Auswärtige Amt (und damit die Diplomatie) le domaine réservé der Jurist:innen war, sind vorbei – das Juristenprivileg, das an einen Eintritt in den Auswärtigen Dienst als Bedingung ein Juristisches Staatsexamen knüpfte, fiel bereits Anfang des 20. Jahrhunderts. Heute müssen sich Jurist:innen der direkten Konkurrenz mit anderen hoch qualifizierten Bewerbern z. B. aus den Geistes- oder Sozialwissenschaften stellen. Da es nur den einheitlichen Auswärtigen Dienst gibt, steht Jurist:innen wie allen Bewerber:innen das allgemeine Auswahlverfahren für die Sonderlaufbahn des höheren Auswärtigen Dienst offen, das einmal jährlich durchgeführt wird. Die Konkurrenz ist sehr groß – von ca. 1.400 Bewerber:innen werden jedes Jahr am Ende nur zwischen 50 und 80 in den Attaché-Lehrgang aufgenommen, um als neue Crew 14 Monate auf die künftigen Aufgaben vorbereitet zu werden. Die hohen Bewerberzahlen zeigen, dass Renommee und Prestige des Diplomatischen Dienstes ungebrochen sind. Jura-Absolvent:innen, nach ihrem beliebtesten zukünftigen Arbeitgeber befragt, befördern das Auswärtige Amt immer wieder auf Platz eins der Rangliste, noch vor Großkanzleien oder DAX-notierten Industrieunternehmen. Diese Attraktivität ist erfreulich, gleichzeitig machen solche Vorschusslorbeeren auch etwas misstrauisch. Der Verdacht liegt nahe, dass hier viele Befragte eher an das besagte Prestige denken als an den Diplomatenberuf an sich.

Weltweite Versetzungsbereitschaft

Die Entscheidung, Diplomat:in werden zu wollen, ist eine Entscheidung für ein Leben, das auch manche Entbehrung und Belastung mit sich bringt und mit dem leider immer noch verbreiteten Klischee des Champagnerglas schwenkenden Lebemanns wenig zu tun hat. Die von vielen potenziellen Bewerber:innen zu Recht als spannend empfundenen weltweiten Arbeitsmöglichkeiten an den fast 225 deutschen Auslandsvertretungen gehen einher mit der Verpflichtung zur weltweiten uneingeschränkten Versetzungsbereitschaft, auch in Krisengebiete. Eine zentrale Rechtsvorschrift, die dies wunderbar knapp auf den Punkt bringt, ist § 14 des Gesetzes über den Auswärtigen Dienst (GAD). Dort heißt es lapidar: „Der Beamte des Auswärtigen Dienstes hat sich für Verwendungen an allen Dienstorten bereitzuhalten." Diese weltweite Versetzungsbereitschaft ist die Grundlage für eine ständige weltweite Rotation der Angehörigen des Auswärtigen Diensts. So soll eine faire Lastenverteilung unter allen Bediensteten erreicht werden. Die Rotation macht zweifellos den Reiz der Diplomat:innen-Laufbahn aus, verhindert sie doch ein Erstarren in Routine. Doch sollte man sich vor einer Bewerbung für die Diplomat:innen-Laufbahn darüber klar werden, ob dieses Nomadenleben wirklich das ist, was man für sich (und seine Familie) will. Alle drei bis vier Jahre gilt es, einen Neuanfang zu wagen, mal in Berlin in der Zentrale, mal irgendwo in der Fremde, auch an ferngelegenen oder schwierigen Dienstorten. Denn nicht nur die Vertretungen in Paris, New York und Rom sind zu besetzen, sondern auch die in Dschuba, Bagdad und Abuja. Für die Partnerin oder den Partner bedeutet dies oft die Aufgabe oder Einschränkung der eigenen Karriere, denn an vielen Dienstorten erlaubt der Diplomatenstatus keine Erwerbstätigkeit der Partner:innen. Für die Kinder bringt es häufige Schulwechsel mit sich, mitunter auch den Wechsel der Unterrichtssprache.

Stetiger Bedarf an qualifizierten Jurist:innen für weit mehr als nur juristische Aufgaben

Belohnt wird man für das unstete Leben mit einer lebenslangen Anstellung als Beamter oder Beamtin und einem sehr abwechslungsreichen Beruf. Eine besondere Laufbahn nur für Jurist:innen gibt es im Auswärtigen Amt nicht, aber mit der Einführung des nichttechnischen Verwaltungsdienstes gibt es unter dem Dach des Auswärtigen Dienstes neben der Diplomat:innen-Laufbahn eine Alternative für Jurist:innen, die nicht an der weltweiten Rotation teilnehmen möchten. Damit wird ein bisher maßgebliches weiteres Personalprinzip für Tätigkeiten beim Auswärtigen Amt eingeschränkt – das Generalistenprinzip wird in Zukunft nur noch auf die Diplomat:innen-Laufbahn Anwendung finden. Denn für diese gilt weiterhin: Mit dem Wechsel des Dienstortes geht in aller Regel auch eine neue Aufgabe einher, sodass jede Juristin und jeder Jurist in der Diplomat:innen-Laufbahn im Laufe des Berufslebens auch auf Stellen eingesetzt werden wird, die keinen juristischen Bezug haben. Aus der Fülle der vielfältigen Aufgaben im Auswärtigen Amt ist beispielsweise an einen Posten als Kulturreferent:in an einer Botschaft oder einen Posten im Protokoll zu denken, an eine Verwendung in der Wirtschaftsabteilung oder an die klassische Tätigkeit als Länderreferent:in in der Politischen Abteilung, wo die bilateralen politischen Beziehungen zu anderen Staaten im Mittelpunkt stehen. Trotz all dieser nicht juristischen Aufgaben sind hoch qualifizierte Jurist:innen für das Auswärtige Amt unverzichtbar. Wie andere Bundesministerien hat auch das Auswärtige Amt einen stetigen Bedarf an Jurist:innen im höheren Verwaltungsdienst. Genau dies ist der Bereich, in dem Jurist:innen im nichttechnischen Verwaltungsdienst in Zukunft im Auswärtigen Amt zum Einsatz kommen werden. Darüber hinaus ergibt sich für das Auswärtige Amt aus seinen spezifischen Aufgaben ein besonderer Bedarf an juristischem Fachwissen. Dazu zählen in erster Linie die Pflege der auswärtigen Beziehungen zu internationalen Organisationen und anderen Staaten sowie das Gewähren von Schutz und Hilfe für Deutsche im Ausland, wie es im GAD festgelegt ist. Daher gibt es Arbeitseinheiten, die für besondere Gebiete des Rechts verantwortlich sind, z. B. für Europa- oder Völkerrecht oder für Verwaltungsstreitverfahren in Visumsachen. Dort wird Recht auf hohem Niveau, mit großem Praxisbezug und sehr spezialisiert angewendet, in der Regel mit internationalem Bezug (z. B. sind Verfahren vor internationalen und deutschen Gerichten vorzubereiten und zu führen). Eine weitere Besonderheit im Vergleich zu anderen Bundesministerien: Neben den diplomatischen hat das Auswärtige Amt auch konsularische Aufgaben zu erfüllen, die den Auslandsvertretungen durch das Konsulargesetz übertragen sind, z. B. Hilfestellung in Personenstandssachen, Vornahme von Beurkundungen oder auch juristische Schmankerl wie die Verklarung (das ist die Aufnahme eines Seeunfalls). Zu bedenken ist auch, dass ein Drittel aller Mitarbeiter:innen im Europäischen Auswärtigen Dienst (EAD) der Europäischen Union von den Mitgliedstaaten als Zeitbeamte abgeordnet werden. Dadurch ergeben sich künftig weitere spannende Einsatzmöglichkeiten, sowohl in der EAD-Zentrale in Brüssel als auch in den rund 140 Delegationen und Büros der Europäischen Union, die ähnliche Aufgaben haben wie eine Botschaft.

Das Auswahlverfahren

Um Diplomat:in zu werden, muss man sich zunächst dem Bewerbungsverfahren für die Sonderlaufbahn des höheren Auswärtigen Diensts stellen. Dieses findet regelmäßig einmal pro Jahr statt. Ein Seiteneinstieg aus einem anderen Ministerium in die Diplomat:innen-Sonderlaufbahn ist nicht möglich – ein Wechsel in den nichttechnischen Veraltungsdienst des Auswärtigen Amts aus anderen Resorts hingegen durchaus. Das Auswahlverfahren für Diplomat:innen gilt zu Recht als sehr anspruchsvoll und fragt vor dem Hintergrund des Generalisten-Prinzips Fähigkeiten und Kenntnisse aus mehreren Disziplinen ab; daher ist eine gründliche Vorbereitung in den Bereichen Geschichte, Politik, Internationale Beziehungen, Wirtschaft und Recht unverzichtbar. Wer nach politischer Analyse, Multiple-Choice-Wissenstest, Multiple-Choice-Sprachprüfungen, dem eigens für das AA entwickelten Test zum situationsbezogenen Urteilsvermögen und psychologischem Eignungstest zu den ca. 200 Besten zählt, wird zur mündlichen Vorstellung eingeladen, aus der ca. 50 bis 80 neue Attachés hervorgehen. Auf sie wartet ein spannender Mix aus anspruchsvoller Rechtsanwendung, politischer Analyse, Projektmanagement im Bereich der Kultur oder Entwicklungszusammenarbeit und repräsentativen Aufgaben.

Die Alternative – Auswärtiger Dienst ohne Rotation: Der NTVD

Wer lieber ohne Auslands-Rotation in der Zentrale des Auswärtigen Amts in Berlin arbeiten und so standortfest einen Beitrag zur deutschen Außenpolitik leisten möchte, kann eine Tätigkeit im nichttechnischen Verwaltungsdienst (NTVD) im Auswärtigen Amt anstreben. Gefragt sind hier Spezialist:innen, darunter auch Jurist:innen, die anspruchsvolle Aufgaben in der Verwaltung eines Bundesministeriums übernehmen wollen. Das Auswahlverfahren fokussiert sich auf die jeweils geforderten Fachkenntnisse – einige Anforderungen, die für Diplomat:innen wichtig sind, werden hingegen nicht abgefragt (z. B. breit angelegte Fremdsprachenkenntnisse oder Fähigkeiten in der politischen Analyse). Die Einstellung erfolgt zunächst als Tarifbeschäftigte:r im vergleichbaren höheren Dienst nach dem Tarifvertrag für den öffentlichen Dienst (TVöD); bei Bewährung kann eine Verbeamtung angestrebt werden.

Einstiege: Referendariat; Praktika; Arbeiten im Auswärtigen Amt als Zeitvertragskraft (ZVK)

Einen ersten Eindruck vom Auswärtigen Dienst kann man durch Referendariatsstationen in der Zentrale im Auswärtigen Amt oder an Auslandsvertretungen bekommen, ebenso durch studienbegleitende Praktika an Auslandsvertretungen. Neben dem Auswahlverfahren für die GAD-Sonderlaufbahn und den nichttechnischen Verwaltungsdienst schreibt das Auswärtige Amt gelegentlich befristete Referentenstellen (v. a. in der Zentrale in Berlin) aus, v. a. im Zusammenhang mit erhöhtem Personalbedarf für zeitlich begrenzten Aufgaben wie z. B. Übernahme der EU-Ratspräsidentschaft oder der Mitgliedschaft im Sicherheitsrat der Vereinten Nationen. Die Anstellung erfolgt dann befristet als Zeitvertragskraft im vergleichbaren höheren Dienst nach dem Tarifvertrag für den öffentlichen Dienst (TVöD), in der Regel in der Eingruppierung E13. Diese Ausschreibungen stehen regelmäßig den Absolvent:innen verschiedener Fachrichtungen offen und richten sich nicht ausschließlich an Jurist:innen. Ferner werden auch immer wieder sogenannte „kleine“ Jurist:innen mit lediglich Erstem Staatsexamen und ohne Master als zeitlich befristete Visa-Entscheider:innen gesucht, die dann im Visa-Bereich an Auslandsvertretungen eingesetzt werden – auch dies eine spannende Möglichkeit auf Zeit, das Auswärtige Amt kennenzulernen Es lohnt sich also, die Internetseite des Auswärtigen Amts regelmäßig nach solchen Ausschreibungen zu durchstöbern. Die Erfahrung zeigt, dass diese befristeten Anstellungen die Chancen im Auswahlverfahren für die Diplomat:innen-Laufbahn durchaus erhöhen können, hat man doch ein bis zwei Jahre Zeit, die Tätigkeitsfelder des Auswärtigen Amts im Arbeitsalltag und die „AA-spezifische“ Hauskultur kennenzulernen – und sei es nur, um die Tätigkeit als Diplomat:in realistisch einschätzen zu können.

Nichtregierungsorganisationen

von Matthias Miguel Braun

Formale Voraussetzungen: in der Regel ein abgeschlossenes Hochschulstudium

Persönliche Qualifikation: Teamfähigkeit, interkulturelle Kompetenzen, internationale Mobilität, Sprachkenntnisse

Einstiegsgehalt: sehr unterschiedlich, abhängig von der jeweiligen Nichtregierungsorganisation (NGO), den Aufgaben und dem Einsatzgebiet

Aufstiegsmöglichkeiten: ebenfalls sehr unterschiedlich, abhängig von der Personalpolitik der jeweiligen NGO

Besonderheiten: viele Nischen – besondere Qualifikationen können den Ausschlag geben

Weitere Informationen: erhältlich bei der jeweiligen Nichtregierungsorganisation (ein Überblick findet sich bei www.venro.org)

Ohne dass hier auf verschiedene Definitionen eingegangen werden soll: NGOs bzw. zu Deutsch Nichtregierungsorganisationen (NROs) sind – anders als internationale Organisationen – keine Völkerrechtssubjekte. Unter den Begriff NGO fallen zunächst alle Einrichtungen und Organisationen, die weder dem Staat noch der Wirtschaft zugerechnet werden können. Sie sind Träger bürgerschaftlichen Engagements und Ausdruck der Zivilgesellschaft. Hier sollen nur die NGOs interessieren, die international tätig sind. Wie viele es genau sind, kann nur vermutet werden – einige Schätzungen gehen von 40.000 NGOs aus, die international aktiv sind; konservativere Studien sprechen von ca. 8.000 bis 9.000 NGOs, die in mehreren Ländern tätig sind. Nicht nur die bloße Anzahl, auch ihre Bedeutung hat in den letzten beiden Jahrzehnten seit Ende der Blockkonfrontation und der damit einhergehenden Neugestaltung der internationalen Politik stark zugenommen. Ihre gewachsene Bedeutung verdanken die NGOs ihrer Mitarbeit, Expertise und Lobbytätigkeit in fast allen Politikbereichen, sodass NGOs heute ein fester Bestandteil aller Global-Governance-Ansätze sind. Sie können v. a. auf drei Wegen ihre Wirkung entfalten: Neben klassischer Lobbyarbeit ist es vor allem die Teilnahme an Verhandlungen, bei denen globale Normen bzw. Standards geschaffen werden sollen, mit denen NGOs Dinge bewegen können. Schließlich ist noch das Monitoring zu nennen, bei denen NGOs ihre Expertise der Öffentlichkeit zur Verfügung stellen, z. B. Menschenrechts-NGOs durch ihre Jahresberichte.

Parallelen und Unterschiede zu internationalen Organisationen

Vieles von dem, was zu einer Tätigkeit bei einer internationalen Organisation gesagt wurde, trifft auf NGOs ebenso zu. Oft werden dieselben oder sehr ähnliche Themengebiete bearbeitet, die auch von einer internationalen Organisation behandelt werden, so z. B. bei den Menschenrechten. Es gibt aber auch Unterschiede: Die Größe einer NGO und damit die Spezialisierung der Mitarbeiter:innen kann sehr unterschiedlich sein. Es gibt viele NGOs, die nur ein oder zwei bezahlte Mitarbeiter:innen haben, die als Allround-Kraft schalten und walten, ehrenamtliche Mitarbeiter:innen oder Aktivist:innen koordinieren und Sekretariatsaufgaben übernehmen. In einem solchen Fall ist oft wenig Raum für festangestellte Jurist:innen. Es gibt allerdings NGOs, die einen beachtlichen Mitarbeiterstamm haben. Dort ist eine Tätigkeit von Jurist:innen im Verwaltungsbereich vorstellbar. Daneben ist auch hier eine rein juristische Tätigkeit sowie eine Tätigkeit in den Grenzbereichen zu anderen Gebieten denkbar, oft gepaart mit Aufgaben im Projektmanagement. Ein weiterer Unterschied: Während Diplomat:innen und Angehörige internationaler Organisationen sich bei ihrer Tätigkeit letztlich immer auf ein demokratisch legitimiertes öffentliches Mandat stützen können, sind NGOs in ihrer Natur rein private Zusammenschlüsse von Bürger:innen. Daraus können sich in der praktischen Arbeit Vor- und Nachteile ergeben. NGOs können sich mit Verve und Idealismus ganz einem Anliegen widmen und müssen nicht ein etwaiges übergeordnetes staatliches oder Allgemeininteresse beachten. Andererseits genießen z. B. Mitarbeiter:innen einer Hilfsorganisation in einem Konfliktgebiet keinen diplomatischen Schutz und können daher leichter Opfer von Übergriffen einer Konfliktpartei werden. Die Bezahlung kann ebenfalls sehr unterschiedlich sein, abhängig von Ort und Art der ausgeübten Tätigkeit; in den besten Fällen orientiert sie sich am Öffentlichen Dienst, z. B. am TVöD. Die Karriereperspektiven sind oft begrenzt, weil viele Stellen befristet oder an Projekte geknüpft sind, die für eine gewisse Zeit durch öffentliche Zuwendungen gefördert werden. Nur wenige NGOs verfügen über einen solchen Spendenzufluss, dass sie sich einen ständigen umfangreichen Mitarbeiterstamm leisten können.

Beispiel 1: Als Juristin im Projektmanagement

Eine Auflistung von für Juristen relevanten NGOs würde den Rahmen des Beitrags sprengen. Stattdessen sei an den beiden folgenden der Praxis entlehnten Beispielen gezeigt, welche mitunter verschlungenen Wege ein Karriereeinstieg bei einer NGO nehmen kann: Im ersten Beispiel geht es um eine Jurastudentin, die schon vor ihrem Studium während ihres freiwilligen sozialen Jahrs in einem westafrikanischen Staat eine deutsche NGO kennenlernt, die erfahrene Ingenieur:innen und deren Expertise einsetzt, um in Entwicklungsländern im Sinne einer nachhaltigen technischen Entwicklungszusammenarbeit elementare Grundbedürfnisse wie Zugang zu Wasser und Sanitäranlagen zu verbessern. Der Kontakt reißt nie ab, während ihres Studiums ist sie in einer Regionalgruppe als Freiwillige beim Fundraising aktiv. Dieses gesellschaftliche Engagement ist ihr Steckenpferd und noch kann sie sich nicht vorstellen, dass sich daraus eine berufliche Perspektive entwickeln könnte. Im Studium belegt sie die Wahlfachgruppe „Gesellschaftsrecht, Grundzüge des Steuerrechts und des Bilanzrechts“ und jobbt nebenbei in einer Steuerkanzlei. Dazu kommt ein Praktikum bei einem Personaldienstleister. Nach dem Ersten Staatsexamen denkt sie zunächst an eine Promotion, doch dann wird sie auf ein Stellenangebot der besagten NGO aufmerksam, die eine:n Mitarbeiter:in in der Abteilung Finanz- und Personalwesen sucht. Zu den Aufgaben zählen u. a. die arbeitsrechtliche Vertragsgestaltung sowie das Vorbereiten des Jahresabschlusses, wozu enger Kontakt mit einem Steuerberater gehalten werden muss. Die Stelle wird entsprechend nach dem Landestarifvertrag für den öffentlichen Dienst entlohnt. Die Aussicht, ihr gesellschaftliches Engagement zu einer beruflichen Perspektive ausbauen zu können, reizt sie sehr. Sie bewirbt sich und kann mit ihrer Erfahrung als Freiwillige ebenso punkten wie mit dem gewählten Schwerpunkt im Bereich Steuern und Bilanzen und dem Nebenjob in der Steuerkanzlei. Ihre Bewerbung hat Erfolg; sie fängt bei der NGO an. Sie ist hier v. a. als juristische Allrounderin gefragt und betreut auch Auswahlverfahren für Freiwillige und fest Beschäftigte, immer auch mit Bezug zum Einsatzort der Experten. Da die NGO als eingetragener Verein organisiert ist, bereitet sie die Jahresmitgliederversammlung vor und klärt immer wieder Fragen im Zusammenhang mit der Gemeinnützigkeit. Weil das Büro der NGO eine recht begrenzte Anzahl von Mitarbeiter:innen hat, kann unsere Absolventin oft auch jenseits der Juristerei bei der Projektarbeit aushelfen. Dann ist vor allem ihr Organisationstalent gefragt.

Beispiel 2: Als Jurist in die Menschenrechts-Advocacy
Das zweite Beispiel zeigt, dass es in NGOs auch Positionen gibt, die wesentlich stärker von der juristischen Tätigkeit geprägt sind. Nach dem Ersten Staatsexamen arbeitet unser Absolvent in Südamerika zunächst als Freiwilliger für ein Jahr in einer Menschenrechtsorganisation, die bedrohte Menschenrechtsverteidiger bei ihrer Arbeit begleitet und so schützt. Das ist ziemlich „hands-on" – unser Absolvent macht viel Feldarbeit, nur gelegentlich kann er sein juristisches Fachwissen in Fallstudien zur Anwendung bringen. Wieder zurück in Europa, will er sich eigentlich der Entwicklungspolitik widmen und setzt noch einen Master in Development Studies am Genfer Graduate Institute drauf. Dort macht er ein Praktikum beim UNHCHR, was sein Interesse an den Menschenrechten wieder weckt. Im Referendariat nutzt er die Wahlstation dazu, bei einer NGO, die sich als europäisches Zentrum für Verfassungsrecht und für Menschenrechte versteht, in die juristische Menschenrechtsarbeit einzusteigen. Dort wird mit juristischen Mitteln versucht, Menschenrechten zu ihrer Wirkung zu verhelfen. Das bedeutet vor allem, dass Musterverfahren angestrengt werden, um staatliche und nicht staatliche Akteure für die von ihnen begangenen Menschenrechtsverletzungen zur Verantwortung zu ziehen. Ziel sind Präzedenzfälle, um die Rechtsentwicklung beim Menschenrechtsschutz voranzutreiben. Unseren Absolventen reizt, dass hier oft juristisches Neuland betreten wird. Als bei dem Verein eine befristete Stelle geschaffen wird, bewirbt er sich. Er hat Glück – regionale Erfahrungen in Südamerika, einschlägige Praktika und Sprachkenntnisse geben letztlich den Ausschlag, er bekommt den Job. Und so arbeitet er vom ersten Tag an an Fällen, in denen es um Menschenrechte und europäische Investitionen in Schwellenländern geht. Neben juristischer Analyse bedeutet dies auch Projektmanagement: Netzwerke mit anderen NGOs aufbauen und pflegen, Recherchereisen nach Südamerika unternehmen, Pressearbeit mit Opferverbänden koordinieren.

Gefragt: Idealismus und gesellschaftliches Engagement
Die Beispiele zeigen zweierlei: Zum einen kann sich gerade bei NGOs aus dem gesellschaftspolitischen Engagement, dem Steckenpferd von Jura-Absolvent:innen, mitunter der Traumjob ergeben. Das setzt aber voraus, dass man sich neben Jurapaukerei und Examensstress noch Zeit nimmt oder lässt, um ein solches soziales oder gesellschaftliches Engagement zu pflegen. Der Scheuklappenblick auf das Prädikatsexamen um jeden Preis, am besten „zweimal zweistellig", ist hier eher abträglich. Und zum anderen zeigen die Beispiele, dass es in NGOs, vor allem solchen mittlerer Größe, eine rein juristische Tätigkeit selten gibt, sondern eher einen Aufgabenmix aus Projektmanagement und der Anwendung von juristischem Fachwissen auf einem Spezialgebiet, seien es die Menschenrechte oder das europäische Hochschulrecht. Die Stellensuche im NGO-Bereich ist oft eine Suche nach der Nische, und hier geben fast immer spezialisierte Fachkenntnisse und entsprechendes Engagement den Ausschlag.

Berufsbilder in Lehre und Forschung

Sich in einen Fachbereich zu vertiefen, als Expertin oder Experte zu diesem Thema zu publizieren und das eigene Wissen in Vorlesungen und Seminaren weiterzugeben – das lockt einige Jurist:innen nach dem Referendariat zurück an die Universitäten und Max-Planck-Institute. Die Beiträge auf den folgenden Seiten informieren über die Tätigkeit als Hochschulprofessor:in bzw. als Jurist:in in einer Forschungsinstitution.

Neben der selbstbestimmten und unabhängigen Arbeitsweise locken vor allem flexible Arbeitszeiten, Vortrags- und Konferenzreisen sowie der (internationale) Austausch mit Kolleg:innen. Für die meisten Jurist:innen stellt die wissenschaftliche Betätigung jedoch ein zeitlich begrenztes Vorhaben dar, oftmals zum Zweck der Promotion. Danach steht meist der Wechsel in ein anderes juristisches Tätigkeitsfeld an, zumal auch die Stellen im Bereich der Forschung und Lehre in der Regel befristet sind. Einige wenige Jurist:innen beginnen mit der Promotion aber auch die akademische Laufbahn, die bis zur Hochschulprofessur und dem Vorsitz eines Lehrstuhls führen kann.

Um sich frühzeitig einen Eindruck davon zu verschaffen, ob die Arbeit an einem Lehrstuhl interessant ist, bietet sich eine Tätigkeit als wissenschaftliche Hilfskraft an. Dies stellt auch eine gute Möglichkeit dar, mit Professor:innen in Kontakt zu kommen, die gegebenenfalls für eine spätere Betreuung der Promotion infrage kommen.

Abschließend sei noch erwähnt, dass auch Hochschulen und Forschungseinrichtungen in der Regel über Rechtsabteilungen verfügen, in denen Jurist:innen (wenn auch nicht lehrend oder forschend) tätig werden können. Nähere Informationen zur Tätigkeit in einer Rechtsabteilung finden sich ab Seite 105.

Hochschulprofessur

von Prof. Dr. Sabine Otte

Formale Voraussetzungen: überdurchschnittlich abgeschlossenes Hochschulstudium, Promotion, mindestens fünfjährige berufspraktische Tätigkeit, davon mindestens drei Jahre außerhalb der Hochschule (vgl. im Einzelnen Hochschulgesetze des jeweiligen Landes, z.B. § 36 HG NRW), i.d.R. sehr gute Englischkenntnisse in Wort und Schrift

Persönliche Qualifikation: Interesse an Lehre und Forschung, pädagogische Eignung, soziale Kompetenz, gute Kommunikationsfähigkeit

Einstiegsgehalt: Grundgehalt W 2 an (Fach-)Hochschulen (ggf. zzgl. Leistungs- und/oder Familienzulage)

Besonderheiten: Einstellung zunächst befristet oder als Beamter/Beamtin auf Probe, nach erfolgreichem Abschluss der Probezeit Ernennung auf Lebenszeit möglich, hohes Maß an Selbstständigkeit, Jobsicherheit, Vereinbarkeit von Beruf und Familie (flexible Arbeitszeit)

Tätigkeitsbereiche von (Fach-)Hochschulprofessor:innen

(Fach-)Hochschulprofessor:innen haben ein breites und äußerst spannendes Aufgabenspektrum. Im Mittelpunkt der Tätigkeit steht die Lehre, die mit einem Deputat von 18 Semesterwochenstunden mehr Raum einnimmt als an einer Universität und sich auch wegen des besseren Betreuungsschlüssels und der größeren Praxisbezogenheit etwas von der Lehre an einer Universität unterscheidet.

Zudem obliegt (Fach-)Hochschulprofessor:innen auch die Forschung nach eigenen Schwerpunkten. Sie genießen die Freiheit, selbst gesetzte Schwerpunkte sowohl in die eigene Forschung als auch in die Lehre einzubringen. Darüber hinaus sind (Fach-)Hochschulprofessor:innen eingebunden in das Hochschulmanagement (Selbstverwaltung), können Forschungsgelder bei Förderorganisationen beantragen und Forschungsprojekte und/oder internationale Kooperationen initiieren.

Vor- und Nachteile

Den besonderen Reiz der Tätigkeit macht die Freiheit von Forschung und Lehre aus. (Fach-)Hochschulprofessor:innen genießen ein sehr hohes Maß an Flexibilität, Selbstständigkeit und sehr weite eigene Gestaltungsspielräume. (Fach-)Hochschulprofessor:innen können selbstbestimmt eigene Schwerpunkte setzen und bestimmte Themen nach ihrer Wahl bearbeiten. Neben der – mitunter auch englischsprachigen – Lehre ist eine intensive wissenschaftliche Betätigung im Bereich der eigenen Spezialisierung möglich und erwünscht. Regelmäßig besteht die Möglichkeit, sich mit anderen Wissenschaftler:innen und Praktiker:innen auf in- und ausländischen Tagungen auszutauschen. Zudem erlauben die Selbstbestimmtheit und die flexiblen Arbeitszeiten eine hervorragende Planbarkeit der Tätigkeit. Durch die Verbeamtung auf Lebenszeit nach einiger Zeit wird finanzielle Sicherheit gewährleistet.

Nachteilig sind die – jedenfalls gegenüber einer internationalen Großkanzlei nicht zu leugnenden – Gehaltseinbußen und die geringen finanziellen Entwicklungsmöglichkeiten. Diese werden jedoch durch die finanzielle Sicherheit, die planbaren Arbeitszeiten sowie die Unabhängigkeit und Flexibilität kompensiert. Darüber hinaus besteht die Möglichkeit, einer Nebentätigkeit nachzugehen, z. B. als Of Counsel einer Kanzlei, als Lehrbeauftragte:r anderer Hochschulen oder mit Vortragstätigkeiten.

Auf dem Weg zur Professur

Voraussetzung für die Berufung als (Fach-)Hochschulprofessor:in sind überdurchschnittliche Erste und Zweite Juristische Staatsexamina sowie eine qualifizierte Promotion, vorzugsweise mit Bezug zum Lehrgebiet. Unerlässlich für die Tätigkeit ist die Freude an der Lehre. Ohne Spaß an der Lehre sollte keine (Fach-)Hochschulprofessur angestrebt werden. Durch einen Probevortrag wird auch stets die pädagogische Eignung im Berufungsverfahren getestet. Kandidat:innen sollten möglichst über Lehrerfahrung verfügen. Diese kann z. B. durch einen vorhergehenden Lehrauftrag gesammelt werden. Darüber hinaus werden wissenschaftliche Veröffentlichungen vorausgesetzt. Eine Habilitation ist hingegen für die (Fach-)Hochschulprofessur nicht erforderlich. Da das Studium an der Fachhochschule einen hohen Praxisbezug aufweist, wird statt der Habilitation eine mindestens fünfjährige Berufserfahrung auf den Lehrgebieten verlangt. Diese praktische Berufserfahrung sollte in die Lehre miteinfließen. Man sollte mindestens drei Jahre außerhalb des Hochschulbereichs tätig gewesen sein. (Fach-)Hochschulprofessor:innen im Bereich Wirtschaftsrecht waren meist vor ihrer Berufung in einer Kanzlei oder einer Rechtsabteilung tätig. Der Umstand, dass keine Habilitation für die Tätigkeit vorausgesetzt wird, bietet den Vorteil, dass nicht eine jahrelange Unsicherheit und ein so starker Verdrängungswettbewerb wie bei Universitätsprofessuren bestehen.

Angesichts der begrenzten Anzahl der Professorenstellen können sich Interessent:innen nicht auf die Berufung verlassen. Da jedoch zwingend vorherige Berufserfahrung vorausgesetzt wird, erfolgt die Bewerbung ohnehin aus einem anderen Job heraus, sodass zuvor keine finanzielle Unsicherheit besteht. Die Tätigkeit als (Fach-)Hochschulprofessor:in ist außerordentlich vielseitig und bietet diverse Vorteile, wie z. B. die enorme Unabhängigkeit, Flexibilität und gute Work-Life-Balance, sodass dies eine wirkliche Alternative zu einer Tätigkeit in einer (Groß-)Kanzlei oder Rechtsabteilung darstellt.

Jurist:in in einer Forschungseinrichtung

von Dr. Marc Engelhart

Formale Voraussetzungen: überdurchschnittlich abgeschlossenes Hochschulstudium, Befähigung zur Promotion

Persönliche Qualifikation: Sprachkenntnisse (Englisch, ggf. weitere Fremdsprachen), Organisationstalent, Kontaktfreudigkeit, Kreativität, wissenschaftliche Neugierde

Einstiegsgehalt: 1.828,67 Euro Brutto-Monatsgehalt (Teilzeit 50 %, TVöD Bund in der Fassung ab 1.7.2017, Entgeltgruppe E 13, Stufe 1)

Aufstiegsmöglichkeiten: Projektleiter:in, Forschungsgruppenleiter:in

Besonderheiten: internationale Tätigkeit, Gelegenheit zur Promotion (ggf. auch zur Habilitation)

Weitere Informationen: www.mpg.de sowie die Seiten der einzelnen juristischen Institute

Art der Tätigkeit

Die Tätigkeit als Jurist:in in einer Forschungseinrichtung ist in Deutschland insbesondere in den juristischen Instituten der Max-Planck-Gesellschaft möglich. Die Max-Planck-Institute als außeruniversitäre Forschungseinrichtungen bieten die Gelegenheit, intensiv an größeren Forschungsprojekten mitzuwirken. Die Größe der Institute liegt deutlich über der universitärer Lehrstühle. Sie beschäftigen oftmals Wissenschaftler:innen aus verschiedensten Fachrichtungen und Nationen. Die Institute sind international ausgerichtet, sodass eine große Anzahl von Projekten mit Partnern im Ausland oder mit internationalen Organisationen durchgeführt wird. Die Projekte werden grundsätzlich durch die Institutsleitung initiiert und von dieser verantwortet. Die Mitarbeiter:innen wirken vielfach bereits bei der Planung der Projekte mit und sind fast immer in die Durchführung miteinbezogen. Die Aufgaben variieren je nach Stelle stark: Projektbezogene Stellen beinhalten die Durchführung von Einzel- und Teilprojekten. Bei diesen sind projektspezifische Spezialkenntnisse (z. B. der Empirik oder der Islamistik) von Vorteil. Daneben bestehen Stellen für bestimmte Fachbereiche (z. B. europäisches Strafrecht). Hier verfolgen und begleiten die Referent:innen die jeweilige Rechtsentwicklung. Dies bedingt einen engen Kontakt zu anderen Forscher:innen und Praktiker:innen in der Verwaltung, insbesondere in Ministerien, in der Anwaltschaft und in internationalen Organisationen. Bestandteil der Tätigkeit ist zudem die wissenschaftliche Bearbeitung von Fragen aus dem jeweiligen Referatsbereich, meist mit dem Ziel einer Publikation. Oft werden auch Gutachten für öffentliche Institutionen erstellt. Daneben bestehen länderspezifische Stellen, bei denen die Referentin oder der Referent ein oder mehrere Länder bzw. Rechtskreise betreut. Entsprechende Sprachkenntnisse sind hierfür zwingend erforderlich. Die Referent:innen verfolgen die Rechtsentwicklung im jeweiligen Land, arbeiten diese wissenschaftlich auf und halten den Kontakt zur dortigen wissenschaftlichen Community. Häufig steht die Mitarbeit an rechtsvergleichenden Projekten im Mittelpunkt der Tätigkeit.

Vor- und Nachteile

Die Mitarbeit an Forschungsprojekten ermöglicht eine intensive wissenschaftliche Betätigung, die von der Projektplanung bis hin zur Publikation der gewonnenen Ergebnisse reicht. Durch die Interdisziplinarität und den Auslandsbezug eröffnet sie Perspektiven und Denkansätze weit über die Rechtswissenschaft und das nationale Recht hinaus. Dieser Bezug bietet Gelegenheit zu vielfältigen Kontakten mit ausländischen Forscher:innen, einschließlich des kurz- oder längerfristigen Aufenthalts im Ausland. Regelmäßig besteht die Möglichkeit, sich mit anderen Wissenschaftler:innen auf in- und ausländischen Tagungen auszutauschen. Die täglichen Arbeitszeiten sind gerade bei größeren Projekten weitgehend frei gestaltbar. Allerdings bedingt diese Freiheit ein hohes Maß an Selbstdisziplin, um die Projekte im vorgegebenen Zeitrahmen abzuschließen. Die verschiedenen Aspekte der Tätigkeit setzen zudem eine hohe Flexibilität in der Zeitplanung voraus, Abend- und Wochenendtermine sind nicht selten. Insgesamt ist die Arbeitsbelastung hoch.

Einstieg und Zukunftsperspektiven

Der Einstieg als wissenschaftliche:r Mitarbeiter:in erfolgt grundsätzlich nach Abschluss des juristischen Studiums. Während des Studiums oder des Referendariats ist aber bereits eine Tätigkeit als Hilfskraft möglich, die gegebenenfalls fortgesetzt werden kann. Vielfach werden konkrete Stellen ausgeschrieben, auf die dann eine Bewerbung möglich ist. Initiativbewerbungen sind jedoch nicht unüblich. Zumeist erfolgt die Mitarbeit begleitend zur Durchführung einer Promotion, deren Betreuung die Institutsdirektor:innen oder entsprechend qualifizierte Mitarbeiter:innen übernehmen. Voraussetzung ist daher, dass die Befähigung zur Promotion gegeben ist und die Bewerber:innen als Doktorand:innen von den Betreuer:innen und der juristischen Fakultät akzeptiert werden. Da die Tätigkeit am Institut neben der Promotion erfolgt, werden zumeist nur Teilzeitstellen (halbe Stellen) vergeben, die im Regelfall auf drei Jahre befristet sind. Alternativ besteht häufig in Research Schools ein strukturiertes Promotionsprogramm mit einer der Teilzeitstelle entsprechenden finanziellen Förderung. Die Gelegenheit zur Mitarbeit an Institutsprojekten besteht in diesem Rahmen nur noch in deutlich geringerem Umfang als bei einer „klassischen" Festanstellung.

Bei wissenschaftlicher Bewährung ist nicht nur eine Mitarbeit an einzelnen Forschungsprojekten möglich, sondern auch deren Leitung und Koordination. Eine befristete, über die Promotion hinausgehende Postdoc-Beschäftigung als wissenschaftliche:r Referent:in ist grundsätzlich möglich. Sie bietet sich insbesondere zur Durchführung einer Habilitation an, die dann zum Ziel hat, einen Lehrstuhl zu erhalten (und so letztlich zurück an die Universität führt). Möglich ist aber auch eine Forschungstätigkeit, zumeist mit Spezialisierung auf einen Fachbereich oder ein Land. Die Durchführung eigenständiger Forschung wird jedoch durch die konzeptionellen Vorgaben der Institutsleitung begrenzt. Zudem stehen vielfach nur wenige Stellen zur Verfügung. Unbefristete Stellen, die eine langfristige Forschungsperspektive ohne Habilitation ermöglichen, sind die Ausnahme. Insgesamt ist eine zunehmende Anzahl von Stellen projektbezogen und drittmittelfinanziert, sodass sie auf die Dauer des Projekts befristet sind. Zumeist wird die wissenschaftliche Tätigkeit daher begleitend zur Weiterqualifikation durch die Promotion genutzt, um nach deren Abschluss in ein anderes juristisches Berufsfeld einzusteigen.

Rechtsanwalt/-anwältin in einer Wirtschaftskanzlei

Für viele Jura-Absolvent:innen führt der erste Weg in eine Kanzlei. Es locken oft hohe Gehälter und abwechslungsreiche Fälle – teilweise in internationalem Umfeld. Doch mit der Entscheidung für die Tätigkeit in einer Kanzlei gehen weitere Fragestellungen einher, die jede Bewerberin und jeder Bewerber für sich persönlich beantworten muss: Welcher Kanzleityp passt zu mir? Ein Job in einer Großkanzlei, verbunden mit all den Vorzügen, die sie bietet, aber auch mit einer oft hohen Arbeitsbelastung? Oder eine Tätigkeit bei einer mittelständischen Kanzlei, mit meist niedrigeren Gehältern, aber auch größeren unternehmerischen Beteiligungsmöglichkeiten? Als letzte Variante bleibt noch die Selbstständigkeit zu nennen, die jedoch – gerade für Berufsanfänger:innen – mit großen finanziellen Risiken verbunden ist. Der folgende Beitrag zeigt wichtige Entscheidungskriterien auf.

Ebenso relevant ist die Frage nach der Spezialisierung auf ein Fachgebiet. Oftmals kristallisieren sich bereits im Studium erste Präferenzen für einen der großen Fachbereiche Zivilrecht, Strafrecht oder öffentliches Recht heraus. Doch auch diese gliedern sich in viele Unterbereiche, aus denen es zu wählen gilt. Dieses Buch beschränkt sich aufgrund des begrenzten Umfangs auf den Tätigkeitsbereich der Wirtschaftskanzleien und kann selbst hier nur überblicksartig einige wichtige Fachgebiete herausgreifen.

Großkanzlei, Mittelstand oder Selbstständigkeit – welcher Kanzleityp passt zu mir?

von Dr. Marius Mann

Volljurist:innen haben die Qual der Wahl. Ihnen eröffnet sich ein schier unerschöpfliches Tätigkeitsfeld, vor allem dann, wenn Studium und Referendariat besonders erfolgreich absolviert wurden. Sie können als Staatsanwält:innen, Richter:innen oder Notar:innen, selbst als Politiker:innen und Manager:innen tätig sein. Der klassische Juristenberuf bleibt aber der des Rechtsanwalts oder der Rechtsanwältin. Wer für sich erkannt hat, dass Neigungen, Interessen und die eigene Lebensplanung mit dem Anwaltsberuf gut vereinbar sind, sollte sich vor dem Berufseinstieg Gedanken machen, wie und in welchem anwaltlichen Kontext er tätig werden will. Denn es bietet sich ein Spektrum, das von der selbstständigen Tätigkeit als Einzelanwält:in bis hin zur international ausgerichteten Großkanzlei reicht. Zwar arbeiten Rechtsanwält:innen stets überwiegend als juristische Berater:innen, es gibt aber signifikante Unterschiede, etwa was Entfaltungs- und Entwicklungschancen oder die persönliche Absicherung betrifft.

Aufgabenspektrum

Die anwaltlichen Aufgabenstellungen können in den einzelnen Kanzleitypen durchaus voneinander abweichen. Associates in der Großkanzlei arbeitet üblicherweise ab, was ihnen die Partner:innen auf den Tisch legen. Es wird erwartet, dass dies zuverlässig, umsichtig und auf höchstem juristischen Niveau geschieht. Die Arbeitsergebnisse legen die Associates ihren Tutor:innen vor, die sie nach Durchsicht an die Mandanten schickt. Beim Berufseinstieg in der Großkanzlei erlernt man zuallererst sauberes anwaltliches Arbeiten. Dazu gehören u. a. der Umgang mit Mandanten, schnörkellose und klare Darstellung komplexer Sachverhalte und das Vermeiden von typischen Anfängerfehlern.

Wer allerdings Probleme damit hat, in fest vorgegebenen Strukturen und Hierarchien zu arbeiten, sollte sich gut überlegen, ob für sie oder ihn die Großkanzlei – in der häufig komplexe Großmandate in Anwaltsteams bearbeitet werden – die richtige Wahl ist. Eine Boutique, in der üblicherweise ebenfalls auf hohem juristischem Niveau an interessanten Mandaten gearbeitet wird, könnte den persönlichen Neigungen eher entsprechen und für Individualist:innen mehr Entfaltungsmöglichkeiten bieten als die Großkanzlei. Vor allem werden sich anwaltliche Berufseinsteiger:innen dort häufig schneller an der „Beraterfront" finden. Unter anderem deshalb, weil die Mandate in der Regel etwas überschaubarer sind und daher schneller Verantwortung übernommen werden kann. Verbesserungsvorschläge oder Ideen, um die Kanzlei voranzubringen, werden in mittelständischen Kanzleien und Boutiquen mehr geschätzt als in Großkanzleien, die in der Regel schon sehr professionell organisiert sind. Gleiches gilt für Mandantenpflege und Business Development, die in den Großkanzleien den Partner:innen überlassen sind.

Wem es indes um Freiheit, Selbstständigkeit und persönliche Entfaltung geht, der sollte sich ernsthaft damit auseinandersetzen, ob er selbstständig als (Einzel-)Anwalt oder Anwältin tätig werden will. Allerdings hat diese Selbstständigkeit auch ihren Preis. In der Selbstständigkeit beginnt alles beim Nullpunkt. Wer sein eigenes Anwaltsgeschäft aufbaut, muss zunächst einmal Arbeitsmittel wie Rechner, Computer, Drucker und

Büromaterial anschaffen. Zudem muss man sich insbesondere in den ersten Jahren auf mühsame Akquise einstellen und darf nicht wählerisch sein. Mit der Selbstständigkeit geht ein unternehmerisches Risiko einher, das vor allem Berufseinsteiger:innen trifft. Diese tun sich ohnehin schwerer als etablierte Rechtsanwält:innen, überhaupt an Mandate zu gelangen, geschweige denn an interessante und lukrative. Wer allerdings entspannt ist, wenn der Schreibtisch über Tage hinweg auch einmal leer bleibt, und Mut sowie Lust verspürt, sein eigenes Geschäft von der Pike an aufzubauen, kann es durchaus mit einem Kaltstart in die Selbstständigkeit versuchen.

Spezialisierung

Die juristische Ausbildung ist noch immer auf eine Tätigkeit als Einzelanwältin oder -anwalt – und dies rechtsbereichsübergreifend – ausgerichtet. Wer Freude daran verspürt, die eigene breite juristische Ausbildung auch in der Praxis zu erproben, für den sind spezialisierte Boutique- oder Großkanzleien eher nichts. Pflichtverteidigungen sowie miet- und straßenverkehrsrechtliche Mandate sind, insbesondere in den ersten Jahren, das „Brot-und-Butter-Geschäft" beim Berufsstart in die Selbstständigkeit. Derartige kleinere Mandate bieten die Möglichkeit, frühzeitig wichtige Erfahrungen zu sammeln, etwa bei der Vertretung vor Gericht oder bei Verhandlungen mit der Staatsanwaltschaft und Behörden. Wer selbstständig beraten will, gleichzeitig aber interessante Mandate von eher mittlerer Größe bearbeiten möchte, kann – wenn entsprechende Kontakte bestehen – versuchen, sich mit Steuerberater:innen oder Wirtschaftsprüfer:innen zusammenzuschließen. In derartigen interdisziplinären Kanzleien fällt für Jurist:innen der Kanzlei häufig eine Menge an Verweisgeschäft ab (sogenanntes Cross-Selling).

Die Großkanzleien sind demgegenüber bekannt für ihren hohen Spezialisierungsgrad. Zunehmend finden sich in einzelnen Rechtsbereichen sogar Unterspezialisierungen. So fokussieren sich manche Gesellschaftsrechtler:innen z. B. allein auf Aktienrecht und im Bereich Aktienrecht ggf. sogar ausschließlich auf Spruchverfahren oder Vorstandsberatung.

Boutique- oder Mittelstandskanzleien zeichnen sich häufig ebenfalls durch eine gewisse Spezialisierung aus. Letztlich ist dies unerlässlich, um auf hohem Niveau überzeugend beraten zu können. Der Spezialisierungsgrad ist in mittelständischen Kanzleien aber häufig weniger hoch als in Großkanzleien. So können sich in einer mittelständischen Boutique durchaus Anwält:innen finden, die im öffentlichen und im privaten Baurecht beraten und die ggf. vertragsgestaltend, baubegleitend und im Rahmen gerichtlicher Auseinandersetzungen vor Verwaltungsgerichten und ordentlichen Gerichten tätig werden. Dies kann auch seinen Reiz haben.

Wer als Jurist:in umfassend Ansprechpartner:in für seine Mandanten sein will, wird als „Allround-Wirtschaftsanwalt" oftmals vor allem vom unternehmerischen Mittelstand geschätzt. Empfindet man also den persönlichen Kontakt zu Geschäftsführer:innen und Gesellschafter:innen mittelständischer Betriebe als reizvoll, kann man sich in einer Boutiquekanzlei ausleben. Der persönliche Kontakt und die umfassende Beratung in wirtschaftsrechtlichen Angelegenheiten (z. B. gleichzeitig im Gesellschafts-, Handels- und Vertragsrecht) sind letztlich auch ein Markenzeichen mittelständisch ausgerichteter Wirtschaftskanzleien.

Arbeitsklima
Das Arbeitsklima wird beim Berufseinstieg häufig unterschätzt. Die Frage, ob man mit Chef:in und Kolleg:innen gut kann, spielt insbesondere dann eine wichtige Rolle, wenn man seine beruflichen Stationen nicht nur für ein paar Monate plant. Praktika, Referendarstationen oder eine vorübergehende wissenschaftliche Mitarbeit während der Promotionszeit bieten gute Gelegenheiten, um auszuloten, ob die Atmosphäre in der Kanzlei und die Chemie mit der oder dem künftigen Tutor:in stimmen. Größere Kanzleien sind stark durch den Umsatzdruck bestimmt, der nicht immer nur vom Kanzleimanagement, sondern genauso auch von der Sozietät selbst und den Kolleg:innen (Partner:innen) aufgebaut werden kann. Dies kann das Arbeitsklima in großen und mittleren Kanzleien durchaus beeinflussen und auch belastend sein.

Wer indessen in die Selbstständigkeit geht, braucht sich über diese Punkte keine Sorgen zu machen. Vermutlich ist einer der größten Vorteile der Selbstständigkeit, sein eigener Chef zu sein und sich nicht den Erwartungen und Wünschen anderer aussetzen zu müssen. Allerdings gilt dies auch nur eingeschränkt, denn im Ergebnis unterliegen auch selbstständige Einzelanwält:innen den Erwartungen ihrer Mandanten.

Work-Life-Balance
Wer mit Herzblut Rechtsanwältin oder Rechtsanwalt ist, wird immer viel arbeiten. Die Selbstständigkeit kann insoweit Fluch und Segen zugleich sein. Als Einzelkämpfer:in kann man zwar grundsätzlich bestimmen, ob, wann und wie viel man arbeitet. Man hat allerdings in Zeiten guter Auftragslage keine Mitstreiter:innen, die ihm Arbeit abnehmen. Meist ist die Motivationslage aber auch eine andere, denn der erwirtschaftete Umsatz geht direkt in die eigene Tasche.

Work-Life-Balance ist in der Großkanzlei hingegen per se ein Reizthema, denn gerade internationale Großkanzleien sind vom Geschäftsmodell her darauf ausgelegt, dass pro Kopf ein möglichst großer Umsatz erwirtschaftet wird. Zwar bieten Großkanzleien zunehmend Flex-Time-Modelle an. Die Inanspruchnahme derartiger Angebote wirkt sich aber nicht gerade als Karriereturbo aus. Wer also entspannt arbeiten möchte und am Freitag auch einmal um 13 Uhr ins Wochenende starten will, sollte sich entweder eine kleine, örtliche Sozietät suchen oder doch den Sprung in die Selbstständigkeit wagen.

Auch mittelständische Kanzleien können insoweit eine interessante Alternative sein. Der Umsatzdruck ist dort geringer als in Großkanzleien. Schon aus diesem Grund kann es leichter sein, Beruf und Privatleben in einer mittelgroßen Kanzlei unter einen Hut zu bringen.

Fazit
Letztlich kann man bei der Berufswahl wenig falsch machen, denn das Angenehme am Anwaltsberuf ist, dass sich persönliche Fehlgriffe meist korrigieren lassen. Dies gilt allerdings nicht zwingend in jede Richtung – und vor allem auch nicht zeitlich unbeschränkt. Wer selbstständig als Einzelanwältin oder -anwalt tätig war, wird mit dem Sprung in die Großkanzlei nach einigen Jahren sicher mehr Probleme haben als umgekehrt.

Dennoch verbieten sich pauschale Empfehlungen. Jede:r muss selbst entscheiden, welche Form der anwaltlichen Tätigkeit mittel- und langfristig erstrebenswert ist. Letztlich spielen auch Noten und Zusatzqualifikationen bei der Berufswahl eine gewichtige Rolle. Die gute Ausbildung, ein weit überdurchschnittliches Gehalt und das enorme Fortbildungspotenzial sprechen sicherlich für den Berufsstart in einer Großkanzlei. Vor allem ist damit der Schritt in eine kleinere Kanzlei oder die Selbstständigkeit keineswegs verbaut, sondern eher geebnet. Wer sich aber von vornherein mehr Work-Life-Balance wünscht und auch mit einem etwas niedrigeren Gehalt zufrieden ist, der sollte es in einer kleineren Einheit oder einer Boutiquekanzlei versuchen. Für Individualist:innen eignet sich der Weg in die Selbstständigkeit. Letztlich ergibt aber auch dies nur für diejenigen Sinn, die in den ersten Jahren nicht auf wirtschaftliche Absicherung angewiesen sind und bei denen der Unternehmer-Spirit über alle Zweifel erhaben ist.

Rechtsgebiete in Wirtschaftskanzleien

Arbeitsrecht

von Dr. Lars Mohnke

Klassischerweise vertreten Rechtsanwält:innen einer Wirtschaftskanzlei die Arbeitgeberseite. Zudem beraten sie Vorstände und Geschäftsführer:innen hinsichtlich ihrer Organstellung sowie ihrer Rechte und Pflichten aus dem Dienstvertrag.

Mit wem arbeitet ein Associate zusammen?
Bereits direkt nach dem Berufseinstieg betreuen Associates kleinere Fälle unter Anleitung einer Partnerin oder eines Partners oder erfahrenen Associates allein. Hierbei stehen sie in unmittelbarem Kontakt mit Mitarbeitenden der Personalabteilung und der Geschäftsleitung. Mit steigender Seniorität wird der Verantwortungsbereich größer. In komplexeren Angelegenheiten (z. B. Transaktionen, Umstrukturierungen und Compliance-Themen) arbeiten Associates im Team mit Kolleg:innen der eigenen und anderer Praxisgruppen (z. B. Gesellschafts-, Steuer- und Kartellrecht) zusammen. Bei grenzüberschreitenden Sachverhalten (z. B. mehrere Länder betreffende Transaktionen und Restrukturierungen sowie Auslandsentsendungen) tauschen sich Associates mit den Kolleg:innen ausländischer Büros oder von Korrespondenzkanzleien aus. Auch stehen sie in Kontakt mit ausländischen Gesellschaften, die Rechtsrat zu ihren eigenen oder durch Konzerngesellschaften in Deutschland beschäftigten Mitarbeitenden suchen.

Was ist das Besondere am Arbeitsrecht in einer Wirtschaftskanzlei?
In einer Wirtschaftskanzlei werden gerichtliche Streitigkeiten anderer Praxisgruppen häufig durch eine separate Litigation-Abteilung betreut, während die Arbeitsrechtler:innen die Unternehmen vor Gericht bis hin zum Bundesarbeitsgericht regelmäßig selbst vertreten. Wegen des stark ausgeprägten Arbeitnehmerschutzes ist die Beratung in der Regel darauf ausgerichtet, gerichtliche Auseinandersetzungen zu vermeiden. Hier ist Einfallsreichtum gefragt.

Einzelanwält:innen sind auf dem Gebiet des Arbeitsrechts meist überwiegend mit Einzelfällen und individualrechtlichen Rechtsfragen (insbesondere zum Kündigungsrecht) befasst. Sie sind häufig bei den Arbeitsgerichten anzutreffen. Dies gehört natürlich auch zu den Aufgaben in einer Wirtschaftskanzlei. Die Vorstellung, dass betriebsbedingte Kündigungen den Kern des Tagesgeschäfts ausmachen, geht dabei aber völlig fehl. Den größeren Teil nimmt die arbeitsrechtliche Beratung bzgl. Vertragsgestaltung (Individual- und Kollektivvereinbarungen), Vorbereitung, Verhandlung und Umsetzung von Restrukturierungen, Erwerb und Veräußerung von Unternehmen und Betrieben sowie bei Fragen der Zusammenarbeit mit Arbeitnehmervertretungen ein. Dabei sind stets auch die ökonomischen Auswirkungen des zu erteilenden Rechtsrats für die im Wettbewerb stehenden Unternehmen und die sich schnell ändernden Rahmenbedingungen zu beachten. Dies zeigen beispielsweise die letzten Entwicklungen zu den Themen Digitalisierung, künstliche Intelligenz, Entgelttransparenz, Arbeitszeit und Arbeitszeiterfassung, Nachweisgesetz sowie Hinweisgeberschutz. Die sehr dynamischen Entwicklungen seitens des Gesetzgebers und der Rechtsprechung sowie die

Aussagen von Behörden müssen im Blick behalten und zusammen mit dem Mandanten schnell und agil Lösungen entwickelt werden. Kreativität für die Entwicklung praxistauglicher Lösung ist hier gefragt.

Bei größeren Projekten ist eine Vielzahl von Interessengruppen (Vorstand/Geschäftsführung, Gesellschafter, andere Konzerngesellschaften, Gewerkschaften, Betriebsräte, verschiedene Mitarbeitergruppen und Öffentlichkeit) zu berücksichtigen. Dies bringt meist eine große Komplexität mit sich, eröffnet aber auch Lösungsräume, um das Ziel der Mandant:innen zu erreichen.

Die Tätigkeit ist sehr abwechslungsreich und aufgrund einer Vielzahl teilweise auch sehr ausgefallener Rechtsfragen besonders anspruchsvoll. Während Einzelanwält:innen sowie Richter:innen mit Fragen zum Streikrecht, zum Betriebsverfassungsrecht, zur Unternehmensmitbestimmung und zur Vertragsgestaltung eher selten befasst sind, gehört dies zur täglichen Arbeit von Anwält:innen in einer Wirtschaftskanzlei. Besonders interessant sind die Zusammenarbeit mit namhaften Unternehmen und Konzernen sowie die Möglichkeit, gestaltend tätig zu werden, um optimale Lösungen zu erarbeiten.

Das Arbeitsrecht steht wie kaum ein anderes Rechtsgebiet unter dem starken Einfluss von politischen Entwicklungen. Die Europäische Union und der deutsche Gesetzgeber sorgen ständig für Beratungsbedarf zu neuen rechtlichen Vorgaben. Die Wirtschaftskanzleien investieren daher viel Zeit und Mühe, um Auswirkungen von Gesetzesänderungen frühzeitig zu erkennen. So können sie den Unternehmen rechtzeitig Handlungsempfehlungen geben, damit die betrieblichen Abläufe angepasst werden können. Wie die Unternehmen stehen auch die Wirtschaftskanzleien unter einem Kostendruck und müssen sich mit technischen Tools und dem Einsatz künstlicher Intelligenz beschäftigten, was neue Aufgabenfelder eröffnet.

Gibt es Unterschiede zwischen den Wirtschaftskanzleien?
Einige Kanzleien beschränken sich auf das Transaktionsgeschäft. Das Arbeitsrecht hat dann häufig nur eine Unterstützungsfunktion. Andere Kanzleien bieten eine Full-Service-Beratung an. Die Tätigkeit deckt dann das gesamte Arbeitsrecht ab und bietet den Mandanten eine vollumfängliche Beratung. Je nach Größe und Ausrichtung kann es weitere Untergliederungen und Spezialisierungen geben (z. B. für die Themen arbeitsrechtliche Compliance, Mitarbeiterdatenschutz und betriebliche Altersvorsorge). Häufig bildet sich auch eine Spezialisierung auf bestimmte Branchen heraus. Viele Großkanzleien organisieren sich interdisziplinär in Industriegruppen, um sich noch besser auf die Bedürfnisse der Mandant:innen zu fokussieren.

Welche Vorteile bestehen bei einem Berufseinstieg im Bereich des Arbeitsrechts in einer Großkanzlei im Vergleich zu einer kleinen Kanzlei?
Kleinere Kanzleien haben meistens einen Schwerpunkt auf Rechtsstreitigkeiten und betreuen häufig die Arbeitnehmerseite. Großkanzleien sind meistens und teilweise ausschließlich auf der Seite der Unternehmen vorzufinden. Sie vertreten ihre Mandanten natürlich auch vor den Arbeitsgerichten. Einen wesentlichen Schwerpunkt bildet hier die strategische Beratung, die vor allem auch darauf gerichtet ist, rechtssichere Lösungen zu entwickeln, die Streitigkeiten mit Mitarbeitenden, Betriebsräten, Gewerkschaften und Behörden vermeiden. Hieraus ergeben sehr komplexe und anspruchsvolle Fragestellungen.

Was sind die Kehrseiten dieser Tätigkeit?
Nicht selten sind Kosteneinspar- und Personalabbauprogramme Gegenstand der Beratung. Diese Maßnahmen sind mit vielen Einzelschicksalen verbunden. Die Unternehmen sind aufgrund der Wettbewerbssituation gleichwohl gezwungen, sich den aktuellen Marktverhältnissen anzupassen. Gemeinsam mit Geschäftsleitung und Arbeitnehmervertretungen können sozialverträgliche und wirtschaftlich tragbare Lösungen entwickelt werden.

Für wen ist diese Tätigkeit geeignet?
Die Tätigkeit im Bereich des Arbeitsrechts einer Wirtschaftskanzlei ist nicht nur für Absolvent:innen mit einschlägigem Schwerpunktbereich geeignet. Arbeitsrechtliche Vorkenntnisse sind zwar wünschenswert, nicht aber zwingende Voraussetzung. Die Größe der Mandate und die Zusammenarbeit mit anderen Fachbereichen sowie ausländischen Büros erfordern eine große Bereitschaft und Fähigkeit, in Teams zu arbeiten. Zudem ist die Bereitschaft wichtig, sich mit den unterschiedlichen Interessen der Arbeitgeber- und Arbeitnehmerseite auseinanderzusetzen. Wer gerne strategische Überlegungen im Hinblick auf die ökonomischen Auswirkungen anstellt, pragmatische Herangehensweisen neben der rein „wissenschaftlichen" Lösung von Rechtsfällen mag und – das gilt gerade für das Arbeitsrecht – einen Beruf mit hohem Realitätsbezug schätzt, bringt die besten Voraussetzungen für die Tätigkeit als Anwältin oder Anwalt einer Wirtschaftskanzlei im Bereich Arbeitsrecht mit.

Bank- und Finanzrecht

von Thomas Hollenhorst

Überblick
Das Bank- und Finanzrecht ist ein breit gefächertes Rechtsgebiet, in dem Wirtschaftskanzleien unterschiedlichen Zuschnitts beraten. Es ist kein eigenes kodifiziertes Recht, sondern vielmehr eine Kombination verschiedener Rechtsgebiete. Dabei spielt das Zivilrecht eine große Rolle, aber auch das Wertpapierrecht, das Handels- und Gesellschaftsrecht, das Insolvenzrecht sowie das öffentliche Recht beeinflussen das Bank- und Finanzrecht.

Insbesondere Großkanzleien bieten in der Regel eine umfassende nationale und internationale Beratung auf den Gebieten des allgemeinen Bank-, Bankaufsichts- und Kapitalmarktrechts an und sind im Zusammenhang mit Finanzierungstransaktionen, bei Restrukturierungen sowie in der Prozessführung tätig.

Mittelgroße Wirtschaftskanzleien und Boutiquen beraten dagegen oft nur in ausgewählten Rechtsgebieten oder haben ihren Schwerpunkt in bestimmten Märkten, wie z. B. im Schifffahrts- oder Energiesektor. Kleinere Kanzleien arbeiten innerhalb des Bank- und Finanzrechts zumeist nur in begrenzten Teilbereichen oder sind spezialisiert auf die Prozessvertretung bei Verfahren zwischen Anlegern und Banken oder im Verbraucherschutzrecht.

Beratungsfelder

Allgemeines Bankrecht

Das allgemeine Bankrecht umfasst die rechtlichen Rahmenbedingungen für die Kontoführung, den Zahlungsverkehr (Überweisungen und Lastschriften, Debit- und Kreditkarten, Online-Banking etc.), das Darlehens- und Kreditsicherungsrecht sowie das allgemeine Wertpapierrecht. Hier unterscheidet sich die Tätigkeit als Rechtsanwältin oder Rechtsanwalt deutlich nach dem Zuschnitt und dem Mandantenstamm der jeweiligen Kanzlei. Während größere Kanzleien in der Regel auf Bankenseite tätig sind, gibt es zahlreiche kleinere Kanzleien, die schwerpunktmäßig Verbraucher:innen gegenüber Banken vertreten.

Bankaufsichts- und Kapitalmarktrecht

Auf dem Gebiet des Bankaufsichtsrechts spielen überwiegend Themen wie Erlaubnis- und Meldewesen, Organisations- und Verhaltenspflichten, Geldwäsche, Compliance sowie Datenschutz und entsprechende Normen insbesondere des Kreditwesensgesetzes (KWG), des Wertpapierhandelsgesetzes (WpHG) und anderer Spezialgesetze (GwG, BDG usw.) eine Rolle.

Das Kapitalmarktrecht betrifft zum einen die Emission von und den Handel mit Aktien, Schuldverschreibungen und anderen Wertpapieren (z. B. Investmentfonds) bzw. Derivaten (z. B. Swaps oder Optionen). Zum anderen macht die Regelung der Auflegung, des Vertriebs sowie der Überwachung von alternativen Investments wie Hedgefonds, Private-Equity- und Venture-Capital-Fonds einen wesentlichen Teil des Kapitelmarktrechts aus. Die Beratung im Kapitalmarktrecht umfasst dabei regelmäßig Maßnahmen zur Einhaltung der Prospektpflichten, der Aufklärungs- und Beratungspflichten gegenüber Anleger:innen sowie der Organisationspflichten zur Vermeidung von Interessenkonflikten und Insider-Handel. Insgesamt ist das Kapitalmarktrecht stark vom Bankaufsichtsrecht geprägt, insbesondere bezüglich der Genehmigungsanforderungen für Kapitalmarktprodukte und -prospekte, welche sich nach dem Kapitalanlagegesetzbuch (KAGB), Vermögensanlagegesetz (VermAnlG), Wertpapierprospektgesetz (WpPG) und anderen Spezialgesetzen richten.

Eine Schnittstelle zwischen Kapitalmarkt- und Gesellschaftsrecht bildet die rechtliche Begleitung börsennotierter Unternehmen. Hier beraten Spezialist:innen beider Rechtsgebiete bei der Einhaltung der kapitalmarktrechtlichen Transparenzanforderungen nach dem Aktiengesetz (AktG), dem Wertpapierhandelsgesetz (WpHG) und dem Wertpapiererwerbs- und Übernahmegesetz (WpÜG), beispielsweise bei M&A-Transaktionen.

Die Tätigkeit der Rechtsanwält:innen hängt auch im Bankaufsichts- und Kapitalmarktrecht sehr stark von der jeweiligen Kanzlei und ihren Mandanten ab. So sind kleinere Kanzleien häufig auf die Vertretung von Bankkund:innen und Anleger:innen gegenüber Banken und Finanzdienstleistern spezialisiert. Demgegenüber beraten größere Kanzleien vor allem Kreditinstitute bei der Emission von Wertpapieren, der Prospekterstellung sowie im allgemeinen Bankaufsichtsrecht.

Beratung bei Finanzierungstransaktionen

Die Beratung bei Finanzierungstransaktionen unterscheidet sich danach, was finanziert werden soll: Zumeist wird zwischen Projekt-, Asset-, Akquisitions- und strukturierter Finanzierung unterschieden. Bei größeren Transaktionen ist die Zusammenarbeit von international besetzten Teams aus Großkanzleien die Regel. Wesentliche Tätigkeit von Rechtsanwält:innen auf diesem Gebiet ist die Gestaltung und Verhandlung von Kredit- und Sicherheitenverträgen, wobei zumeist die Ergebnisse einer vorausgehenden Due Diligence in den Verträgen berücksichtigt werden. Zur Tätigkeit in diesem Bereich gehört jedoch auch die Durchsetzung von Rechten aus bestehenden Kreditverträgen (z. B. Kreditkündigungen, Sicherheitenverwertung etc.).

a. Die Projektfinanzierung dient der Finanzierung verschiedenster kapitalintensiver Projekte. Ihre Bedeutung ist in den vergangenen Jahren, insbesondere in den Sektoren Energie, Infrastruktur und Rohstoffe, stetig gewachsen. Themen wie Nachhaltigkeit, Klimaschutz und Energiewende, auch mit Blick auf Energiesouveränität und -sicherheit, spielen in diesem Bereich eine bedeutende Rolle. Bei der Projektfinanzierung ist der Rückgriff auf den Träger des Projekts (den Eigentümer der Projektgesellschaft) in aller Regel, wenn überhaupt, nur eingeschränkt möglich (sogenannte Non-Recourse- bzw. Limited-Recourse-Finanzierung). Die Besicherung der Finanzierung beschränkt sich daher auf das Projekt und den daraus generierten Cashflow. Hier liegt der Schwerpunkt der Tätigkeit der Kanzlei in der Gestaltung von Kredit- und Sicherheitenverträgen, aber auch in der Überprüfung der Projektverträge für die finanzierenden Banken oder die Projektgesellschaften.
b. Die Asset-Finanzierung dient der Finanzierung von wertvollen Objekten wie beispielsweise Flugzeugen, Schiffen und Immobilien. Während bei Flugzeugfinanzierungen häufig Leasingverträge Anwendung finden, werden Schiffs- und Immobilienfinanzierungen in der Regel über klassische Bankfinanzierungen durchgeführt. Bei der Asset-Finanzierung spielen neben den für die Projektfinanzierung genannten Themen häufig auch steuerliche Fragestellungen eine große Rolle.
c. Bei der Akquisitionsfinanzierung (z. B. im Rahmen eines Leveraged Buyout) wird der Erwerb eines Unternehmens oder eines Unternehmensteils finanziert. Nur ein Teil des Kaufpreises ist durch Eigenkapital gedeckt. Der überwiegende Teil der Mittel wird als Fremdkapital, in der Regel durch Konsortialkredite verschiedener Banken, zur Verfügung gestellt.
d. Unter das Stichwort „strukturierte Finanzierungen“ fallen insbesondere auch sogenannte Mezzanine-Finanzierungen, die eine Mischung von Elementen des Eigen- und Fremdkapitals darstellen. Dies können nachrangige Darlehen sein, aber auch gesellschaftsrechtliche Strukturen wie partiarische Darlehen oder stille Beteiligungen. Diese lassen den Darlehensgeber in verschiedenen Ausprägungen am Unternehmenserfolg teilhaben. Auch die Finanzierung von Unternehmen über Anleihen, die am Kapitalmarkt platziert werden, wird üblicherweise unter dem Begriff „strukturierte Finanzierungen“ subsumiert. Die strukturierte Finanzierung weist die engste Verbindung zum Corporate-/M&A-Geschäft der Banken auf und ist stark gesellschaftsrechtlich, aber auch kapitalmarktrechtlich geprägt.

Restrukturierung

Rechtsanwält:innen in der Restrukturierungspraxis begleiten Unternehmen und Banken in der Krise bei der Entwicklung und Umsetzung von Maßnahmen, um das Unternehmen zu sanieren. Dies umfasst neben der insolvenzrechtlichen Beratung und der Beratung bei Finanztransaktionen auch die gesellschaftsrechtliche Beratung bei Umstrukturierungen sowie Umwandlungen von Gesellschaften. Kennzeichnend für diesen Bereich ist ebenfalls eine enge Zusammenarbeit zwischen Rechtsanwält:innen verschiedener Fachbereiche, insbesondere aus dem Gesellschafts-, Steuer- und Arbeitsrecht.

Die Insolvenzverwaltung ist demgegenüber häufig ein eigener Tätigkeitsschwerpunkt von bestimmten Kanzleien. Sie wird zwar teilweise auch von Großkanzleien angeboten, in der Regel wird sie aber von mittelgroßen und kleineren spezialisierten Kanzleien durchgeführt, deren Büro-Organisation auf diese Tätigkeit besonders abgestimmt ist.

Anforderungen an Absolvent:innen

Die zahlreichen Spezialthemen im Bank- und Finanzrecht sind allenfalls als Schwerpunktbereich Studiums- oder Examensgegenstand. Bei der Frage nach den Voraussetzungen für einen Einstieg in das Bank- und Finanzrecht gilt daher: Spezialkenntnisse in diesen Rechtsgebieten sind nützlich, aber keine Voraussetzung. So ergibt sich das rechtliche Know-how z. B. in der Transaktionsberatung im Bereich Finanzierung im Wesentlichen aus den ersten drei Büchern des BGB. Eine solide zivilrechtliche Ausbildung ist daher auf diesem Gebiet, aber auch in anderen Bereichen des Bankrechts, sehr wichtig.

Praktische Kenntnisse des Bankgeschäfts, erworben durch Praktika oder idealerweise durch eine Bankausbildung, sind selbstverständlich gern gesehen, ebenso entsprechende Stationen während des Referendariats. Gerade in größeren Kanzleien sind zudem gute Englischkenntnisse zwingend erforderlich, weil die Dokumentation größerer Konsortialfinanzierungen nahezu ausschließlich auf Englisch erfolgt.

Fazit

Insgesamt lässt sich festhalten, dass das Bank- und Finanzrecht zahlreiche Betätigungsfelder für hoch qualifizierte und fremdsprachenerfahrene Berufseinsteiger:innen bietet – vor allem auch aufgrund der anhaltenden Internationalisierung und Regulierung der weltweiten Finanzmärkte.

Das Anforderungsprofil und die Aufstiegschancen in den einzelnen Bereichen des Bank- und Finanzrechts hängen dann sehr stark vom Zuschnitt der jeweiligen Kanzlei sowie von der gewählten Spezialisierung ab. So sind im allgemeinen Bankrecht, bei Finanzierungstransaktionen sowie in der Restrukturierungsberatung eher zivil-, gesellschafts- und insolvenzrechtlich bewanderte Generalist:innen gefragt, die keine Berührungsängste mit anderen Rechtsgebieten haben. Demgegenüber bauen Rechtsanwält:innen im Bankaufsichts- und Kapitalmarktrecht nach und nach Spezialkenntnisse im gewählten Bereich auf. Der Einstieg fällt hier mit Vorkenntnissen leichter.

Datenschutzrecht

von Klaus Foitzick

Im deutschen Recht spielte der Datenschutz schon seit Jahrzehnten eine wichtige Rolle. Mit der Datenschutz-Grundverordnung (DSGVO) hat das Datenschutzrecht in der gesamten EU einen neuen Stellenwert gewonnen. Nahezu jede Organisation verarbeitet auf die eine oder andere Art personenbezogene Daten. Der Bedarf an speziell im Datenschutz geschulten Berater:innen hat massiv zugenommen. Besonders gefragt ist die Position der betrieblichen Datenschutzbeauftragten. Diese beraten die Geschäftsführung, schulen Mitarbeiter:innen und kontrollieren die Rechtmäßigkeit aller Datenverarbeitungen und den Schutz der Daten. Zudem sind sie Ansprechpartner:innen für Betroffene und Aufsichtsbehörden. Um der oft unterschätzten Komplexität dieser Rolle gerecht zu werden, ist es in der Regel unabdingbar, juristische Expert:innen als Berater heranzuziehen oder als Datenschutzbeauftragte zu bestellen. Für Jura-Absolvent:innen bietet eine Spezialisierung auf das Datenschutzrecht also sehr gute Jobaussichten. Wer bei der Arbeit gerne direkten Kundenkontakt hat und schnell Projektverantwortung übernehmen will, ist hier genau richtig. Weil die Klienten aus verschiedensten Branchen kommen, ist Abwechslung garantiert. Die juristische Tätigkeit ist primär eine beratende und prüfende. Mittlerweile spielt aber auch die gerichtliche und außergerichtliche Rechtsvertretung eine zunehmend größere Rolle, etwa bei der Abwehr von Abmahnungen oder Schadensersatzforderungen und nicht zuletzt auch bei der Verteidigung gegen Bußgelder.

Fachliche und formale Qualifikationen

Das Datenschutzrecht gehört regelmäßig noch nicht zu den Pflichtfächern. Die wenigsten bringen daher die notwendigen Fachkenntnisse bereits mit. Wer sich während des Studiums mit der DSGVO, dem Bundesdatenschutzgesetz (BDSG), dem Telekommunikation-Telemedien-Datenschutz-Gesetz (TTDSG) und anderen relevanten Rechtsbereichen, wie etwa dem Wettbewerbsrecht, befasst hat, ist vergleichsweise gut aufgestellt. Viele Stellen, wie etwa TÜV oder Industrie- und Handelskammern, bieten zwar eine Fortbildung zum Datenschutzbeauftragten an, doch werden in den Kursen regelmäßig nur einige Grundlagen vermittelt. Die tatsächliche Anwendung des Datenschutzrechts lässt sich erst in der beruflichen Praxis erlernen. Bei der Auswahl des Arbeitgebers lohnt es sich deswegen, auf ein Mentorenprogramm oder vergleichbare Methoden der Berufseinführung zu achten. Ähnlich verhält es sich mit den unverzichtbaren technischen Kenntnissen, die Jura-Absolvent:innen ebenfalls kaum mitbringen. Gute Arbeitgeber bieten deshalb Schulungen z. B. zu Standards der Informationssicherheit wie der ISO 27001 an. Eine gewisse IT-Affinität sollte man in jedem Fall haben. Formal gesehen kommen verschiedene Abschlüsse in Betracht. Zugelassene Rechtsanwält:innen bzw. Volljurist:innen haben regelmäßig eine bessere Ausgangslage in Kanzleien und im internationalen Kontext auch meist bessere Chancen.

Sonstige Voraussetzungen

Jurist:innen, die zum Datenschutzrecht beraten wollen, sollten auch über ausgeprägte soziale Kompetenzen verfügen. Datenschutzbeauftragte gehen eine meist langjährige Vertrauensbeziehung mit viel persönlichem Kundenkontakt ein. Gleichzeitig zu prüfen und zu beraten ist dabei eine mitunter schwer zu erfüllende Doppelrolle. Zudem ist ein hoher Problemlösungswille gefragt. Die schnell fortschreitende digitale Transformation der Wirtschaft erfordert eine Vielfalt an Speziallösungen für die verschiedensten Datenverarbeitungen. Wer sich selbst eher als Bedenkenträger:in versteht, ist davon höchstwahrscheinlich überfordert. Wer hingegen Dinge hinterfragen und neu denken kann, findet im Datenschutzrecht einen wirklich spannenden Job.

Perspektiven und Karrierepfade

Wer sich auf das Datenschutzrecht spezialisieren will, wird eher nicht in einer Großkanzlei anfangen. Die dortige starke Arbeitsteilung bei der Betreuung jedes Kunden erschwert eine partnerschaftliche und kontinuierliche Zusammenarbeit mit dem Mandanten. Stattdessen bietet sich eine Boutique-Kanzlei mit entsprechender Ausrichtung an. Auch wer Datenschutzfragen lieber in der Compliance-Abteilung eines Konzerns bearbeiten will, ist aufgrund des dafür notwendigen Fach- bzw. Anwendungswissens gut beraten, in einer spezialisierten Kanzlei oder Consultingagentur zu lernen. Da ein großer Teil der Tätigkeit eines Datenschutzbeauftragten keine Rechtsdienstleistung, sondern eine gewerbliche ist, bieten auch viele Consultingunternehmen entsprechende Dienstleistungen an. Im Bereich dieser Unternehmen ist es allerdings dringend zu empfehlen, sich im Vorfeld genauestens über potenzielle Arbeitgeber zu informieren, da ein nicht unerheblicher Anteil der Anbieter stark auf einen vielleicht lukrativen aber wenig anspruchsvollen Massenmarkt ausgerichtet ist.

Veränderungen des Berufsbilds durch rechtliche und weitere Entwicklungen

Das Profil ist von Veränderung geprägt. Viele Fragen im Zusammenspiel von Betroffenen und potenziellen Datennutzern sind noch unbeantwortet. Der wohl wichtigste Trend dürfte die Internationalisierung sein, weil das Datenschutzrecht überall an Bedeutung gewinnt. Sehr gute Englischkenntnisse bleiben unabdingbar; weitere Fremdsprachenkenntnisse, Auslandserfahrung und Kenntnisse der Datenschutzgesetze anderer Länder sind von großem Vorteil. Inhaltlich werden sich weitere Aspekte bemerkbar machen: Die Vielfalt der zu betreuenden Branchen nimmt zu, und branchenspezifische Gesetze – etwa für Krankenhäuser oder kritischen Infrastrukturen – werden immer wichtiger. Dazu wird weltweit der Datenschutz bei der Verarbeitung von (personenbezogenen) Daten innerhalb von Konzernstrukturen oder bei Zusammenarbeit mit internationalen Dienstleistern wichtiger. Denn mit der DSGVO wurde das Marktortprinzip eingeführt: Auch Anbieter aus China, Indien oder den USA müssen die Vorgaben der DSGVO beachten, wenn in der EU befindlichen Personen Waren oder Dienstleistungen angeboten oder deren Daten verarbeitet werden. Ähnliche Regelungen existieren aber auch umgekehrt – internationaler Datentransfer ist oft nicht einfach. Zuletzt kommen technische Entwicklung und neue Geschäftsfelder hinzu. So wirft die stark steigende Nutzung von Künstlicher Intelligenz (KI) neue datenschutzrechtliche Fragen auf. Im Spannungsfeld zwischen Verbrauchern, Unternehmen, Gesetzgebern und Gerichten stehen Datenschutz-Jurist:innen insgesamt regelmäßig vor großen Herausforderungen, die das Berufsbild umso spannender machen.

Ausblick

Gerade im Bereich der Datenverarbeitung wird der Automatisierungsgrad in den nächsten Jahren weiter zunehmen. Weil dabei aber immer wieder völlig neue, ungeregelte und im internationalen Kontext völlig unterschiedlich gehandhabte Datenschutzfragen auftreten, ist nicht davon auszugehen, dass Datenschutz-Jurist:innen bald durch KI ersetzt werden. Trotzdem sollten dort tätige Anwält:innen einen leistungsorientierten Arbeitsstil entwickeln und die Herausforderung von Legal Tech nutzen, um Standardprozesse zu automatisieren.

Energierecht

von Vivien Vacha

Willkommen im Energierecht!
Junge Kolleg:innen, die in einem äußerst facettenreichen, sich ständig wandelnden, mitunter technischen und tagespolitisch aktuellen Rechtsgebiet arbeiten wollen, sind im Energierecht genau richtig und herzlich willkommen.

Energierecht – was ist das überhaupt?
Das Energierecht ist ein vergleichsweise junges Rechtsgebiet. Denn obwohl ein erstes, knappes Energiegesetz in Deutschland schon 1935 erlassen wurde, genügten im Übrigen die allgemeinen zivilrechtlichen und öffentlich-rechtlichen Gesetze zur Regelung der damaligen Marktstrukturen und Vertragsverhältnisse. Erst mit der Deregulierung der Strom- und Gasmärkte durch europarechtliche Vorgaben in den 1990er-Jahren hat sich nach und nach ein eigenes Energierecht herausgebildet. Es wird heute, in Zeiten unter anderem der deutschen Energiewende und der Verwirklichung eines europäischen Energie-Binnenmarktes, durch viele eigene europäische und nationale Regelungen kodifiziert, sodass ein eigenständiger Beratungsmarkt entstanden ist. Zugleich bietet das Energierecht aber weiterhin zahlreiche Schnittstellen zu anderen Rechtsbereichen, etwa zum allgemeinen Vertragsrecht, Gesellschaftsrecht, Kreditrecht, Wettbewerbsrecht, Baurecht, Umweltrecht und Steuerrecht.

Jobperspektiven zwischen Großkanzlei und Boutique
Einerseits verfügen heute fast alle großen Wirtschaftskanzleien über Teams, die sich (auch) mit dem Energierecht beschäftigen. Hier gibt es oft innerhalb der großen Praxisgruppen (zum Beispiel „Banking“, „Corporate“ oder „Litigation and Arbitration“) eine mehr oder weniger starke energierechtliche Spezialisierung. Typische Mandate sind beispielsweise die Gestaltung von Projekt- und Kreditverträgen für große Energieprojekte (Großkraftwerke, Windparks etc.) im In- und Ausland sowie die rechtliche Beratung rund um die Planung, Genehmigung und Regulierung. In Zeiten der Energiewende betrifft dies jedenfalls für den deutschen und europäischen Markt vor allem Solar- und Windparks. Weiterhin ist durch die politisch vorgegebene Auflösung der früheren Monopol-Unternehmen ein Markt für den Kauf und Verkauf von Erzeugungsanlagen, Netzen und Speichern entstanden, der mitunter auch stark von den Vorgaben des Wettbewerbsrechts beeinflusst wird. Zudem kommen immer wieder neue Themen hinzu, etwa die Beratung in den Bereichen Batteriespeicher und Elektromobilität. Wasserstoff wird neben Strom und Gas gerade ein dritter großer Markt mit einem eigenen regulierungsrechtlichen Gefüge, und mit der EU-Taxonomie sind die Themen Klimaschutz, Anpassung an den Klimawandel, Kreislaufwirtschaft etc. für nahezu jedes Unternehmen (mittelfristig) relevant geworden. Ein weiteres Arbeitsgebiet ist die Führung von Rechtsstreitigkeiten vor ordentlichen deutschen und europäischen Gerichten und Schiedsgerichten.

Andererseits sind viele Boutiquen und mittelständische Kanzleien entstanden, die zahlreiche Facetten des Energierechts bearbeiten: Dazu gehört beispielsweise die Begleitung von Ausschreibungen nach dem Erneuerbare-Energien-Gesetz als Grundlage für die Realisierung neuer Projekte; die Beratung bei Ausschreibungen der öffentlichen Hand als Teil des Vergaberechts; die Strukturierung des Kaufs und Verkaufs von Strom, Wärme, Biogas u. a. im Rahmen des Energiehandels; die Gestaltung von Energielieferverträgen und die Begleitung von Netzübernahmen durch Kommunen im Zuge der Rekommunalisierung. Hier sind die Mandanten oft Projektentwickler, Energieerzeuger und -abnehmer, Energieversorger, Energiehandelsunternehmen, Stadtwerke und Kommunen.

Hinzu kommt eine – zunehmend wachsende – Anzahl von Stellen als Transaction Lawyer/Practice Support Lawyer, die auch für Bachelor-/Master-Absolvent:innen ohne Zweites Staatsexamen geeignet sind. Sie unterstützen innerhalb der Kanzlei, wenn es um die Bearbeitung großer Mengen an standardisierten Verträge geht (zum Beispiel die Flächensicherung bei Windpark-Projekten). Zudem finden sich in großen Kanzleien Anwält:innen im Bereich Know-how-Management. Diese arbeiten nicht auf dem Mandat, sondern sind zum Beispiel für das Entwerfen von Vertragsmustern, die Pflege von Datenbanken mit Transaktionsdokumenten und die Erstellung von internen und externen Newslettern verantwortlich.

Einstieg – Aufstieg – Ausstieg

Der Berufsweg von Energierechtler:innen hängt vor allem von der Frage ab, welche Art von Kanzlei für den Berufseinstieg gewählt wird bzw. auf Grundlage der Examensnoten in Betracht gezogen werden kann.

In einer großen Wirtschaftskanzlei arbeitet man, wie schon erwähnt, in der Regel innerhalb einer breiter aufgestellten Praxisgruppe, sodass man beispielweise eher Corporate-Anwältin oder -Anwalt mit einer Spezialisierung im Energierecht ist als reine:r Energierechtler:in. Dabei gilt weiterhin eher ein auf „Up-or-Out" angelegtes Modell. Allerdings sind Kanzleien flexibler geworden, wenn es um Teilzeit-Modelle auf dem Partner-Track oder alternative Arbeitszeitmodelle mit fest vereinbarten Stunden geht. Unabhängig vom Modell ist aber gerade in den ersten Berufsjahren eher mit einem „Schreibtischjob" zu rechnen, denn der intensive Kontakt zu Mandant:innen und die selbstständige Führung von Mandaten ergeben sich zumeist erst über die Jahre. Dafür besteht allerdings die Möglichkeit, auf großen, spannenden, mitunter globalen Transkationen zu arbeiten und vielleicht im Rahmen von Secondments Mandanten oder andere Standorte der Kanzlei kennenzulernen. Ob die Tätigkeit dann in einer (Equity-)Partnerschaft mündet, ist beim Berufseinstieg kaum planbar. Mittlerweile bieten aber viele Kanzleien die Möglichkeit, auch ohne Partner-Status dauerhaft in der Kanzlei zu bleiben.

Kleinere Kanzleien verfügen dagegen typischerweise über ein weniger klares Hierarchiesystem, sodass die Zusammenarbeit stärker langfristig ausgelegt ist. Gerade die wiederholte Begleitung ähnlicher, kleinerer Mandate ermöglicht Einsteiger:innen schneller ein eigenverantwortliches Arbeiten mit Mandantenkontakt. Zudem mag es hier einfacher sein, über eine Spezialisierung ein eigenes Profil zu entwickeln und sich so im Markt bzw. bei den Mandant:innen zu positionieren.

Für diejenigen, die dem Anwaltsleben nach einigen Jahren den Rücken kehren wollen, bieten sich beispielsweise bei Energieunternehmen, Projektentwicklern, Beratungsgesellschaften, Kommunen, Verbänden, Lobbygruppen, bei der Bundesnetzagentur und im Umfeld der Bundesministerien sowie der Europäischen Union neue Perspektiven mit energierechtlichem Bezug. Hinzu kommt, dass Deutschland im Bereich der erneuerbaren Energien international noch immer zu den Vorreitern gehört und ein großes Interesse an der „German energy transition“ besteht. Für in Deutschland qualifizierte Energierechtler:innen können sich dadurch auch am internationalen Arbeitsmarkt spannende Perspektiven ergeben.

Voraussetzungen

Die Materie des Energierechts gehört nicht zum Kanon der juristischen Kernausbildung, sodass entsprechende Fachkenntnisse beim Berufseinstieg nicht vorausgesetzt werden. Allerdings bieten einige Universitäten mittlerweile Einführungsvorlesungen an, zudem bestehen zum Beispiel an den Universitäten in Berlin, Köln und Jena eigene Institute mit einem vertieften energierechtlichen Angebot. Und auch diverse Master- bzw. LLM-Programme sind im In- und Ausland rund um das Thema Energierecht entstanden. Wer so und/oder durch Praktika, Nebenjobs oder Referendarsstationen in Energierechts-Kanzleien oder im Umfeld der Energiewirtschaft Grundlagenwissen erworben hat, ist sicher interessant für Arbeitgeber.

Der Berufseinstieg wird in nahezu jedem Fall von der Notwendigkeit geprägt sein, sich ein ausreichendes rechtliches, wirtschaftliches und technisches Verständnis zu erarbeiten. Denn ohne Kenntnisse der Besonderheiten des Marktes zwischen Wettbewerb und Regulierung, seiner vielfältigen Akteure und deren Kompetenzen, der Funktionsweise von Erzeugungsanlagen und Netzen etc. und natürlich der energierechtlichen Regelungen auf deutscher und europäischer Ebene, können Energierechtler:innen nicht erfolgreich arbeiten. Hier kann und muss man sich gerade am Anfang Wissen anlesen und es mit der Erfahrung aus der Mandatsarbeit verknüpfen. Zudem sind, jedenfalls in den großen Wirtschaftskanzleien, sichere Englischkenntnisse unabdingbar, die um das nötige energierechtliche Fachvokabular angereichert werden müssen.

Wichtig ist zudem die Freude an sich häufig ändernden oder neu entstehenden gesetzlichen Grundlagen, insbesondere im Bereich der erneuerbaren Energien, in die man sich immer wieder neu einarbeiten muss, und etwas Pioniergeist. Denn viele Fragestellungen sind bislang weder (höchst)richterlich entschieden noch in der Literatur (ausführlich) kommentiert oder besprochen und müssen mittels des klassischen juristischen Handwerkszeugs erarbeitet werden. Das ist – gerade für Berufseinsteiger:innen – manchmal knifflig, schafft aber zugleich viel Spielraum für eigene Gedanken und Lösungsansätze, sodass Langeweile und allzu viel Routine eher die Ausnahme sein werden. Hinzu kommt, dass sich für diejenigen, die Freude am Publizieren haben, viel Stoff für Aufsätze, Artikel, Bücher und Kommentare bietet, was ein guter Baustein bei der Entwicklung eines eigenen Profils ist.

Gesellschaftsrecht

von Dr. Christian Vogel

Nach der großen Unsicherheit aufgrund der Corona-Pandemie kam es bereits kurz darauf zu einer heftigen Wiederbelebung des M&A-Markts. Dabei sind neben „Megafusionen" auch vermehrt Investitionen im Bereich Venture Capital und Börsengänge zu sehen. Was aber machen eigentlich Anwältinnen und Anwälte in diesem Umfeld?

Die Tätigkeit im Gesellschaftsrecht geht über die „klassische" gesellschaftsrechtliche Beratung hinaus. Vielmehr ist die Tätigkeit geprägt von einer Querschnittsfunktion, bei der Anwält:innen nicht nur gesellschaftsrechtlich beraten, sondern die Transaktion strukturieren und die Beratung durch das Anwaltsteam koordinieren. Das Berufsbild von Anwält:innen im Gesellschaftsrecht lässt sich anhand der folgenden Kernbereiche näher beleuchten: M&A, öffentliche Übernahmen, Private Equity und Venture Capital sowie Restrukturierung und Insolvenz.

M&A

Der „M&A" (Mergers and Acquisitions) genannte Tätigkeitsbereich befasst sich mit dem Erwerb bzw. der Veräußerung von Unternehmen und Unternehmensteilen. Bei einer M&A-Transaktion sind Rechtsanwält:innen umfassend als Berater:innen eingebunden, die Tätigkeit geht damit deutlich über die rein rechtliche Beratung hinaus und umfasst häufig auch Funktionen des Transaktionsmanagements bei Vorbereitung und Durchführung der Transaktion.

Phasen einer M&A-Transaktion

Die Tätigkeit von M&A-Anwält:innen lässt sich am besten an einem Beispiel zeigen. Möchte beispielsweise die A-AG alle Anteile an der B-GmbH, einem Tochterunternehmen der B-AG, erwerben, so gliedert sich eine solche Transaktion üblicherweise in fünf Schritte: Vorbereitung/Getting Started, Due Diligence, Vertragsverhandlung bis Signing, Vorbereitung und Durchführung des Closings, Implementierung.

In der Vorbereitungsphase kommt es zu ersten Sondierungsgesprächen zwischen der A-AG und der B-AG. Solche Sondierungsgespräche werden häufig initiiert durch Finanzberater:innen, etwa durch Investmentbanken. Frühzeitig werden auch Anwält:innen in den Prozess einbezogen, um eine Vertraulichkeitserklärung zwischen der A-AG und der B-AG vorzubereiten und gegebenenfalls auch weitere vorbereitende Dokumente zu erstellen:

- Wenn – wie hier – tatsächlich die B-AG nur mit der A-AG spricht, würde es sich anbieten, die ersten Ergebnisse der Gespräche in einer nicht bindenden Absichtserklärung (sogenannter Letter of Intent oder Term Sheet) niederzulegen, um so der weiteren Verhandlung eine Struktur zu geben.
- Wenn hingegen die B-AG zur Sondierung der bestmöglichen Verkaufsoptionen mit mehreren potenziellen Käufern spricht (sogenanntes Auktionsverfahren), wird die B-AG die A-AG zur Abgabe eines indikativen, nicht bindenden Angebots auffordern. Dies ermöglicht es der B-AG, die einzelnen Bieter im Auktionsverfahren zu beurteilen und eine erste Indikation hinsichtlich des möglichen Kaufpreises zu erzielen.

Nach Abschluss eines Letter of Intent oder Abgabe eines indikativen Angebots würde der A-AG die Möglichkeit eingeräumt, die in den vorherigen Gesprächen mitgeteilten Informationen im Rahmen einer Due Diligence zu überprüfen. Hierbei wird das Unternehmen umfassend auf wirtschaftliche (Financial Due Diligence) und rechtliche (Legal Due Diligence) Risiken untersucht. Anwält:innen arbeiten dabei eng mit den Finanzberater:innen zusammen, um insbesondere die Auswirkungen der gefundenen Risiken auf die Kaufpreisfindung zu diskutieren. Zu diesem Zeitpunkt sind häufig kurzfristig große Teams aufseiten des Erwerbers gleichzeitig tätig, um in einer oft nur sehr kurzen Datenraumphase die großen Datenmengen zu sichten, zu systematisieren und die dabei gefundenen Risiken zu bewerten. Hierbei unterstützt vermehrt auch künstliche Intelligenz bei der Erfassung und Systematisierung großer digitaler Datenmengen. Bei der Bewertung der Risiken ist von den Anwält:innen neben der rechtlichen Beurteilung auch eine wirtschaftliche gefordert: Sind die Risiken so gravierend, dass es sich um Deal Breaker handelt (also um Risiken, die so hoch sind, dass bei Realisierung die Transaktion undurchführbar wird)? Welchen Einfluss haben die Risiken auf die Kaufpreisfindung, wenn sie nicht einen solchen Umfang haben, dass die Transaktion insgesamt gefährdet wird?

Sind Anwält:innen auf Veräußererseite tätig, gilt es zunächst, den Datenraum vorzubereiten. So kann es erforderlich werden, besonders sensible Informationen für die ersten Verhandlungsrunden zu schwärzen (auch dies mittlerweile mit Unterstützung durch Legal Tech) oder auch die Vollständigkeit und Aussagekraft der zur Verfügung gestellten Unterlagen zu analysieren. Immer öfter gehen Veräußerer auch dazu über, zunächst selbst eine Anwaltskanzlei mit einer Due Diligence zu beauftragen (Vendor Due Diligence), um so bereits vorher die möglichen Risiken der Transaktion zu identifizieren und zudem die Abwicklung der Transaktion nach Beginn der Auktion zu beschleunigen. Außerdem ermöglicht das dem Veräußerer in stärkerem Maße, den zu erzielenden Kaufpreis realistisch einzuschätzen und ein breiteres Erwerberfeld zur Abgabe von Angeboten zu bewegen.

Im Anschluss an die Due Diligence gilt es, den Kaufvertrag zu verhandeln. Dabei müssen die Ergebnisse so eingearbeitet werden, dass eine für beide Seiten akzeptable Risikoverteilung gefunden wird. So kann beispielsweise ein Risiko bewertet und diese Bewertung vom Kaufpreis abgezogen werden. Ebenso ist es möglich, dass sich der Käufer vom Verkäufer hinsichtlich dieses Risikos freistellen lässt oder dieses Risiko sogar extern versichert. In Auktionsverfahren wird die Vertragsverhandlung zunehmend harmonisiert.

Nach Abschluss des Kaufvertrags (sogenanntes Signing) muss dessen Vollzug (sogenanntes Closing) vorbereitet werden. Hierfür liegt es zumeist in der Hand der Anwält:innen aus dem M&A-Bereich, diese Vorbereitungen zu koordinieren, während die Kollegen aus dem Kartellbereich die Anmeldungen bei den zuständigen Kartellbehörden vorbereiten – hinzu kommt bei Auslandsbezug häufig noch eine Prüfung sog. FDI Clearance (foreign direct investment clearance, bei uns die Freigabe unter der Außenwirtschaftsverordnung). Die Koordination umfasst dabei auch den Abschluss etwaiger noch ausstehender Verträge und die Vorbereitung der Integration des Kaufobjekts in den Konzern.

Nach Vollzug des Kaufvertrags ist die Transaktion aber weder aufseiten des Erwerbers noch aufseiten des Verkäufers beendet. Vielmehr muss der Verkäufer nunmehr die noch vertraglich vereinbarten Übergangsleistungen erbringen, bevor er endgültig die Verbindungen zum Kaufobjekt kappen kann. Der Erwerber hingegen muss nun das neu erworbene Unternehmen in seinen Konzern integrieren.

Getting Started

- erste Kontaktaufnahme der späteren Partner
- Strukturüberlegungen
- Vertraulichkeitsvereinbarung und ggf. Term Sheet/ Letter of Intent

Due Diligence

- Financial Due Diligence
- Legal Due Diligence
- ggf. Untersuchung von Spezialthemen (z. B. IP, Umwelt)

Verhandlung bis Signing

- Entwurf und Verhandlung des Share Purchase Agreements (SPA) bzw. Master Agreements bei Asset Deal

Closing-Vorbereitungen und Closing

- ggf. Durchführung von internen Transaktionen zur Herstellung des Kaufobjekts
- Vorbereitung der Übertragung der Anteile/Assets einschl. Kartellanmeldung
- Abschluss von Verträgen für die Übergangszeit

Implementierung

- Einfügen des erworbenen Unternehmens in die eigene Konzernstruktur
- ggf. Nutzen von Synergien

Phasen einer M&A-Transaktion

Tätigkeit des Rechtsanwalts

Die Begleitung einer Transaktion über diese fünf Stadien ist spannend, aber auch zeitlich herausfordernd. Fachlich erforderlich sind Kenntnisse im deutschen Kapital- und Personengesellschaftsrecht, aber auch Grundkenntnisse in den von der Transaktion berührten Rechtskreisen. Gerade bei internationalen Transaktionen ist zudem ein Grundverständnis für die Besonderheiten der benachbarten Rechtsordnungen unumgänglich, da nur so die Verhandlungen effizient und für beide Seiten erfolgreich durchgeführt werden können.

Die zeitliche Belastung ist vom jeweiligen Stand der Transaktion abhängig – es kann vorkommen, dass eine Transaktion wochenlang ruht, bevor sie plötzlich und unvermittelt wieder zum Leben erweckt wird. Ebenso kann es passieren, dass eine Transaktion, die gerade noch in der heißen Phase intensiv verhandelt wurde, urplötzlich abgesagt wird, weil es zu grundlegenden Differenzen zwischen Erwerbsinteressent und Veräußerer gekommen ist.

Spannend ist diese Tätigkeit, weil man im Bereich M&A einen tiefen Einblick in das zu erwerbende Unternehmen, aber auch in vielfältige rechtliche Problemstellungen erhält. Dabei ist M&A keine Tätigkeit für hoch spezialisierte Einzelkämpfer:innen, sondern Teamwork. So sind neben den Kolleg:innen aus dem Gesellschaftsrecht Kolleg:innen aus den Bereichen Arbeitsrecht, Steuerrecht, Umweltrecht, IP/IT, Real Estate, Versicherungsrecht sowie gegebenenfalls weiteren Spezialbereichen wie Healthcare oder Energierecht tätig.

Die Transaktion gewinnt noch mehr an Komplexität, sobald grenzüberschreitende Bezüge enthalten sind. In diesem Fall gilt es zusätzlich, die Arbeit der ausländischen Kolleg:innen (Local Counsel) zu koordinieren, die entweder aus eigenen Büros oder von externen Kanzleien aus an der Transaktion mitwirken. Außerdem müssen die Besonderheiten anderer nationaler Rechtsordnungen beachtet und verstanden werden. Die Aufgabe der einzelnen Anwält:innen wechselt dabei mit zunehmender Seniorität: Während junge Kolleg:innen ihre ersten Erfahrungen im Rahmen der Due Diligence, bei der Koordination der Local Counsel und der Vorbereitung von Kaufvertrag und Closing sammeln, übernehmen ältere Kolleg:innen die Koordination der Due Diligence und wirken an den Vertragsverhandlungen mit.

Öffentliche Übernahmen

Eine weitere Besonderheit gegenüber klassischen M&A-Transaktionen stellen öffentliche Übernahmen dar. In diesem Fall interessiert sich ein Bieter für den Erwerb von mindestens 30 Prozent der Stimmrechte an einer börsennotierten Gesellschaft. Besonderheiten ergeben sich insbesondere daraus, dass der Transaktionsablauf durch das WpÜG und die entsprechenden Umsetzungsvorschriften stark reglementiert ist und zudem der Aufsicht durch die BaFin unterliegt. Anders als bei einer privaten Transaktion wird daher der Kaufvertrag nicht mit einem oder mehreren Verkäufern abgeschlossen, sondern der Bieter bereitet ein öffentliches Angebot vor, das an alle Aktionär:innen gerichtet ist und diese davon überzeugen soll, die Anteile an den Bieter zu veräußern.

Private Equity und Venture Capital

Die Beratung von Finanzinvestor:innen und Venture-Capital-Gebern stellt ein weiteres spannendes Betätigungsfeld für Jurist:innen dar.

Venture Capital

Venture-Capital-Finanzierungen bezeichnen die Finanzierung von Wachstum durch Finanzinvestoren bei jungen Unternehmen. Technisch handelt es sich dabei um Kapitalerhöhungen gegen Bar- oder (seltener) Sacheinlagen, die bei Erreichen bestimmter wirtschaftlicher Milestones gewährt werden (etwa Produktentwicklung/klinischer Test/Marktreife). Ziel ist dabei, das Unternehmen nach Ablauf der Finanzierungsphase zu veräußern und darüber den Return on Investment (ROI) zu erreichen. Zu beachten ist, dass bei Weitem nicht alle Venture-Capital-Finanzierungen erfolgreich sind, vielmehr nimmt der Risikokapitalgeber in Kauf, dass er zahlreiche Gesellschaften finanzieren muss, damit sich wenigstens eine erfolgreich durchsetzt.

Neben den im Rahmen des Unternehmenskaufs erforderlichen Tätigkeiten gilt es hier vor allem, im Rahmen der Finanzierungsrunden zwischen den Investoren eine Einigung über Art und Umfang der jeweiligen Einlagen zu erzielen. Sobald diese Investments über eine Fremdfinanzierung erfolgen, muss zudem enger Kontakt mit den Kolleg:innen aus dem Finanzierungsbereich gehalten werden, damit diese die Finanzierungsdokumentation zeitnah vorbereiten können.

Private Equity

Bei Private-Equity-Investments geht es im Kern um den Erwerb oder die Veräußerung von Unternehmen, also um klassisches M&A, allerdings mit einer Reihe von Spezialthemen:

- **Management-Beteiligung:** Ziel des Private-Equity-Investors ist es regelmäßig, die Interessen des Managements mit denen der Gesellschafter in Einklang zu bringen. Dies geschieht durch eine Beteiligung des Managements am von ihm geleiteten Unternehmen, um so den Gesellschaftern einen wirtschaftlichen Hebel für die gemeinsame wirtschaftliche Zielerreichung an die Hand zu geben.
- **Finanzierung:** Der Großteil des Kaufpreises oder der Investition wird nicht aus Eigenmitteln erbracht, sondern fremdfinanziert. Daher müssen Strukturen geschaffen werden, die den finanzierenden Banken eine Sicherung des Darlehens ermöglichen und zugleich eine steueroptimierte Ausschüttung zulassen.
- **Gewährleistung:** Beim Erwerb der Unternehmen von einem Finanzinvestor ist zu beachten, dass dieser in der Regel nur in geringem Umfang Gewährleistungen geben kann. Hintergrund ist, dass der Finanzinvestor nach Veräußerung des Unternehmens möglichst kurzfristig den Erlös an die Investoren seines Fonds auskehren muss, um so eine möglichst hohe Rendite für den Fonds zu erreichen. Um gleichwohl den Erwerbern einen ausreichenden Schutz zu gewährleisten, wird in einer stetig wachsenden Zahl von Transaktionen auf Versicherungslösungen (sogenannte W&I Insurances) zurückgegriffen.

Restrukturierung und Insolvenz

Zwar wird die eigentliche Insolvenzverwaltung aufgrund des erheblichen Personaleinsatzes von einigen hierauf spezialisierten Kanzleien durchgeführt, doch ist gerade die Beratung von Unternehmen in insolvenznahen Situationen Kernbestandteil der gesellschaftsrechtlichen Beratung:

- Im Rahmen der Restrukturierungsberatung unterstützen Anwält:innen beispielsweise die Gesellschaft bei Verhandlungen mit den Gläubigern, etwa zur Umgestaltung von Darlehensforderungen in Eigenkapital oder zum (Teil-)Verzicht auf Darlehensforderungen, verbunden mit Besserungsscheinen.
- Beim Kauf aus der Insolvenz beraten Anwält:innen hinsichtlich der Besonderheiten des Erwerbs von Unternehmensteilen, nachdem das entsprechende Mutterunternehmen Insolvenz angemeldet hat. In diesem Fall erfolgt die Verhandlung nicht mehr mit den Eigentümern, sondern mit den Insolvenzverwalter:innen. Wesentliches Kennzeichen hierbei ist, dass häufig nur begrenzte Informationen über das Unternehmen zur Verfügung stehen und auch keine oder nur sehr begrenzte Gewährleistungen durch die Insolvenzverwalter:innen genehmigt werden können.

Gewerblicher Rechtsschutz und Urheberrecht

von Dr. Philipe Kutschke und Prof. Dr. Tilman Müller-Stoy

Der gewerbliche Rechtsschutz ist eine Spezialmaterie mit vielen Facetten. Er umfasst das Patent- und Markenrecht, das Recht der geografischen Herkunftsangaben, das Recht der Gebrauchs- und Geschmacksmuster sowie den Sorten- und Halbleiterschutz. Schutzgegenstand ist in aller Regel eine besondere, gewerblich verwertbare technische oder gestalterische Leistung (z.B. eine Erfindung oder der Name eines Produkts), für die in einem amtlichen Registrierungsverfahren oder von Gesetzes wegen ein Monopolrecht erlangt werden kann. Dritten kann dadurch die Nutzung der geschützten Leistung untersagt werden, gegebenenfalls kommen bei unberechtigten Nutzungen dieser Leistung Schadensersatzansprüche in Betracht. Flankierend ist das Kartell- bzw. Wettbewerbsrecht zu nennen, welches das Marktverhalten im Wettbewerb und insbesondere Fragen der irreführenden bzw. unlauteren Werbung regelt. Zusammenfassend betrifft der gewerbliche Rechtsschutz also eine spezifische, wirtschaftsrechtliche Materie an den Schnittstellen zwischen Recht und Technik bzw. der Vermarktung von Produkten, Dienstleistungen sowie Forschungs- und Entwicklungsergebnissen. Als Nachbargebiet ist auch das Urheberrecht zu erwähnen, das eine eigenständige zivilrechtliche Tradition aufweist und ebenso wie der gewerbliche Rechtsschutz immaterielle Güter, nämlich die kreative Leistung der Schöpfer:innen bzw. Autor:innen, schützt.

Auf diesem Gebiet tätige Jurist:innen sehen sich daher mit vielschichtigen strategisch-wirtschaftlichen Fragestellungen konfrontiert. Sie begleiten typischerweise die Entwicklung der „Idee" bis zu deren Marktreife, den Schutzerlangungsprozess und die Durchsetzung der Schutzrechte, gegebenenfalls im Eilverfahren. Fortlaufende strategische Beratung, Schutzrechtsmanagement und Schutzrechtsbewertung sowie Verhandlung und Gestaltung von Lizenzverträgen, Forschungs- und Entwicklungsvereinbarungen sind dabei gleichermaßen bedeutsam, insbesondere auch im Zusammenhang mit schutzrechtsrelevanten Unternehmenstransaktionen.

Ein besonderes Wesensmerkmal des gewerblichen Rechtsschutzes ist dessen Internationalität. Welt- und europaweite Harmonisierungsbestrebungen wurden bereits in signifikantem Umfang umgesetzt. Der persönliche und fachliche Austausch sowie eine gewisse „Beweglichkeit" im internationalen Umfeld sind daher unabhängig von dem jeweiligen Spezialgebiet innerhalb des gewerblichen Rechtsschutzes charakteristisch. Als Vorreiter der Globalisierung gewinnt der gewerbliche Rechtsschutz insbesondere in der internationaler werdenden Wissensgesellschaft an Bedeutung und ist aus dem modernen Wirtschaftsleben nicht mehr wegzudenken. Es handelt sich um ein nachhaltiges und vergleichsweise krisenresistentes Rechtsgebiet, da mit dem Schutz von Ideen und kreativen Konzepten langfristige Strategien umgesetzt werden.

Berufsbilder, berufliches Umfeld, Weichenstellungen und Anforderungen

Der gewerbliche Rechtsschutz eröffnet Jurist:innen eine ganze Reihe von unterschiedlichen Einsatzgebieten. Im privatwirtschaftlichen Bereich sind in erster Linie die Anwaltschaft sowie die Rechts-, Patent- und Markenabteilungen aller Industriezweige zu nennen. Die im gewerblichen Rechtsschutz tätige Anwaltschaft ist hauptsächlich in mittelständischen, hoch spezialisierten Boutiquen, in wachsendem Umfang aber auch in Großkanzleien bzw. großen Wirtschaftsprüfungsgesellschaften organisiert. Das Mandantenspektrum ist weit gefächert und reicht von Einzelerfinder:innen bis zu internationalen Konzernen.

Im gewerblichen Rechtsschutz stehen Jurist:innen auch eine Vielzahl nationaler und internationaler Stellen im Staatsdienst zur Verfügung, vor allem bei den in Deutschland spezialisierten Instanzgerichten und BGH-Senaten, dem Bundespatentgericht, dem neuen Einheitlichen Patentgericht, dem EuG und EuGH, dem Deutschen Patent- und Markenamt oder dem Europäischen Patentamt. Interessante Tätigkeitsfelder eröffnen sich Jurist:innen auch bei der WIPO und dem europäischen Harmonisierungsamt für den Binnenmarkt, sowie in Einzelfällen bei den betroffenen Bundes- und Staatsministerien (Justizministerien, Ministerien für Wirtschaft und Technologie) oder in der Wissenschaft, z. B. Max-Planck-Institut für Geistiges Eigentum, Wettbewerbs- und Steuerrecht.

Ein beruflicher Wechsel zwischen Kanzleien, Unternehmen und staatlichen Stellen findet zwar gelegentlich statt, ist aber eher selten und nicht ohne Weiteres möglich. Am gewerblichen Rechtsschutz interessierte Jurist:innen sollten daher sorgfältig überlegen, welchen Einstieg sie für ihr Berufsleben wählen, weil sie ihren späteren Werdegang damit in aller Regel festlegen. Die genannten Positionen und die in allen Fällen notwendige Spezialisierung spiegeln gleichsam den täglichen Umgang im gewerblichen Rechtsschutz wider: Zwischen Anwaltschaft (Beratung und Verfahrensführung; Kommunikation mit ausländischen Kolleg:innen), Industrie (Management, strategische Planung und Entscheidung), Ämtern und Gerichten (Verfahrensentscheidung) findet ein intensiver Austausch statt. Dies gilt nicht nur in Bezug auf konkrete Fälle, sondern auch im Hinblick auf Modernisierungsinitiativen und Fachkonferenzen. Man kennt sich in aller Regel, auch auf internationaler Ebene.

Vor diesem Hintergrund erklären sich die folgenden, meist unerlässlichen Qualifikationsanforderungen: hervorragende Fremdsprachenkenntnisse (vor allem Englisch) und internationale Flexibilität; die Fähigkeit, komplexe rechtliche, technische oder gestalterische Gesichtspunkte präzise und verständlich auszudrücken; Kreativität und ausgeprägtes analytisches Denken; Effizienz bei Liebe zum Detail und die Ausdauer, den Dingen auf den Grund zu gehen; Fähigkeit zur Teamarbeit. Zudem sei darauf hingewiesen, dass neben den bereits etablierten Qualifikationsmöglichkeiten durch Absolvierung eines Master-Studiengangs (LL.M.) auch ein Fachanwaltstitel für gewerblichen Rechtsschutz erworben werden kann.

Faszinierend?

Wer für sein Berufsleben auf Spezialisierung, Internationalität, Interdisziplinarität, Abwechslungsreichtum, Technizität, Produkt- und Sachnähe Wert legt, der wird am gewerblichen Rechtsschutz dauerhaft Gefallen finden. Die Arbeit ist aufregend und findet auf hohem Niveau am Puls der Zeit statt; routinemäßiges „business as usual" ist eher selten. Speziell aus anwaltlicher Sicht sei nicht zuletzt auf gute Verdienstmöglichkeiten und vergleichsweise krisenresistente Zukunftsperspektiven bei noch vernünftiger Work-Life-Balance hingewiesen. Mandantenkontakt und das Einbringen eigener Konzepte ist Anwält:innen oft bereits in den ersten Berufsjahren möglich.

Immobilien- und Baurecht

von Dr. Philipp Dawirs, LL.M.

Der Beruf von Rechtsanwält:innen für Bau- und Immobilienrecht ist äußerst abwechslungsreich und bietet so viele Schnittmengen mit anderen Rechtsbereichen wie kaum ein anderer Fachbereich. Gegenstand der rechtlichen Beratung ist immer ein physisch erlebbares Objekt, was den speziellen Reiz einer Tätigkeit in dieser Branche ausmacht. Jeder Erwerb und jedes Bauprojekt ist – auch für erfahrene Beteiligte aus der Immobilien- und Baubranche – eine neue, spannende Herausforderung. Bei jedem Projekt in dieser speziellen Warenklasse wirken die verschiedensten Akteure eng zusammen und müssen eine Vielzahl von Einzelfragen klären und Risiken bedenken.

Immobilienwirtschaftliche Beratung

Die Immobilienwirtschaft beschäftigt sich – stark vereinfacht ausgedrückt – mit dem Erwerb von und der Wertschöpfung durch Immobilien. Diese werden entweder im Wege eines Asset (Erwerb des Grundstücks selbst) oder Share Deals (Erwerb der Anteile der Objektgesellschaft) erworben. Immobilien haben einen eigenen Lebenszyklus, der an den verschiedensten Stellen rechtlichen Beratungsbedarf aufwirft. Viele Objekte werden über die Jahre hinweg mehrfach wertsteigernd verkauft. Bei der Gestaltung des Kaufvertrags (entweder des Grundstücks selbst oder der Anteile der Objektgesellschaft) sind neben kaufrechtlichen Fragen auch alle Bereiche des Immobiliarsachenrechts relevant, wie z. B. das Grundbuchverfahren, Dienstbarkeiten, Grundpfandrechte oder Erbbaurechte. Dazu müssen bei der Ankaufprüfung auch die baurechtliche Situation aus privat- und öffentlich-rechtlicher Sicht evaluiert und die jeweiligen Miet- beziehungsweise Pachtverträge geprüft werden. Je nach Standort, Beschaffenheit und Nutzungsart einer Immobilie variiert die Gestaltung der individuellen Transaktion, weswegen sich der Grundstücksverkehr durch einen besonderen Facettenreichtum auszeichnet. Soll ein größeres Immobilienportfolio oder eine komplexe Struktur angekauft oder verkauft werden, können sich die Prüfung der Bestandssituation und die Ausarbeitung der jeweiligen Verträge sehr aufwendig gestalten. Umso interessanter ist es, die Durchführung des für das Projekt entworfenen Vertragswerks später live mitzuerleben. Der Kaufpreis beim Erwerb einer Immobilie wird in den meisten Fällen fremdfinanziert. Hierbei spielen hybride Mezzanine-Finanzierungen und Joint-Venture-Strukturen eine immer größere Rolle. Die entsprechenden Kredite werden anschließend mit Mitteln abbezahlt, die durch die Nutzung der Immobilie erwirtschaftet werden.

Baurechtliche Beratung

Kern der Beratung im privaten Baurecht, insbesondere bei der Entwicklung von größeren Bauprojekten, ist die Verteilung der Aufgaben und die Abgrenzung von Verantwortlichkeitsbereichen unter den verschiedenen Beteiligten. Bauherr:innen, Architekt:innen, Bauunternehmer:innen, Ingenieur:innen und andere Involvierte – wie finanzierende Banken und teilweise sogar die zukünftigen Nutzer:innen regeln schon vor dem ersten Spatenstich ihre Rechtsbeziehungen untereinander. Die Bauherr:innen müssen beispielsweise entscheiden, ob sie den Bau Generalunternehmer:innen übertragen oder die einzelnen Aufträge jeweils getrennt vergeben. Der Vertrag mit dem oder den Bauunternehmen kann wiederum auf viele verschiedene Arten strukturiert werden. Je nachdem, auf der Seite welches Beteiligten die Beratung stattfindet, können die Anwält:innen bei der Gestaltung und Verhandlung der Verträge schon im Vorfeld viele Weichen zugunsten ihrer Mandant:innen stellen. Auch während der anschließenden Bauausführung muss auf etwaige Änderungen, Verzögerungen und Spannungen zwischen den Baubeteiligten schnell und richtig reagiert werden. Das etablierte System aus Behinderungsanzeigen, Mängelrügen, Bedenkenanmeldungen und Sicherungsrechten ist sehr komplex, sodass bei größeren und komplizierteren Bauprojekten die Bauausführung oft von vornherein im Rahmen eines spezifischen Claim-Managements rechtlich begleitet wird.

Schnelle Einbindung von Berufsanfänger:innen in die Mandatsarbeit

Bei der Bearbeitung bau- und immobilienrechtlicher Mandate spielen immer auch solche Fragen eine zentrale Rolle, die mit aus der Ausbildung bekannten Rechtsgebieten gelöst werden können. Auch ohne besondere Vorkenntnisse oder Spezialisierung kann man als Berufseinsteiger:in das bisher Gelernte gleich anwenden. Deswegen begünstigt das Bau- und Immobilienrecht wie kein anderes Feld die schnelle Integration in die tägliche Mandatsarbeit. Berufsanfänger:innen können sich so von Anfang an in die Mandate einbringen und ihre Ergebnisse gegenüber den Mandanten präsentieren. Während Berufsanfänger:innen im Bereich des privaten Baurechts schnell forensisch tätig werden, unterstützen sie im Immobilienwirtschaftsrecht anfangs bei Transaktionen und beraten den Mandanten zunehmend unmittelbar zu miet- und kaufrechtlichen Fragestellungen. Mit weiterer Berufserfahrung übernehmen sie immer mehr Verantwortung und koordinieren Projekte und Deals im Interesse der Mandanten. Über die Jahre hinweg gewinnen Immobilienanwält:innen nicht nur fachliche Kenntnisse, sondern auch ein wirtschaftliches Verständnis für den Immobilienmarkt insgesamt und für die jeweilige Spezialimmobilie. So ist die Kenntnis des Hotelmarkts für im Hospitality-Bereich tätige Rechtsanwält:innen unerlässlich und machen sie für Mandanten besonders wertvoll.

Immobilienwirtschaftsrecht im Team

Das Immobilienrecht bietet ein immenses Spektrum an Berührungspunkten mit anderen Rechtsgebieten. Gerade bei größeren Investitionen werden häufig nicht direkt Immobilien gekauft, sondern die Anteile der Objektgesellschaften erworben, die die jeweiligen Immobilien in ihrem Vermögen halten, sodass hier gesellschaftsrechtliche Expertise gefragt ist. Bei vielen Spezialimmobilien (etwa im Hospitality- oder Pflegesektor) spielen öffentlich-rechtliche Gesichtspunkte eine Rolle. Auch steuerliche Aspekte und Einflüsse des Investmentrechts sind stets von großer Bedeutung. Dies ist neben Fällen der Prüfung von Investments vor allem dann von Bedeutung, wenn das Investment für den Mandanten strukturiert wird (zum Beispiel in Joint-Venture-Strukturen) und hierbei auch Fragen der Finanzierung eine Rolle spielen (wie eine hybride Finanzierung durch Mezzanine-Kapital). Zudem ist es sehr wichtig, den Mandanten für den Fall der Insolvenz eines anderen Beteiligten abzusichern und im Fall der Insolvenz eines Beteiligten wirkungsvoll zu reagieren. Im Laufe der Berufstätigkeit erlangen Immobilienanwält:innen immer mehr interdisziplinäre Kenntnisse und lernen mit der Zeit, das immobilienrechtliche Mandat aus den unterschiedlichen rechtlichen Blickwinkeln vollumfänglich zu beraten. Bei sehr komplexen Fallkonstellationen ist es außerdem üblich, Spezialist:innen aus den jeweiligen Rechtsgebieten in die Fallbearbeitung einzubinden und als Team zusammenzuarbeiten. Dies erhöht einerseits den Grad des Verständnisses aller relevanten Fragen, andererseits trägt es einmal mehr dazu bei, dass der Arbeitsalltag selten eintönig oder routinemäßig verläuft, sondern stets neue Herausforderungen für die anwaltliche Tätigkeit bereithält.

Kartellrecht

von Dr. Florian Stork

„Kaufen, was einem die Kartelle vorwerfen; lesen, was einem die Zensoren erlauben; glauben, was einem Kirche und Partei gebieten. Beinkleider werden zur Zeit mittelweit getragen. Freiheit gar nicht." (Kurt Tucholsky, *Schnipsel*, 1932)

So hat Kurt Tucholsky auf den Zusammenhang zwischen Kartellen und (wirtschaftlicher) Freiheit hingewiesen. Kartellrecht soll durch das Öffnen und Offenhalten von freien Märkten für einen funktionierenden Wettbewerb sorgen. In der Praxis hängt der Erfolg von Unternehmenskäufen oder die Gründung von Gemeinschaftsunternehmen oft von der kartellrechtlichen Durchführbarkeit ab. Auch im laufenden Betrieb eines Unternehmens, z. B. bei der Preis-, Lizenz- oder Lieferpolitik, gilt es, kartellrechtliche Klippen zu umschiffen, ohne bei den wirtschaftlichen Zielen unnötige Abstriche zu machen. Aktivitäten einzelner Mitarbeiter:innen, die gegen das Kartellverbot verstoßen, können Unternehmen hohe Bußgelder kosten und die Reputation schädigen. Kunden oder Wettbewerber erheben bei Kartellverstößen zunehmend private Schadensersatzklagen. Nachwuchsjurist:innen erwartet somit ein international geprägtes, wirtschaftsnahes Tätigkeitsfeld, das wegen seiner hohen Risiken große Bedeutung für die Unternehmensführung hat.

Kartellrecht: mehr drin, als draufsteht

In seinen Anfängen wandte sich das Kartellrecht nur gegen wettbewerbsbeschränkende Absprachen, d. h. gegen die Bildung von Kartellen. Oder wie Wolfgang Kartte, ehemals Präsident des Bundeskartellamts, formulierte: „In einer strategischen Allianz will einer der beiden Partner oder aber wollen beide sicherstellen, dass der andere keine Affäre mit einem Außenstehenden eingeht. Wir vom Kartellamt sind mehr für die freie Liebe." Mittlerweile verteidigen die Wettbewerbsbehörden längst nicht mehr nur die „freie Liebe". Weltweit steht das Kartellrecht in der Regel auf drei sich ergänzenden Säulen: dem Kartellverbot (Art. 101 AEUV, § 1 GWB), der Missbrauchsaufsicht (Art. 102 AEUV, § 19 f. GWB) und der Zusammenschlusskontrolle (FKVO, §§ 35 ff. GWB).

Als Rechtsanwalt im Kartellrecht

Große Kartellrechtspraxen beraten heute in der Regel nicht nur in den drei Säulen Kartellverbot, Missbrauchsaufsicht und Zusammenschlusskontrolle, sondern auch in den Bereichen Compliance, staatliche Beihilfen sowie allgemeines Europarecht. Wie in internationalen Wirtschaftskanzleien üblich, steht dabei die Interessenvertretung vor Gericht nicht im Vordergrund. Die meiste Arbeit fällt stattdessen in der präventiven und außergerichtlichen kartellrechtlichen Beratung an, z. B. bei Risikoanalysen und bei der Bearbeitung von Anmeldungen in der Fusionskontrolle.

Wenn z. B. das Unternehmen X die Firma Y kaufen möchte, ist eine Anmeldung beim Bundeskartellamt oder der Europäischen Kommission erforderlich, wenn bestimmte Umsatzschwellen überschritten werden. Die zuständige Wettbewerbsbehörde prüft, ob durch den Zusammenschluss wirksamer Wettbewerb erheblich behindert werden könnte. Der Anmeldepflicht kommt in der Praxis eine hohe wirtschaftliche Bedeutung zu: Nicht nur entscheiden die dargelegten Fakten über die Machbarkeit einer

Unternehmenstransaktion; auch drohen bei einer unvollständigen oder unterlassenen Anmeldung hohe Bußgelder und die Unwirksamkeit der Kaufverträge.

Kartellrechtliche Berater:innen setzen sich intensiv mit dem Tagesgeschäft der beratenen Unternehmen auseinander. Egal ob es um Autos oder Versicherungen geht: Um einen Markt sinnvoll abgrenzen zu können, ist es unerlässlich, das Geschäftsmodell und die angebotenen Produkte des Mandanten zu verstehen. Das macht auch den Reiz des Kartellrechts aus. Man arbeitet in der Regel branchenübergreifend und wendet die kartellrechtliche Methodik auf die unterschiedlichsten Wirtschaftsbereiche an. Essenziell hierfür sind neben der Auswertung des veröffentlichten Case Law auch Gespräche mit den unternehmensinternen Fachabteilungen und die Recherche öffentlich zugänglicher Informationen. Referendar:innen und wissenschaftliche Mitarbeiter:innen übernehmen mit der Sichtung der nationalen und europäischen Fallpraxis sowie der Erarbeitung von Vermerken zu Unternehmensdaten und kartellrechtlichen Einzelproblemen wichtige Aufgaben.

Die kartellrechtliche Compliance rückt immer mehr in den Fokus der rechtlichen Beratung. Wurde darunter zunächst nur regelkonformes Verhalten verstanden, gilt Compliance mittlerweile als Synonym für ein umfassendes System der Risikokontrolle und Haftungsvermeidung. Mithilfe von externen Rechtsanwält:innen schulen Unternehmen ihre Mitarbeiter:innen und erarbeiten Verhaltensregeln für die Praxis, um kartellrechtliche Reputations- sowie finanzielle Schäden zu vermeiden. Preis, Menge und Gebiet sind z. B. Themen, über die man sich mit Wettbewerbern nicht austauschen darf – weder auf Verbandstreffen noch abends an der Hotelbar. Kanzleien führen zudem sogenannte Mock Dawn Raids durch, die die theoretischen Schulungen ergänzen. Die Angestellten des Mandanten sehen sich dann beim Eintreffen der Rechtsanwält:innen (oft verstärkt durch Referendar:innen und wissenschaftliche Mitarbeiter:innen) mit einer unangemeldeten „Durchsuchung im Morgengrauen" konfrontiert, die das Unternehmen auf entsprechende Aktionen der Wettbewerbsbehörden vorbereiten soll.

Kartellrecht für Nachwuchsjurist:innen

Die kartellrechtliche Beratung eröffnet ein interessantes und zukunftsträchtiges Feld für Nachwuchsjurist:innen. Kartellrecht verlangt nicht nur – wie die Tätigkeit in einer Wirtschaftskanzlei generell – unternehmerisches Verständnis, sondern auch Interesse an der Ökonomie. In den Wettbewerbsbehörden arbeiten typischerweise Wirtschaftsfachleute und Jurist:innen, sodass ein gegenseitiges Verständnis für das andere Fach unabdingbar ist. Kartellrecht ist in Gesetze gegossene Ökonomie, was sich insbesondere bei Marktabgrenzungs- und Marktbeherrschungsfragen zeigt.

Kartellrecht ist zudem sehr international. Das deutsche Recht kann nicht mehr ohne Bezug zum europäischen Wettbewerbsrecht verstanden und angewandt werden und ist in weiten Teilen auch bereits voll harmonisiert. Die Kartellbehörden arbeiten sowohl auf europäischer Ebene als auch weltweit immer enger zusammen. Oftmals wirkt sich das wirtschaftliche Handeln von Konzernen nicht nur national, sondern auch im europäischen Binnenmarkt oder sogar international aus. Trotz vielfältiger Abweichungen im Einzelfall hat sich doch in den meisten Ländern der Erde ein vergleichbares Regelwerk herausgebildet, um mit Fusionen, Absprachen und dem Missbrauch von Marktmacht umzugehen.

Legal Tech

von Nico Kuhlmann

Die digitale Transformation verändert langsam aber sicher die Art und Weise, wie wir leben und arbeiten. Im juristischen Bereich wird diese Entwicklung unter dem Begriff „Legal Tech“ diskutiert. Im Ergebnis werden diese bereits stattfindenden Veränderungen dazu führen, dass juristische Prozesse verbessert und der Rechtsmarkt wahrscheinlich insgesamt wachsen wird. Die Entwicklung hat aber auch Auswirkungen auf die Beschreibungen und Anforderungen von juristischen Jobs.

Begriffsbestimmung: Legal Tech

Obwohl Legal Tech mittlerweile weltweit ein viel verwendeter Begriff ist, existiert keine einheitliche Definition. Wenn man sich diesem Schlagwort als geschulte:r Rechtswissenschaftler:in mit dem juristischen Auslegungskanon annähert, kann der Anwendungsbereich schnell auf das Spannungsfeld zwischen Recht und Technologie abgesteckt werden. Legal Tech ist dabei aber kein Bestandteil des Informationstechnologierechts, sondern dient vielmehr als Oberbegriff für die Nutzbarmachung von Informationstechnologie für das Recht.

Laut Wikipedia bezeichnet Legal Tech beispielsweise „den Bereich der Informationstechnik, der sich mit der Automatisierung von juristischen Tätigkeiten befasst.“ Das Problem an dieser und ähnlichen Definitionen ist, dass sie sich an gegenwärtigen Prozessen und somit am Status quo orientieren. Dies führt von vornherein zu einer Selbstbeschränkung und verhindert, dass neue Arbeitsweisen und Abläufe in den Blick genommenen werden können. Stattdessen sollte unter Legal Tech vielmehr die umfassende Nutzbarmachung von Technologie für die Befriedigung von verschiedensten rechtlichen Bedürfnissen verstanden werden.

Bei Legal Tech kann zur Präzisierung und als eine gedankliche Kategorisierung zwischen Legal Tech für Jurist:innen und Legal Tech für nicht juristische Endnutzer:innen unterschieden werden. Bei Legal Tech für Jurist:innen geht es sowohl um technologiebasierte Verbesserungen von Arbeitsschritten aus dem beruflichen Alltag, als auch um neue Arbeitsschritte, die vorher nicht möglich waren und einen bisher nicht zur Verfügung stehenden Mehrwert generieren. Demgegenüber werden unter Legal Tech für Endnutzer:innen neuartige Ideen verstanden, die technologiebasiert unmittelbar, teilweise unter Umgehung traditioneller Organe der Rechtspflege, die rechtlichen Bedürfnisse der Rechtssuchenden befriedigen.

Marktentwicklung: Neue Akteure, mehr Wettbewerb und mehr Arbeitsteilung

Die digitale Transformation führt unter anderem dazu, dass sich viele Kanzleien neu erfinden und neue Beratungsprodukte anbieten. Zudem drängen auch immer mehr Unternehmen auf den Rechtsmarkt, die keine Kanzleien sind, aber ebenfalls Dienstleistungen anbieten, die zumindest teilweise Substitute von klassischer anwaltlicher Rechtsberatung darstellen. Der Rechtsmarkt vergrößert sich somit und wächst vor allem auch immer mehr mit anderen Märkten zusammen. Die Grenzen verwischen. Schließlich sind juristische Gesamtprozesse mittlerweile so umfangreich und komplex, dass es sinnvoll ist, diese in kleinere Einheiten zu zerlegen und diese Teilaspekte dann im Rahmen einer sinnvollen Arbeitsteilung gebündelt von Spezialist:innen bearbeiten zu lassen. Diese Marktentwicklung führt insgesamt zu neuen Jobbeschreibungen und neuen Jobanforderungen.

Neue Jobbeschreibungen

Die klassischen Anwält:innen und Volljurist:innen, die glauben, alles zu können, wird es auch in naher Zukunft noch geben. Und wer die Befähigung zum Richteramt beziehungsweise die Zulassung zur Anwaltschaft haben möchte, kommt in Deutschland auch am Zweiten Staatsexamen nicht vorbei. Daneben können aber auch andere Karrierepfade eingeschlagen werden.

Der sogenannte Legal Engineer ist mittlerweile auch in Deutschland ein Begriff. Dieser Job umfasst allgemein gesprochen die Erstellung und Betreuung von Software für juristische Problemstellungen. Dies kann die seit Jahrzehnten bekannten regelbasierten Expertensysteme umfassen oder moderne datenbasierte Ansätze oder auch alles andere dazwischen. Im Ergebnis geht es immer um die zumindest teilweise Automatisierung bestimmter Prozesse aus der juristischen Welt. Diese Jobs findet man bereits in einigen Kanzleien und Unternehmen. Aber auch in Behörden und der Justiz gibt es sie gelegentlich bereits, auch wenn sie dort oft noch einen anderen Namen haben. Der Bedarf an entsprechend ausgebildeten und qualifizierten Legal Engineers besteht somit schon heute und wird sich in Zukunft nur noch verstärken.

Weitere Vorschläge für neue Jobbeschreibungen reichen vom Legal Process Analyst bis zum Legal Risk Manager. Wie man diese Jobs am Ende auch nennen wird, die Jobbeschreibungen entfernen sich bereits vom Einheitsjurist:innen und werden vermutlich immer spezieller werden. Dies bietet große Chancen für all diejenigen, die nicht alles an Jura interessant finden, sondern sich vielmehr auf einzelne Aspekte konzentrieren wollen, um dort die eigenen Stärken gezielt auszuspielen.

Neue Jobanforderungen

Wenn Jurist:innen ihre Dienstleistungen mit den Instrumenten des 21. Jahrhunderts erbringen und unabhängig von der konkreten Jobbeschreibung die enormen Chancen der digitalen Transformation verwirklichen sollen, dann müssen diese auch entsprechend ausgebildet werden.

Eine solche Ausbildung bedeutet nicht, dass alle Jurist:innen eine Programmiersprache beherrschen müssen. Das ist zwar durchaus hilfreich, aber bei Weitem nicht zwingend. Es geht vielmehr darum, dass alle Jurist:innen neugierige und kreative Problemlöser:innen der digitalen Welt werden, die verstanden haben, was ein Computer ist und was man damit anfangen kann. Insbesondere müssen Jurist:innen aufhören, den Computer als bloßes Accessoire des Berufsstandes zu behandeln, sondern akzeptieren, dass es in jedem Job das Kernwerkzeug zur Erbringung von Rechtsdienstleistungen darstellt, dessen Funktionsweise und Einsatzmöglichkeiten verstanden werden müssen.

Vor diesem Hintergrund gehört zu den grundlegenden Jobanforderungen neben einem soliden Verständnis der juristischen Welt sowie Grundkenntnissen in Informatik und Betriebswirtschaft vor allem eine an den digitalen Möglichkeiten orientierte und damit zukunftstaugliche Denkweise (Schlagwort: digitales Mindset). Jurist:innen müssen verstehen, wie man juristische Prozesse durch den sinnvollen Einsatz von digitaler Technologie beschleunigen, ausbauen und insgesamt verbessern kann. Zu diesem Verständnis gehört ausdrücklich auch die Fähigkeit, zu erkennen, wo ein entsprechender Einsatz Probleme verursachen und wie man die damit zusammenhängenden Risiken minimieren kann.

Zudem müssen Jurist:innen viel mehr als zuvor auch in der Lage sein, in interdisziplinären Teams zu arbeiten und vor allem auch innerhalb dieser Teams zielgerichtet zu kommunizieren. Dies setzt voraus, bis zu einem gewissen Grad die Sprache und die Herangehensweise der anderen zu verstehen und sich darauf einzulassen.

Ausblick: Die Konkurrenz ist menschlich

Technologie ist ein Erfolgsfaktor. Chatbots, Vertragsgeneratoren und Computer im Allgemeinen sowie gerade auch ChatGPT oder andere Large-Language Modells (LLMs) im Besonderen werden die juristische Arbeit auf absehbare Zeit nicht vollständig übernehmen, aber langfristig doch grundlegend verändern. Jurist:innen werden trotzdem gefragte Expert:innen bleiben und auch in Zukunft unter dem Strich nach wie vor eine Arbeit finden.

Der Taschenrechner hat schließlich auch nicht dazu geführt, dass alle Mathematiker:innen arbeitslos geworden sind, sondern dazu, dass diese viel mehr Berechnungen in viel weniger Zeit und in einer viel höheren Qualität durchführen können. Mit den neuen Möglichkeiten sind auch die Bedürfnisse gestiegen. Dasselbe wird in der Zukunft auch auf Jurist:innen zutreffen. Man darf nur keine Angst vor dem Taschenrechner oder aktuell ChatGPT haben, sondern muss alles zum eigenen Vorteil einsetzen können.

Jurist:innen brauchen darum den Computer nicht zu fürchten, sondern vielmehr die menschlichen Konkurrent:innen, die wissen, wie man mit einem Computer umgeht.

IT- und Datenschutz- und Medienrecht

von Markus Kaulartz

Tätigkeitsfeld

Wer das Recht der Digitalisierung für sich entdeckt hat, arbeitet am Puls der Zeit – sowohl rechtlich als auch tatsächlich. Anders als etwa im Gesellschafts- oder Arbeitsrecht geht es nicht darum, schon lange bestehende Strukturen anzuwenden, die „nur" dem Wandel von Gesetzgebung und Rechtsprechung unterliegen und gleichzeitig auf eine lange Tradition zurückblicken. Als Digitalisierungsjurist:in berät man in einem sehr jungen Rechtsgebiet. Von den Mandanten (als Anwalt oder Anwältin) oder Fachabteilungen (als Unternehmensjurist:in) wird man von einer Innovation zur nächsten getrieben. Fernab der schillernden, dann aber doch inhaltsleeren Marketingbegriffe wie Industrie 4.0 und Internet of Things befasst man sich etwa damit, Software an einen Kunden zu lizenzieren, ein Verfahren aus dem Bereich des Maschinellen Lernens (Künstliche Intelligenz) vertrags- und datenschutzrechtlich zu bewerten, ein Konzept zur GPS-Verfolgung einer LKW-Flotte datenschutzkonform zu entwickeln, mit der BaFin eine Emission von Blockchain-basierten Tokens zu diskutieren, ein Unternehmen gegen einen Bußgeldbescheid einer Datenschutzbehörde wegen des Einsatzes von Überwachungskameras zu verteidigen, AGB für eine Social-Media-Plattform zu entwerfen, einen Vertrag über die Auslagerung einer Unternehmens-IT zu verhandeln, rechtliche Risiken bei einer Unternehmenstransaktion zu bewerten (Due Diligence) oder auch nur damit, zu beantworten, wann denn die vierzehntägige Widerrufsfrist bei einem Fernabsatzvertrag zu laufen beginnt. Obgleich diese Themen vielfältig sind, berühren sie nur wenige Spezialregelwerke, wie insbesondere die Datenschutz-Grundverordnung (DSGVO) oder das Urheberrechtsgesetz (UrhG). Da aber natürlich auch andere Gesetze betroffen sind, wenn innovative Sachverhalte bewertet werden, wird das IT-Recht gerne als Querschnittsmaterie bezeichnet. Tatsächlich ist es nicht selten, dass IT-Jurist:innen mit Kolleg:innen aus anderen Fachbereichen Themen diskutieren, die ihnen rechtlich eigentlich fremd sind, die sie aber durch ihre Branchenkenntnis und insbesondere ihre Affinität zu innovativen Themen doch gut beantworten können. Das IT-Recht ist daher zum Teil eine Art Gemischtwarenladen und insoweit gar kein eigenes Rechtsgebiet.

Mandanten und Mandat

Der Kreis der Mandanten ist genauso vielfältig wie das Tätigkeitsgebiet, da sich jedes Unternehmen mit Rechtsfragen rund um die Digitalisierung konfrontiert sieht. Besonders viel Spaß macht es aber dort, wo innovative Geschäftsmodelle verfolgt werden, was häufig bei Start-ups der Fall ist. Hier werden neue Verfahren und Technologien erprobt, und dafür braucht es Rechtsanwender:innen, die kreativ sind, das Risiko nicht scheuen und nicht nur in der Begutachtung von ausformulierten Sachverhalten denken. IT-Jurist:innen müssen den Sachverhalt häufig selbst mitentwickeln, denn von der rechtlichen Bewertung hängt etwa ab, ob die Entwickler:innen in die eine oder andere Richtung programmieren sollen. Mandanten erwarten daher einen Schulterschluss, und es ist sehr hilfreich, wenn man sich mit dem jeweils zu bewertenden Geschäftsmodell identifizieren kann.Während sich das IT-Recht anfänglich in großen Kanzleien entwickelt hat, findet man es mittlerweile in mehr und mehr mittelständischen und kleinen Spezialkanzleien. Auch nimmt die Zahl an Unternehmensjurist:innen mit einer Spezialisierung in diesen Bereichen stetig zu, sodass Berufsanfänger:innen hier keine Grenzen gesetzt sind. Einzig auf der Ebene der Behörden scheint das Wachstum derzeit nicht ganz so rasant, obgleich sich auch hier mit dem BSI oder den Datenschutzbehörden Arbeitgeber etabliert haben, die eine Spezialisierung verlangen.

Vorkenntnisse

Das IT-, Datenschutz- und Medienrecht hat lange Zeit ein Nischendasein gefristet, und dementsprechend klein war die Zahl derer, die sich nach Studium und Referendariat dafür entschieden haben. Dies hat sich in den vergangenen Jahren gewandelt: Immer mehr Universitäten bieten Schwerpunktbereiche rund um das Thema Digitalisierung an, Institute sprießen aus dem Boden, und mehr und mehr Lehrstühle tragen Wörter wie Internet, Daten oder Digitalisierung in ihrem Titel. Dementsprechend leichter haben es Berufsanfänger:innen, denn Vorschriften wie das UrhG oder die DSGVO sind dann keine völlig Unbekannten. Zwingend ist dieses Vorwissen allerdings keinesfalls. Da sich die Rechtsprechung zu Digitalisierungsthemen in Grenzen hält, der Regelungsumfang vergleichsweise überschaubar ist (in Abgrenzung etwa zum Steuer- oder Arbeitsrecht) und die aufgeworfenen Rechtsfragen nicht selten sehr speziell sind, kann sich jeder, der am Anfang seines Berufslebens steht, gut in die Thematik einarbeiten. Das IT-Recht ist teilweise eine Querschnittsmaterie, sodass man sich an den Standardexamensstoff erinnert fühlt, wenn es etwa darum geht, App-Entwicklungsverträge zu entwerfen (Dienst-/Werkvertragsrecht), Lizenzverträge zu verhandeln (Kauf-/Mietrecht) oder eine Strategie zur Beilegung eines Konflikts über ein missglücktes Softwareprojekt abzustimmen (Gewährleistungsrecht). Da sich die Technik stets weiterentwickelt, ist es wichtig, das juristische Handwerkszeug zu beherrschen, um Vorschriften im Lichte aktueller Entwicklungen auslegen und kreativ mit bislang ungelösten Rechtsproblemen umgehen zu können. Von diesen rechtlichen Erwägungen zu trennen ist die immer wieder aufkommende Frage, ob IT-Anwält:innen denn auch programmieren können müssen, was sich mit einem klaren Nein beantworten lässt. Solche Kenntnisse mögen sich im seltenen Einzelfall als sinnvoll erweisen, dem Gros der IT-Rechtler:innen sind Programmierkenntnisse allerdings genauso fremd wie den Baurechtler:innen handwerkliches Geschick. Wer Spaß an der Materie haben will, sollte allerdings ein Interesse an innovativen Themen mitbringen, sollte zum Beispiel iOS von Android unterscheiden können und sollte Freude daran haben, sich in technische Innovationen einzuarbeiten. Dabei wird niemals verlangt werden, Technisches perfekt nachvollziehen zu können. Im Gespräch mit Mandant:innen kommt aber gut an, wer die richtigen Fragen stellt, klassische Probleme kennt und über das nötige Fachvokabular verfügt. Deswegen sind Englischkenntnisse übrigens auch sehr sinnvoll, zumal IT-Verträge vermehrt in englischer Sprache entworfen und Stellungnahmen gerade bei internationalen Konzernen sehr häufig auf Englisch geschrieben werden. Wer sein rechtliches und technisches Wissen vertiefen will, kann einen Fachanwaltstitel für Informationstechnologierecht oder für Urheber- und Medienrecht erwerben, und bald vielleicht auch für Datenschutzrecht.

Zukunftsperspektiven

Allein schon ein Blick in die Tagespresse zeigt, dass Rechtsberatung auf dem Gebiet der Digitalisierung zunehmend gefordert sein wird. Dies liegt nicht nur an der fortschreitenden Digitalisierung der Wirtschaft im Allgemeinen, die dazu führt, dass jedes Unternehmen auf Kompetenzen in diesen Bereichen angewiesen ist. Auch die Anzahl der Unternehmen aus der IT-Branche steigt. Wer sich hier breit aufstellt, die Sprache der Mandanten spricht, Branchenkenntnisse mitbringt und am Puls der Zeit beraten möchte, für den ist das IT-, Datenschutz- und Medienrecht genau das Richtige.

Öffentliches Wirtschaftsrecht

von Dr. Christiane Freytag

Tätigkeitsbereiche im öffentlichen Wirtschaftsrecht

Der Begriff des öffentlichen Wirtschaftsrechts ist ein Oberbegriff für ein breit gefächertes Spektrum an Beratungsfeldern. In diesen Bereich fällt die anwaltliche Beratung im Bau- und (Fach-)Planungsrecht sowie in der öffentlichen Projektentwicklung und im Umweltrecht, das selbst wieder verschiedene Unterbereiche wie das Immissionsschutzrecht, Abfallrecht, Bodenschutz- und Wasserrecht etc. umfasst. Daneben zählen zum öffentlichen Wirtschaftsrecht das Verfassungs- und Wirtschaftsverwaltungsrecht, aber auch speziellere Bereiche wie das Energiewirtschaftsrecht, Außenwirtschaftsrecht, Datenschutzrecht, Beihilferecht, Vergaberecht, Telekommunikationsrecht, Gesundheitsrecht, Luftverkehrsrecht, Produktsicherheitsrecht etc. Anwältinnen und Anwälte, die im Bereich des öffentlichen Wirtschaftsrechts tätig sind, spezialisieren sich in der Regel auf einen oder einige der vorgenannten Bereiche.

Mandanten und Tätigkeitsspektrum

Die anwaltliche Tätigkeit im öffentlichen Wirtschaftsrecht bezieht sich einerseits auf die Beratung der öffentlichen Hand (einschließlich öffentlicher Unternehmen), andererseits auf die Beratung privater Unternehmen oder von Verbänden. Zur Vermeidung von Interessenkonflikten positionieren sich Wirtschaftskanzleien üblicherweise eher auf der einen oder der anderen Seite. Die anwaltliche Tätigkeit selbst ist breit gefächert und reicht von der Beratung des Mandanten oder dessen Vertretung in Vertragsverhandlungen oder Verwaltungsverfahren über die Erstellung von Rechtsgutachten bis hin zur forensischen Tätigkeit. Auch die Beratung des Gesetzgebers bei neuen Gesetzesvorhaben ist für Wirtschaftsanwält:innen zunehmend von Bedeutung.

Zur Tätigkeit von Anwält:innen im öffentlichen Wirtschaftsrecht gehört gerade in großen Wirtschaftskanzleien außerdem die transaktionsbegleitende Beratung. Hier wirken Anwält:innen im Team mit Gesellschaftsrechtler:innen (und Anwält:innen anderer Fachbereiche) bei Unternehmens(ver)käufen oder der Bildung von Joint Ventures mit. Aufgabe ist es, öffentlich-rechtliche Risiken (z. B. außenwirtschaftsrechtliche Risiken (Stichwort: „Russlandsanktionen“), Altlasten, fehlende oder mit Auflagen versehene Genehmigungen, die drohende Rückforderung von Beihilfen etc.) zu identifizieren und - soweit möglich - durch entsprechende Klauseln im Unternehmenskaufvertrag bzw. Joint-Venture-Vertrag interessengerecht zu regeln.

Besonderheiten der anwaltlichen Tätigkeit im öffentlichen Wirtschaftsrecht

Die anwaltliche Tätigkeit im öffentlichen Wirtschaftsrecht ist außerordentlich vielseitig und abwechslungsreich. Es gibt sehr wenige Tätigkeiten, die nach festen Routinen ablaufen oder organisatorischer Art sind. Vielmehr steht zumeist die Lösung komplexer und/oder neuer Rechtsfragen im Vordergrund (bis hin zur Unterstützung von Gesetzgebungsvorhaben oder dem gerichtlichen Vorgehen gegen gesetzliche Neuregelungen). Interesse an sorgfältiger juristischer Arbeit und Kreativität sind hier wichtig.

Hinzu kommt, dass sich regelmäßig neue Beratungsfelder im Bereich des öffentlichen Wirtschaftsrechts entwickeln, häufig angestoßen durch die Gesetzgebung der Europäischen Union – z. B. im Bereich des Datenschutzrechts, der erneuerbaren Energien, der Fortentwicklung des Umweltrechts, beispielsweise im Bereich des Emissions(handels) rechts oder des Chemikalienrechts (REACH), aber auch im Bereich des Wirtschaftsverwaltungsrechts, so etwa im Außenwirtschaftsrecht, Glücksspielrecht oder im Zusammenhang mit der Finanzkrise im Bereich des Bank(aufsichts)rechts im weiteren Sinne. Auch der Bereich der umwelt- und produktrechtlichen Compliance, also die Frage, ob Produkte den gesetzlichen Anforderungen an Herstellung (u. a. Lieferketten), Inhaltsstoffe und Kennzeichnung entsprechen, hat in den letzten Jahren zunehmend an Bedeutung gewonnen. Aktuell führen Covid-19 und der Ukraine-Krieg auch im Bereich des öffentlichen Wirtschaftsrechts zu neuem Beratungsbedarf. Von Anwält:innen im öffentlichen Wirtschaftsrecht sind hier Flexibilität und Weitblick bei der Erschließung neuer Mandatsfelder gefordert.

Die Tätigkeit von Anwält:innen im öffentlichen Recht ist nur teilweise Teamarbeit, so insbesondere bei der transaktionsbegleitenden Beratung oder bei der Begleitung großer Projekte (große Projektentwicklungen und Planungsverfahren, Compliance-Prüfungen, Vergabeverfahren o. Ä.). In weiten Bereichen eignet sich die Tätigkeit dagegen nicht dazu, größere Teams zu bilden. Hier vertieft man sich eher als Einzelkämpfer:in oder in kleinen Teams in komplizierte Rechtsfragen.

Ansprechpartner:innen aufseiten der Mandanten sind – neben der Geschäftsführung und/oder der Rechtsabteilung – sehr häufig auch Fachabteilungen bzw. Techniker:innen. Die anwaltliche Arbeit setzt daher Interesse und ein Grundverständnis für technische Sachverhalte voraus, außerdem die Fähigkeit, komplexe juristische Themen auch Nichtjurist:innen verständlich zu machen.

Im Gegensatz zu einigen anderen Rechtsgebieten in Wirtschaftskanzleien, in denen der Beratungs- bzw. Verhandlungsanteil an der Tätigkeit deutlich überwiegt, führen Anwält:innen im öffentlichen Wirtschaftsrecht häufig auch Prozesse. Nicht selten geht es dabei um grundlegende Rechtsfragen, die bis vor die obersten Bundesgerichte oder sogar den Europäischen Gerichtshof getragen werden. Angesichts der langen Dauer verwaltungsgerichtlicher Verfahren zeigt sich das Ergebnis der anwaltlichen Arbeit in solchen Mandaten häufig erst nach Jahren. Wer zur Motivation schnelle Erfolgserlebnisse sucht, ist hier nicht unbedingt richtig.

Auch ist die Tätigkeit in vielen Teilbereichen des öffentlichen Wirtschaftsrechts wegen des Fokus auf das deutsche öffentliche Recht (insbesondere die öffentliche Hand als Mandant oder Verhandlungspartner oder die Tätigkeit vor deutschen Gerichten) weniger international geprägt als die Tätigkeit in anderen Rechtsgebieten. Dennoch bietet sich gerade im Transaktionsbereich, bei der Beratung ausländischer Mandanten zum deutschen öffentlichen Recht oder bei internationalen Projektentwicklungen Gelegenheit zu im Wesentlichen englischsprachiger Beratungstätigkeit.

Prozessführung und Schiedsgerichtsbarkeit

von Dr. Jan Erik Spangenberg und Dr. Simon C. Manner

Die anwaltliche Tätigkeit im Bereich Prozessführung (Litigation) und Schiedsverfahren (Arbitration) unterscheidet sich von der beratenden oder transaktionsbegleitenden Tätigkeit. Prozessanwält:innen sind in unterschiedlichen Rechtsgebieten tätig und nicht auf einen Bereich festgelegt. Die „streitige" Tätigkeit zeichnet sich dadurch aus, dass kein Fall und kein Gericht dem anderen gleichen. Prozessführung und die Tätigkeit in Schiedsverfahren erfordern daher Maßarbeit, die strategische Erfahrung und psychologisches Talent ebenso voraussetzt wie die juristische und wirtschaftliche Durchdringung des Falls.

Der Arbeitsalltag von Prozessanwält:innen

Der Arbeitsalltag ist abwechslungsreich. Am Anfang steht die Sachverhaltsaufklärung. Die oft komplexe Materie muss gemeinsam mit dem Mandanten aufgearbeitet werden. Aufgabe der Anwält:innen ist es, die entscheidungsrelevanten Tatsachen zu identifizieren und zu sammeln. Dazu gehören die Recherche direkt vor Ort sowie Gespräche mit Zeug:innen und die Zusammenarbeit mit Sachverständigen. Das Tätigkeitsfeld beschränkt sich daher keineswegs auf das Büro und den Gerichtssaal. Die Arbeit erlaubt vielmehr immer wieder spannende Einblicke in ganz unterschiedliche Sachverhalte, Unternehmen und Industrien.

Parallel zur Aufarbeitung des Sachverhalts werden die rechtlichen Fragen geprüft und aufbereitet. Dabei sind eigene, kreative Lösungsansätze gefragt. Bei der Entwicklung der rechtlichen Argumentation arbeiten Prozessanwält:innen auch regelmäßig mit Kolleg:innen aus unterschiedlichen Fachgebieten und Büros zusammen. Schließlich müssen Sachverhalt und Argumente schriftlich und mündlich präsentiert werden. Prozessanwält:innen müssen in der Lage sein, komplexe Sach- und Rechtsfragen verständlich und überzeugend auf den Punkt zu bringen.

Durch die Fristen zur Einreichung von Schriftsätzen lässt sich die Tätigkeit im Bereich der Prozessführung und Schiedsgerichtsbarkeit vergleichsweise gut und vorausschauend einteilen, auch wenn Arbeitsspitzen im Vorfeld wichtiger Schriftsatzfristen oder Verhandlungstermine nicht zu vermeiden sind.

Interessenvertretung vor staatlichen Gerichten

Ein Höhepunkt der Tätigkeit ist die mündliche Verhandlung vor Gericht. Im Termin ist volle Konzentration und Aufmerksamkeit gefragt. Prozessanwält:innen müssen nicht nur den Sachverhalt und den Vortrag der Parteien bis ins Detail kennen. Sie müssen auch über sichere Kenntnisse der Zivilprozessordnung verfügen, um auf neue prozessuale Situationen schnell reagieren zu können. Gefragt sind zudem Allgemeinwissen, die Fähigkeit zur Argumentation und Verhandlungsgeschick. Bei der Befragung von Zeug:innen, aber auch im Umgang mit Gericht und Gegnern sind Einfühlungsvermögen und die Fähigkeit, auf Menschen einzugehen, unerlässlich.

Streitbeilegung durch Schiedsverfahren

Die Streitbeilegung durch Schiedsverfahren erfreut sich zunehmender Beliebtheit. Zwar ist die Schiedsgerichtsbarkeit jüngst in der öffentlichen Diskussion auch kritisiert worden. Dabei wird jedoch nicht immer hinreichend differenziert. Schiedsverfahren sind nicht nur eine schon seit Jahrhunderten gepflegte traditionelle Form der Streitbeilegung. Sie haben auch im Schiedsverfahrensrecht, etwa im zehnten Buch der ZPO, eine gesetzliche Grundlage. Insbesondere bieten Schiedsverfahren gegenüber staatlichen Gerichten den Parteien größere Freiräume bei der Gestaltung des Verfahrens. So kann auf die Besonderheiten des Einzelfalls Rücksicht genommen werden und etwa ein Schiedsgericht aus spezialisierten Fachleuten berufen werden. Dies ist beispielsweise bei Streitigkeiten im Zusammenhang mit Transaktionen oder komplexen Verträgen von Vorteil. Zudem werden Schiedsgerichtsverfahren regelmäßig unter Ausschluss der Öffentlichkeit geführt und können auch insgesamt vertraulich sein. So können wichtige Geschäfts- und Betriebsgeheimnisse geschützt werden.

In internationalen Rechtsstreitigkeiten sind Schiedsverfahren eine oft gewählte Alternative zur staatlichen Gerichtsbarkeit, weil viele Parteien sich ungern ausländischen Gerichten unterwerfen. Ein Schiedsgericht bietet beiden Parteien eine neutrale Alternative.

Zu unterscheiden ist grundsätzlich zwischen institutionellen Schiedsgerichtsverfahren, bei denen eine Institution wie die Deutsche Institution für Schiedsgerichtsbarkeit (DIS) oder der Internationale Schiedsgerichtshof bei der Internationalen Handelskammer in Paris (ICC) das Verfahren verwaltet, und Ad-hoc-Schiedsverfahren, bei denen das Verfahren und die anwendbaren Schiedsregeln entweder zwischen den Parteien vereinbart werden oder sich aus dem Gesetz am Sitz des Schiedsgerichts (lex loci arbitri) ergeben. Neben den Schiedsregeln finden bei der Gestaltung des Verfahrens regelmäßig Usancen und Grundsätze Anwendung, die sich in der Praxis entwickelt haben. Bestes Beispiel sind die IBA Rules on the Taking of Evidence in International Arbitration, die die Beweisaufnahme in internationalen Schiedsverfahren regeln und dabei versuchen, einen Kompromiss zwischen dem kontinentaleuropäischen Verständnis und der angloamerikanischen Praxis zu finden. Schließlich bietet die Schiedsgerichtsbarkeit Anwält:innen die Möglichkeit, selbst als Schiedsrichter:innen tätig zu werden. Junge Prozessanwält:innen unterstützen erfahrene Schiedsrichter:innen häufig zunächst einige Zeit als sogenannte Sekretär:innen des Schiedsgerichts.

Einstieg über Praktika und Referendariat

Da das Prozessrecht im Studium meist nur eine untergeordnete Rolle spielt, empfiehlt es sich, frühzeitig über Praktika und Referendarstationen praktische Erfahrungen im Bereich der Prozessführung zu sammeln. Erste Kenntnisse der ZPO sind dabei hilfreich. Insbesondere im Bereich der Schiedsgerichtsbarkeit sind ferner sichere Englischkenntnisse unabdingbar. Denn auch in Deutschland werden Schiedsverfahren oft auf Englisch geführt.

Perspektiven für Berufseinsteiger:innen

Für Berufseinsteiger:innen, die die angesprochenen Voraussetzungen mitbringen, sind die Aussichten im Bereich der Prozessführung und Schiedsgerichtsbarkeit gut. Durch den anhaltenden Trend zur Spezialisierung und die Zunahme der Streitbeilegung durch Schiedsverfahren ist davon auszugehen, dass dieser Bereich auch künftig weiter wachsen wird.

Steuerrecht

von Dr. Matthias Scheifele und Britta Süßmann

Warum Steuerrecht bei einer Großkanzlei?

Dem Steuerrecht wird nach wie vor nachgesagt, es sei trocken und langweilig. Selbst unter Jurist:innen hat es den zweifelhaften Ruf einer „Geheimwissenschaft". Mit seinen zahlreichen Einzelgesetzen und Verwaltungsvorschriften, in denen die Finanzverwaltung ihre Sicht auf die Auslegung der Steuergesetze darlegt, ist es eines der umfangreichsten Rechtsgebiete. Die bekannten roten Beck'schen Textausgaben umfassen im Steuerecht vier (!) Bände (Steuergesetze, Steuerrichtlinien, Steuererlasse, Doppelbesteuerungsabkommen). Zudem wird das Steuerrecht wie kaum ein anderes Rechtsgebiet durch politische Einflüsse geprägt und unterliegt damit der ständigen Rechtsfortbildung.

Obwohl oder vielleicht gerade weil das Steuerrecht so komplex ist, handelt es sich um ein spannendes und abwechslungsreiches Rechtsgebiet. Als Steuerrechtler:in in einer Großkanzlei lernt man sehr schnell, dass eine steuerrechtliche Beratung nicht nur bedeutet, sich in dem komplexen steuerrechtlichen Normengeflecht zurechtzufinden. Vielmehr müssen auch andere Aspekte, wie insbesondere die zivilrechtlichen und wirtschaftlichen Hintergründe der zu beurteilenden Sachverhalte, berücksichtigt werden. Zudem wird von Steuerrechtler:innen erwartet, Bilanzen lesen und verstehen zu können. Auf den ersten Blick mag dies eher abschreckend als anziehend wirken. Bei näherem Hinsehen macht aber gerade die Vielschichtigkeit den Reiz des Steuerrechts aus. Transaktionen im Bereich M&A, Corporate oder Finance müssen regelmäßig auch unter steuerrechtlichen Gesichtspunkten betrachtet werden. Dies kann auch schon mal dazu führen, dass ein Deal aus steuerlichen Gründen platzt. Steuerjurist:innen kommt daher oft eine zentrale Gestaltungsrolle zu. Der Mehraufwand im Rahmen der Ausbildung zahlt sich hier aus.

Als Steuerrechtler:in in einer Großkanzlei bekommt man einen Eindruck davon, welche Bedeutung das eigene Rechtsgebiet für die Struktur oder den Ausgang einer Transaktion haben kann. Zudem ist man im Hinblick auf die ständige Rechtsfortbildung am Puls der Gesetzgebung. Durch die Teilnahme an Fortbildungen und Diskussionen in Fachkreisen hört man schon früh von geplanten Gesetzesänderungen oder Auslegungstendenzen der Verwaltung und kann diese Informationen in eine vorausschauende Beratung einfließen lassen.

Der Ausbildungsweg von Steuerjurist:innen

Eine Spezialisierung auf das Steuerrecht bedeutet für junge Anwält:innen zumeist einen Mehraufwand, da dieses Rechtsgebiet im Studium und Referendariat – je nach Bundesland – grundsätzlich keine oder nur eine Nebenrolle spielt. Auch wenn dies für eine berufliche Karriere im Steuerrecht keineswegs zwingend ist, lohnt es sich, sich die Materie schon vor dem Berufseinstieg von ihren Grundlagen her zu erschließen (z. B. durch eine entsprechende Schwerpunktwahl).

Spätestens mit dem Berufseinstieg beginnt die Ausbildung im Steuerrecht mit dem Training-on-the-Job. Nachdem die Steuerrechtskenntnisse durch die praktische Arbeit vertieft wurden, bietet sich eine Fortbildung zur Fachanwältin oder zum Fachanwalt für Steuerrecht oder zum Steuerberater an. Weder das eine noch das andere ist zwingende Voraussetzung für eine Tätigkeit als Steuerjurist:in. Sinnvoll sind derartige Zusatzqualifikationen jedoch allemal, weil dadurch die steuerrechtlichen Kenntnisse weiter ausgebaut und abgerundet werden. Außerdem dienen sie dem Nachweis einer fundierten theoretischen und praktischen steuerlichen Ausbildung gegenüber Mandanten und (potenziellen) Arbeitgebern. Zahlreiche Arbeitgeber fördern das Steuerberaterexamen durch eine bezahlte Freistellung und/oder eine Übernahme der Kosten der Prüfungsvorbereitung.

Der Alltag von Steuerjurist:innen

Durch den hohen Spezialisierungsgrad – teilweise sogar auf eine bestimmte Steuerart – beraten Steuerjurist:innen nur selten umfassend auch auf anderen Rechtsgebieten. Hierin unterscheiden sich Steuerrechtler:innen nicht von anderen Spezialist:innen wie z. B. Kartell- oder Arbeitsrechtler:innen. Es besteht aber wenig Anlass zur Sorge, dass man im Steuerrecht „versauert". Es gibt zahlreiche Berührungspunkte mit anderen Rechtsgebieten, wie insbesondere dem Handels- und Gesellschaftsrecht. Dadurch können sich Steuerjurist:innen auch abseits seines eigenen Rechtsgebiets fundierte Kenntnisse aneignen und einen regen Austausch nicht nur mit Kolleg:innen innerhalb des eigenen Steuerteams, sondern auch – interdisziplinär – mit denen anderer Praxisgruppen pflegen.

Steuerjurist:innen beraten tagtäglich bei der Gestaltung der unterschiedlichsten Lebenssachverhalte. An einem Tag strukturieren sie eine Unternehmensakquisition und verhandeln die steuerlichen Regelungen eines Unternehmenskaufvertrags. Am nächsten Tag schreiben sie ein Gutachten zur steuerlichen Behandlung von Lizenzzahlungen und Entschädigungszahlungen einer deutschen Firma an ein französisches Unternehmen und telefonieren dazu mit den steuerlichen Berater:innen ihres Mandanten in Frankreich.

Zu den Aufgaben des Steuerjurist:innen in einer wirtschaftsberatenden Kanzlei zählen neben der Gestaltungsberatung z. B. bei Unternehmenskäufen, Reorganisationen oder Sanierungen sowie bei Immobilien- und Kapitalmarkttransaktionen auch die Begleitung finanzverwaltungsrechtlicher Verfahren wie Betriebsprüfungen, Einsprüche und die Beantragung sogenannter verbindlicher Auskünfte sowie die Begleitung finanzgerichtlicher oder steuerstrafrechtlicher Verfahren. Die Tätigkeit im Steuerrecht ist mannigfaltig und kreativ und führt dazu, dass Steuerrechtler:innen typischerweise eine größere Anzahl und Bandbreite von Mandaten gleichzeitig betreuen.

Internationalität der Tätigkeit im Steuerrecht

Eine Tätigkeit im Steuerrecht ist in besonderem Maße international geprägt. Abgesehen von den Urteilen des Europäischen Gerichtshofs, den gemeinschaftsrechtlichen Richtlinien und den als Doppelbesteuerungsabkommen bezeichneten internationalen Verträgen liegt dies auch daran, dass sich heutzutage kaum ein Sachverhalt auf das Inland beschränkt. Eine umfassende Gestaltungsberatung kann die steuerlichen Folgen und damit die Kosten einer Transaktion im Ausland nicht außer Acht lassen. Ihre Planung und Durchführung muss daher mit den steuerlichen Berater:innen vor Ort abgestimmt werden, sodass ein enger Austausch mit Berater:innen im Ausland erfolgt.

Anforderungen an Steuerjurist:innen und ihre Berufsaussichten

Der Beruf eignet sich für all diejenigen, die Interesse an einer analytisch anspruchsvollen Aufgabe, an der Beschäftigung mit Rechtsvorschriften und wirtschaftlichen Sachverhalten sowie an einer beratenden Tätigkeit mit internationalem Bezug haben. Wegen des hohen Komplexitätsgrads sollte man Spaß daran haben, sich täglich neuen intellektuellen Herausforderungen zu stellen. Der Globalisierung und der zunehmenden Normendichte, gerade auch auf internationaler Ebene, ist es zu verdanken, dass sich der steuerliche Beratungsbedarf auch in Zukunft weiter erhöhen wird. Durch die vielen steuerlichen Beratungsfelder schwächen wirtschaftliche Krisenzeiten den Bedarf an qualifizierten Steuerjurist:innen nicht, sie verlagern allenfalls die Schwerpunkte der steuerlichen Beratungstätigkeit.

Juristische Berufsbilder in Wirtschaft und Verbänden

Wer sich gegen eine Tätigkeit im Öffentlichen Dienst oder in einer Kanzlei entscheidet, hat immer noch die Qual der Wahl. Ob in Banken, Versicherungen oder in der Industrie – nahezu jedes größere Unternehmen bietet Einsatzmöglichkeiten für Jurist:innen, angefangen bei der klassischen Rechtsabteilung über die Personalabteilung bis hin zum Bereich Compliance.

Auch die sich stetig erhöhende Anzahl an Verbänden in Deutschland bietet vielfältige Beschäftigungsmöglichkeiten in den unterschiedlichsten Fachbereichen. Der Beitrag ab Seite 124 ermöglicht einen ersten Eindruck vom Beruf der Verbandsjurist:innen.

Wer lieber beratend tätig sein möchte, dessen Weg führt vielleicht in die Wirtschaftsprüfung oder Unternehmensberatung, wo Jurist:innen aufgrund ihres analytischen Denkvermögens gern gesehen sind. Die Beiträge ab den Seiten 116 und 120 informieren über die entsprechenden Berufsbilder.

Auch der juristische Fachverlag kann ein spannendes Betätigungsfeld für Jurist:innen mit Organisations- und Kommunikationsgeschick darstellen. Dass dabei nicht nur ein sicheres Sprachgefühl, sondern auch Interesse an betriebswirtschaftlichen Aspekten gefragt ist, zeigt der Beitrag ab Seite 128.

Die Übernahme von Leitungsfunktionen, sei es als Abteilungs- oder Bereichsleiter:in, als Geschäftsführer:in oder Vorstand bis hin zum Aufsichtsratsmandanten, ist sicher verlockend. In jedem Fall wird man in Wirtschaft und Verbänden in der Regel viel mit Menschen (möglicherweise mit Angehörigen verschiedenster Berufsgruppen) zu tun haben. Dann gilt es, juristische Inhalte verständlich zu vermitteln, Kompromisse zwischen verschiedenen Positionen zu finden und Entscheidungsträger:innen für den besten Lösungsweg zu gewinnen. Eine anspruchsvolle Aufgabe für leistungsstarke Jurist:innen!

Unternehmensjurist:in

von Arnd Meier

Unter „Unternehmensjurist:innen" werden Absolvent:innen der Rechtswissenschaft verstanden, die in einem Unternehmen vorwiegend juristische Aufgaben wahrnehmen. Jurist:innen, die im Unternehmen vorwiegend Aufgaben wahrnehmen, die auch Nicht-Jurist:innen erfüllen könnten, zählen somit nicht dazu (beispielsweise Manager:innen). Gemäß dieser Definition gibt es in Deutschland ca. 46.000 Unternehmensjurist:innen. Dies entspricht etwa der Zahl der Verwaltungsjurist:innen.

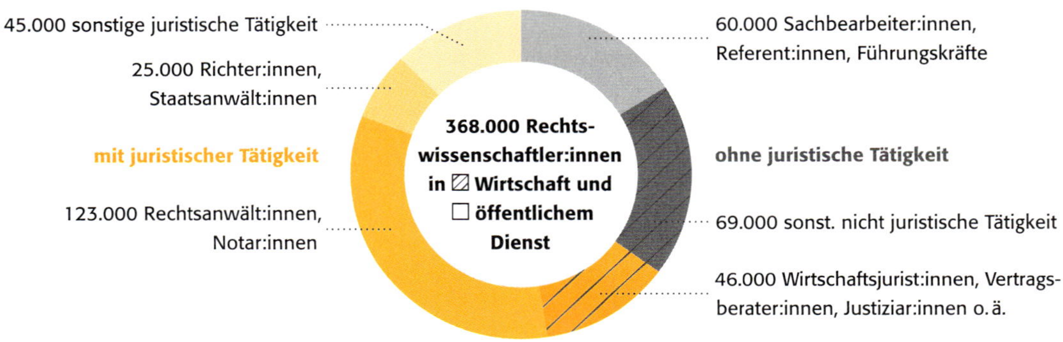

Quelle: Statistisches Bundesamt, Mikrozensus vorläufige Ergebnisse, eigene Berechnung

Eine Laufbahn als Unternehmensjurist:in ist attraktiv für diejenigen, denen die öffentliche Verwaltung und Rechtspflege zu bürokratisch erscheint und die zugleich mehr Sicherheit und eine bessere Work-Life-Balance suchen, als freiberufliche Rechtsanwält:innen üblicherweise erwarten können. Wer zudem noch Interesse für wirtschaftliche Zusammenhänge mitbringt und vielleicht auch eher mitgestalten als nur beraten will, für den kann eine Tätigkeit als Jurist:in in einem Unternehmen das Richtige sein. Allerdings lassen sich allgemeingültige Aussagen über Unternehmensjurist:innen nur sehr schwer treffen. Ihre Arbeitsumstände hängen wesentlich davon ab, wie groß das Unternehmen ist, für das sie arbeiten, in welcher Position sie dort tätig sind und in welcher Branche. Tendenziell lässt sich sagen, dass die Tätigkeit der Unternehmensjurist:innen umso anspruchsvoller (und besser honoriert) ist, je größer das Unternehmen und seine Rechtsabteilung sind. Allerdings nimmt der Spielraum des Einzelnen oft im selben Maße ab. Unternehmensjurist:innen im kleinen oder mittelständischen Unternehmen haben häufig den direkteren Zugang zur Geschäftsführung und den größeren Einfluss. Im Folgenden werden vier typische Tätigkeitsfelder von Wirtschaftsjurist:innen näher betrachtet: Rechtsabteilung, Vertragsmanagement, Personalabteilung und Compliance. Dies sind jedoch bei Weitem nicht alle Bereiche, in denen Jurist:innen in Unternehmen juristisch tätig sind. Zu nennen wären auch Steuerabteilung, Revision, Patent-/Markenabteilung, Regulierung, Lobbying und, je nach Organisation und Branche des Unternehmens, viele andere mehr. Seit 2011 gibt es in Deutschland auch einen eigenen Verband für Unternehmensjurist:innen, den Bundesverband der Unternehmensjuristen (BUJ) mit einer eigenen Zeitschrift (*Unternehmensjurist*) und speziellen Seminarangeboten; Näheres unter www.buj-verband.de.

Rechtsabteilung

von Arnd Meier

Formale Voraussetzungen: Zweites Juristisches Staatsexamen (für Syndikuspositionen, für Sachbearbeiterstellen ggf. auch Diplomjurist:in oder Erstes Staatsexamen) in der Regel ab „befriedigend", teilweise erst ab „vollbefriedigend"; Berufserfahrung (v.a. in einer Anwaltskanzlei) oft erwünscht, aber meist nur für bestimmte Spezialisierungs- oder Führungspositionen erforderlich

Persönliche Qualifikation: englische Fachsprachenkenntnisse, Verständnis für wirtschaftliche Zusammenhänge, Lösungsorientierung, Fähigkeit zur interdisziplinären Zusammenarbeit (mit Kaufleuten u.a.)

Einstiegsgehalt: 45.000 bis 80.000 Euro Brutto-Jahresgehalt

Aufstiegsmöglichkeiten: Leiter der Rechtsabteilung, in großen Rechtsabteilungen Leitung von Unterabteilungen; Wechsel in die nicht juristische Laufbahn bis hin zu Geschäftsführungs- und Vorstandspositionen

Besonderheiten: gute Work-Life-Balance (verglichen mit großen Anwaltskanzleien), frühe Einbindung in Projekte, Mitgestaltungsmöglichkeiten, in großen Unternehmen hierarchische Einflüsse

Weitere Informationen: www.syndikusanwaelte.de, ecla.online, www.acc.com, www.wjfh.de

Die Arbeit von Syndikusanwält:innen
Warum leisten sich Unternehmen eine eigene Rechtsabteilung bzw. eigene Hausjurist:innen (im Folgenden „Syndikusanwält:innen") und greifen nicht einfach auf die Dienste der freiberuflich tätigen Rechtsanwält:innen zurück? Ein Grund dürften die Höhe und die Kalkulierbarkeit der Kosten sein. Zumindest ab einem gewissen regelmäßigen juristischen Beratungsvolumen – das oft schon bei einigen Millionen Euro Umsatz gegeben ist – wird die fallweise oder stundenweise Abrechnung der externen Anwält:innen teurer als die Anstellung von Syndikusanwält:innen.

Wichtiger aber noch ist die Beratungsqualität. Gemeint ist damit nicht die juristische Qualifikation oder die Qualität der juristischen Fallbearbeitung im engeren Sinne (also die Anwendung der Rechtsnormen auf einen gegebenen Fall), sondern die Erfassung und das Verständnis der wirtschaftlichen Sachverhalte sowie die präventive Identifikation und Vermeidung juristischer Risiken. Durch ihre kontinuierliche und ausschließliche Tätigkeit für ein Unternehmen können Syndikusanwält:innen dessen Geschäft und typischen juristischen Probleme besser verstehen als ein externe Anwält:innen, die nur fallweise herangezogen werden (und je teurer sie sind, desto seltener werden sie beauftragt; bei Großkanzleien wird zudem in häufig wechselnder Besetzung gearbeitet). Sie können eine Vertrauensbeziehung zu den fachlichen Ansprechpartner:innen im Unternehmen aufbauen und viele Fragen in einem kurzen Telefonat klären, die sonst gar nicht oder erst nach umständlicher Einschaltung einer

Anwaltskanzlei geklärt würden, schlimmstenfalls erst dann, wenn aus einer Frage ein Problem geworden ist. Wie gut dies funktioniert, hängt wesentlich davon ab, wie weit man sich aus einer rein passiven Rolle löst („bring mir den Sachverhalt, und ich gebe dir die Lösung“) und auf die nicht juristischen Ansprechpartner:innen zugeht. Dafür ist es nützlich, sich zumindest ein Grundverständnis für Produkt, Produktion, Vertrieb und andere wesentliche Aspekte des eigenen Unternehmens anzueignen und mit den Nicht-Juristen im Unternehmen auch in einer nicht juristischen Sprache zu kommunizieren. Wenn der Syndikusanwalt intern akzeptiert ist, dann wird er viel früher in Projekte eingebunden als ein externer Berater und kann dementsprechend auch viel eher mitgestalten als nur nachträglich zu beurteilen und zu korrigieren.

Von Syndikusanwält:innen wird, anders als von externen Rechtsberater:innen, oft auch eine unternehmerische Risikowürdigung und Entscheidung erwartet, selbst wenn nicht alle maßgeblichen Fakten vollständig geklärt bzw. sicher prognostiziert werden können. Es genügt also nicht zu sagen: „Die Mindermeinung in der Literatur sagt dies, die derzeitige Rechtsprechung sagt das, auf hoher See und vor Gericht ist man in Gottes Hand ...“ Man muss sich auch trauen, zu sagen: „Die Chancen, dass wir juristisch auf die Nase fallen, schätze ich auf 40:60, aber die kommerziellen Vorteile, wenn wir diesen Weg einschlagen, sind das meines Erachtens wert.“ Die gute Nachricht ist, und hierin ist die oft vorsichtigere Praxis der externen Rechtsanwält:innen gerechtfertigt: Interne Syndikusanwält:innen haften nicht für solche Aussagen (was nachteilige Konsequenzen für die Karriere natürlich nicht ausschließt).

Aus ähnlichen Gründen können Syndikusanwält:innen es sich leisten, anders mit ihrer Zeit und ihren Ressourcen zu wirtschaften als externe Kanzleien. Es kann durchaus sinnvoll sein, einen Sachverhalt oder auch die Rechtslage nur zu 80 Prozent zu klären, wenn die Klärung der verbleibenden 20 Prozent einen Aufwand verursachen würde, der zum Wert der Sache in keinem vernünftigen Verhältnis steht. Externe Rechtsberater:innen müssen in einem solchen Fall entsprechende Vorbehalte in der Beurteilung machen. Außerdem liegt es in ihrem Interesse – zumal wenn sie nach Stunden abrechnen – durch Identifikation zusätzlicher Probleme zusätzlichen Beratungsbedarf zu schaffen. Überspitzt gesagt: Das ideale Gutachten aus Sicht der externen Berater:innen kostet viel Zeit und enthält trotzdem viele Vorbehalte und keine (haftungsrelevanten) klaren Aussagen.

Syndikusanwält:innen können und sollten auch proaktiv tätig werden und bei den Fachstellen im Unternehmen, die sie als Bedarfsträger identifiziert haben, Aufklärungsarbeit durch Schulungen leisten, geeignete Formulare und Vertragsmuster erstellen und Abläufe definieren, die helfen, juristische Probleme schon im Ansatz zu vermeiden. Auf diese Weise können sie einen Beitrag zur Kostensenkung und Wertsteigerung im Unternehmen leisten, der weit über die bloßen Rechtsberatungskosten hinausgeht.

Insgesamt spielt die kautelarjuristische Tätigkeit typischerweise eine weitaus größere Rolle als bei externen Rechtsanwält:innen. Standesrechtlich können ohnehin auch zugelassene Syndikusanwält:innen das eigene Unternehmen nicht vor Gericht vertreten (soweit Anwaltszwang besteht).

Zusammenarbeit mit externen Rechtsanwält:innen

Nicht nur deshalb können Syndikusanwält:innen und auch eine noch so große Rechtsabteilung die Einschaltung externer Rechtsanwält:innen nie völlig ersetzen. Deren Vorteile liegen in höherer Spezialisierung (zumindest bei großen Kanzleien), breiterer Erfahrung und Unabhängigkeit sowie im Falle großer Transaktionen schlicht in größeren Ressourcen. Selbst für ein großes Unternehmen wäre es unwirtschaftlich, eine Vielzahl von Jurist:innen mit unterschiedlichsten Spezialisierungen dauerhaft zu beschäftigen, wenn die betreffenden Rechtsfragen oder die mengenmäßige Spitzenbelastung nur einmal im Jahr auftreten.

Daher ist die Auswahl und Führung externer Rechtsanwält:innen ein weiterer wesentlicher Aspekt des Syndikusprofils. Die Aufgabe liegt hier vor allem darin, mit der Kenntnis des Unternehmens, der Strukturen und der richtigen Ansprechpartner:innen schnell und umfassend die von externen Anwält:innen benötigten Informationen zusammenzutragen und die Umsetzung eventuell notwendiger Verhaltensänderungen sicherzustellen. Außerdem sollte man die Anwaltsszene kennen und wissen, welche Kanzlei man für welche Aufgabe zu welchen Preisen engagieren kann. Auch deshalb ist Berufserfahrung als externe:r Anwält:in, gerade auch im streitigen Bereich, äußerst hilfreich, um die „andere Seite" besser zu verstehen und effektiver mit ihr zusammenzuarbeiten. Der Wechsel vom Syndikusanwalt (zurück) in die freie Rechtsanwaltschaft ist in Deutschland übrigens (leider) noch vergleichsweise selten.

Was den Einsatz externer Kanzleien angeht, gibt es sehr unterschiedliche Philosophien. Diese reichen von „nur wenn es gar nicht anders geht" bis zu „eigentlich immer". Beim letzteren Ansatz werden Syndikusanwält:innen mehr zum Manager of Legal Affairs, die nicht mehr selbst juristisch arbeiten und deren eigene Fachkenntnis dementsprechend zu verkümmern droht. Dieses Berufsbild ist besonders in angelsächsisch geprägten Unternehmen verbreitet. Dort ist allerdings auch das juristische Beratungsaufkommen oft wesentlich höher als das traditionell in Deutschland der Fall ist, sodass die komplette Inhouse-Abwicklung gar keine realistische Alternative wäre. Aber Deutschland holt in dieser Hinsicht auf ...

Trends und Karrierechancen

Generell ist zu sagen, dass der Stellenwert von guter und vor allem rechtzeitiger Rechtsberatung für Unternehmen in den letzten Jahren gestiegen ist und noch weiter steigt. Die Berufung des Chefsyndikus (US-amerikanischer Herkunft) in den Vorstand der Siemens AG ist dafür nur ein aktuelles Indiz. Die Regelungstiefe im Wirtschaftsleben nimmt zu, die Internationalität auch, und das Risiko unberatenen Vorgehens steigt dementsprechend. Dabei gibt es natürlich Branchen, die immer schon besonders beratungsintensiv waren (z. B. Versicherungen, Banken) und andere, in denen selbst für Millionenbeträge noch vor Kurzem ein Handschlag ausreichte (z. B. Industrie, Schifffahrt). Damit nehmen in der Regel auch der Stellenwert der Rechtsabteilung im Unternehmen, ihre Größe und die internen Aufstiegschancen der Jurist:innen zu.

Was die Aufstiegschancen außerhalb der Rechtsabteilung angeht, sind diese in den vergangenen Jahrzehnten in Deutschland wohl eher gesunken. Früher gehörte es in den Vorständen der DAX-Unternehmen zum guten Ton, zumindest eine Juristin oder einen Juristen an Bord zu haben, bei Banken und Versicherungen bestand der Vorstand teilweise mehrheitlich aus Jurist:innen. Heute ist es eher selten, dass Jurist:innen eine Karriere in der Rechtsabteilung beginnen und sich von dort über verschiedene Fachpositionen an die Spitze vorarbeiten.

Vorteile der Tätigkeit

Was sind also die Vorteile einer Tätigkeit als Syndikusanwalt oder -anwältin gegenüber der freien Anwaltschaft? Nicht die Bezahlung. Gut bezahlte Syndikusanwält:innen können zwar durchaus mehr verdienen als schlecht verdienende Wald-und-Wiesen-Rechtsanwält:innen mit eigener Kanzlei. Aber bei vergleichbarer Qualifikation und Seniorität dürfte in der Regel das Einkommen der freien Rechtsanwält:innen deutlich höher sein als das der Syndikusanwält:innen.

Nur gilt in den meisten Großkanzleien weiterhin das Prinzip des Up-or-Out, das heißt, oftmals haben Betreffende gar nicht die Wahl, ob sie nun lieber Partner:in in der Kanzlei werden möchte oder Syndikusanwalt oder-anwältin. Nicht umsonst speisen sich die Rechtsabteilungen der großen Unternehmen vielfach aus Abgängern („Alumni") der Kanzleien.

Diese Wechsel haben aber oft durchaus auch ein anderes, freiwilliges Motiv, nämlich die Suche nach einer fachlich anspruchsvollen, fordernden, aber zugleich nicht völlig verzehrenden Tätigkeit, also nach einer vernünftigen Work-Life-Balance. Diese gewinnt gerade auch bei hoch qualifizierten Jurist:innen zunehmend an Bedeutung, und hier liegt der wesentliche Vorteil der Syndikusanwält:innen. Sie werden nicht an der Zahl ihrer „billable hours" gemessen, sondern an der Erledigung ihrer Aufgaben.

Syndikusanwält:innen werden zwar üblicherweise nicht nach Tarif bezahlt und haben dementsprechend keinen Anspruch auf Vergütung von Überstunden. Sie arbeiten oftmals 40 bis 50 Stunden pro Woche – in besonderen Situationen auch mehr. Aber dies ist eben die Ausnahme und nicht die Regel. Auch der interne Konkurrenzdruck dürfte geringer sein als in der typischen Großkanzlei – die Aufstiegschancen sind es allerdings auch. Die Hierarchien der Rechtsabteilungen sind meist flach. Leitungspositionen sind dementsprechend ebenso rar wie Partnerstellen.

Außer in sehr stark rechtsaffinen Unternehmen oder solchen mit einer sehr großen Rechtsabteilung sind Jurist:innen Exot:innen, und als solche werden sie meist für Positionen außerhalb der Rechtsabteilung gar nicht in Betracht gezogen. Nur wer seine nicht juristischen Qualifikationen so stark ausbauen und demonstrieren kann, dass er allein auf dieser Basis konkurrenzfähig ist, wird außerhalb der Rechtsabteilung Aufstiegschancen haben. Auch was fachliche Fortentwicklung angeht, wird eine mittlere oder große Kanzlei in der Regel mehr zu bieten haben als selbst eine bedeutende Rechtsabteilung.

Vertragsmanagement

von Arnd Meier

Formale Voraussetzungen: Erste Juristische Prüfung, Diplomjurist:in oder anderer akademischer Abschluss

Persönliche Qualifikation: Verständnis und Interesse für Prozesse und wirtschaftliche Zusammenhänge, IT-Kenntnisse, englische Sprachkenntnisse, Fähigkeit zur interdisziplinären Zusammenarbeit

Einstiegsgehalt: 36.000 bis 60.000 Euro Brutto-Jahresgehalt

Aufstiegsmöglichkeiten: allgemeine Managementfunktionen

Besonderheiten: wachsende Bedeutung in den meisten Unternehmen

Abteilungen mit der Bezeichnung „Vertragsmanagement" gibt es erst seit rund zehn Jahren. Inzwischen gehören sie jedoch zumindest in mittleren und größeren Unternehmen zum Standard; ihre Größe und Bedeutung wächst. Besonders für Diplom-/Wirtschaftsjurist:innen ist das Vertragsmanagement ein sehr interessantes Betätigungsfeld, denn hier ist ihre interdisziplinäre Ausbildung ein echter Vorteil und die fehlende Rechtsanwaltszulassung kein Manko. Volljurist:innen sehen im Vertragsmanagement dagegen meist wohl keine adäquate Beschäftigung – vielleicht zu Unrecht.

Worum geht es im Vertragsmanagement?

Anders als bei der rein juristischen Vertragsgestaltung geht es im Vertragsmanagement um die Optimierung eines Prozesses, nicht des Einzelfalls; die wirtschaftlichen Resultate stehen im Vordergrund. Folglich spielt Vertragsmanagement immer dort eine Rolle, wo eine Vielzahl gleicher oder ähnlicher Verträge abgeschlossen werden muss. Das betrifft heute im Grunde fast jedes Unternehmen. Ein gutes Vertragsmanagement bringt dem Unternehmen Rechtssicherheit bei niedrigem Aufwand und hoher Transparenz. Das Eingehen von Verträgen ist klar und einfach strukturiert. Vertragliche Verpflichtungen werden erfasst und ihre Einhaltung überwacht. Schlechtes oder fehlendes Vertragsmanagement führt dagegen dazu, dass mit hohem Aufwand und geringer Rechtssicherheit immer wieder dieselben Aufgabenstellungen mit individuellen und unterschiedlichen Verträgen gelöst werden. Die Folge: Vertragsdokumente sind nicht oder schwer auffindbar, vertragliche Verpflichtungen lassen sich nicht zuverlässig überwachen und in Summe recherchieren oder bilanzieren.

Die Aufgaben des Vertragsmanagements lassen sich in drei Themenbereiche gliedern: die Gestaltung von Vertragsmustern und Vertragsprozessen, das Vertragscontrolling und die Vertragsarchivierung.

1) Gestaltung von Vertragsmustern und Vertragsprozessen

Im Massengeschäft, z. B. in einer Einkaufsabteilung oder Versicherung, geht es nicht nur darum, dass der Vertrag gültig und durchsetzbar ist. Er muss auch so gestaltet sein, dass die nicht juristischen Anwender:innen ihn verstehen und selbstständig gebrauchen können. Ein Vertrag, den selbst die eigenen Sachbearbeiter:innen nicht verstehen, ist ein schlechter Vertrag (und mag er noch so vorteilhaft sein). So sollten möglichst wenige Auswahloptionen zwischen Klauselalternativen angeboten werden, denn dies ist immer eine potenzielle Fehlerquelle. Wo eine solche Auswahl nicht vermeidbar ist, müssen Anwender:innen mit einfachen, klaren Fragen zur richtigen Auswahl geführt werden. Hierfür gibt es heute besondere IT-Lösungen unter dem Stichwort „Klauselmanagement“. Solche IT-Lösungen zur Verfügung zu stellen gehört zu den Aufgaben des Vertragsmanagements. Die prozessuale Gestaltung des Vertragsschlusses ist ein weiterer wesentlicher Aspekt. Ein traditioneller Vertrag in Papierform benötigt mehr Zeit für die Erstellung, den Unterschriftenumlauf und die Ablage als ein elektronischer Vertrag, der per Klick geschlossen wird. Der elektronische Vertrag ist zudem weniger anfällig für fehlerhafte individuelle Änderungen und kann automatisch in einen internen Genehmigungs-Workflow und ein Ablagesystem überführt werden.

2) Vertragscontrolling

Welche vertraglichen Rechte, Pflichten und Risiken hat ein Unternehmen zu einem gegebenen Zeitpunkt insgesamt? Ohne ein Vertragsmanagementsystem, d. h. die vollständige Erfassung aller Verträge eines Unternehmens, kann niemand diese Fragen beantworten. Dafür gibt es vielfältige IT-Lösungen am Markt, die aber immer mehr oder weniger auf die individuellen Gegebenheiten und Bedürfnisse des Unternehmens angepasst werden müssen. Die Auswahl des richtigen Systems, seine Anpassung, Weiterentwicklung und interne Durchsetzung sind typische Aufgaben des Vertragsmanagements. Meist kann das Vertragsmanagementsystem auch Prozesse automatisieren, z. B. interne Genehmigungs-Workflows und Überwachungsfunktionen anbieten (z. B. Warnung vor Fristabläufen).

3) Vertragsarchivierung

Die langfristige, unveränderbare – und damit revisionssichere – Ablage von Verträgen und der dazugehörigen weiteren Unterlagen (E-Mails, Verhandlungsprotokolle, Vorentwürfe) ist eine weitere wichtige Aufgabe des Vertragsmanagements. Dies wird in der Regel ebenfalls über eine IT-Lösung ermöglicht (idealerweise ein integriertes System, das auch Vertragscontrolling und -gestaltung unterstützt).

Perspektiven

Bisher wird Vertragsmanagement als reine Support-Funktion verstanden, die im Hinblick auf internes Prestige und Entlohnung eher niedrig angesiedelt ist. Mit Zunahme der Gestaltungsmöglichkeiten ändert sich dies jedoch. Vertragsmanagement in einem internationalen Konzern mit Hunderttausenden Verträgen und Dutzenden Rechtsordnungen umzusetzen, ist keine triviale Aufgabe. Sie erfordert gleichermaßen juristischen Sachverstand, Kreativität, tiefes Verständnis der Geschäftsprozesse und die Fähigkeit zur unternehmensinternen Durchsetzung von Veränderungen (Change Management). Wer dies meistert, der empfiehlt sich automatisch auch für andere anspruchsvolle Managementaufgaben.

Personalabteilung

von Arnd Meier

Formale Voraussetzungen: Erstes Juristisches Staatsexamen (Zweites Staatsexamen ist natürlich vorteilhaft); möglichst Schwerpunkt Arbeitsrecht

Persönliche Qualifikation: Kommunikationsfähigkeit, Durchsetzungs- und Konfliktfähigkeit (gegenüber teils widersprüchlichen Forderungen von unterschiedlichen Seiten), Menschenkenntnis (Vorstellungsgespräche mit Bewerber:innen!), Interesse an verschiedenen fremden Fachrichtungen (um die Qualifikation von z.B. Physiker:innen beurteilen zu können)

Einstiegsgehalt: 36.000 bis 60.000 Euro Brutto-Jahresgehalt

Aufstiegsmöglichkeiten: Leiter:in einer Personalabteilung, verschiedene Stabspositionen im Personalbereich, grundsätzlich auch Managementpositionen im gesamten Unternehmen

Besonderheiten: sehr breiter Einblick in das eigene Unternehmen, vielseitige Entwicklungsmöglichkeiten

Wäre es nicht schöner, Vorstellungsgespräche von der anderen Seite des Tisches aus zu führen? Wen diese Vorstellung reizt und wer lieber mit Menschen als mit Akten arbeitet, für den ist vielleicht eine Tätigkeit als Personalreferent:in das Richtige. Personalreferent:innen sind Generalist:innen im Personalbereich. Diese Stelle dient meist als Einstiegsjob für Berufsanfänger:innen. Personalreferent:innen betreuen umfassend bestimmte Abteilungen eines Unternehmens in der Rekrutierung und der laufenden Personalarbeit. Das sind oft mehrere Hundert Mitarbeiter:innen, manchmal sogar mehr als tausend (je höher qualifiziert die Mitarbeiter:innen sind, desto niedriger ist in der Regel der Betreuungsschlüssel).

Tätigkeitsspektrum von Personalreferent:innen

Das Tätigkeitsspektrum und damit auch die Anforderungen an Kenntnisse und Fähigkeiten der Personalreferent:innen sind extrem breit: Wie werden Mitarbeiter:innen eingestuft? Ist eine Beförderung oder Höhereinstufung gerechtfertigt? Wie können Mitarbeiter:innen gefördert/entwickelt werden? Was ist bei einer Entsendung ins Ausland zu beachten? Fragen zur Einzelfallanwendung von Tarifverträgen und Arbeitsgesetzen sowie innerbetrieblichen Regelungen sind zu beantworten, Verhandlungen mit dem Betriebsrat zu führen und Betriebsvereinbarungen umzusetzen. Auch disziplinarische Fragen spielen immer wieder eine Rolle: Ist eine Abmahnung gerechtfertigt? Welche Voraussetzungen sind für eine Kündigung zu beachten?

Viele dieser Fragen sind juristischer Natur, deshalb werden Jurist:innen auch meist gerne im Personalbereich eingesetzt. Andererseits sind natürlich auch andere Fachrichtungen – z. B. Psychologie, Betriebswirtschaft oder Pädagogik – wichtig, um die vielfältigen Aufgaben einer Personalabteilung optimal zu bewältigen. Daher wird kaum ein:e Personalleiter:in die Abteilung nur mit Jurist:innen besetzen wollen, aber eben auch nicht ganz ohne sie.

Entwicklungspositionen für Jurist:innen im Personalwesen

Neben der Tätigkeit als Personalreferent:in gibt es, zumindest in den größeren Unternehmen, auch eine Reihe von Stabsfunktionen im Personalbereich, die infrage kommen. Dazu kann zum Beispiel die Entwicklung von Vergütungssystemen gehören, die Betreuung von Führungskräften oder das internationale Personalwesen. Allerdings wird man auf diesen strategischen Positionen meist nicht Berufsanfänger:innen einsetzen, sondern eher Personalreferent:innen mit einigen Jahren Berufserfahrung.

Eine andere typische Entwicklungsposition für Jurist:innen im Personalwesen ist die Arbeitsrechtsabteilung – sofern es eine solche, wie in größeren Unternehmen üblich, gibt. Bedarf an Arbeitsrechtler:innen, gerne auch mit Personalerfahrung aus Unternehmen, besteht oft auch bei den größeren Arbeitgeberverbänden, die für ihre Mitgliedsunternehmen als Dienstleister in diesem Bereich arbeiten, d. h. beispielsweise Arbeitsrechtsstreitigkeiten als Prozessvertreter übernehmen.

Referendarstation im Personalbereich

Ein nahezu idealer Berufseinstieg für Jurist:innen im Personalbereich – wie im Übrigen auch für die meisten anderen juristischen Berufe – ist die Ableistung einer Referendariatsstation in der Personalabteilung eines Unternehmens. Auf diese Weise kann man das Unternehmen und die Tätigkeit besser kennenlernen als irgendwie sonst. Umgekehrt kann sich natürlich auch der künftige Arbeitgeber ein viel besseres Urteil bilden und ist dann möglicherweise sogar gewillt, für wirklich vielversprechende Bewerber:innen eine Stelle zu schaffen oder sonstige Wege zu ebnen.

Compliance

von Arnd Meier

Formale Voraussetzungen: Juristisches Staatsexamen, Diplomjurist:in

Persönliche Qualifikation: Verständnis für wirtschaftliche Zusammenhänge, Fähigkeit zur interdisziplinären Zusammenarbeit; englische Sprachkenntnisse

Einstiegsgehalt: 42.000 bis 70.000 Euro Brutto-Jahresgehalt

Aufstiegsmöglichkeiten: Chief Compliance Officer (CCO)

Besonderheiten: wachsende Bedeutung in den meisten Großunternehmen; internationale Bandbreite

Weitere Informationen:
www.compliancemagazin.de, www.compliance-plattform.de

Vor zehn oder auch noch vor fünf Jahren hätten die meisten Vorstände und Unternehmensjurist:innen wahrscheinlich noch nicht viel mit dem Begriff Compliance anfangen können. Heute, nach den großen Skandalen bei Daimler, Volkswagen und Siemens, die die betreffenden Unternehmen Hunderte Millionen Euro kosteten, ist er in aller Munde. Compliance-Codes und Compliance-Abteilungen gehören, zumindest für börsennotierte Unternehmen, zur Best Practice und werden in Windeseile aufgebaut. Gute Berufschancen also für diejenigen, die Erfahrungen oder zumindest Kenntnisse im Bereich Compliance vorzuweisen haben. Das sind allerdings nicht sehr viele, denn da das ganze Thema in Deutschland noch so neu ist, gibt es kaum spezielle Ausbildungsgänge und wenig Erfahrungswissen.[1]

Compliance Officers müssen nicht Jurist:innen sein, aber sie haben anerkanntermaßen sehr gute Voraussetzungen für diese Position. Geht es doch unter anderem um die Durchsetzung von Regeln, wenn auch nicht immer gesetzlichen, und die Zusammenarbeit mit Behörden (insbesondere auch Strafverfolgungsbehörden).

1 Die FH Deggendorf bietet mit dem Kooperationspartner TÜV Süd und dem Internetportal Risinet einen Master-Studiengang Risiko- und Compliancemanagement an (www.th-deg.de/de/weiterbildung/master/risiko-und-compliancemanagement). Bei der School of Governance Risk and Compliance an der Steinbeis-Hochschule in Berlin wird ebenfalls ein (zweijähriges) MBA-Programm angeboten, das im Oktober beginnt.
Die Universität Augsburg bietet berufsbegleitend eine Ausbildung zum Compliance Officer (Univ.) über zehn Schulungstage und einen Prüfungstag an (www.zww.uni-augsburg.de/compliance-officer-univ.html).

Was ist Compliance, und was sind die Aufgaben eines Compliance Officers?
Compliance ist die Einhaltung von Gesetzen und, soweit anwendbar, nichtgesetzlichen Richtlinien und Regeln. Das ist einerseits eine Selbstverständlichkeit, und man könnte fragen, warum es dafür gesonderter Organisationen bedarf. Andererseits ist die Regelungsbreite und -tiefe so groß geworden, dass ohne besondere Informations- und Schulungsmaßnahmen von normalen Mitarbeiter:innen kaum noch erwartet werden könnte, dass sie alle Regeln kennen und befolgen. Gerade für international tätige Unternehmen und speziell für solche, die auch an der New Yorker Börse notiert sind, ist dies der Fall. Zugleich ist die Sanktionierung von Regelverstößen enorm verschärft worden, und die öffentliche Kritik ist ebenfalls stark gewachsen. Compliance-Verstöße sind deshalb für Unternehmen heute ein hohes Risiko, das erhebliche Anstrengungen zur Vermeidung rechtfertigt.

In Abgrenzung zur Tätigkeit der Rechtsabteilung oder internen Revision liegt der Schwerpunkt der Compliance-Abteilungen in der Prävention, und zwar weniger durch konkrete Einzelfallmaßnahmen als durch Definition von Abläufen und detaillierten Regeln, Information und Schulung. Daneben gehört zur Compliance die Bearbeitung von Beschwerden und Hinweisen und die Begleitung von Fällen, die bereits an die Öffentlichkeit bzw. die Behörden gelangt sind. Dabei gibt es immer wieder Überschneidungen mit der Tätigkeit der Rechtsabteilungen (an die die Compliance-Abteilungen im Übrigen oftmals angegliedert sind). Die genaue Abgrenzung ist hierbei von Unternehmen zu Unternehmen unterschiedlich geregelt. Im Einzelnen lassen sich folgende Bestandteile einer Compliance-Organisation beschreiben:

- **Identifikation von Risiken und anwendbaren Regeln:** Welche Regeln gelten beispielsweise in Brasilien für die Annahme von Geschenken durch Beamt:innen? Welche Regeln des amerikanischen Sarbanes-Oxley-Act müssen auch bei der deutschen Muttergesellschaft beachtet werden? Welche öffentliche und behördliche Reaktion ist in welchen Ländern zu befürchten, wenn wir Waren in den Iran liefern? Welche sozialen Standards sollte das Unternehmen weltweit von seinen Tochtergesellschaften und Lieferanten verlangen, selbst wenn sie nicht überall rechtlich vorgeschrieben sind?
- **Internes Informationssystem:** Reichen die bestehenden internen Regelungen aus, um die identifizierten Risiken zu vermeiden? Welcher Schulungsbedarf besteht bei welchen Mitarbeiter:innen in dieser Hinsicht? Welche Informationsmaßnahmen sind notwendig (Broschüren, Intranet, E-Mails, Tests)?
- **Internes und externes Kommunikationssystem:** Welche Abläufe sind zu definieren für die Behandlung von internen und externen Beschwerden über Compliance-Verstöße? Ist ein internes Meldesystem notwendig? Kontakte mit Behörden sind zu definieren und zu pflegen.
- **Internes Kontrollsystem:** Die Einhaltung der compliancerelevanten Regeln ist zu überwachen und die Adäquanz der bestehenden Mechanismen regelmäßig zu überprüfen. Hierzu werden in der Regel Compliance-Beauftragte oder ein entsprechendes Gremium mit hinreichenden Ressourcen (Mitarbeiter:innen) einzurichten sein.

Durch die Vermeidung von Strafen und Haftungstatbeständen (teilweise auch persönlich für die Vorstände und Geschäftsführer) leistet Compliance einen unmittelbaren Beitrag zum wirtschaftlichen Erfolg des Unternehmens.

In der Praxis ist die Bandbreite der Compliance-Aktivitäten sehr groß. Am höchsten ist die Compliance-Intensität sicherlich in der Finanzindustrie und bei den Unternehmen, die der amerikanischen Börsenaufsicht (SEC) unterliegen. Hier gibt es Compliance-Abteilungen mit mehreren Hundert Mitarbeiter:innen auf verschiedenen Kontinenten. Andererseits gibt es weiterhin auch DAX-Unternehmen, bei denen Compliance einfach der Rechtsabteilung oder Revision als zusätzliches Aufgabengebiet zugewiesen wurde, ohne zusätzliche Stellen zu schaffen.

Dementsprechend unterschiedlich sind auch die Tätigkeitsprofile und Berufsaussichten. Während im einen Unternehmen alle Verträge ab einer bestimmten Wertgrenze von der Compliance-Abteilung durchgesehen und abgezeichnet werden müssen (was natürlich viel Routinearbeit für viele junge Mitarbeiter:innen verursacht), beschränkt man sich in anderen Unternehmen darauf, Broschüren und Richtlinien herauszugeben.

Für eine anspruchsvollere Compliance-Position ist sicherlich Berufserfahrung Voraussetzung, sei es in der Rechtsabteilung oder in mehreren Linienfunktionen. Es geht vielfach um sehr sensible, personalrelevante Sachverhalte, bei denen Augenmaß und Fingerspitzengefühl gefragt sind. Außerdem spielt Kommunikationsfähigkeit eine große Rolle. Der ideale Compliance Officer sollte in der Lage sein, gleichermaßen mit den Fachleuten des eigenen Unternehmens und der Geschäftsführung, aber auch mit Journalist:innen und mit Behördenvertreter:innen (zudem noch aus anderen Ländern) zu kommunizieren. Dafür muss er oder sie zuerst in der Lage sein, den Sachverhalt hinreichend zu klären und ihn rechtlich wie „politisch" zu würdigen.

Wer all dies kann – und das wird sicher nicht von Berufsanfänger:innen erwartet –, dem bietet Compliance ein aufregendes Tätigkeitsfeld und ausgezeichnete Karriereaussichten. Wenngleich vielleicht Compliance vorübergehend etwas in den Hintergrund der öffentlichen Aufmerksamkeit rückt, ist es sicherlich auch in Zukunft ein Wachstumsfeld für Jurist:innen.

Jurist:in in Steuerberatung und Wirtschaftsprüfung

von Melanie Budassis

Formale Voraussetzungen: Studium der Rechtswissenschaften, Kenntnisse im Steuerrecht sind von Vorteil

Persönliche Qualifikation: Einsatzbereitschaft, Teamfähigkeit, solide Fremdsprachenkenntnisse (Englisch); Bereitschaft, sich mit Zahlen auseinanderzusetzen

Einstiegsgehalt: branchenüblich

Aufstiegsmöglichkeiten: nach Steuerberaterexamen Managerposition und später Partnerposition möglich

Besonderheiten: Die Bereitschaft, das Steuerberaterexamen abzulegen, wird in der Regel vorausgesetzt. Eine internationale Tätigkeit ist möglich.

Weitere Informationen: www.stbk-berlin.de, www.bstbk.de

Berufschancen für Jurist:innen sind vielfältig. Erfahrungsgemäß sind die Möglichkeiten der juristischen Arbeit in der Steuerberatung und Wirtschaftsprüfung leider nur wenigen bekannt. Dies dürfte auch daran liegen, dass Steuerrecht im Studium selten ein Pflichtfach ist und auch nur wenige Studierende Steuerrecht als Wahlfach belegen. Im Gegensatz zu den Wirtschaftswissenschaftler:innen kommen die meisten Jurist:innen in ihrem Studium daher nur selten mit Steuerrecht in Berührung. Umso wichtiger erscheint es, an dieser Stelle die Berufsmöglichkeiten für Jurist:innen in der Steuerberatung und Wirtschaftsprüfung vorzustellen.

Das Steuerrecht und die Wirtschaftsprüfung sind viel zu interessante und vielseitige Gebiete, um sie alleine den Wirtschaftswissenschaftler:innen zu überlassen!

Freier Beruf

Die Tätigkeit im Bereich der Steuerberatung und Wirtschaftsprüfung bietet die Möglichkeit, als Jurist:in einen freien Beruf auszuüben, ohne das klassische Berufsbild eines Rechtsanwalts oder einer Rechtsanwältin zu verfolgen. Im Gegensatz zur klassischen Rechtsanwaltstätigkeit stellt die Beratung von Mandanten auf dem Gebiet des Steuerrechts und der Wirtschaftsprüfung in der Regel eine laufende Beratung oder Projektberatung meist ohne Bezug zu Streitigkeiten dar. Der Mandantenstamm ist vielfältig und reicht von Wirtschaftsunternehmen der verschiedensten Branchen über gemeinnützige Einrichtungen bis hin zu natürlichen Personen.

Berufliches Tätigkeitsfeld

Die Hauptaufgaben von Jurist:innen in der Steuerberatung und Wirtschaftsprüfung liegen darin, Mandanten steuerlich zu beraten und deren Jahresabschlüsse zu prüfen. Zu den typischen Aufgaben von Jurist:innen in der Steuerberatung gehört es nicht nur, Stellungnahmen und Gutachten zu verschiedenen steuerlichen Themen anzufertigen. Vielmehr umfasst diese Tätigkeit beispielsweise auch das Erstellen von Steuererklärungen, das Aufstellen von Steuerbilanzen, die Prüfung von Steuerbescheiden, die Begleitung und Unterstützung der Mandanten bei Betriebsprüfungen des Finanzamts, die Vertretung der Mandanten im außergerichtlichen sowie im finanzgerichtlichen Verfahren, die Entwicklung von Steueroptimierungsmodellen und die steuerliche Beratung bei Umstrukturierungen oder Transaktionen. Entscheidend ist, dass bei der Beratung stets die wirtschaftliche Gesamtsituation der Unternehmen und die Besonderheiten der einzelnen Branchen berücksichtigt werden.

Tagesablauf

Grundsätzlich können die Tätigkeiten in der Steuerberatung und Wirtschaftsprüfung aus dem Büro bzw. aus dem Homeoffice heraus erbracht werden. Darüber hinaus sind im üblichen Rahmen Termine beim Mandanten oder im Finanzamt bzw. Finanzgericht wahrzunehmen. Dies ermöglicht grundsätzlich einen flexiblen Tagesablauf.

Berufliche Anforderungen

An dieser Stelle könnte man als Voraussetzungen für die Tätigkeit in der Steuerberatung und Wirtschaftsprüfung logisch-analytisches Denkvermögen, Sorgfalt, Genauigkeit, die Fähigkeit, Zusammenhänge herzustellen etc. anführen. Dies dürften aber Kompetenzen sein, die Jurist:innen ohnehin während des Studiums bzw. spätestens in der Zweiten Juristischen Staatsprüfung unter Beweis stellen müssen.

Bei der Entscheidung für eine Tätigkeit im Bereich der Steuerberatung bzw. Wirtschaftsprüfung ist aber zu berücksichtigen, dass diese eine hohe Bereitschaft zur Spezialisierung und Weiterbildung voraussetzt. Aufgrund der stark spezialisierten Beratung wird bei der Einstellung von Jurist:innen grundsätzlich die Absicht verlangt, nach zwei- bis dreijähriger Berufspraxis das Steuerberaterexamen zu absolvieren. Sofern es sich um eine auf die Wirtschaftsprüfung ausgerichtete Tätigkeit handelt, kann später gegebenenfalls auch noch das Wirtschaftsprüferexamen abgelegt werden.

Steuerberatung ist ohne Kenntnisse im Gesellschaftsrecht ebenso wenig denkbar wie ohne wirtschaftlichen Sachverstand und die Bereitschaft, mit Zahlen umzugehen. Zur erfolgreichen Berufsausübung sind daher Kenntnisse auf den Gebieten des Steuer- und Handelsrechts, des Gesellschaftsrechts und der Betriebswirtschaftslehre erforderlich.

Vorteilhaft sind daneben gute Fremdsprachenkenntnisse, da oft international tätige Konzerne beraten werden oder die Mandanten internationale Geschäftsbeziehungen haben. Um es beispielsweise den Gesellschaftern im Ausland zu ermöglichen, auf Grundlage eines steuerlichen Gutachtens eine Entscheidung zu treffen, sind die Gutachten oftmals auf Englisch bzw. der Sprache am Hauptsitz des Konzerns zu verfassen.

Einstiegsmöglichkeiten und Bewerbungsverfahren

Der Einstieg in den Beruf erfolgt in der Regel als Assistent:in in der Steuerberatung bzw. Wirtschaftsprüfung bei einer Beratungs-/Prüfungsgesellschaft. Sofern man bisher keine Kenntnisse auf dem Gebiet des Steuerrechts sammeln konnte, bietet sich für Jurist:innen die Möglichkeit, einen Fachanwaltskurs für Steuerrecht zu besuchen. Durch das Ablegen der schriftlichen Fachanwaltsprüfung vor dem Berufseinstieg können Grundkenntnisse auf den verschiedenen Gebieten des Steuerrechts erworben werden, die den Einstieg in das Berufsleben deutlich erleichtern.

Nicht zu unterschätzen sind aber auch Praktika im Bereich der Steuerberatung und Wirtschaftsprüfung. Auf diese Weise können Jurist:innen frühzeitig in den Berufsalltag der Steuerberatung bzw. Wirtschaftsprüfung hineinschnuppern. Ein Praktikum ist dabei nicht nur während des Studiums oder nach der Ersten Juristischen Staatsprüfung denkbar. Auch die Wahlstation des Referendariats kann in diesem Bereich absolviert werden, da stets Jurist:innen als Ausbilder:innen zur Verfügung stehen. Die meisten Wirtschaftsprüfungs- und Steuerberatungsgesellschaften bieten darüber hinaus die Möglichkeit, bezahlte Praktika über einen Zeitraum von zwei bis drei Monaten zu absolvieren. Ein gutes Praktikumszeugnis kann zur Aufnahme in ein Förderprogramm und später zum Angebot einer Festanstellung führen.

Besonderheiten im Bewerbungsverfahren existieren grundsätzlich nicht. In der Regel folgen auf die Bewerbung individuelle Bewerbungsgespräche, die von Partnern:innen und Manager:innen geführt werden. Im Gespräch werden dabei nicht nur allgemeine Fragen, sondern oft auch Fragen zum Steuerrecht gestellt. Zwar bestehen grundsätzlich bessere Einstellungschancen, wenn bereits eine Spezialisierung auf dem Gebiet des Steuerrechts nachgewiesen werden kann, doch auch ein Quereinstieg ist möglich, wenn man glaubhaft darlegen kann, weshalb nunmehr eine Tätigkeit in der Steuerberatung bzw. Wirtschaftsprüfung angestrebt wird.

Perspektiven und Karriereweg

Die beruflichen Perspektiven in der Steuerberatung bzw. Wirtschaftsprüfung sind grundsätzlich als sehr gut zu bezeichnen. Wenn nach dem Einstieg als Assistent:in in der Steuerabteilung das Steuerberaterexamen erfolgreich absolviert worden ist, steht der Karriereweg offen. Im Gegensatz zu Rechtsanwaltskanzleien existiert in den großen Steuerberatungs- bzw. Wirtschaftsprüfungsgesellschaften oft ein feingliedrigeres Hierarchiesystem. So sind z. B. auf dem Weg zur Partnerschaft meistens die Karrierestufen Assistant, Senior Assistant, Assistant Manager, Manager, Senior Manager und Partner zu durchlaufen. Vorteile bieten sich in diesem System dadurch, dass die Aufgabenbereiche sich je nach Hierarchiestufe verbreitern und man frühzeitig lernt, auch jüngere Teammitglieder in die Tätigkeiten einzubinden. Zusätzlich steht einem in der Regel ein Mentor oder eine Mentorin zur Seite, der oder die die persönliche Entwicklung und z. B. auch eine Auslandsentsendung für eine bestimmte Zeit fördert und unterstützt.

Steuerberaterexamen

Um sich im Bereich der Steuerberatung und Wirtschaftprüfung weiterzuqualifizieren, können das Steuerberaterexamen und/oder das Wirtschaftsprüferexamen als Berufsexamina oder auch eine Fachanwaltsprüfung o. ä. abgelegt werden. In der Praxis treten viele Jurist:innen nach einer zwei- bis dreijährigen Berufspraxis die Prüfung zum Steuerberater oder zur Steuerberaterin an. Das Steuerberaterexamen besteht aus drei sechsstündigen bundeseinheitlichen Klausuren Anfang Oktober eines jeden Jahres und einer anschließenden mündlichen Prüfung. Es wird von den Steuerberaterkammern in Zusammenarbeit mit den Finanzverwaltungen der Länder abgenommen. Zur Vorbereitung des Steuerberaterexamens können bei verschiedenen Repetitoren Präsenz- oder Fernkurse gebucht werden. Insbesondere um die Teilnahme an Präsenzkursen zu ermöglichen, gewähren viele Arbeitgeber vor den Klausuren eine Freistellungszeit. Diese kann über Examensbudgets, Freizeitguthaben sowie Urlaubstage finanziert werden und beträgt bei großen Gesellschaften bis zu vier Monate. Nicht abschrecken lassen sollte man sich übrigens von den hohen Durchfallquoten des Steuerberaterexamens. Gerade als Jurist:in hat man gegenüber anderen Prüfungskandidat:innen immerhin einen klaren Startvorteil: Durch die bereits absolvierten Prüfungen bzw. Staatsexamina ist man geübter im Klausurenschreiben, hat bereits trainiert, auch unbekannte Gesetzestexte auszulegen und beherrscht die Subsumtionstechnik!

Vor- und Nachteile

Das breite Aufgabenspektrum von Jurist:innen in der Steuerberatung bzw. Wirtschaftsprüfung macht den Reiz dieser Tätigkeit aus. In die steuerlichen Überlegungen sind stets auch gesellschaftsrechtliche und betriebswirtschaftliche Aspekte einzubeziehen. Dabei bietet die enge Verzahnung mit der Betriebswirtschaft in der Praxis die Chance, gemeinsam mit Wirtschaftswissenschaftler:innen ein für die Mandanten aus juristischer und betriebswirtschaftlicher Sicht optimiertes Ergebnis zu erarbeiten.

Der einzige Nachteil einer juristischen Tätigkeit im Steuerrecht könnte darin zu sehen sein, dass viele – oft politisch motivierte – Rechtsänderungen im Blick behalten werden müssen. Darin liegt allerdings auch gleichzeitig ein großer Vorteil: Das Steuerrecht wird nie langweilig, und aufgrund der rechtlichen Änderungen bieten sich immer neue Beratungsansätze, die den Beruf spannend machen. Gerade für Jurist:innen bestehen im Bereich der Steuerberatung und Wirtschaftsprüfung sehr gute Zukunftsperspektiven.

Mit juristischem Hintergrund in die Unternehmensberatung

von Julian Michalitsch

Formale Voraussetzungen: sehr gute Studienleistungen, relevante Praktikums- und Auslandserfahrung

Persönliche Qualifikation: strukturiertes und vernetztes Denken, analytische Fähigkeiten, Ergebnisorientierung, hohe Leistungsbereitschaft, aufgeschlossene Persönlichkeit und ausgeprägte Teamfähigkeit

Einstiegsgehalt: attraktives Gehaltspaket inklusive leistungsabhängiger Boni

Entwicklungsmöglichkeiten: Business Analyst, Junior Consultant, Consultant, Senior Consultant, Project Manager, Principal, Partner

Besonderheiten: vielfältige Projekte, steile Lernkurve, Zusammenarbeit mit internationalen Kund:innen und Kolleg:innen, Kontakt zum Topmanagement, z.T. Förderung von Promotion oder MBA

Weitere Informationen: im Buch *Perspektive Unternehmensberatung* aus der Reihe e-fellows.net wissen

Was machen Unternehmensberater:innen eigentlich?

Der Beruf Unternehmensberater:in ist sehr vielseitig und deckt ein breites Aufgabenspektrum ab. Verallgemeinernd lässt sich sagen, dass es sich hierbei um Expert:innen handelt, die meist mittlere und große Industrieunternehmen sowie öffentliche Institutionen bei sämtlichen Problem- und Fragestellungen aus dem wirtschaftlichen Bereich beraten und unterstützen. Die zu lösenden Aufträge sind dabei sehr unterschiedlich und reichen von Markteintrittsstrategien über Kostenoptimierungen bis hin zu Restrukturierungen. Je nach Unternehmensberatung und gewähltem Schwerpunkt divergieren die Aufgaben somit zwischen den einzelnen Berater:innen sehr.

Für alle Unternehmensberatungen typisch ist jedoch ein Projekt-Set-Up. Das klassische Projekt ist dabei mit Berater:innen und Mitarbeitenden des Auftraggebers besetzt und hat durchschnittlich eine Dauer von drei bis sechs Monaten. In dieser Zeit werden branchen- und/oder unternehmensspezifische Informationen zusammengestellt, Workshops oder Interviews mit Expert:innen und Mitarbeitenden des Kunden durchgeführt und aus den Ergebnissen tragfähige Vorschläge für die initiale Aufgabenstellung abgeleitet.

Um ein Projekt erfolgreich abzuwickeln, sind gute Branchenkenntnisse, Kreativität und eine hohe Leistungsbereitschaft der Berater:innen gefragt. Darüber hinaus müssen Consultants sehr empathisch sein, um die Mitarbeitenden des Auftraggebers richtig abzuholen und für eine konstruktive Zusammenarbeit zu gewinnen.

Warum übt dieser Beruf eine solche Faszination aus?
Die Vielfalt der Aufgaben, die Teammitglieder mit unterschiedlichsten Hintergründen und die Reisetätigkeit in andere Länder machen die Faszination des Berufs aus.

Beratung bietet die Möglichkeit, tagtäglich komplexe Probleme zu lösen und echte Veränderungen in Unternehmen zu bewirken. Unternehmensberater:innen müssen sich von Beginn ihrer Karriere an schnell in neue Unternehmen und Branchen einarbeiten und individuelle Lösungen für die jeweiligen Herausforderungen finden. Dabei gleicht kein Tag dem anderen. Consultants benötigen für ihre Arbeit ein breites Spektrum an Fähigkeiten: Strategisches Denken, ausgeprägte Kommunikationsfähigkeit, analytische Fähigkeiten und Projektmanagement-Kompetenz sind nur ein kleiner Auszug. Im direkten Kontakt mit dem Topmanagement werden diese immer wieder auf die Probe gestellt, wodurch der Beruf abwechslungsreich und fordernd ist, sowie mit einer steilen Lernkurve belohnt wird.

Wir arbeiten auf Projekten für Kund:innen rund um den Globus und auch unsere Teams sind international besetzt. Das fördert den Einblick in unterschiedliche Kulturen und Arbeitsweisen - eine Bereicherung, die in diesem Ausmaß außergewöhnlich ist.

Insgesamt bietet der Beratungsjob damit eine perfekte Mischung aus fachlichen und zwischenmenschlichen Fragestellungen.

Wieso ist ein juristischer Hintergrund die ideale Basis für einen Einstieg in die Welt der Unternehmensberatung?
Jurist:innen eignen sich während ihres Studiums eine gewisse Denkweise an, durch die sie komplexe Sachverhalte gut strukturieren, systematisch analysieren, bewerten und mögliche Lösungsansätze herausarbeiten können. Besonders bei topaktuellen Themen, bei denen man nicht auf Best Practices zurückgreifen kann, hilft diese Eigenschaft dabei, gewonnenes Wissen und Erkenntnisse auf neue Situationen zu transferieren. Eine weitere Fähigkeit von Jurist:innen ist ihre gekonnte Ausdrucksweise, die dabei hilft, die wichtigsten Inhalte präzise und passgenau für die jeweilige Zielgruppe zu formulieren.

Neben den genannten Punkten ist es auch oftmals von Vorteil, eine erste rechtliche Einschätzung zu gewissen Themen abgeben zu können.

Bankjurist:in

von Christoph Poweleit

Formale Voraussetzungen: Volljurist:in mit überdurchschnittlichen Examina

Persönliche Qualifikation: gute Kenntnisse des Zivil-, Bank- und Kapitalmarktrechts, ausgeprägtes Verständnis für wirtschaftliche Zusammenhänge, sehr gute Englischkenntnisse; internationale Erfahrung und Kenntnisse einer angelsächsischen Rechtsordnung von Vorteil, Bankausbildung hilfreich

Einstiegsgehalt: je nach Unternehmen, ca. 50.000 bis ca. 70.000 Euro Brutto-Jahresgehalt sind realistisch

Aufstiegsmöglichkeiten: innerhalb der Rechtsabteilung (Justiziar:in, Führungsfunktion, Chefjustiziar:in bzw. Leiter:in der Rechtsabteilung) oder Wechsel in operative Einheiten bzw. andere Steuerungseinheiten

Besonderheiten: internationales Arbeitsumfeld, Arbeiten am Puls der Zeit, nah an der Entwicklung des Unternehmens, vielseitige und anspruchsvolle Tätigkeit

Jurist:innen können nicht nur als Richter:innen, Staats- oder Rechtsanwält:innen arbeiten, sondern werden auch in der Wirtschaft gebraucht. Die meisten Absolvent:innen wünschen sich, als Anwältin oder Anwalt zu arbeiten. Die Tätigkeit als Syndikusrechtsanwalt oder Syndikusrechtsanwältin in der Rechtsabteilung einer Bank stellt eine interessante Alternative dar. Hierbei können die Vorzüge einer festen Anstellung meist mit der Möglichkeit einer Zulassung zur Rechtsanwaltschaft als Syndikusrechtsanwalt oder Syndikusrechtsanwältin kombiniert werden. Syndikusrechtsanwält:innen können auch die Befreiung von der gesetzlichen Rentenversicherungspflicht zugunsten der berufsständischen Versorgungswerke erlangen.

Bei Banken lenken zentrale (meist am Unternehmenssitz ansässige) Steuerungseinheiten weltweit das Bankgeschehen. Die meisten Jurist:innen finden in den Rechtsabteilungen ein interessantes und spannendes Tätigkeitsfeld. Daneben gibt es auch Jurist:innen in anderen Bereichen einer Bank, wie z. B. in der Compliance-, Steuer- oder Personalabteilung oder im Risikomanagement. So breit wie die Geschäftsbereiche einer deutschen Großbank sind, so vielfältig sind auch die Tätigkeitsfelder innerhalb der Rechtsabteilung. Das Spektrum der Aufgaben reicht von der Produktentwicklung über die Verhandlung und den Abschluss von Verträgen bis hin zur gerichtlichen Durchsetzung oder Abwehr von Ansprüchen. Klassisch ist die Aufteilung in Fachbereiche, denen die Rechtsanwält:innen zugeordnet sind und die jeweils unterschiedliche Produkte bzw. Geschäftsbereiche der Bank juristisch betreuen. Insbesondere gibt es Unterscheidungen zwischen Firmen- und Privatkundengeschäft. Wenn es erforderlich ist, werden auch interdisziplinäre Teams gebildet.

Zentrale Aufgaben der Rechtsabteilung

Eine zentrale Aufgabe der Rechtsabteilung ist die weltweite Steuerung und Überwachung der Rechtsrisiken der Bank. Hierbei sollen mögliche Verluste aus rechtlichen

Risiken früh erkannt und Lösungsmöglichkeiten zur Minimierung oder Vermeidung aufgezeigt werden. In diesem Zusammenhang erstellt die Rechtsabteilung Richtlinien und Standardverträge, die in enger Zusammenarbeit mit den Geschäftsbereichen umgesetzt werden und leistet einen wichtigen Beitrag zur Gesamtrisikosteuerung der Bank. Insbesondere werden in der Rechtsabteilung rechtliche Fragen zu den folgenden Gebieten bearbeitet: Aufsichtsrecht, Arbeitsrecht, IT-Recht, Börsengänge, Mergers & Acquisitions, Beteiligungen, Restrukturierungen, Joint Ventures, Fusionskontrollen und Kartellrecht. Die Rechtsabteilung betreut zudem die Hauptversammlung und bearbeitet alle gesellschaftsrechtlichen Angelegenheiten des Konzerns. Die Erstellung der Dokumentation von Finanzderivaten sowie das Netting für Eigenkapitalzwecke, zusammen mit den beim Handel, Vertrieb, Verkauf und der Verwahrung von Wertpapieren und der Produktentwicklung entstehenden Rechtsfragen zählen ebenfalls zu den Aufgabenbereichen. Weiterhin werden die Erstellung der Dokumentation, aber auch die Lösung aller Rechtsfragen zu syndizierten Krediten (Konsortialgeschäft), bilateralen Darlehensverträgen im nationalen und internationalen Bereich, dokumentärem Auslandsgeschäft, Sonderfinanzierungen mit Firmenkunden, Projektfinanzierungen, Akquisitionsfinanzierungen, Export- und Handelsfinanzierungen sowie Anleihen oder Schuldscheinen mit allen Fragen zur Börseneinführung und dem Wertpapierprospektrecht bearbeitet. Banken sind zudem mit einer Vielzahl von Rechtsfragen des Kreditgeschäfts mit privaten Kund:innen, des Wertpapiergeschäfts und der Anlageberatung, des Avalgeschäfts, des Einlagengeschäfts sowie des Wettbewerbsrechts konfrontiert. Zu entscheiden sind auch Fragen zu Kreditsicherheiten, Sicherheitenpoolverträgen sowie Fragen des Insolvenzrechts. Zudem sind alle Anfragen bezüglich der Kontoführung sowie des Zahlungsverkehrs, des Bankgeheimnisses und der Digitalisierung zu erledigen. Bankjurist:innen pflegen darüber hinaus den fachlichen Austausch zwischen Kolleg:innen und mit externen Rechtsberater:innen, Verbänden und Behörden. Einschlägige nationale und europäische Gesetzgebungsverfahren werden begleitet und in der Bank umgesetzt.

Direkteinstieg oder Einstieg über ein Trainee-Programm

Für Volljurist:innen ohne Berufserfahrung ist der Direkteinstieg in die Rechtsabteilung möglich. Viele Unternehmen bieten auch den Einstieg über ein Trainee-Programm an. Die Ausbildung ist entsprechend den Vorkenntnissen auf eine Dauer von ca. zwölf Monaten ausgelegt, üblicherweise erhält man jedoch vom ersten Tag an einen unbefristeten Arbeitsvertrag. Die Ausbildung erfolgt grundsätzlich in einem Training-on-the-Job, in dem die Rechts- und Produktkenntnisse vertieft werden und man auf die Aufgaben in der Rechtsabteilung vorbereitet wird. Als Bankjurist:in übernimmt man sehr schnell Verantwortung und darf einzelne Themenkomplexe bereits nach kurzer Zeit eigenverantwortlich betreuen.

Perspektiven für 2025

In den letzten Jahren haben sich die rechtlichen Rahmenbedingungen für das Bankgeschäft beständig geändert. Grundsätzlich besteht immer Bedarf an guten Nachwuchsjurist:innen, und die Chancen auf einen Einstieg sind besser, als viele angehende Jurist:innen meinen. Insbesondere die Rechtsabteilungen sind bei der Umsetzung von neuen rechtlichen Rahmenbedingungen, der Digitalisierung und regulatorischen Anforderungen innerhalb der Banken gefragt und mit einer Vielzahl von neuen, spannenden und herausfordernden Aufgaben konfrontiert.

Verbandsjurist:in

von Ulrich Hüttenbach

Formale Voraussetzungen: Zweites Staatsexamen, mindestens ein Examen „befriedigend" oder besser

Persönliche Qualifikation: politischer Gestaltungswille, Kommunikationsstärke, gesellschaftliches Engagement, gute Englischkenntnisse in Wort und Schrift

Einstiegsgehalt: 37.200 Euro Brutto-Jahresgehalt im Mentorenprogramm für den Geschäftsführungsnachwuchs in den Arbeitgeberverbänden (GFN)

Aufstiegsmöglichkeiten nach Absolvierung des Programms: Hauptgeschäfts-/ Geschäftsführer:in eines Arbeitgeberverbands

Besonderheiten: Mentorenprogramm: Training-on-the-Job mit wechselnden Einsätzen bei Mitgliedsverbänden im gesamten Bundesgebiet; Ausbildungszeit in einzelnen Stationen drei bis vier Monate

Weitere Informationen: BDA | Bundesvereinigung der Deutschen Arbeitgeberverbände www.arbeitgeber.de > Über uns > Karriere

Arbeitgeberverbände und Gewerkschaften führen den Auftrag des Grundgesetzes aus, die Arbeits- und Wirtschaftsbedingungen zu gestalten (Art. 9 Abs. 3 GG). Das Aufgabengebiet könnte dabei vielseitiger nicht sein. Natürlich gehört der Kontakt mit den verschiedensten Mitgliedern zur Tagesordnung. Besonders gängig ist es, E-Mail-Anfragen von den Mitgliedsunternehmen zu verschiedenen arbeitsrechtlichen Fragestellungen zu beantworten, sowohl im Hinblick auf das Individual- als auch auf das Kollektivarbeitsrecht. Für reibungslose Abläufe sind Absprachen mit Kolleg:innen und Vorgesetzten angedacht. Daraus ergeben sich unter anderem auch die Tagesaufgaben. Außerdem werden gemeinsam mit Kolleg:innen Schulungen für Personalverantwortliche aus den Mitgliedsunternehmen gehalten, und man wird auch in Gerichtsprozesse eingebunden. Dafür müssen anfangs Schriftsätze vorbereitet werden und letztendlich übernimmt man dann auch die Prozessvertretung für die Unternehmen. Auch das Verfassen von Newslettern und Rundschreiben an Mitgliedsunternehmen, die Vorbereitung politischer Gespräche und Stellungnahmen zu aktuellen Themen gehören dazu. Dabei gibt es unterschiedlich organisierte Verbände wie Regionalverbände oder Fachverbände auf Landesebene. Hier unterscheiden sich die Tätigkeiten ein wenig.

Tätigkeit in regionalen oder Fachverbänden

Bei den regionalen Verbänden steht die umfassende juristische Beratung und Vertretung der Mitglieder im Vordergrund. In Rundschreiben werden die Personalabteilungen über neueste Änderungen in der Gesetzgebung oder Rechtsprechung informiert. Die Herausforderung liegt in der praxisnahen und verständlichen Sprache, die auch von Leser:innen ohne juristische Vorbildung verstanden werden muss. Bei Problemen mit den Beschäftigten werden die Verbände häufig um Rat gefragt. So werden sie vielfach auch als Berater bei Verhandlungen eines Interessenausgleichs tätig, oder sie vertreten ihre Mitglieder bei rechtlichen Auseinandersetzungen vor den Arbeits- und Sozialgerichten. Auch Schulungen werden angeboten, um die neusten Rechtsprechungen entweder per Webinar oder Präsenz-Seminar den Mitgliedern zugänglich zu machen.

Bei den Fachverbänden auf Landes- oder Bundesebene stehen rechtliche Grundsatzfragen sowie die Vorbereitung von Tarifvertragsverhandlungen und die Umsetzung der Ergebnisse im Vordergrund. Je nach Komplexität müssen ergänzend zu den Vertragsinformationen umfangreiche Kommentierungen ausgearbeitet und Schulungen durchgeführt werden. In tariflichen Eingruppierungsfragen arbeiten die Jurist:innen eng mit den Betriebsleiter:innen und Verbandsingenieur:innen zusammen, um Arbeitnehmer:innen korrekt einzustufen. Im Zusammenwirken mit der BDA setzen sich die Jurist:innen der Bundesfachverbände und Landesvereinigungen dafür ein, die gesetzlichen Rahmenbedingungen für die Unternehmen zu verbessern.

Wer nach einer außergewöhnlichen Tätigkeit abseits der klassischen juristischen Pfade als Richter:in im Staatsdienst oder Anwältin bzw. Anwalt in einer Kanzlei sucht, wird hier fündig. Die perfekte Kombination aus Politik und Jura ist spannend und abwechslungsreich. Verbandsjurist:innen beschäftigen sich sowohl mit der Legislativen und Exekutiven als auch im Speziellen mit Arbeits- und Sozialrecht. Der politische Teil kommt gerade bei Landes- oder Spitzenverbänden wie der BDA vor: Hier geht es dann beispielsweise um Stellungnahmen zu politischen und wirtschaftlichen Entwicklungen. Der tägliche Kontakt zu verschiedenen Mitgliedsunternehmen unterschiedlicher Größe bringt immer wieder neue Fragestellungen mit sich, die auch über das rein Juristische hinausgehen. Es kommen immer neue Herausforderungen dazu und genau das macht den Beruf als Verbandsjurist:in abwechslungsreich und spannend.

Welche Eigenschaften sollten Verbandsjurist:innen haben?

Grundvoraussetzung ist ganz klar: der Spaß am juristischen Tätigkeitsfeld. Durch das breit aufgestellte Aufgabenspektrum ist Flexibilität hier das absolute A und O. Von dem Verbandsjurist:innen wird sowohl eine hohe fachliche Kompetenz als auch eine hohe Lösungs- und Gestaltungskompetenz jenseits des rein Juristischen erwartet. Manchmal geht es auch darum, in der Öffentlichkeit für betriebliche Maßnahmen zu werben bzw. die Haltung der Arbeitgeber zu bestimmten rechtspolitischen Fragestellungen zu begründen. Im Verband ist man stets Teamplayer: Um dem Mitglied die beste Lösung anbieten zu können, stimmen sich die Jurist:innen mit den relevanten Fachleuten in den Verbänden ab. Manchmal sind die Probleme so komplex, dass mehrere Verbände mit ihren jeweiligen Kompetenzen zusammenarbeiten.

Jurist:in in einem Versicherungskonzern

von Melanie Buhtz und Dr. Joachim Ziegler

Formale Voraussetzungen: Volljurist:in mit Prädikatsexamen, Promotion und/ oder LL.M. von Vorteil

Persönliche Qualifikation: ausgeprägte analytische Fähigkeiten, Problemlösungskompetenz, Kommunikationstalent, leistungs- und zielorientierte Arbeitsweise, zusätzliche juristische Fachsprachenkenntnisse in Englisch

Einstiegsgehalt: abhängig von Examensnote, Vorqualifikation und Einsatzgebiet; teilweise zzgl. betrieblicher Altersvorsorge, speziellen Versicherungsleistungen und Mitarbeiter-Aktienprogramm

Aufstiegsmöglichkeiten: Fach- oder Führungskarriere möglich

Besonderheiten: vielfältige Entwicklungs- und Qualifizierungsangebote, internationale Aufgaben und Einsatzmöglichkeiten, flexible Arbeitszeiten, gute Vereinbarkeit von Beruf und Familie

Die Einstiegsmöglichkeiten für Juristinnen und Juristen in einem Versicherungskonzern sind vielfältig. Ob in der Rechtsabteilung, dem Bereich Personal oder den operativen Einheiten – juristischer Rat ist gefragt. Die juristische Ausbildung ermöglicht indes auch eine Tätigkeit abseits der klassischen juristischen Pfade. Analytischer Sachverstand ist beim Führungskräftenachwuchs eine gefragte Kompetenz.

Tätigkeit als Versicherungsjurist:in

Die Hauptaufgaben von Versicherungsjurist:innen liegen in der Bearbeitung von Rechtsstreitigkeiten. Dies beinhaltet die Vorbereitung von Gerichtsprozessen und die Verhandlung mit Anwältinnen und Anwälten. Intern stehen Versicherungsjurist:innen bei juristischen Fragen mit Rat und Tat zur Seite. Gibt es Neuerungen in der Rechtsprechung, die für das Unternehmen relevant sind, sondieren sie die Auswirkungen für das Unternehmen und bereiten Entscheidungsvorlagen für den Vorstand vor. Kommt es zu einer Entscheidung von rechtlicher Tragweite, zeichnen sie zudem für die Umsetzung verantwortlich. Aber auch für die Fachabteilungen sind sie wichtige Ansprechpartner:innen: Sie erarbeiten Verträge und schlagen Vorgehensweisen und Antworten vor.

Der Reiz der Tätigkeit liegt in der Vielfältigkeit. Fragen, die an einen herangetragen werden, tangieren fast alle großen Rechtsgebiete – vom allgemeinen Zivilrecht bei Fragen zum Vertragsschluss über das öffentliche Recht bis hin zum Strafrecht bei Versicherungsbetrug. Langeweile und Routine treten nicht auf, da man sich immer wieder in neue Rechtsgebiete einarbeiten muss. Besonders hervorzuheben ist auch die konzeptionelle Arbeit an neuen Produkten. Dies erfordert Kreativität und juristischen Sachverstand zugleich. Spannend sind die Gerichtstermine – gemeinsam mit den Rechtsanwält:innen nehmen die Jurist:innen hier zu unternehmensinternen Prozessen und Abläufen Stellung. Anders als im Studium heißt es nun, schnelle, praktikable und dennoch juristisch saubere Lösungen zu präsentieren. Es ist eine große Herausforderung, die tägliche Arbeit an Fällen, die Teilnahme an Projektsitzungen und die regelmäßigen Telefonkonferenzen unter einen Hut zu bringen. Daher ist es für Versicherungsjurist:innen wichtig, Prioritäten zu setzen und einen klaren Kopf zu bewahren.

Voraussetzungen

Besonders gute Chancen haben Studierende, die sich bereits in Studium oder Referendariat mit dem Versicherungs- und Versicherungsaufsichtsrecht beschäftigt haben. Auch die Teilnahme am Fachanwaltslehrgang Versicherungsrecht wird gern gesehen. Darüber hinaus sind – gerade in einem international tätigen Unternehmen – englische Fachsprachenkenntnisse erforderlich, beispielsweise um Telefonkonferenzen, Schriftwechsel und Präsentationen in englischer Sprache zu bestreiten.

Jurist:in als Vorstandsassistent:in und Führungskraft im Vertrieb

Einstieg als Vorstandsassistent:in

Der Einstieg als Vorstandsassistent:in bietet Absolvent:innen mit Schwerpunktinteresse in der Betriebswirtschaft eine spannende Herausforderung im direkten Kontakt mit dem Topmanagement. Zu den Hauptaufgaben von Assistent:innen gehört die Unterstützung des jeweiligen Vorstandsmitglieds – je nach Ressort in unterschiedlicher Ausprägung. Dies beinhaltet etwa, finanzielle Analysen zu Unternehmensbereichen und lokalen Organisationseinheiten zu erstellen, die strategische Planung zu begleiten, Vorstandspräsentationen und Entscheidungsvorlagen zu entwerfen sowie Analysten-und Investorenmeetings vorzubereiten. Neben diesem Tagesgeschäft besteht die Möglichkeit, an Projekten aktiv mitzuwirken, die bei einem internationalen Konzern oftmals weltweit aufgesetzt sind.

Erste Führungsfunktion im Vertrieb

Im Anschluss an die Assistentenzeit, die in der Regel eineinhalb bis zwei Jahre dauert, stehen zahlreiche Möglichkeiten offen. Eine attraktive Option, die ein aktives Gestalten an der operativen Basis ermöglicht, ist der Vertrieb. Als Vertreterbereichsleitung ist man beispielsweise für ca. 20 bis 30 Agent:innen sowie weitere angestellte Mitarbeiter:innen verantwortlich. Neben dem Erreichen der Vertriebsziele steht in dieser Funktion der unternehmerische Ausbau der Vertriebsstruktur im Mittelpunkt: Konzeption und Umsetzung von neuen Vertriebsansätzen, Qualifizierung und Coaching der Vertriebsmannschaft, Neugründung und Beratung von Agenturen etwa bzgl. der digitalen Transformation, Personal-Recruiting und Personalentwicklung sowie Umsetzung der Konzernstrategie. Herausforderung und besonderer Reiz gleichermaßen liegen darin, dass Vertreterbereichsleiter:innen nur mit und durch ihre Vertriebsmannschaft erfolgreich sein können. Fachwissen alleine genügt nicht, sondern muss begleitet werden von Führungskompetenz.

Der weitere Karrierepfad kann im Vertrieb liegen und zusätzliche Personal- und Umsatzverantwortung bedeuten. Die Karriere kann aber auch in einen anderen Bereich des Konzerns im Inland oder gar zu einer ausländischen Tochtergesellschaft führen.

Jurist:in im Verlagswesen

von Gundula Müller-Frank

Formale Voraussetzungen: überdurchschnittliche Examina, universitäre Lehrstuhltätigkeit und/oder Promotion sind vorteilhaft

Persönliche Qualifikation: Organisations- und Kommunikationstalent, sicheres Rechts- und Sprachgefühl, ökonomisches und technisches Verständnis

Einstiegsgehalt: sehr individuell, stark abhängig von formaler und persönlicher Qualifikation sowie Berufserfahrung

Aufstiegsmöglichkeiten: sehr individuell, je nach Unternehmensgröße und -struktur (z. B. Schriftleiter:in, Programmbereichsleiter:in)

Besonderheiten: kaum klassisch rechtsanwendende oder -beratende Tätigkeit, viele betriebswirtschaftliche und technische Querschnittsaufgaben

Die Faszination der Tätigkeit in einem juristischen Fachverlag besteht darin, an der Planung, Entwicklung und Realisierung von Arbeitsmitteln mitzuwirken, die Juristinnen und Juristen jeglicher Couleur täglich verwenden. Ob klassische Printformate oder moderne Online-Medien – beim Fachverlag und seinen juristischen Mitarbeitenden laufen alle Fäden zusammen, um Fachwissen für Rechtsanwender:innen nutzbar zu machen. Reizvoll ist zudem, dass man regelmäßig mit namhaften Autor:innen zusammenarbeitet, die sich aus allen juristischen Bereichen rekrutieren.

Lektor:innen und Redakteur:innen als juristische Content-Manager

Die Tätigkeit als Jurist:in im Fachverlag lässt sich grob aufgliedern in das Buchlektorat und die Zeitschriftenredaktion, wobei die Grenzen herkömmlicher Berufsbilder angesichts der wachsenden Bedeutung des digitalen Umfelds heute vielfach durchlässig sind. Daher sind die Bezeichnungen Lektor:in bzw. Redakteur:in ein wenig irreführend, treffender wäre Produkt- oder Content-Manager. Lektor:innen steuern den gesamten Entstehungs- und Entwicklungsprozess eines Buchtitels – vom ersten Konzept bis hin zu den Neuauflagen. Die dabei anfallenden Aufgaben sind breit gefächert, sie umfassen z. B. die Konzeption neuer und die Fortentwicklung bestehender Werke, die Akquise von Autor:innen, die Planung und Durchführung von Autorenkonferenzen sowie die Ausarbeitung von Verlagsverträgen. Außerdem stellen sich viele abteilungsübergreifende Aufgaben, die stark betriebswirtschaftlich geprägt sind (z. B. im Marketing und im Vertrieb). Stets gilt es, die ökonomische Seite der Produkte im Auge zu behalten: Faktoren wie Druckauflage und Verkaufspreis entscheiden zusammen mit den Absatzzahlen darüber, ob ein Titel auch kommerziell erfolgreich ist – schließlich ist ein Fachverlag ein Wirtschaftsunternehmen. Neben alldem sind umfangreiche Manuskripte zu bearbeiten, wobei Lektor:innen gleichsam als „Testleser:innen" fungieren. Hierbei geht es weniger um fachliche Feinheiten, sondern zuvörderst um einen aktuellen, nachvollziehbar gegliederten, inhaltlich kohärenten und sprachlich einwandfreien Text. Lektor:innen agieren stets am juristischen Puls der Zeit und sollten die einschlägige Rechtsprechung und Literatur ebenso kennen wie relevante

Gesetzgebungsverfahren. Angesichts einer mitunter langen Zeitspanne von der ersten Planung bis zum Erscheinen eines Werks und den regelmäßig vielköpfigen Autorenteams sollten sie zudem eine gute Koordinierungsfähigkeit mitbringen sowie in der Lage sein, zukünftige Rechtsentwicklungen vorausschauend einzuplanen.

Verglichen mit den längerfristigen Planungs- und Produktionszyklen im Lektorat verläuft die Tätigkeit in der Redaktion einer juristischen Fachzeitschrift wesentlich schnelllebiger. Zwar geht es auch hier vor allem um die inhaltliche und administrative Gesamtkoordination, die Beitragsakquise und das Redigieren von Aufsatzmanuskripten - dies allerdings vor dem Hintergrund fester Redaktions- und Publikationstermine. Abhängig vom Erscheinungsrhythmus der Zeitschrift - monatlich, 14-täglich oder gar wöchentlich - entsteht eine hohe Arbeitstaktung. Neben die Abwicklung des operativen Tagesgeschäfts tritt bei Periodika vor allem das Erfordernis, ein Gespür für aktuelle und zukünftige Themen und Trends zu entwickeln.

Digitalisierung und Crossmedialität
Die Verlagsbranche agiert in einem sich stark ausdifferenzierenden Produktumfeld, das im Fachmedienbereich längst nicht mehr nur Print-, sondern auch vielfältige digitale Medienformate umfasst. Die Nutzungsgewohnheiten der Zielgruppen verändern sich rasch und werden durch neue Technologien beeinflusst (z. B. Legal Tech). Daher sind - auch von den im Verlag tätigen Jurist:innen - regelmäßig Ideen zur strategischen Ausrichtung, crossmedialen Weiterentwicklung und zielgruppenorientierten Vermarktung der Verlagsprodukte gefragt, die zunehmend als reine Online-Angebote konzipiert sind. Dies erfordert ein hohes Maß an Kreativität und technischem Verständnis für die medienneutrale Aufbereitung des juristischen Contents, sowohl im eigenen Unternehmen als auch in Zusammenarbeit mit externen Kooperationspartnern.

Fazit
Die Tätigkeit in einem juristischen Fachverlag hält eine breite Palette an juristischen, betriebswirtschaftlichen und technischen Aufgaben bereit. Wer Vorstellungen von einem beschaulichen Dasein als Korrekturleser:in hegt, liegt falsch: Eine enge terminliche Taktung im Zeitschriftengeschäft, hohe koordinatorische Anforderungen im Buchlektorat und zahlreiche begleitende Querschnittsaufgaben verlangen dem juristischen Mitarbeitenden vielseitige Fähigkeiten ab. Als Jurist:in im Fachverlag sitzt man auch keineswegs im stillen Kämmerlein: Ein wichtiger Teil der Arbeit ist die ständige Kommunikation mit den Autor:innen, die ein wesentliches Kapital jedes Verlags sind. Hinzuweisen ist jedoch darauf, dass im Fachverlag kaum genuin juristische, d. h. rechtsanwendende oder -beratende Tätigkeiten gefragt sind. Nach einer gewissen Tätigkeitsdauer im Verlag erscheint daher der Wechsel bzw. die Rückkehr in einen klassischen juristischen Beruf nicht unproblematisch. Die Vergütung bleibt hinter den in großen Kanzleien und Unternehmen gezahlten Salären zurück, im Gegenzug winken flexible Arbeitszeiten und eine verträgliche Work-Life-Balance.

Mediation – clevere Konfliktlösung mit Perspektive

von Dr. Stefan Tüngler und Dr. Robert Germund

Mediation (lat. „mediare") bedeutet vermitteln. Mediator:innen unterstützen die Parteien bei der Suche nach einer für beide Seiten akzeptablen Lösung, wobei sie – anders als Richter:innen – grundsätzlich weder Entscheidungsgewalt haben, noch konkrete Lösungsvorschläge unterbreiten dürfen. Ihnen obliegt die moderierende Begleitung der Verhandlungen zwischen den Parteien, um diese an die selbstständige Entwicklung von Lösungsansätzen heranzuführen.

Was kennzeichnet ein Mediationsverfahren?

Mediationsverfahren zeichnen sich durch ihre (a) Freiwilligkeit, (b) Strukturiertheit und (c) Vertraulichkeit aus.

a. Mediationsverfahren sind freiwillig. Genauso wie die Parteien allein darüber entscheiden, ob sie ein solches Verfahren überhaupt durchführen wollen, steht es ihnen jederzeit frei, es wieder zu beenden. Auch die Rahmenbedingungen werden von den Parteien selbst festgelegt. Jedes Mediationsverfahren beginnt mit dem Abschluss einer (privatrechtlichen) Mediationsvereinbarung, die den zeitlichen Ablauf ebenso regeln kann wie die Art der Verhandlungsführung durch die Mediator:innen, einen möglichen Schlichtungsspruch, die Hemmung laufender Verjährungsfristen und nicht zuletzt die Vergütung der Mediator:innen.

b. Mediationsverfahren haben eine klare Struktur. Die Mediation beginnt mit einer Schilderung des Konflikts durch beide Parteien. Anschließend geht es um die Ermittlung der hinter diesem Konflikt stehenden Interessen und Beweggründe der Parteien. Alsdann erfolgt eine Analyse und Bewertung dieser Interessen vor dem Hintergrund des in Rede stehenden Konflikts. Die Mediation schließt mit der Zusammenfassung der entwickelten Lösungsmöglichkeiten, teilweise in der Form eines Vergleichsvertrags.

c. Mediationsverfahren beruhen auf Vertraulichkeit. Die von den Mediator:innen und von den in das Mediationsverfahren eingebundenen Personen erlangten Informationen müssen – auch im Falle eines späteren Gerichtsverfahrens – vertraulich behandelt werden.

Das Tätigkeitsfeld von Mediator:innen

Das Tätigkeitsfeld von Mediator:innen ist vielschichtig. Zum einen gibt es kaum einen Wirtschaftsbereich, in dem Auseinandersetzungen einer Mediation nicht zugänglich sind. Zum anderen steht im Vordergrund eines Mediationsverfahrens nicht – wie in herkömmlichen Streitverfahren – die Beantwortung von Schuld- und Beweisfragen in Bezug auf einen abgeschlossenen Sachverhalt, sondern der Blick wird in die Zukunft gerichtet: Was wollen die Parteien künftig erreichen? Wem sind welche Punkte besonders wichtig, welche weniger? Welche Lösungsansätze kommen in Betracht? Mediator:innen motivieren dabei zur unbefangenen Ideensammlung, genauso wie sie zur realistischen Einschätzung des Ausgangs eines alternativ denkbaren Gerichtsverfahrens mahnen.

Außerdem müssen sie bei den Parteien das Interesse an der Entwicklung einer ebenso kreativen wie zielführenden Lösung wecken und durch eine führende und lenkende Begleitung der Gespräche zwischen den Parteien diese bei der eigenständigen Suche nach Einigungsmöglichkeiten unterstützen.

Durch die Tätigkeit als Mediator:innen können die Anwält:innen daher die juristischen Kenntnisse um psychologische Fertigkeiten, insbesondere um spezielle Kommunikationstechniken, ergänzen. Sie können individuell auf den konkreten Konflikt und die jeweiligen Konfliktparteien eingehen, sodass die Tätigkeit ebenso kreativ wie abwechslungsreich ist. Im Idealfall gelingt es, den Blick der Parteien auf die Planung der künftigen Zusammenarbeit zu lenken, sodass die Beziehung zwischen ihnen nach Abschluss der Mediation noch gestärkt wird. Selbst wer die Mühen einer Mediationsausbildung auf sich genommen hat, später dann aber doch in einem ganz anderen Bereich tätig ist, wird vielfach auf die im Rahmen der Ausbildung gewonnenen Kenntnisse zu Verhandlungsstrategien und -techniken zurückgreifen können.

Warum ist die Mediation noch nicht so verbreitet?

In vielen Fällen besteht die Schwierigkeit weniger in der Durchführung des eigentlichen Mediationsverfahrens, als vielmehr darin, die Parteien an ein solches Verfahren überhaupt erst heranzuführen. Dabei geht es zunächst ganz allgemein darum, Mediationsverfahren als Alternative zu Gerichtsverfahren stärker in den Blickpunkt der Öffentlichkeit zu rücken. Im konkreten Konflikt muss es den Anwält:innen darüber hinaus aber auch gelingen, die regelmäßig konfrontative Ausgangslage so zu entschärfen, dass eine kooperative Arbeitsatmosphäre entsteht. Erleichtert wird dies in Fällen der Co-Mediation. Co-Mediation bedeutet, dass die Mediationsverhandlung von zwei Mediator:innen geführt wird. Der Vorteil eines solchen Verfahrens liegt darin, dass sich die Mediator:innen hinsichtlich ihrer persönlichen und fachlichen Eigenschaften ergänzen und auf diese Weise gemeinsam das Vertrauen der Parteien gewinnen können.

Hinzu kommt, dass keinesfalls jeder Konflikt für ein Mediationsverfahren geeignet ist. Insbesondere bei nur flüchtigen geschäftlichen Kontakten ist ein Mediationsverfahren häufig zu aufwendig. Ebenso bleiben nicht verhandelbare Bereiche hoheitlichen Handelns – wie etwa das Steuerrecht – einer mediativen Konfliktlösung verschlossen.

Schließlich stellt die Mediation auch eine Herausforderung für die Mediator:innen dar. Sie dürfen Argumente grundsätzlich nicht selbst bewerten und den Parteien nicht die von ihnen bevorzugte Lösung aufdrängen, sondern müssen diese inhaltlich selbstständig handeln lassen. Die Schwierigkeit besteht somit darin, Distanz zu wahren und auf die Einhaltung des Verfahrensgerüsts zu achten. Das fällt Anwält:innen, die als unabhängiges Organ der Rechtspflege vornehmlich als Parteivertreter:innen agieren, nicht immer leicht.

Co-Mediation: Chance zur fächerübergreifenden Zusammenarbeit

Die steigende Komplexität der Konflikte stellt hohe Anforderungen an Kenntnisse und Fähigkeiten der Mediator:innen. Die fächerübergreifende Kooperation, das heißt eine Zusammenarbeit von Mediator:innen ungleicher Grundberufe, wird immer bedeutsamer. Diese Zusammenarbeit wiederum ermöglicht die Nutzung von Synergiepotenzialen.

Zugleich erfordert die erfolgreiche mediative Konfliktbewältigung neben der theoretischen Vertrautheit mit den Arbeitsweisen von Mediator:innen praktische Erfahrungen. Diese können auch in Form einer Co-Mediation durch die Zusammenarbeit von erfahrenen Mediator:innen mit Ausbildungskandidat:innen erworben werden.

Wenn in Deutschland auch mit dem Begriff der Co-Mediation weder ein feststehendes noch ein einheitliches Tätigkeitsbild verbunden ist, so zeigt sich dennoch, dass sich auch in Mediationsverfahren spannende und herausfordernde Aufgaben an der Schnittstelle von Recht und verbundenen Disziplinen ergeben.

Ausbildung

Die Ausbildung zur Mediatorin oder zum Mediator ist gesetzlich nicht geregelt. Das Mediationsgesetz beschränkt sich auf die Pflicht der Mediator:innen, in eigener Verantwortung durch geeignete Ausbildung und regelmäßige Fortbildung sicherzustellen, dass sie über die theoretischen Kenntnisse und praktischen Erfahrungen verfügen, um die Parteien sachkundig durch eine Mediation zu führen. Für zertifizierte Mediator:innen werden strengere, in einer separaten Rechtsverordnung mittlerweile festgelegte Anforderungen gelten (Verordnung über die Aus- und Fortbildung zertifizierter Mediatoren/ZMediatAusbV). Für Rechtsanwält:innen gilt die Reglementierung des § 7a BORA. Hiernach darf sich als Mediator:in nur bezeichnen, wer durch geeignete Ausbildung nachweisen kann, dass er oder sie die Grundsätze des Mediationsverfahrens beherrscht.

Fazit

Mediation ist mehr als ein unkonventionelles Streitbeilegungsverfahren. Sie kann eine gewinnbringende Alternative zu traditionellen Gerichtsverfahren sein, weil sie die Parteien stärker einbezieht und den Schwerpunkt der Konfliktlösung auf die Gestaltung der Zukunft legt. Zwar ist die Mediation kein Allheilmittel für jeden Konflikt, allerdings räumt sie den Konfliktparteien in geeigneten Fällen eine zusätzliche Möglichkeit zur Konfliktbereinigung ein. Für Jurist:innen ist die Mediation ein weites Betätigungsfeld, das ihnen vielseitige Perspektiven bietet.

2. Studium und fachspezifische Ausbildung

Die Weichen stellen – Studienplanung für die spätere Karriere

von Nicole Beyersdorfer, Veris-Pascal Heintz und Dr. Julius Neuberger

Schwerpunktsetzung im Studium

Wann und nach welchen Kriterien sollte die Schwerpunktsetzung erfolgen?
Hinsichtlich der Schwerpunktsetzung im Studium sollten sich Studierende zu Beginn keinem Druck aussetzen. In den ersten Semestern ist es wichtig, sich einen guten Überblick zu verschaffen und das juristische Handwerkszeug zu erlernen. So kann man einerseits herausfinden, wo die eigenen Interessen und Stärken liegen. Andererseits ist es auch für die juristische Ausbildung sinnvoll, das Studium breit gefächert zu beginnen. Ein umfassendes Wissen hilft später, Details richtig einzuordnen und Zusammenhänge zu erkennen. Im weiteren Verlauf des Studiums erfordern die Studienordnungen der verschiedenen Bundesländer ohnehin eine stärkere Spezialisierung, als dies in der Vergangenheit der Fall war.

Die universitären Schwerpunktbereiche reichen dabei vom Arbeitsrecht bis zum Zivilverfahrensrecht. Je nachdem, an welcher Universität man studiert, können die Auswahlmöglichkeiten allerdings stark variieren. Besonders beliebt sind Schwerpunktbereiche, die unternehmensrechtliche Fragestellungen abdecken, da hier eine Spezialisierung insbesondere von Großkanzleien und Verbänden gerne gesehen wird. In erster Linie sollte die Wahl des Schwerpunktbereichs nach den eigenen Stärken und Interessen getroffen werden. Das Prüfungsergebnis des „Schwerpunktexamens“ fließt nämlich in die Gesamtnote der Ersten Juristischen Prüfung ein – insofern will die Entscheidung wohlüberlegt sein und sollte sich an den größtmöglichen Erfolgschancen orientieren. Es empfiehlt sich deshalb, vor der Wahl des Schwerpunktbereichs (auch) einen Blick in die Notenstatistiken der letzten Jahre zu werfen.

Welchen Einfluss hat die Schwerpunktsetzung auf den späteren Berufseinstieg?
Es ist hilfreich, den Schwerpunkt schon in dem Bereich gesetzt zu haben, in dem man später praktizieren möchte. Bewusst gesetzte Schwerpunkte können ein echtes Interesse vermitteln und im Bewerbungsprozess von Vorteil sein. Diese Aspekte sollten aber nicht überschätzt werden: Keinesfalls sollten Absolvent:innen sich davon abhalten lassen, sich für einen bestimmten sie interessierenden Bereich zu bewerben, nur weil der Schwerpunkt bisher in einem anderen Gebiet gesetzt wurde.

Meist achten Großkanzleien bei der Auswahl der Bewerber:innen darauf, dass diese juristisch hoch qualifiziert sind und sich für die Tätigkeit in einer internationalen Wirtschaftskanzlei eignen. Sind diese Voraussetzungen erfüllt, wird davon ausgegangen, dass die Kandidat:innen auch eine entsprechend schnelle Auffassungsgabe besitzen, die ihnen die zügige Einarbeitung in unbekannte Rechtsfragen ohne Weiteres ermöglicht. Absolvent:innen legen sich daher durch die Schwerpunktsetzung nicht bezüglich eines späteren Berufseinstiegs fest. Eine Orientierung am Schwerpunktfach kann Absolvent:innen allerdings den Berufseinstieg erleichtern – auch, weil sie gerade durch Praktika ein Gefühl dafür entwickeln können, ob ihnen die spätere Tätigkeit, das Rechtsgebiet und das Umfeld liegen. Ob und inwieweit eine Schwerpunktsetzung

Einfluss auf den späteren Berufseinstieg hat, bemisst sich aber überwiegend nach den Ergebnissen in den beiden Staatsexamen. An Bedeutung gewinnt die Schwerpunktsetzung nämlich dann, wenn die Staatsexamen mit niedrigeren Punktzahlen bestanden werden.

Die Bedeutung der Studienleistungen

Welche Bedeutung kommt dem Ergebnis im Ersten und Zweiten Staatsexamen zu?

Dass der Note des Ersten und Zweiten Staatsexamens nur eine untergeordnete Bedeutung zukommt, trifft – im Gegensatz zu anderen Studienfächern – nicht zu. Klar ist aber auch, dass unter Jurist:innen aus der Bewertung nach Noten kein Geheimnis gemacht wird. Der Staat hat bezüglich der Berücksichtigung anderer Kriterien schon aus rechtlichen Gründen nur einen eingeschränkten Spielraum. Aber auch große Kanzleien haben festgelegte Leitlinien, von denen – wenn überhaupt – nur in Ausnahmefällen abgewichen wird. Ob eine solche formale Bewertung jedem Einzelfall gerecht wird, sei dahingestellt. Jedenfalls werden Absolvent:innen von der Erkenntnis, dass gute Noten in den Examina Türen öffnen können, nicht überrascht sein. Zu beachten ist zudem, dass Großkanzleien der Note im staatlichen Teil der Prüfung besonderes Gewicht beimessen. Liegt das Ergebnis im staatlichen Teil deutlich unter der Prädikatsnote, wird das Anforderungsprofil der Großkanzleien häufig nicht erfüllt. Studierende sollten den Schwerpunkt ihrer Vorbereitung daher auf den staatlichen Prüfungsteil legen. Wer hier ein solides Ergebnis erzielt, hat in größeren Kanzleien gute Chancen.

Welche Chancen eröffnet ein vollbefriedigendes Examen?

Für einige Berufsbilder sind Prädikatsexamina nahezu eine zwingende Voraussetzung. Kleinere Ausreißer nach unten können mitunter durch Zusatzqualifikationen ausgeglichen werden. Da die Zahl derer, die beide Staatsexamina mit Prädikat bestehen, verhältnismäßig gering ist, haben Berufseinsteiger:innen mit zwei Prädikatsexamina in aller Regel vielfältige Möglichkeiten. Mit zwei Prädikatsexamina steht ihnen der Weg in Kanzleien jeglicher Größe, zu Gerichten und Staatsanwaltschaft oder auch in Unternehmensberatungen offen. Gleichwohl sind gute Staatsexamina nur eine notwendige, aber noch keine hinreichende Voraussetzung für einen erfolgreichen Einstieg in diese Berufsfelder. Bewerber:innen sollten insofern darauf achten, nicht allein aufgrund ihrer guten Examina zu selbstsicher aufzutreten. Im Bewerbungsprozess wird man sich allein durch gute Examina nicht mehr abheben können, da die Mehrzahl der Kandidat:innen diese Voraussetzung erfüllt.

Welche Möglichkeiten haben Absolvent:innen mit niedrigeren Punktzahlen?

Auch Absolvent:innen mit niedrigeren Punktzahlen stehen viele Wege offen. Zunächst haben mittelgroße und kleinere Kanzleien in der Regel weniger strenge Maßstäbe. Wichtiger kann es hier sein, im persönlichen Gespräch einen guten Eindruck zu hinterlassen und Interesse am jeweiligen Fachgebiet zu haben. Deshalb sollte der Lebenslauf auch bereits ein Interesse für das Fachgebiet, in dem man sich bewirbt, erkennen lassen. Eine entsprechende Schwerpunktsetzung, insbesondere in „Nischengebieten" (z. B. Steuer- oder Urheberrecht), ist für Absolvent:innen ohne Prädikatsexamen von größerer Bedeutung und kann letztlich ein ernstzunehmender „Türöffner" sein. Weniger zufriedenstellende Noten können zudem durch Zusatzqualifikationen, etwa eine

Promotion, eine Fachanwaltschaft oder einen LL.M. (Master of Laws), ausgeglichen werden. Allerdings sollte man diese Möglichkeit nicht überschätzen: Sowohl größere Kanzleien als auch der Staat rechnen solche Zusatzqualifikationen – wenn überhaupt – nur in geringem Umfang auf die Note an.

Wie bereite ich mich am besten auf die Erste Juristische Prüfung vor?

In der Examensvorbereitung stellt sich die Frage, ob man ein Repetitorium besuchen sollte. Ein Repetitorium gibt in der Vorbereitung im Wesentlichen Sicherheit. Durch das Durchlaufen des Programms ist garantiert, dass man im vorgesehenen Zeitraum sämtliche examensrelevanten Bereiche einmal behandelt hat, ohne sich in Details zu verlieren und so in Verzug zu geraten. Zudem werden oft hilfreiche Tipps zu Klausur- und Lerntechnik gegeben. Selbstverständlich kann das Repetitorium jedoch das eigentliche Lernen nur ergänzen. Der gesamte Stoff muss unter Berücksichtigung der individuellen Stärken und Schwächen verinnerlicht werden. Entscheidet man sich für ein Repetitorium, sollte man sich Zeit für die Wahl des richtigen Repetitors nehmen. Es gibt sowohl gute universitäre als auch kommerzielle Anbieter. Es empfiehlt sich, durch Probehören herauszufinden, welches Programm den eigenen Lerngewohnheiten am besten Rechnung trägt.

Neben dem Einstudieren des Prüfungsstoffs sollten Übungsklausuren nicht zu kurz kommen. Das schafft Routine sowohl in Aufbaufragen als auch im Anwenden des Gutachtenstils und schärft das Bewusstsein für eine sinnvolle Zeiteinteilung in der Klausur. Letzterer Punkt ist in der Prüfungssituation nicht zu unterschätzen. Mangelndes Zeitmanagement führt häufig dazu, dass in der Prüfung die Zeit davonläuft, bevor man seine Ausführungen beendet hat. Viele Prüfer:innen erwarten jedoch eine abgeschlossene, in sich stimmige Lösung. Dies trifft in der Ersten Juristischen Prüfung zu und gewinnt in der Zweiten Juristischen Staatsprüfung noch deutlich an Bedeutung. Daher ist es ratsam, möglichst viele Übungsklausuren unter Examensbedingungen zu schreiben und die vorgegebenen fünf Stunden tatsächlich einzuhalten. Zudem sollte sich das Klausurenschreiben nicht auf die Rechtsbereiche konzentrieren, die dem einzelnen Studierenden ohnehin gut liegen. Gerade in Gebieten, in denen noch Schwächen bestehen, sollte man sich um Routine bemühen, um in der Prüfungssituation nicht allzu leicht aus dem Konzept zu geraten.

Darüber hinaus haben sich Lerngruppen für viele Studierende und Referendar:innen als äußerst hilfreich erwiesen. Besonders in der fortgeschrittenen Phase der Examensvorbereitung bietet es sich an, das Erlernte in Diskussionen zu vertiefen. Indem verschiedene Ansätze zu Problemstellungen dargestellt, hinterfragt und diskutiert werden, ergibt sich ein tieferes Verständnis einzelner Rechtsfragen und größerer Zusammenhänge. Abgesehen davon bietet das Arbeiten in der Gruppe eine willkommene Abwechslung zu dem sonst recht monotonen Vor-sich-hin-Lernen.

Tipp: Rechtsprechungsübersichten

Erfahrungsgemäß lohnt es sich, einen Blick in die Rechtsprechungsübersichten zu werfen. Inzwischen gibt es zahlreiche Anbieter, welche die aktuellen Urteile für die Examensvorbereitung im Gutachtenstil aufbereiten und besprechen. Regelmäßiges Lesen dieser Formate vermittelt neben einem Überblick über die jüngste Rechtsprechung gleichzeitig ein besseres Gefühl für Aufbaufragen und das Verfassen gutachterlicher Klausuren. Es sei jedoch betont, dass das Schreiben von Übungsklausuren dadurch nicht ersetzt werden kann.

Praktische Arbeitserfahrung

Wie viele und wie lange Praktika sollten absolviert werden?
Praktika eignen sich nur sehr begrenzt, um Prüfungswissen für das Erste Staatsexamen zu erwerben. Wichtig sind sie jedoch, um Kontakte zu knüpfen und um herauszufinden, welches Fachgebiet und welche Art von beruflichem Umfeld den eigenen Wünschen und Stärken entspricht. Praktika eignen sich außerdem in beschränktem Umfang dafür, durch erste praktische Erfahrung den späteren Berufseinstieg zu erleichtern. Sowohl im Rahmen des Studiums als auch im Rahmen des Referendariats sind Praktika bzw. Stationen in verschiedenen Bereichen vorgesehen. Studierende und Referendar:innen sollten sich bemühen, diese ohnehin notwendige praktische Erfahrung sinnvoll zu sammeln, d.h. in Bereichen, in denen ein späterer Berufseinstieg vorstellbar erscheint. Wichtig ist in dem Zusammenhang, sich frühzeitig um Praktika zu bemühen, da beispielsweise Kanzleien und Botschaften vielfach lange Vorlaufzeiten für die Vergabe von Praktikumsplätzen haben. Soweit die Länge der Praktika nicht ohnehin durch die Studienordnung vorgeschrieben ist, sollten keine zu kurzen Zeiträume gewählt werden, da eine gewisse Dauer sinnvoll ist, um sich einzuarbeiten.

Wann und wo sollte praktische Erfahrung gesammelt werden?
Je später man den Zeitpunkt für ein Praktikum im Rahmen des Studiums wählt, desto mehr juristisches Fachwissen kann man einbringen und desto größer verspricht der fachliche Gewinn zu werden. Man sollte jedoch gleichzeitig darauf achten, dass die Praktika nicht zulasten der Examensvorbereitung gehen. Dementsprechend bieten sich Praktika während des Studiums zwischen dem dritten und dem sechsten Semester an. Während des Referendariats sind Dauer und Abfolge der Stationen in den allermeisten Bundesländern vorgegeben. Bei der letzten Station vor den Klausuren des Zweiten Staatsexamens ist es wichtig, dass eine effektive Prüfungsvorbereitung möglich bleibt. Die Vorbereitung auf die mündliche Prüfung kann erfahrungsgemäß auch gut während einer Referendarstation im Ausland erfolgen. Die Wahlstation ist für einen längeren Auslandsaufenthalt auch sonst ein günstiger Zeitpunkt: Kanzleien warten bei sehr guten Bewerber:innen kurz vor dem Berufseinstieg mit guten Angeboten auf, Fremdsprachenkenntnisse lassen sich nach der Examensvorbereitung auffrischen, und es fällt einem durch den Orts- und Umfeldwechsel leicht, während des Wartens auf die Klausurergebnisse Abstand zu gewinnen. Zu guter Letzt sollte man sich vor Augen führen, dass Auslandstätigkeiten für Jurist:innen eine Ausnahme bilden. Auch internationale Kanzleien bieten solche Auslandstätigkeiten zwar häufig in Form eines sogenannten Secondments für einen begrenzten Zeitraum an, dies allerdings zumeist erst nach einigen Jahren Berufstätigkeit. Insofern ist die Wahlstation eine hervorragende Gelegenheit, mit begrenztem Aufwand juristische Erfahrung im Ausland zu sammeln.

Wie findet man eine attraktive Praktikumsstelle?
Nahezu alle Arbeitgeber, die nach Abschluss der Ausbildung infrage kommen, bieten auch im Vorfeld die Möglichkeit, Praktika zu absolvieren. Dies gilt für Kanzleien, Gerichte, Staatsanwaltschaften, Rechtsabteilungen von Unternehmen, Unternehmensberatungen, aber auch für Botschaften und Behörden im Inland. Studierende und Referendar:innen können bei Praktikumsbörsen nach ausgeschriebenen Praktikumsplätzen suchen. Erfahrungsgemäß sind aber Initiativbewerbungen bei Kanzleien oder Unternehmen sinnvoller. Solche Initiativbewerbungen haben insbesondere den Vorteil, dass man sich gezielt für einen bestimmten Bereich und meist sogar bei einer bestimmten Person bewerben kann. Zudem muss man sich nicht gegen mehrere

Mitbewerber:innen durchsetzen, was der Fall ist, wenn die Stelle bereits ausgeschrieben ist. Eine Initiativbewerbung setzt allerdings voraus, dass man sich früh um einen Praktikumsplatz bewirbt. Hier sollte man mit Vorlaufzeiten von bis zu einem Jahr rechnen. Gute Gelegenheiten, einen interessanten Praktikumsplatz zu finden, ergeben sich auch bei Events wie dem e-fellows.net Karrieretag Jura (vgl. Seite 142).

Fremdsprachen

Wie wichtig sind Fremdsprachen für Jurist:innen?

Wie wichtig Fremdsprachen für Jurist:innen sind, hängt sehr stark von dem angestrebten Tätigkeitsfeld ab. Im Staatsdienst sind Fremdsprachen willkommen, jedoch im Rahmen der beruflichen Tätigkeit nach wie vor von eher untergeordneter Bedeutung, denn die Gerichts- und Amtssprache ist Deutsch. Auch in kleineren Kanzleien haben Rechtsanwält:innen vorwiegend mit deutschen Mandant:innen und nur verhältnismäßig selten mit grenzüberschreitenden Sachverhalten zu tun. Nichtsdestoweniger werden vor allem gute Englischkenntnisse vermehrt auch in kleineren, spezialisiert arbeitenden Kanzleien vorausgesetzt. Unerlässlich sind sie in großen Kanzleien. Sowohl für Telefonkonferenzen oder die Korrespondenz mit den Mandant:innen als auch für die Verträge sind sie in der Regel unverzichtbar. Das Fehlen sehr guter Englischkenntnisse stellt ein echtes Problem dar, denn Englischkenntnisse auf reinem Schulniveau sind für die anspruchsvolle Arbeit in vielen Fachbereichen nicht ausreichend. Eine gute Möglichkeit, sich die englische Rechtssprache anzueignen, bietet natürlich ein LL.M. im englischsprachigen Ausland. Wer ein solches LL.M.-Studium nicht plant, sollte während des Studiums versuchen, fachspezifische Englischkurse an der Universität zu besuchen und Praktika im Ausland zu absolvieren. Wie bereits erwähnt, bietet auch die Wahlstation eine gute Möglichkeit, vor dem Berufseinstieg die Sprachkenntnisse noch einmal zu verbessern.

Welche Fremdsprachen stellen eine sinnvolle Zusatzqualifikation dar?

Aus beruflicher Sicht ist Englisch eine Fremdsprache, deren Bedeutung keine andere Sprache auch nur annähernd erreicht. In Wirtschaftskanzleien hat sich Englisch für die grenzüberschreitende Kommunikation als gemeinsamer Nenner herausgebildet. Englisch wird jedoch nicht nur vorausgesetzt, weil die Korrespondenz mit ausländischen Mandant:innen und Kolleg:innen auf Englisch erfolgt. Teilweise werden auch Transaktionen mit deutschen Parteien in englischer Sprache dokumentiert, weil ausländische Investoren oder Banken am Rande beteiligt sind. Vor diesem Hintergrund ist Englisch in internationalen Kanzleien unerlässlich. Andere Fremdsprachen sind aus beruflicher Sicht dagegen keine notwendige, aber sicher eine stets willkommene Zusatzqualifikation. Und für die Arbeit in Kanzleien, die sich auf die Beratung von französisch- oder spanischsprachigen Mandant:innen spezialisiert haben, sind selbstredend entsprechende Fremdsprachenkenntnisse erforderlich.

Wie sollten Fremdsprachenkenntnisse nachgewiesen werden?

Fremdsprachenkenntnisse lassen sich in allererster Linie durch Auslandsaufenthalte nachweisen. Es muss, wie bereits erwähnt, nicht notwendigerweise ein LL.M. sein; der Nachweis sollte sich jedoch auch nicht in einem vierwöchigen Sprachkurs erschöpfen. Andere Nachweise wie TOEFL, Universitätskurse oder Leistungskurse belegen für sich genommen noch nicht ausreichend, dass der Absolvent oder die Absolvent:in die Fremdsprache beherrscht.

Wirtschaftswissenschaftliches Zusatzwissen

Wie wichtig ist wirtschaftswissenschaftliches Wissen?
Im Gegensatz zu Fremdsprachenkenntnissen und guten Examina werden wirtschaftswissenschaftliche Zusatzqualifikationen nicht zwingend vorausgesetzt. So gehen beispielsweise Unternehmensberatungen bei Jurist:innen (und anderen Berufseinsteiger:innen, die kein wirtschaftswissenschaftliches Studium absolviert haben) davon aus, dass sich wirtschaftswissenschaftliche Grundlagen in ein- bis zweiwöchigen Kursen vermitteln lassen. Wirtschaftliches Hintergrundwissen ist bei einer späteren Tätigkeit in einer Wirtschaftskanzlei jedoch wichtig. Für eine Vielzahl von Bereichen sind Grundkenntnisse der Rechnungslegung unverzichtbar. Als Jurist:in sollte man also keine Scheu haben, den Konzern- und Jahresabschluss eines Unternehmens verstehen und analysieren zu lernen. Ob weiteres Detailwissen erforderlich ist, hängt stark von dem Bereich ab, in dem man tätig ist. Generell kann man sagen, dass im wirtschaftsrechtlichen Bereich die Kenntnis der betriebswirtschaftlichen Grundlagen immer wichtiger wird. So erfordern z. B. komplexe Kaufpreisanpassungsklauseln in M&A-Transaktionen von Anwält:innen vertiefte Kenntnisse im Bereich der Rechnungslegung, denn anders lassen sich die von den Parteien verfolgten wirtschaftlichen Ziele weder angemessen verstehen noch im Unternehmenskaufvertrag zutreffend umsetzen. Unabhängig vom jeweiligen Rechtsgebiet ist für die Tätigkeit in einer Kanzlei eine valide wirtschaftliche Allgemeinbildung notwendig. In dieser Hinsicht hilft es, frühzeitig damit zu beginnen, den Wirtschafts- und Finanzmarktteil der großen Zeitungen zu lesen.

Wie kann wirtschaftswissenschaftliches Wissen erworben und nachgewiesen werden?
Betriebswirtschaftliche Kenntnisse können etwa über Zusatzkurse oder wirtschaftswissenschaftliche Nebenfächer erworben werden. Dies ist zwar mit einem überschaubaren Aufwand zu bewerkstelligen, entsprechend begrenzt ist jedoch auch die Aussagekraft derartiger Nachweise. Alternativ kommt eine wirtschaftswissenschaftliche Zusatzausbildung in Betracht. Die Universität Bayreuth bietet eine (in Deutschland einmalige) wirtschaftswissenschaftliche Zusatzausbildung für Jurist:innen an, nach deren Abschluss die Absolvent:innen den Titel „Wirtschaftsjurist/-in (Univ. Bayreuth)“ führen dürfen. Immer häufiger stößt man auch auf Anwält:innen, die neben dem Jurastudium ein wirtschaftswissenschaftliches Studium absolviert haben. Zu guter Letzt bietet sich auch für Jurist:innen die Möglichkeit, einen MBA (Master of Business Administration) zu erwerben. Durch die Teilnahme an einem internationalen MBA-Programm lassen sich der Erwerb von wirtschaftswissenschaftlichen und Fremdsprachenkenntnissen miteinander verbinden. Ein renommiertes MBA-Programm bietet zudem den Vorteil, dass man frühzeitig mit dem Aufbau eines persönlichen Netzwerks beginnen kann. Es gilt allerdings zu beachten, dass angesehene MBA-Programme meist mit hohen Studiengebühren verbunden sind, vielfach mehrere Jahre Berufserfahrung voraussetzen und – im Gegensatz zu einem LL.M. – unter Jurist:innen nach wie vor einen etwas exotischen Ruf haben.

Welche Perspektiven haben (Diplom-)Wirtschaftsjuristen in Wirtschaftskanzleien?
Immer mehr renommierte Wirtschaftskanzleien stellen (Diplom-)Wirtschaftsjurist:innen ein. Sie werden je nach Kanzlei in den unterschiedlichsten Praxisgruppen eingesetzt und leisten inhaltlich ganz unterschiedliche Arbeit (daher variiert ihre Bezeichnung auch zwischen Project Associate, Transaction Lawyer, Legal Support Lawyer etc.). Aufgrund ihrer Qualifikation kann ihr Tätigkeitsbereich unterstützende Transaktionsarbeit, außergerichtliche Mandatsarbeit sowie organisatorische Aufgaben umfassen. Mit zunehmender Anzahl der (Diplom-)Wirtschaftsjurist:innen sind in einigen Großkanzleien bereits eigene Betreuungsprogramme für dieses Berufsbild geschaffen worden, und in Zukunft sind auch eigene Karrieremodelle zu erwarten.

Schlüsselqualifikationen

Warum sollte man Schlüsselqualifikationen erwerben?
Juristische Berufe warten oftmals mit Situationen auf, die man nicht allein mit dem durch das Studium erworbenen Fachwissen lösen kann. Vorteile hat hier, wer bereits in der Ausbildung Schlüsselqualifikationen erworben hat. So sind etwa Mandantengespräche, Vertragsverhandlungen oder die vor allem in Großkanzleien wichtige Teamarbeit ohne gewisse Kenntnisse im Verhandlungsmanagement oder in der Gesprächsführung kaum möglich.

Welche Schlüsselqualifikationen gibt es?
Die für Jurist:innen besonders wichtigen Schlüsselqualifikationen nennt § 5a Abs. 3 Satz 1 des Deutschen Richtergesetzes (DRiG): Verhandlungsmanagement, Gesprächsführung, Rhetorik, Streitschlichtung, Mediation, Vernehmungslehre und Kommunikationsfähigkeit. Doch nicht nur diese Fähigkeiten sind für (angehende) Jurist:innen von Nutzen, auch Lesetechniken wie die SQ3R-Methode sollten als Schlüsselqualifikation erworben werden.

Wie können Schlüsselqualifikationen erworben werden?
Schlüsselqualifikationen können nicht allein durch theoretisches Wissen erworben werden. In erster Linie muss es um deren praktische Einübung gehen. Hierfür bieten sich Rollenspiele an, wie beispielsweise simulierte Mandantengespräche und Zeugenvernehmungen oder ein Spontanreferat zu einem vorher unbekannten Thema. Auf jeden Fall sollte man so früh wie möglich mit dem Erwerb von Schlüsselqualifikationen beginnen. Bereits im Studium erworbene Kompetenzen können schon im Referendariat wertvolle Dienste leisten, z. B. bei einem Aktenvortrag. Viele Universitäten bieten hierzu eigene Programme oder Lehrveranstaltungen an. Eine weitere Möglichkeit besteht darin, Workshops zu besuchen, die regelmäßig von Großkanzleien angeboten werden. Daneben gibt es zahlreiche weitere außeruniversitäre Veranstaltungen, die sich in den letzten Jahren etabliert haben. Client Interviewing oder Contract Competitions, Legal Debates oder Essay Competitions sind nur einige davon.

Tipp: Moot-Court-Teilnahme
Den Königsweg zum Erwerb – und vor allem Nachweis – von Schlüsselqualifikationen stellt die Teilnahme an einem Moot Court dar. Die inhaltliche Schwerpunktsetzung des Wettbewerbs ist dabei zunächst zweitrangig. Möchte man jedoch zeitgleich seine Fremdsprachenkenntnisse ausbauen, sei zu einem fremdsprachigen Wettbewerb wie etwa dem zivilrechtlichen Willem C. Vis Commercial Arbitration Moot Court oder dem völkerrechtlichen Philip C. Jessup International Law Moot Court geraten. In deutscher Sprache werden beispielsweise die ELSA Deutschland Moot Courts im Zivil- oder Verwaltungsrecht ausgetragen.

In erster Linie geht es darum, das Recht einmal praktisch anwenden zu können und seine Argumente vor „Gericht“ zu verteidigen. Den Teilnehmer:innen an einem Moot Court wird die Möglichkeit gegeben, ihre rhetorischen und kommunikativen Fertigkeiten zu erproben sowie in einem Team zusammenzuarbeiten. Ehemalige „Mooties“ werden somit zu begehrten Hochschulabsolvent:innen.

Stipendien

Warum sollte man sich um ein Stipendium bewerben?
Die Frage nach der Finanzierung des Studiums stellt einen ganz wesentlichen Aspekt der Studienplanung dar. Studierende, die bereits gute schulische Leistungen erbracht haben und sich sozial engagieren, sei deshalb schon gleich zu Studienbeginn empfohlen, eine Bewerbung um ein Stipendium in Betracht zu ziehen. Neben der finanziellen Unterstützung sprechen vor allem die vielseitigen (Weiter-)Bildungsmöglichkeiten und die Chance, Teil eines weltweiten Stipendiatennetzwerks zu werden, für eine Bewerbung.

Worauf wird bei der Bewerbung geachtet?
Nicht nur die „harten Fakten“, nämlich die entsprechenden Studienleistungen, sind für eine erfolgreiche Bewerbung entscheidend. Auch die Persönlichkeit der Bewerber:innen spielt eine Rolle. Ohne gesellschaftliches Engagement – sei es im politischen, kirchlichen oder sozialen Bereich – wird eine Bewerbung um ein Stipendium kaum Erfolg versprechend sein. Weitere Informationen zu Anforderungen und Ablauf der Bewerbung finden sich auf den Websites der einzelnen Stipendiengeber.

Wie du als Mitglied von e-fellows.net deine Karriere voranbringst

Einladung zu exklusiven Karriere-Events
Info-Veranstaltungen mit den besten Law Schools und Kanzleien:

- LL.M. Day für Studierende, Referendar:innen und Volljurist:innen
- Perspektive Wirtschaftskanzlei für Absolvent:innen
- Karrieretag Jura für Studierende

www.e-fellows.net/Events

Große LL.M.-Bewerbungsdatenbank

- Welche Noten braucht man für die besten Law Schools?
- Wann ist der richtige Zeitpunkt für die Bewerbung?
- Welche Law Schools kommen mit meinen Noten infrage?

www.e-fellows.net/ LLM-Bewerbungsdatenbank

Du bist ein kluger Kopf?
Von noch mehr Leistungen profitierst du, wenn du dich erfolgreich für das e-fellows.net-Stipendium bewirbst.

Karriereratgeber als E-Book
Kostenlose Karriereratgeber der Reihe e-fellows.net wissen zum Download:

- *Der LL.M.*
- *Perspektive Unternehmensberatung*
- *Perspektive Trainee*

Aktuelle Jobs und Praktika in Kanzleien und Unternehmen

- 3.000 Stellen für Studierende, Absolvent:innen und Young Professionals
- passende Praktikums- und Jobangebote zu Ihrem Profil per E-Mail, z. B. von Freshfields oder BMW

Kostenlos als Mitglied anmelden: www.e-fellows.net/Mitglied-werden

Das juristische Referendariat

von Marcel Klein

Die Erste Juristische Staatsprüfung und „The Day After Tomorrow"
Ist das Erste Staatsexamen geschafft, ist die Freude meist grenzenlos. Wie lange hat man auf dieses große Ziel hingearbeitet? Wie viele Stunden verbrachte man in der Bibliothek, um die juristische Methodik und die zahllosen Meinungsstreitigkeiten zu pauken? Wie viele Beck-Ergänzungstext-Lieferungen mussten während des Studiums mühevoll einsortiert werden? Wie oft ließ man an einem Freitagabend eine Geburtstagsparty sausen, um am Samstag für den Examensklausurenkurs gerüstet zu sein?

Der Weg bis zum Ersten Staatsexamen ist ein Marathon und die Vorbereitung gleicht einer Achterbahnfahrt der Gefühle. Es ist nachvollziehbar, nach dem Erreichen dieses Meilensteins den süßen Duft einer neu gewonnenen Freiheit genießen zu wollen. Für viele scheint nun der Weg in die Dissertation oder zum LL.M. eine willkommene Abwechslung. Hat sich allerdings die erste, berechtigte Freude gelegt, sollten die Sinne schnell wieder geschärft werden. Denn alle Absolvent:innen mit dem Berufsziel Volljurist:in müssen sich einer Sache bewusst sein: Nach dem Staatsexamen ist vor dem Staatsexamen.

Für viele juristische Berufe ist das Zweite Staatsexamen noch immer die Conditio sine qua non. Dies trifft nicht nur auf die klassischen Tätigkeiten im Staatsdienst zu. Trotz einer wachsenden Anzahl an Diplom- und Wirtschaftsjurist:innen gilt dies insbesondere für den Anwaltsberuf in Wirtschaftskanzleien und Unternehmen. Hierfür ist das Referendariat unumgänglich. Grund genug, sich mit dem Thema Rechtsreferendariat frühzeitig zu beschäftigen. Schließlich hat man nur einen Vorbereitungsdienst und der Startschuss hierfür fällt schon vor dem Dienstantritt.

Der Ablauf: Achterbahnfahren für Fortgeschrittene
Der juristische Vorbereitungsdienst beginnt mit der Bewerbung um einen Ausbildungsplatz am gewünschten Oberlandesgericht und endet im Idealfall mit dem erfolgreichen Bestehen der mündlichen Prüfung des Zweiten Staatsexamens. Dazwischen erlernen die angehenden Volljurist:innen, was für die Befähigung zum Richteramt ergänzend erforderlich ist. Das ist trotz einer erheblichen Vorbildung nicht wenig. Aber es ist auch nicht unmöglich.

Um das praktische Handwerkszeug zu erlernen, durchlaufen Rechtsreferendar:innen nach dem Erhalt der Zulassungsurkunde ein festes Ausbildungsprogramm. Der Vorbereitungsdienst gliedert sich hierzu in verschiedene Stationen, die eine Ausbildung in Theorie und Praxis vorsehen.

Jede Station beginnt mit einem Einführungslehrgang. Die Einführungslehrgänge und der begleitend stattfindende Unterricht in den Arbeitsgemeinschaften vermitteln den Referendar:innen die praxisrelevante Theorie. Dabei konzentriert sich der von den Gerichten und Rechtsanwaltskammern angebotene Unterricht nicht ausschließlich auf den Examensstoff. Die angehenden Volljurist:innen können auf ein breites Angebot an Zusatzqualifikationen zurückgreifen. Dieses umfasst etwa auch Kurse zur juristischen Fremdsprachenkompetenz. Ein Kurs, in dem Fremdsprachen erweitert werden, lohnt sich immer. Natürlich eignet er sich besonders für Referendar:innen, die international arbeiten möchten. Zudem organisieren viele Arbeitsgemeinschaften zu Beginn des Referendariats eine Kursfahrt. Solange der vorgegebene Ausbildungsinhalt gewahrt bleibt, haben die Referendar:innen bei der Ausgestaltung freie Hand. Sowohl die Destinationen als auch das übrige Tages- und Abendprogramm sind frei wählbar. Dass der Spaßfaktor dabei nicht zu kurz kommt, ist selbsterklärend.

Um das Training-on-the-Job abzurunden, eignen sich die angehenden Volljurist:innen das tiefere Verständnis für die praktischen Aufgaben durch die Stationsarbeit an. Den Referendar:innen werden hierzu für die jeweilige Station Ausbilder:innen zugeteilt. Die Ausbilder:innen haben ein wachsames Auge über ihre Schützlinge und geben diesen regelmäßig Feedback. Da es sich bei den Ausbilder:innen in der Regel ebenfalls um ausgebildete Volljurist:innen handelt, sind diese mit den Aufgaben und Herausforderungen des Referendariats bestens vertraut. Nicht selten stehen die Ausbilder:innen dem juristischen Nachwuchs mit Rat und Tat unterstützend zur Seite. Schließlich sind es auch die Ausbilder:innen, die am Ende einer Station die Leistung der angehenden Volljurist:innen in Form von Stationszeugnissen bewerten. Diese dienen bei der Bewerbung um weitere Ausbildungsstationen sowie für den Berufseinstieg als Visitenkarte.

Doch Jura wäre nicht Jura, müssten die angehenden Volljurist:innen zum Ende ihrer Ausbildung nicht erneut gegen ein knüppelhartes Examensprogramm antreten. Je nach Bundesland stellen Referendar:innen zuerst in sieben bis neun schriftlichen Examensklausuren unter Beweis, was sie über die vergangenen Monate gelernt haben. Im Anschluss wartet die mündliche Prüfung. Diese besteht beim Zweiten Staatsexamen aus einem Aktenvortrag und Prüfungsgesprächen.

Aber versprochen: Danach habt ihr es wirklich geschafft. Dann könnt ihr all die wunderschönen Freiheiten der juristischen Berufe ausleben.

Die Ortswahl: Jede Reise beginnt mit dem ersten Schritt

Der Weg zum Zweiten Staatsexamen beginnt mit der Ortswahl. In allen 16 Bundesländern können talentierte Nachwuchsjurist:innen mit bestandener Erster Juristischer Staatsprüfung das Rechtsreferendariat absolvieren. Allerdings ergeben sich bereits bei der Ortswahl wesentliche Weichenstellungen, die neben dem Wohlfühlfaktor zu berücksichtigen sind: Das Rechtsreferendariat ist Ländersache. Das wirkt sich nicht nur auf die Klausuren im öffentlichen Recht, sondern auch auf das Bewerbungsverfahren, die Dauer der Stationen, die Anzahl und Gewichtung der Klausuren und viele weitere Einzelheiten aus.

Bevor man sich auf einen bestimmten Ort festlegt, ist es sinnvoll, sich mit den dort geltenden Besonderheiten vertraut zu machen. Die Unterschiede sind zum Teil gravierend: Während beispielsweise in Nordrhein-Westfalen das Referendariat monatlich begonnen werden kann, hat Baden-Württemberg mit April und Oktober zwei feste Einstellungstermine. Können in allen Bundesländern die Klausuren noch klassisch mit Tinte und Papier geschrieben werden, locken nun immer mehr mit dem digitalen E-Examen. Stehen Referendar:innen in der Regel in einem öffentlich-rechtlichen Ausbildungsverhältnis, wird der Vorbereitungsdienst andernorts mit der Verbeamtung auf Widerruf entlohnt. Lässt sich ein Ausbildungsplatz häufig ohne Weiteres am gewünschten Standort ergattern, bestehen für besonders attraktive Ausbildungsorte Wartezeiten. Dann spielen häufig die Vornote aus dem Ersten Staatsexamen und die Privilegien für Landeskinder eine wichtige Rolle.

Diese Unterschiede setzen sich auch in der Vergütung fort. Rechtsreferendar:innen erhalten während der Ausbildung eine Unterhaltsbeihilfe. Die Höhe des Referendargehalts variiert je nach Bundesland zwischen 1.243,07 Euro (Hamburg) und 1.645,10 Euro (Sachsen) brutto. Dies reicht je nach Ausbildungsort mal besser und mal schlechter, um Miete, Skripten, Repetitorien und die sonnige Seite des Lebens zu finanzieren. Auch aus diesem Grund dürfen Referendar:innen einer Nebentätigkeit nachgehen. Beim Hinzuverdienst gelten jedoch erneut länderspezifische Höchstgrenzen.

Natürlich bilden all diese Erwägungen keinen „Deal Stopper" für das Referendariat in der gewünschten Stadt oder Umgebung. Um jedoch nicht vom Ablaufen einer wichtigen Bewerbungsfrist oder anderen Unliebsamkeiten überrascht zu werden, lohnt sich ein Blick in die landesspezifische Prüfungsordnung und die von den Ländern bereitgestellten Informationsbroschüren.

Die Dauer: Auf die Plätze, fertig, los!

Das Referendariat ist weder ein Sprint noch ein Marathon. In der Regel dauert der Vorbereitungsdienst zwei Jahre und gleicht damit eher einem Mittelstreckenlauf.

24 Monate sind eine überschaubare Zeit, und die Möglichkeiten im Referendariat sind vielfältig. Nie mehr bietet sich die Chance, so viele juristische Berufsfelder innerhalb einer solch kurzen Zeitspanne kennenzulernen. Insbesondere für alle, die nach dem universitären Studium noch nicht genau wissen, in welchem Bereich sie arbeiten möchten, eignet sich der Vorbereitungsdienst hervorragend. Im Laufe der Ausbildung erfährt man automatisch mehr über die eigenen Interessenschwerpunkte und Fähigkeiten. Spätestens nach Abschluss des Referendariats haben die dann frischgebackenen Volljurist:innen zumindest eine grobe Vorstellung von ihrem späteren beruflichen Dasein. Nicht zuletzt genügt die Zeit bei einer guten Selbstdisziplin, um das Prozessrecht zu vertiefen und das materielle Recht zu wiederholen.

Auf der anderen Seite ist das Referendariat auch anstrengend und kräftezehrend. Anders als in der Vorbereitung auf das Erste Staatsexamen kann sich der juristische Nachwuchs jetzt nicht mehr im stillen Kämmerlein ohne Nebengeräusche auf das Lernen konzentrieren. Vielmehr ist es nun parallel dazu erforderlich, Gerichtsakten vorzubereiten, an mündlichen Verhandlungen teilzunehmen, Entwürfe für Urteile, Anklageschriften und Schriftsätze zu verfassen sowie nach geeigneten Ausbildungsstellen zu suchen. Das alles kostet Zeit und Nerven. Schließlich ist bei der Vorbereitung darauf zu achten, dass die Klausuren inmitten der Ausbildungszeit geschrieben werden. So aufregend und lehrreich diese Zeit auch sein mag: Um nicht am Ende völlig ausgebrannt bei den Examensklausuren zu erscheinen, sollten Referendar:innen ihren Urlaub nutzen.

Die Stationen: Heute hier und morgen da

In allen Bundesländern beginnt das Referendariat mit der Zivilstation. Es folgen in unterschiedlicher Reihenfolge die Straf-, Anwalts-, Verwaltungs- und Wahlstation.

In der **Zivilstation** lernen Referendar:innen das praktische Handwerkszeug der Zivilrichter:innen kennen. Dazu werden die angehenden Volljurist:innen einer Richterin oder einem Richter am Amts- oder Landgericht zugeordnet. Aufgabe der Referendar:innen ist es, die Termine der mündlichen Verhandlungen vorzubereiten, an diesen teilzunehmen und Urteilsentwürfe zu fertigen. In Absprache mit den Ausbilder:innen dürfen die Nachwuchsjurist:innen am Ende der Station selbst Teile einer mündlichen Verhandlung leiten.

Spannend ist für viele Referendar:innen auch die **Strafstation**. Hier kann der Ablauf des Strafverfahrens aus erster Hand bei der Staatsanwaltschaft oder bei den Gerichten erlernt werden. Die Strafstation ist auch deswegen sehr beliebt, weil die Referendar:innen in dieser Zeit als Sitzungsvertretung für die Staatsanwaltschaft eingesetzt werden. Zum ersten Mal dürfen die angehenden Volljurist:innen selbst vor Gericht auftreten und dabei die Interessen des Staates vertreten.

Vor der **Anwaltsstation** ist erstmalig Eigeninitiative gefragt. Die Referendar:innen müssen sich für diese Station selbst Ausbilder:innen suchen. Im Übrigen bestehen hier nur wenige Vorgaben. Rechtsgebiet, Anzahl der Wochenarbeitstage und Ort der Ausbildung sind in aller Regel frei wählbar. Ungeachtet dessen lohnt sich eine Investition in die Anwaltsstation. Die überwiegende Anzahl der Absolvent:innen wird später während ihrer beruflichen Laufbahn in diesem Berufsfeld arbeiten. Nicht selten lassen sich in dieser Zeit wertvolle Kontakte für den Berufseinstieg knüpfen. Doch vor dem Stationseinstieg sollte man sich eines bewusst machen: Im Anwaltsberuf geht es nicht mehr um Objektivität und Neutralität. Ziel der Anwaltschaft ist es, die Interessen der Mandant:innen mit den Mitteln des Rechts durchzusetzen. Nicht selten muss hierfür auch „über Bande“ gespielt werden. Kreative Köpfe können dabei zeigen, wie schlau sie sind. Genau das möchten die Ausbilder:innen sehen.

Vielfältiger als in der **Verwaltungsstation** kann das Ausbildungsprogramm nicht sein. Die Möglichkeiten reichen hier von A wie Auswärtiges Amt, über B wie Bürgermeisteramt, F wie Führerscheinstelle, L wie Landtag und O wie Oberverwaltungsgericht bis hin zu V wie die Verwaltungshochschule in Speyer. Das Ergänzungsstudium an der Verwaltungshochschule in Speyer richtet sich an Referendar:innen, die sich für eine spätere Führungstätigkeit in der öffentlichen Verwaltung, in der Politik oder in Verbänden qualifizieren möchten. Wer des Studiums noch nicht müde ist, kann seine Kenntnisse im Verwaltungsrecht während des „Speyersemesters“ auffrischen und vertiefen.

Schließlich endet das Referendariat in allen Bundesländern mit der **Wahlstation**. Eine Station, die viele Referendar:innen rückblickend als die schönste und wertvollste in Erinnerung behalten werden. Warum eigentlich? Ganz einfach: Die Wahlstation findet nach den schriftlichen Klausuren zum Zweiten Staatsexamen statt. Die große Hürde ist dann schon genommen. Das wissen nicht nur die angehenden Absolvent:innen, sondern auch die Ausbilder:innen.

Die nun fast fertigen Volljurist:innen stehen in dieser Station wahrlich vor der Qual der Wahl. Während es für die einen darum geht, den Einstieg in eine Großkanzlei zu forcieren, zieht es andere noch einmal in die große weite Welt hinaus. Manchmal geht auch beides. Zugegeben, es bestehen nahezu perfekte Bedingungen, um in dieser letzten Ausbildungsphase – auch für den CV – die immer mehr zur Voraussetzung werdende Auslandserfahrung zu sammeln. Angebote finden sich etwa über das Auswärtige Amt, Großkanzleien oder internationale Handelskammern. Doch besteht für angehende Volljurist:innen mit Weitblick in dieser Phase die einzigartige Möglichkeit, die Tätigkeit der Syndici kennenzulernen. Nach vielen Ausbildungsordnungen haben Referendar:innen lediglich in der Wahlstation die Möglichkeit, sich das Berufsbild der Syndikusanwaltschaft einmal näher anzusehen. Das ist sehr schade. Denn viele Rechtsanwältinnen und Rechtsanwälte entwickeln nach den ersten Berufsjahren den Wunsch, mit ihren Erfahrungen aus der Kanzlei in ein Wirtschaftsunternehmen zu wechseln. Dann kann eine etwaige Vorerfahrung fehlen. Die anwaltliche Rolle in einer Rechtsabteilung konzentriert sich nicht ausschließlich auf die Rechtsberatung. Die Tätigkeit der Syndici erfordert vielmehr auch ein exzellent rechtlich und wirtschaftlich durchdachtes Ergebnis. Dieses wird durch Teamgeist, den interdisziplinären Austausch zwischen Fachbereichen und die juristischen Fachdiskussionen innerhalb der Rechtsabteilung getragen. Dies ist nicht zwingend mit einer trägen Tätigkeit am Schreibtisch verbunden. Die nun fast fertigen Volljurist:innen dürfen regelmäßig ihre Ausbilder:innen zu Verhandlungen bei auswärtigen Terminen begleiten und Teile davon selbst übernehmen. Um die Kompetenzen und das berufliche Netzwerk zu erweitern, können Referendar:innen in größeren Unternehmen und Konzernen auch an Inhouse-Veranstaltungen oder Teamevents an anderen Standorten teilnehmen. Auch diese können im Ausland liegen.

Die Vorbereitung auf das Zweite Staatsexamen: Augen zu und durch

Das Zweite Staatsexamen wird auch als „Praktikerexamen" bezeichnet. Damit ist es gemäß der Zielsetzung des Referendariats verstärkt an den Bedürfnissen der Praxis ausgerichtet. Dies spiegelt sich in den Examensklausuren wider.

Im Unterschied zum Ersten Staatsexamen arbeiten Praktiker:innen nun nicht mehr mit feststehenden Sachverhalten. Vielmehr muss an erster Stelle mit den Mitteln des Prozess- und Beweisrechts der rechtlich zu bewertende Sachverhalt ermittelt werden. Erst im Anschluss daran gelangt man zur Rechtsfindung. Diese bleibt zwar ihrem Wesen nach gleich, es gibt aber auch hier Besonderheiten: Anstelle des juristischen Gutachtenstils tritt der Urteilsstil. Bei Meinungsstreitigkeiten spielt die Auffassung der Rechtsprechung eine noch gewichtigere Rolle. Letztlich benötigt das Anfertigen eines Urteils, einer Anklageschrift oder eines anwaltlichen Schriftsatzes mit all den Formalien eine gewisse Übung. Zum Glück für alle Jurist:innen wird eine gute Rechtsberatung vergütet. Deshalb gehören auch die Grundzüge des Kostenrechts zum ständigen Begleitwissen der Praktiker:innen.

Die Examensklausuren dienen als Nachweis des Erlernten über die vergangene Vorbereitungszeit. Dabei ist Lernen im Referendariat aufgrund der gesteigerten Herausforderungen gar nicht so einfach. Denn die Stationsarbeit, die Recherche nach passenden Ausbildungsstellen, der Besuch eines Repetitoriums und das Schreiben von Probeklausuren lassen sich mit dem gleichzeitigen Erlernen von neuen juristischen Problemen nur begrenzt unter einen Hut bringen. Erschwerend kommt hinzu, dass der Ausbildungsplan keine planmäßige Vorbereitungszeit vorsieht, in der sich der juristische Nachwuchs allein auf das Lernen konzentrieren könnte. Vom ersten Tag an sind Referendar:innen deswegen ihres eigenen Glückes Schmied.

Eine gewisse Unterstützung bietet sicherlich der Besuch einer Lerngruppe oder eines Repetitoriums. Beides entbindet aber nicht vom selbstständigen Lernen. Doch Vorsicht: Referendar:innen dürfen sich beim Lernen nicht verzetteln. Zwar ist im Referendariat die Ausbildungsliteratur nicht mehr so breit gefächert und bestimmte Lehrbücher oder Skripten haben den Ruf eines Klassikers inne, doch unterscheiden sich die Lernmaterialien zum Teil erheblich von den studentischen Lehrbüchern. Am Ende geht es darum, einen praktischen Lösungsweg auf das Papier zu bringen. Man sollte sich schnell für ein Lehrbuch oder Skript entscheiden und es dabei belassen. Alles andere führt häufig nur zu Irritationen und sorgt anderswo für Zeitnot. Weniger ist hier tatsächlich einmal mehr. Weil auch der juristische Sprachstil zur Benotung beiträgt, sei allen Referendar:innen empfohlen, möglichst viele Urteile und Lösungsskizzen zu lesen.

Liegen die Ergebnisse aus den schriftlichen Klausuren vor, beginnt spätestens jetzt die Vorbereitung auf die mündliche Prüfung. Diese startet in vielen Bundesländern mit einem Aktenvortrag. Hierbei erhalten Referendar:innen eine Prüfungsakte, deren Inhalt vor der Prüfungskommission in sachlicher und rechtlicher Sicht in freier Rede zu erörtern ist. Der Aktenvortrag ist der „Dosenöffner“ für die mündliche Prüfung. Durch ihn lassen sich richtig Punkte sammeln. Man kann den Aktenvortrag also gar nicht oft genug üben. Im Anschluss folgen Prüfungsgespräche im Zivilrecht, Strafrecht, öffentlichen Recht und einem Schwerpunktbereich. Ist das gemeistert, ist eine neue Generation an Volljurist:innen geschaffen.

Das Referendariat in a nutshell: Worauf kommt es wirklich an?

Die Zeit des juristischen Vorbereitungsdiensts vergeht wie im Flug. So unterschiedlich wie die einzelnen Charaktere der angehenden Absolvent:innen sind, so verschieden kann auch das Referendariat verlaufen. Ein „goldenes Rezept“ für ein gelungenes Referendariat gibt es nicht. Dennoch lassen sich aus vielen Gesprächen mit Ausbilder:innen und ehemaligen Referendar:innen einige allgemeine Tipps zusammenfassen:

- **Die Examensnote ist das Ticket nach oben:** Der Vorbereitungsdienst ist spannend. Referendar:innen können in dieser Zeit den CV wie einen bunten Blumenstrauß schmücken. Nichtsdestotrotz sollten sich die angehenden Volljurist:innen ein wichtiges Zitat des Altbundeskanzlers Helmut Kohl vor Augen halten: „Entscheidend ist, was hinten rauskommt.“ Und das ist die Examensnote. Für die meisten Berufe hat die Examensnote beim Karriereeinstieg die zentrale Bedeutung. Gelungene Stationszeugnisse und ein interessanter CV sind dagegen nur das Sahnehäubchen. Natürlich zählt der Gesamteindruck. Wie in den Klausuren, kommt es auch beim Vorbereitungsdienst auf eine gelungene Schwerpunktsetzung an.
- **Zufallsergebnisse minimieren:** Ausreißer lassen sich vermeiden, und zwar durch viel Übung. Insbesondere in den Klausuren im Zivilrecht stellen sich wiederkehrend ähnliche prozessuale Probleme zum Einstieg in die Klausur. Wer viele Probeklausuren geschrieben hat, erkennt die Probleme treffsicher und kann dadurch eine allzu große Nervosität zu Beginn der Examensklausur unterbinden. Dadurch bleibt Mut und Zeit für die Probleme im materiellen Recht. Das ist wichtig.

- **Was die Welt im Innersten zusammenhält:** Das materielle Recht hat auch für die Klausuren im Zweiten Staatsexamen eine enorme Bedeutung. So banal es klingen mag: Allein mit dem Prozessrecht können Richter:innen und die Anwaltschaft einen Fall nicht lösen. Gestritten wird um das materielle Recht. Deswegen muss das materielle Recht im Vorbereitungsdienst kontinuierlich wiederholt werden. Immer wieder stellen Absolvent:innen nach der ersten juristischen Staatsprüfung die Frage, ob man mit einer bestimmten Punktzahl den Verbesserungsversuch schreiben soll. Bei noch ausreichender Kraft lautet die nüchterne Antwort eindeutig: Ja! Die Zeit eignet sich wunderbar, um Lücken im materiellen Recht zu schließen. Eine Zeit, die man aufgrund der Stofffülle während des Referendariats nicht mehr finden wird.
- **Zeitmanagement:** Examensklausur, Vorbereitungsdienst und beruflicher Alltag sind sehr verschieden, doch eint sie eine Sache: Zeitdruck. Jurist:innen arbeiten unter Zeitfristen. Bis zu einem bestimmten Stichtag muss ein Ergebnis geliefert werden. Insbesondere Referendar:innen haben keine Zeit, um einfach in den Tag hineinzuleben. Es ist nicht möglich, mehrere Lehrbücher zu einem Thema zu lesen, ergänzend drei Probeklausuren in einer Woche zu schreiben, die Akten für die Ausbilder:innen vorzubereiten und daneben einem zeitintensiven Hobby nachzugehen. Erforderlich ist ein strammer Zeitplan, der Lerneinheiten, Stationsarbeit, Probeklausuren und Erholungsphasen berücksichtigt. Die Letzteren bitte nicht vergessen.
- **Niemals aufgeben:** Die juristische Ausbildung entspricht nicht selten einem Hamsterrad. Diesen Eindruck haben insbesondere sehr gute Kandidat:innen. Es ist absolut in Ordnung, wenn eine Klausur mal nicht gut läuft, man ein Problem im Lehrbuch nicht auf Anhieb durchdringt oder man an einem Tag schlichtweg keine Lust mehr hat. Diese Phasen durchläuft jeder. Wichtig ist allein, wieder aufzustehen und weiterzumachen. Ein gelungener Einstieg erfordert Euphorie, ein gutes Ende Disziplin.

Weiterbildung und zusätzliche Abschlüsse

von Dr. Daniel Voigt

Der Erwerb von Zusatzqualifikationen ist für eine erfolgreiche berufliche Tätigkeit keine zwingende Voraussetzung. Zusatzqualifikationen können den Berufseinstieg aber erleichtern und die weitere Karriere fördern. Sie können helfen, weniger geglückte Examina aufzuwerten. Zusatzqualifikationen können sich auch in einem höheren (Einstiegs-)Gehalt niederschlagen. Der BFH urteilte, dass z. B. mit einem LL.M. die Chancen auf den erstrebten Arbeitsplatz erheblich verbessert seien.[1]

Angesichts der Vielzahl möglicher Weiterbildungsalternativen stellt sich vielen Absolvent:innen die Frage, nach welchen Kriterien sie eine Zusatzqualifikation auswählen sollen. In erster Linie sollte die Entscheidung von den persönlichen Neigungen und Interessen abhängig gemacht werden. Daneben sind auch die (langfristigen) Karriereziele zu berücksichtigen. Davon kann abhängen, ob – und wenn ja, welche – Weiterqualifizierung sinnvoll ist.

Es bringt Vorteile, sich möglichst frühzeitig mit den verschiedenen Möglichkeiten von Zusatzqualifikationen oder beruflicher Weiterbildung auseinanderzusetzen. Denn viele Zusatzqualifikationen erfordern eine gewisse Vorbereitung. Bei LL.M.-Programmen werden beispielsweise Professorengutachten oder Sprachtests verlangt. Auch wer eine Promotion anstrebt, sollte Vorlaufzeiten für Stipendienbewerbungen oder die Themensuche einkalkulieren. Im Folgenden werden angesichts der Vielzahl der Möglichkeiten nur die von Jurist:innen häufig gewählten Zusatzqualifikationen kursorisch vorgestellt.

Promotion

Die Promotion ist für Jurist:innen noch immer die „klassische" Zusatzqualifikation und erfreut sich anhaltender Beliebtheit[2] – trotz gewisser Reputationsverluste in der Öffentlichkeit durch Titelentzugsverfahren gegen Personen des öffentlichen Lebens. Allein im letzten statistisch erfassten Prüfungsjahr 2021 promovierten laut Statistischem Bundesamt 9.551 junge Jurist:innen[3]. Der BGH meint, dass einer Person mit Doktortitel „in der breiten Öffentlichkeit ein besonderes Vertrauen in [ihre] intellektuellen Fähigkeiten, [ihren] guten Ruf und [ihre] Zuverlässigkeit" entgegengebracht werde.[4]

---

1 BFH, BFH/NV 2004, S. 32 f.

2 Ausführlich zur Beliebtheit und den Effekten einer Promotion: Kilian: *JuS* 2017, S. 187 ff.

3 www.destatis.de/DE/Themen/Gesellschaft-Umwelt/Bildung-Forschung-Kultur/Hochschulen/Publikationen/Downloads-Hochschulen/promovierendenstatistik-5213501217004.pdf?__blob=publicationFile

4 BGH, *NJW* 1970, S. 704.

Eine Promotion besteht grundsätzlich in der Anfertigung einer wissenschaftlichen Arbeit (Dissertation) sowie einer mündlichen Prüfung (Rigorosum oder Disputation). Das Promotionsvorhaben endet mit der Veröffentlichung der Arbeit. Die Promotion steht nicht nur denjenigen offen, die überdurchschnittliche Examensergebnisse erzielt haben. Unter bestimmten Voraussetzungen gestatten die Promotionsordnungen der Universitäten die Zulassung zur Promotion auch, wenn kein Prädikatsexamen erzielt wurde.

Für eine wissenschaftliche Karriere in Deutschland ist eine Promotion wohl nach wie vor unverzichtbar. Daneben wird dem Doktortitel besonders im Öffentlichen Dienst, aber auch in Unternehmen oder Kanzleien eine große Wertschätzung entgegengebracht. In der freien Wirtschaft drückt sie sich oftmals in höheren Einstiegsgehältern aus. Dabei dürfte im Vergleich zu anderen Zusatzqualifikationen besonders im Öffentlichen Dienst und bei konservativen Arbeitgebern die Wertschätzung eines Doktortitels noch höher zu bewerten sein als die für Postgraduiertenabschlüsse wie etwa den LL.M. Bei internationalen Arbeitgebern kann diese Einschätzung allerdings umgekehrt ausfallen. Eine deutsche Promotion wird hier nicht unbedingt mit Internationalität und über den eigenen Rechtskreis hinausgehenden Kenntnissen assoziiert, die jedoch oft für eine Einstellung gefordert werden.

Wer eine Promotion anstrebt, sollte sich zuvor intensiv mit den verschiedenen Facetten dieses Projekts auseinandersetzen. Ratgeber können einen ersten Überblick über die relevanten Aspekte einer Promotion bieten.[5] Für eine Promotion sollte man ein Mindestmaß an Freude am wissenschaftlichen Arbeiten und am gewählten Thema mit- und aufbringen.[6] Im Gegensatz zu anderen Qualifikationsmöglichkeiten steht bei einer Promotion die intensive wissenschaftliche Auseinandersetzung mit einem bestimmten Thema im Vordergrund. Selbstdisziplin und eigenständiges Arbeiten sind unverzichtbare Voraussetzungen. Auch die Dauer des Vorhabens sollte bei der Entscheidung berücksichtigt werden. Selbst wenn einige Promotionsvorhaben in kurzer Zeit durchgeführt werden, so beanspruchen die meisten Vorhaben doch mehrere Jahre.

5 Speziell für Jurist:innen der Ratgeber von v. Münch/Mankowski (2013): *Promotion*, Tübingen. Allgemein: Preißner (Hrsg.) (2001): *Promotionsratgeber*, München; Nünning (Hrsg.) (2007): *Handbuch Promotion*, Stuttgart/Weimar; Stock (Hrsg.) (2014): *Erfolgreich promovieren*, Berlin/Heidelberg.

6 Hierzu: Peters (Hrsg.) (2007): *Promotionsgeschichten: ein Lesebuch über die Freude wissenschaftlichen Arbeitens*, Waldkirchen.

LL.M., MBA und Co. – Aufbaustudiengänge für Jurist:innen

Die Teilnahme an einem Postgraduiertenprogramm ist eine ebenfalls von vielen Jurist:innen gewählte Form der Weiterqualifikation. Der Master of Laws (LL.M.) ist der am häufigsten angestrebte Postgraduiertenabschluss für Jurist:innen.

Aber auch andere Postgraduiertenabschlüsse, wie z. B. ein Master of Business Administration (MBA), können eine Option sein. Der MBA vermittelt in der Regel allgemeine Management-Kenntnisse mit starkem Praxisbezug und lehrt Grundkenntnisse der Volks- und Betriebswirtschaft. MBA-Programme dauern etwa ein bis zwei Jahre – abhängig vom Modell (Voll- oder Teilzeit) und vom Standort (MBAs in den USA dauern im Schnitt länger als in Europa). Der MBA ist insbesondere dann für Jurist:innen interessant, wenn eine wirtschaftsnahe rechtliche Tätigkeit oder eine Tätigkeit außerhalb der klassischen Rolle des Anwalts oder der Anwältin angestrebt wird, beispielsweise in Beratungsunternehmen. Dreimal im Jahr organisiert z. B. e-fellows.net einen MBA Day mit renommierten Business Schools aus Europa (und teilweise den USA) – nähere Infos dazu unter www.e-fellows.net/mbaday. Ein Master of Public Administration vermittelt verwaltungswissenschaftliche und ein Master of International Relations politikwissenschaftliche Kenntnisse. Auch diese Abschlüsse können für zukünftige, nicht ausschließlich juristische Tätigkeiten von Interesse sein.

In den letzten Jahren ist ein stetig wachsendes Angebot an Postgraduiertenstudiengängen zu verzeichnen. Dies ist ein Indiz nicht nur für einen steigenden Bedarf an einer zusätzlichen, sondern häufig auch einer internationalen Ausbildung. Es ist auch ein Hinweis auf eine zunehmende Wertschätzung dieser Form der Zusatzqualifikation durch Arbeitgeber. Insbesondere grenzüberschreitend arbeitende Kanzleien und Unternehmen schätzen internationale Erfahrungen und Kenntnisse.

LL.M.-Programme dauern typischerweise ein Jahr. Sie werden vor allem im Ausland, zunehmend aber auch in Deutschland angeboten. Ziel vor allem der ausländischen Programme ist es, den Student:innen die Einführung in einen fremden Rechtskreis zu ermöglichen sowie den Erwerb von Spezialkenntnissen zu fördern. Mittlerweile bieten viele Universitäten speziell ausgerichtete LL.M.-Programme an, z. B. im See-, Energie- oder Baurecht. Der LL.M. dient daneben auch dem Erwerb von Sprachkenntnissen sowie der Erweiterung des persönlichen Horizonts.

Angesichts der Fülle der angebotenen LL.M.-Programme[7] und der mannigfachen Gestaltungsmöglichkeiten ist es für Interessent:innen nicht leicht, das individuell passende LL.M.-Programm auszuwählen. Zentrale Fragen bei der Wahl eines Programms können z. B. die inhaltliche Ausrichtung des Programms, der Zeitpunkt des Studiums, Qualität und Ansehen der Universität, der Studienmodus (Vollzeit, Teilzeit oder Fernstudium) und die Finanzierung sein. Diese und andere Fragen werden aus-

---

7 Ein guter Überblick über Postgraduiertenprogramme findet sich unter llm-guide.com/schools, study-uk.britishcouncil.org oder www.petersons.com.

führlich in Ratgebern beantwortet.[8] Erfahrungsberichte finden sich in *Der LL.M.* aus der Reihe e-fellows.net wissen sowie in den Ausbildungszeitschriften *JuS*, *Jura* und *JA*. Informationen aus erster Hand und persönlichen Kontakt zu Vertreter:innen renommierter Law Schools bietet der e-fellows.net LL.M. Day (www.e-fellows.net/llm). Wichtig ist es, sich frühzeitig im Studium mit dem Thema LL.M. zu beschäftigen. Gerade wenn ein LL.M.-Abschluss im Ausland angestrebt wird, sind Vorbereitung, Bewerbung und Organisation zeitaufwendig. Idealerweise sollten sich Studierende ein Jahr vor dem möglichen Beginn eines Postgraduiertenstudiums näher mit den sich bietenden Optionen beschäftigen.

Promotion oder LL.M.?

Unabhängig von der Wertschätzung der jeweiligen Abschlüsse wird die Promotion vor dem Hintergrund begrenzter zeitlicher und monetärer Ressourcen meist als Alternative zum LL.M. angesehen. Die häufig gestellte Frage „Promotion oder LL.M.?" lässt sich jedoch nicht eindeutig beantworten. Wer nur einen der beiden Abschlüsse anstrebt, sollte neben seinen persönlichen Präferenzen Folgendes berücksichtigen:

- **Zeitaufwand:** Eine Promotion nimmt in der Regel mehr Zeit in Anspruch als ein LL.M.
- **Fremdsprachenkenntnisse:** Ein im Ausland absolvierter LL.M. vermittelt hingegen nicht nur über den eigenen Rechtskreis hinausgehende Kenntnisse, sondern hilft, den sprachlichen und kulturellen Horizont zu erweitern. Eine Promotion vermittelt solche Kenntnisse in der Regel nicht.
- **finanzieller Aufwand:** Der finanzielle Aufwand ist für eine Doktorarbeit meist geringer, da keine hohen Studiengebühren anfallen. Durch die längere Dauer der Promotion kann man aber häufig erst später eine berufliche Tätigkeit aufnehmen und verdient während der Promotion verglichen mit schon früher ins Berufsleben eingestiegenen LL.M.-Absolvent:innen weniger oder gar nichts. Dieser Verdienstausfall kann bei wirtschaftlicher Betrachtung zu vergleichbaren Kosten von LL.M. und Promotion führen.
- **Bewerbungsaufwand:** Eine Promotion erfordert keine so umfangreiche Bewerbung wie ein LL.M.
- **Abbrecherquote:** Die Abbrecherquote ist bei Promotionen relativ hoch. Die Gefahr, bei einem LL.M. zu scheitern, ist sehr gering.
- **persönliches Umfeld:** Bei einer Promotion bewegen sich der Doktorand:innen in dem ihnen bekannten fachlichen und persönlichen Umfeld. Sie werden nicht wie bei einem LL.M. aus dem vertrauten Recht „herausgerissen", was den Einstieg in das Referendariat erleichtern kann. Bei einer Promotion ist, anders als für einen Vollzeit-LL.M. im Ausland, keine Umstellung der Lebensverhältnisse mit dem damit verbundenen hohen Aufwand nötig.

---

8 Eine allgemeine Einführung zum Thema bietet das Buch *Der LL.M. 2022*, herausgegeben von e-fellows.net. Detailinformationen zu einem LL.M.-Studium in den USA bieten Ackmann/Maengel (2008): *USA-Masterstudium für Juristen*, DAJV.

Promotion und LL.M.?
Eine Kombination von LL.M. und Doktorarbeit erscheint vielen Absolvent:innen reizvoll, da sie sowohl Durchhaltevermögen und fundierte Fachkenntnisse in einem Spezialgebiet als auch Fremdsprachenkenntnisse und den Einblick in ein ausländisches Rechtssystem unter Beweis stellen können. Zudem locken Synergieeffekte, da sich Erkenntnisse aus einem LL.M.-Studium oftmals im Rahmen einer Doktorarbeit verwerten lassen. Die Kombination von LL.M. und Promotion, in Anwaltskreisen spöttisch als „volle Kriegsbemalung" bezeichnet, kostet naturgemäß mehr Zeit und Geld als nur eine Qualifikation. Wer dennoch eine Kombination anstrebt, sollte dabei folgende Aspekte berücksichtigen: Um aus einem LL.M. einen optimalen Nutzen für das Promotionsvorhaben zu ziehen, sollte bereits vor dem Absolvieren des LL.M.-Studiengangs das Thema der Dissertation weitgehend feststehen. Dann kann zielgerichtet im Rahmen des LL.M.-Programms eine entsprechende Vertiefung erfolgen. Das Promotionsthema sollte auch geeignet sein, gewonnene Erkenntnisse z. B. im Rahmen eines rechtsvergleichenden Teils aufzunehmen. Dabei ist allerdings zu berücksichtigen, dass sich LL.M. und Promotion hinsichtlich ihrer Anforderungen deutlich unterscheiden. Typischerweise bedürfen die im Rahmen eines LL.M.-Programms gewonnenen Erkenntnisse einer Überarbeitung und Anpassung auf das (höhere) Niveau einer Promotion. Obwohl die Erzielung solcher Synergieeffekte mittlerweile durchaus üblich ist, sollte diese Vorgehensweise zur Vermeidung von Missverständnissen mit dem Doktorvater oder der Doktormutter abgeklärt werden.

Internationale Rechtsanwaltszulassung

Neben den genannten Zusatzqualifikationen kann auch der Erwerb einer Rechtsanwaltszulassung in einem anderen Land eine interessante Option sein. Gut lässt sie sich mit einem LL.M.-Studium kombinieren, wobei ein LL.M.-Studium keine Voraussetzung für die Zulassung als Rechtsanwalt oder Rechtsanwältin im Ausland ist. Eine weitere Rechtsanwaltszulassung in einem anderen Land bietet vor allem zwei Vorteile: Mit der Zulassung können sich zum einen die Chancen eines Berufseinstiegs in dem betreffenden Land erhöhen, zum anderen wird sie bei einer späteren Tätigkeit in Deutschland vom Arbeitgeber häufig wohlwollend zur Kenntnis genommen. In Deutschland zugelassene Rechtsanwält:innen können sich grundsätzlich in anderen europäischen Ländern niederlassen und umgekehrt.[9] Am häufigsten wird eine Zulassung für die USA oder England angestrebt.

USA
Um den Status eines Attorney at Law zu erwerben, muss man das Bar Exam ablegen. Umfangreiche Informationen hierzu bietet die American Bar Association unter www.americanbar.org/groups/legal_education an. Das Bar Exam wird an zwei Tagen abgelegt. In einigen wichtigen Bundesstaaten, wie z. B. New York und Kalifornien, wird das Bar Exam wie folgt abgehalten: An einem Tag wird das Multistate Bar Exam (MBE) durchgeführt. Geprüft wird das Einheitsrecht der Bundesstaaten. Es besteht aus

9 Zur Anerkennung von Hochschuldiplomen vgl. Richtlinie 2005/36/EG vom 07.09.2005 über die Anerkennung von Berufsqualifikationen. Allerdings sind regelmäßig Eignungstests abzulegen. Vgl. hierzu das Gesetz über die Tätigkeit europäischer Rechtsanwält:innen in Deutschland (EuRAG). Zur Zulassung als Avocat in Frankreich: Beckmann: *EuZW* 1994, S. 337 f.

200 Multiple-Choice-Fragen aus den Bereichen Torts, Contracts, Constitutional Law, Criminal Law, Real Property und Evidence. Am anderen Tag wird das einzelstaatliche Recht des jeweiligen Bundesstaats geprüft. Auch dieser Prüfungsteil lässt sich typischerweise in zwei weitere Teile unterteilen. Zum einen sind fünf Essays zu verfassen, zum anderen fünfzig Multiple-Choice-Fragen zu beantworten (www.nybarexam.org).

Die National Conference of Bar Examiners (NCBE) hat im Juli 2011 ein Uniform Bar Exam (UBE) entwickelt. Das UBE besteht aus dem MBE, der Multistate Essay Examination (MEE) und dem Multistate Performance Test (MPT). Dieser Test ist vereinheitlicht und findet zeitgleich in allen Bundesstaaten statt, die das UBE eingeführt haben. Er bietet die Möglichkeit, die Ergebnisse des Bar Exam unter den Bundesstaaten zu vergleichen. Mittlerweile haben 41 Bundesstaaten den UBE eingeführt.[10] Die Zulassungsvoraussetzungen sind von Bundesstaat zu Bundesstaat verschieden.[11] Für ausländische Kandidat:innen sind sie zum Beispiel beim New York Bar besonders günstig. Dort genügen für die Zulassung derzeit ein ausländisches Studium der Rechte sowie ein in den USA erworbener Master of Laws. Der LL.M. muss an einer von der American Bar Association anerkannten Law School absolviert werden und gewissen Anforderungen entsprechen – zum Beispiel müssen mindestens 24 Credit Points pro Semester erbracht werden. In der Regel ist für das Bar Exam eine intensive Vorbereitung von rund zwei Monaten erforderlich.[12] Zur Vorbereitung werden (kostenpflichtige) Bar Review Courses von verschiedenen Anbietern offeriert. Weitere Informationen zu den Kursen finden sich auf den Internetseiten von Anbietern der Vorbereitungskurse (siehe z. B. www.barbri.com). Der Besuch eines LL.M.-Programms kann somit das anschließende Ablegen des Examens ermöglichen und erleichtern, insbesondere wenn inhaltlich gewisse Übereinstimmungen mit den Anforderungen des Bar Exam bestehen.

England

In England und Wales wird im Grundsatz zwischen den Barristers, die die gerichtliche Vertretung übernehmen, und den Solicitors, die anwaltlich beraten, unterschieden.[13] Aufgrund jüngerer Entwicklungen ist es aber auch Solicitors in zunehmendem Maße möglich, Mandanten vor Gericht zu vertreten. Seit dem 1. September 2021 sind neue Regeln für die Zulassung von ausländischen Anwält:innen in Großbritannien über die Solicitor Qualifying Examination (SQE) in Kraft getreten. Ausländische Bewerber:innen müssen für das Ablegen des SQE formal keine Arbeitserfahrung vorweisen. Für diese Prüfung müssen die Bewerber:innen über einen ausländischen Abschluss verfügen, der in England dem für den Legal Practice Course geforderten Abschluss entspricht. Die Voraussetzung ist ein Abschluss des Niveau 6 des Europäischen Qua-

---

10 Eine ausführliche Übersicht über die Bundesstaaten, die das UBE eingeführt haben, findet sich unter www.ncbex.org/exams/ube/list-ube-jurisdictions.

11 Eine Übersicht findet sich unter reports.ncbex.org/comp-guide.

12 Alle Anforderungen unter www.nybarexam.org/Foreign/ForeignLegalEducation.htm.

13 Zum Berufsrecht in Großbritannien ausführlich Bohlander, AnwBl. 1993, S. 309 ff. (Einleitung), S. 361 ff. (Barristers), S. 594 ff. (Solicitors and Foreign Lawyers); Darstellung bei Wörlen, JA 2006, S. 78 ff.; Hingst, Jura 2004, S. 716 ff. m.w.N. Das Verfahren in Schottland weicht von dem in England und Wales ab.

lifikationsrahmens (EQR) oder höher,[14] das deutsche Staatsexamen erfüllt diese aufgrund der Einstufung als Abschluss auf Niveau 7 des EQR.[15] Darüber hinaus müssen sie auch den zweiteiligen Test bestehend aus einem multiple-choice Anteil (SQE 1) und einem Anteil mit starkem Praxisbezug (SQE 2) zum Wissen über englisches Recht bestanden haben und die von der Solicitors Regulation Authority festgelegten Anforderungen an die persönliche Zuverlässigkeit erfüllen. Eine weitere Voraussetzung zur Zulassung als Solicitor ist das Absolvieren einer zweijährigen Qualifying Work Experience (QWE), diese ist nicht zwingend in einem Block abzulegen.[16] Diese Voraussetzung besteht nicht für sogenannte Qualified Lawyers (zugelassene Anwälte mit einem juristischen Abschluss auf Niveau 6 des EQR oder höher).[17] Die Bewerber:innen können für die Vorbereitung der Prüfung zum englischen Recht an speziellen Kursen teilnehmen. Die Solicitors Regulation Authority kann auch Personen als Solicitor zulassen, wenn die Arbeitserfahrungen als Anwält:innen im Ausland sowie die Abschlüsse die Erwartung rechtfertigen, dass die Bewerber:innen bereits über einige oder alle erforderlichen Fähigkeiten verfügen, um Solicitor zu werden.

Anderenfalls führt der Weg zum Solicitor grundsätzlich über ein dreijähriges Studium der Rechte, an das sich für ein Jahr der Legal Practice Course anschließt. Danach muss eine mit dem Referendariat entfernt vergleichbare zweijährige praktische Zeit als Trainee Solicitor in einer Kanzlei absolviert werden. Um den Zugang zum Legal Practice Course zu erhalten, kann man alternativ zum dreijährigen Studium der Rechte auch im Anschluss an ein beliebiges Studium einen einjährigen Kurs besuchen, der mit dem Common Professional Certificate abschließt. Ein LL.M.-Abschluss eröffnet diesen Weg in der Regel nicht.

Fachanwalt/Fachanwältin

von Dr. Christian Reichel

Pro und Contra

Die Ausbildung zum Fachanwalt oder zur Fachanwältin ist in vielen Fällen eine lohnende Investition in das eigene Qualifikationsprofil. Untersuchungen zeigen, dass Rechtsuchende sich eher an Fachanwält:innen wenden und dass Fachanwält:innen im Durchschnitt ein höheres Einkommen erzielen. Die Bundesrechtsanwaltskammer (BRAK) stellt Statistiken zur Entwicklung der Fachanwaltszahlen seit 1960 zusammen. Besonders hohen Zulauf haben die Fachanwält:innen für Arbeitsrecht (2022 in Deutschland über 11.055). In den letzten Jahren wurde eine ganze Reihe von neuen

---

14 Detaillierte Übersicht zu den Voraussetzungen www.lawsociety.org.uk/career-advice/becoming-a-solicitor/qualifying-from-abroad-to-work-in-england-and-wales#degree.

15 Einstufung des BMI: www.dqr.de/dqr/shareddocs/qualifikationen-neu/de/Staatsexamen-Rechtswissenschaften-9-Sem.html?nn=365830.

16 Übersicht zu den Anforderungen an die QWE: www.lawsociety.org.uk/career-advice/becoming-a-solicitor/solicitors-qualifying-examination-sqe/qualifying-work-experience-qwe.

17 Detaillierte Übersicht zu den Voraussetzungen: www.lawsociety.org.uk/career-advice/becoming-a-solicitor/qualifying-from-abroad-to-work-in-england-and-wales#degree.

Fachbereichen für den Fachanwaltstitel geöffnet, wie etwa das Handels- und Gesellschaftsrecht, das Verkehrsrecht, das Vergaberecht und das Migrationsrecht. Es ist zu erwarten, dass immer mehr Anwält:innen den Fachanwaltstitel anstreben werden. Für einzelne Anwält:innen bietet die besondere Fortbildung und Ausrichtung auf ein Fachgebiet die Möglichkeit, die Qualität der Beratung zu steigern und gegenüber dem Rechtsuchenden an Profil zu gewinnen. Für viele Anwält:innen ist die Erlangung eines Fachanwaltstitels Teil der eigenen Marketingstrategie. Inwieweit neben der Spezialisierung auch das Werben mit der Fachanwaltsbezeichnung erforderlich ist, um eine eigene anwaltliche Praxis zu entwickeln, hängt von den konkreten Umständen der Tätigkeit und dem regionalen Markt ab. Im Einzelfall kann es sogar schädlich sein – etwa, weil man als Spezialanwalt oder Spezialanwältin wahrgenommen wird und das Fallaufkommen nicht genug für eine umfassende anwaltliche Praxis hergibt. Die Entscheidung, Fachanwalt oder Fachanwältin zu werden, ist zunächst ein erhebliches Investment in die eigene Ausbildung und muss als solches sorgfältig bedacht werden und sich in die eigene Marketingstrategie einfügen.

Zulassungsvoraussetzungen

Wie man Fachanwalt oder Fachanwältin wird, ist in der Fachanwaltsordnung (FAO) geregelt. Voraussetzung zur Erlangung des Titels sind zum einen theoretische Kenntnisse und zum anderen der Nachweis einer bestimmten Fallzahl. Die theoretischen Kenntnisse werden durch die Teilnahme an einem auf die Fachanwaltsbezeichnung vorbereitenden anwaltsspezifischen Lehrgang und jährliche Fortbildungsveranstaltungen erworben. Die besondere praktische Erfahrung ergibt sich aus Tätigkeitsnachweisen im jeweiligen Fachgebiet. Die Anforderungen sind für die einzelnen Fachgebiete sehr unterschiedlich (vgl. §§ 5 und 10 FAO). Nur als Beispiel sei das Arbeitsrecht herausgegriffen, für das 100 Fälle nachgewiesen werden müssen – davon mindestens fünf Fälle aus dem Bereich des Kollektivarbeitsrechts und mindestens die Hälfte der Fälle in Gerichts- oder rechtsförmlichen Verfahren. Zusätzlich ist noch ein Fachgespräch vor dem Fachanwaltsausschuss vorgesehen, von dem jedoch je nach Gesamteindruck der vorgelegten Zeugnisse und schriftlichen Unterlagen abgesehen werden kann.

Praktische Erfahrung und Fortbildung

Der Vorbereitungskurs zur Erlangung der theoretischen Kenntnisse kann jederzeit und auch schon während des Referendariats belegt werden. Die praktische Erfahrung muss jedoch innerhalb der letzten drei Jahre vor Antragstellung im Fachgebiet durch einen Rechtsanwalt oder eine Rechtsanwältin persönlich und weisungsfrei erlangt worden sein. Insoweit kann der Fachanwaltstitel erst drei Jahre nach der Zulassung als Rechtsanwalt oder Rechtsanwältin erworben werden. Es empfiehlt sich, den vorbereitenden Fachanwaltskurs in zeitlichem Zusammenhang mit dem Ablauf dieser drei Jahre oder im Anschluss daran zu absolvieren. Es ist hingegen nicht ratsam, dies zu tun, wenn es zumindest nicht wahrscheinlich ist, dass auch die erforderliche praktische Erfahrung erlangt werden kann. Wird der Antrag auf Erlangung einer Bezeichnung als Fachanwalt oder Fachanwältin nicht im selben Jahr gestellt, in dem auch der Vorbereitungslehrgang endet, ist in den Folgejahren bereits vor Antragstellung eine regelmäßige Fortbildung im Fachgebiet nachzuweisen. Hat man den Fachanwaltstitel einmal erworben, ist die regelmäßige Fortbildung im Fachgebiet Pflicht.

Wirtschaftsprüfer:in

von Ina M. Küchler

Zeitpunkt der Zusatzausbildung

Grundsätzlich gilt für jede Zusatzausbildung: je früher, desto besser. Je tiefer man in einen Beruf eingestiegen ist, desto schwieriger lässt sich die Zeit für eine Zusatzausbildung erübrigen. Die Zusatzausbildung zum Wirtschaftsprüfer oder zur Wirtschaftsprüferin ist ähnlich wie bei Steuerberater:innen keine Vollzeitausbildung wie ein Studium, sondern besteht letztlich aus einer Prüfung, die allerdings – im Gegensatz zum Steuerberaterexamen – in einzelnen Modulen in einem Zeitraum von bis zu sechs Jahren abgelegt werden kann und nicht bestandene Module können innerhalb dieses Zeitraums einzeln wiederholt werden.

Zugangsvoraussetzungen

Die Zulassungsvoraussetzungen für das Wirtschaftsprüferexamen ergeben sich grundsätzlich aus den §§ 5–9 der Wirtschaftsprüferordnung (WPO). Die Zulassung zum Wirtschaftsprüferexamen setzt grundsätzlich den Nachweis einer abgeschlossenen Hochschulausbildung voraus. Ähnlich wie beim Steuerberaterexamen kann diese Voraussetzung durch entsprechend längere Arbeitserfahrung ausgeglichen werden. Wird eine abgeschlossene Hochschulausbildung nachgewiesen, ist eine weitere Voraussetzung für die Zulassung der Nachweis dreijähriger (bei Regelstudienzeit von weniger als acht Semestern vierjähriger) einschlägiger Berufserfahrung. Diese Berufserfahrung muss klassischerweise durch die Tätigkeit bei einem oder einer Berufsangehörigen erworben worden sein. Anerkannt werden hier neben der Tätigkeit bei Wirtschaftsprüfer:innen oder einer Wirtschaftsprüfungsgesellschaft auch Tätigkeiten bei vereidigten Buchprüfer:innen, einer Buchprüfungsgesellschaft, einem genossenschaftlichen Prüfungsverband, der Prüfungsstelle eines Sparkassen- und Giroverbands oder bei einer überörtlichen Prüfungseinrichtung für Körperschaften und Anstalten des öffentlichen Rechts.

In diesen drei bzw. vier Jahren müssen Bewerber:innen mindestens für die Dauer von zwei Jahren überwiegend an Abschlussprüfungen teilgenommen und bei der Abfassung der Prüfungsberichte mitgewirkt haben. Aus dieser Forderung ergibt sich die Notwendigkeit des Nachweises von mindestens 53 Wochen Prüfungstätigkeit in einem Zeitraum von zwei Jahren. Die für die Zulassung geforderte drei- oder vierjährige Berufserfahrung kann für einen Zeitraum von bis zu einem Jahr durch eine verwandte Tätigkeit, beispielsweise eine Revisorentätigkeit in größeren Unternehmen, die Tätigkeit als Steuerberater:in (und nicht bei einem oder einer solchen) oder bedingt sogar durch eine entsprechende Tätigkeit im Ausland erfüllt werden. Grundsätzlich muss die geforderte drei- oder vierjährige Berufspraxis insgesamt nach Abschluss der Hochschulausbildung erworben worden sein. Eine Ausnahme für den Nachweis der Berufserfahrung für die Zulassung gilt für Absolvent:innen des Master-Studiengangs „Wirtschaftsprüfung“, die die verkürzte Prüfung nach § 8a WPO ablegen. In dieser Variante kann die Zulassung zur Prüfung bereits früher erfolgen. Eine Bestellung als Wirtschaftsprüfer:in erfolgt allerdings frühestens nach der geforderten Berufstätigkeit. Es ist außerdem möglich, Teile des Examens bereits nach sechsmonatiger einschlägiger Berufserfahrung abzulegen. Liegt keine abgeschlossene Hochschulausbildung vor, muss für die Prüfungszulassung eine Tätigkeit wie oben beschrieben von mindestens zehn Jahren nachgewiesen werden. Alternativ wird auch eine Tätigkeit von fünf Jahren als vereidigter Buchprüfer oder vereidigte Buchprüfer:in oder als Steuerberater:in akzeptiert. Die für die Zulassung geforderte Prüfungstätigkeit kann in diesen Zeiträumen erfolgen. Der Nachweis der Tätigkeit und der Prüfungstätigkeit entfällt für Bewerber:innen, die seit mindestens fünfzehn Jahren – d.h. ohne Unterbrechung – den Beruf als Steuerberater:in oder Buchprüfer:in ausgeübt haben. Über diesen Weg können Anwält:innen und Steuerberater:innen in einer Wirtschaftskanzlei, wenn auch relativ spät im Berufsleben, auch ohne Prüfungstätigkeit zum Wirtschaftsprüferexamen zugelassen werden. Für Informationen zur Prüfungszulassung, der späteren Bestellung zum Wirtschaftsprüfer oder zur Wirtschaftsprüfer:in sowie zur Berufsausübung ist die Webseite der Wirtschaftsprüferkammer eine sehr hilfreiche Quelle (www.wpk.de).

Bei der Berechnung der nachzuweisenden praktischen Tätigkeit muss im Wirtschaftsprüferexamen beachtet werden, dass die Berufserfahrung bis zum Zulassungstermin gesammelt worden sein muss und nicht – wie im Steuerberatungsexamen – bis zum Prüfungstermin. Im Gegensatz zum Steuerberaterexamen führt hier ein Rücktritt nach Ladung zur Prüfung dazu, dass die Prüfung als nicht bestanden gilt. Nur wenn ein triftiger Grund vorliegt, beispielsweise eine schwerwiegende Erkrankung, wird der Prüfungsversuch nicht gezählt. Die Zulassung zur Prüfung erfolgt in der Regel zwei Monate vor dem Termin der schriftlichen Prüfungen. Haben Kandidat:innen das Steuerberaterexamen erfolgreich abgeschlossen oder verfügen sie über anrechenbare fachlich relevante Studienerfahrungen, kann das Examen in verkürzter Form abgelegt werden. Zur Beurteilung hier relevanter Studiengänge empfiehlt sich der Studienführer *Wirtschaftsprüfung* der Wirtschaftsprüferkammer.

Kosten

Die Zulassungs- und Prüfungsgebühren im Wirtschaftsprüferexamen sind wesentlich höher als die im Steuerberaterexamen. So werden zurzeit eine Zulassungsgebühr von 500 Euro und eine Prüfungsgebühr von 500 Euro pro Klausur, für das Vollexamen somit 3.500 Euro erhoben. Abhängig von der individuellen Art der Vorbereitung auf das Examen entstehen zusätzliche Kosten für Lehrbriefe oder die Teilnahme an entsprechenden Vorbereitungskursen. Eine Liste von Anbietern von Lehrgängen zur Vorbereitung auf die Prüfung als Wirtschaftsprüfer:in wird auf der Webseite der Wirtschaftsprüferkammer zur Verfügung gestellt, ohne dass damit eine Wertung oder gar eine Empfehlung verbunden wäre. Ein eventueller Verdienstausfall während der Zeit der Examensvorbereitung muss ebenfalls in die Berechnung der (Opportunitäts-) Kosten einbezogen werden. Bei der Frage der Finanzierungsmöglichkeiten des Examens spielt der Arbeitgeber sicher eine zentrale Rolle. Möglichkeiten des Ansparens von Urlaubstagen, zusätzlicher Freistellung für das Examen oder eventueller direkter Zuschüsse zu den Kosten sollten frühzeitig abgestimmt werden.

Der Titel des Wirtschaftsprüfers oder der Wirtschaftsprüferin ist nach wie vor eine der renommiertesten Berufsbezeichnungen in Deutschland und entsprechend qualifizierte Mitarbeiter:innen sind ein Aushängeschild für jede Kanzlei.

Steuerberater:in

von Jana Fischer

Steuerliche Rechtsberatung oder rechtliche Steuerberatung?

Bei Überlegungen zur strategischen Optimierung eines Unternehmens oder eines Konzerns aber auch bei Problemen mit der Finanzverwaltung ist stets sowohl rechtlicher als auch steuerlicher Rat erforderlich. Der hohe Spezialisierungsgrad von Rechts- und Steuerberatung führt häufig zu Reibungsverlusten zwischen diesen beiden Disziplinen. Den Steuerberater:innen wird es schnell zu juristisch, den Rechtsanwält:innen zu steuerlastig. Rechtsanwält:innen sind zwar grundsätzlich zur unbeschränkten Hilfe in Steuersachen (Steuerberatung) befugt (§ 3 Nr. 1 StBerG). In der Juristenausbildung kommt das Steuerrecht aber häufig zu kurz bzw. wird gar nicht behandelt. Gerade in Rechtsfeldern, bei denen die steuerlichen Folgen eine entscheidende Rolle spielen, sollten Rechtsanwält:innen ohne steuerrechtliche Expertise nicht eigenverantwortlich beraten. Für den (Nur-)Steuerberater ist die Beantwortung von Rechtsfragen hingegen nur erlaubt, wenn es sich um eine Nebenleistung handelt und keine isolierte rechtliche Prüfung des Einzelfalls vorliegt. Fälle echter Rechtsanwendung sind nach der Rechtsprechung des Bundesverfassungsgerichts allein den Rechtsanwält:innen vorbehalten. Die Vertretung in Zivilrechtsverfahren und Strafprozessen (Ausnahme: Steuerstrafverfahren) ist für Steuerberater:innen ebenso unzulässig wie vor Arbeitsgerichten. Erst durch die Vereinigung von vertieften rechtlichen und steuerrechtlichen Kenntnissen ergeben sich fachlich interessante und zugleich lukrative Beratungsmöglichkeiten. Der Titel Fachanwält:in für Steuerrecht wird dabei von Mandanten weniger geschätzt als der Titel Steuerberater:in.

Typische Tätigkeiten von Rechtsanwält:innen mit Steuerberaterqualifikation sind:

- die Gestaltungsberatung bei Unternehmenskäufen und -verkäufen, Reorganisationen oder Sanierungen sowie bei Immobilien- und Kapitalmarkttransaktionen,
- Verhandlungen mit der Finanzverwaltung über die steuerrechtliche Behandlung von geplanten Gestaltungen,
- die Begleitung finanzverwaltungsrechtlicher Verfahren wie Betriebsprüfungen und Einspruchsverfahren,
- die Begleitung finanzgerichtlicher oder steuerstrafrechtlicher Verfahren,
- die steuerrechtliche Beratung und Betreuung von vermögenden Privatkunden im Bereich von Vermögensanlagen.

Zulassungsvoraussetzungen

Die Zulassungsvoraussetzungen für das Steuerberaterexamen ergeben sich aus § 36 StBerG. Die Zulassung setzt grundsätzlich den Nachweis eines abgeschlossenen wirtschafts- oder rechtswissenschaftlichen Hochschulstudiums sowie eine praktische Tätigkeit von mindestens 16 Wochenstunden auf dem Gebiet des Steuerrechts voraus. Die Dauer der praktischen Tätigkeit richtet sich nach der Regelstudienzeit. Wenn diese weniger als vier Jahre beträgt, muss die praktische Tätigkeit über einen Zeitraum von mindestens drei Jahren, sonst mindestens zwei Jahren ausgeübt worden sein. Der Nachweis des abgeschlossenen Hochschulstudiums kann durch entsprechend längere Arbeitserfahrung ausgeglichen werden. Das Steuerberaterexamen gilt als eines der anspruchsvollsten und schwierigsten Prüfungen. Es findet einmal jährlich statt. Laut Statistik der Bundessteuerberaterkammer lag die Bestehensquote im

Jahr 2022/2023 bei 45,1 Prozent (Durchfallquote: 51,2 Prozent bei der schriftlichen, 7,5 Prozent bei der mündlichen Prüfung). Um sich angemessen auf die Prüfung vorbereiten zu können, ist bei nur geringen Kenntnissen im Steuerrecht eine mindestens zwei- bis dreimonatige Freistellung zur Vorbereitung auf die schriftliche Prüfung empfehlenswert.

Kosten

Neben einer Gebühr für die Antragsbearbeitung in Höhe von 200 Euro wird für die Prüfung eine Gebühr in Höhe von 1.000 Euro erhoben. Werden Vorbereitungskurse oder Lehrbriefe zur Vorbereitung verwendet, entstehen entsprechend zusätzliche Kosten. Hinzu kommt ein eventueller Verdienstausfall für die Dauer der Vorbereitung soweit der Arbeitgeber keine bezahlte Freistellung gewährt.

Berufsaussichten

Die Zusatzqualifikation als Steuerberater:in steigert die Berufsaussichten, denn der steuerliche Beratungsbedarf ist nach wie vor hoch und wird in Zukunft nicht zuletzt durch die hohe Komplexität weiter zunehmen. Steuerjurist:innen sind dabei gleichermaßen für Rechtsanwaltsgesellschaften und für Steuerberatungs- und Wirtschaftsprüfungsgesellschaften interessant. Aber auch im Unternehmensbereich werden häufig Steuerjurist:innen gesucht.

Mediator:in

von Prof. Dr. Jörg Risse

Geschäftsfeld mit Zukunft

Wenn man als Jurist:in Karriere machen will, kann man zwei Strategien verfolgen: Entweder man konzentriert sich auf ein arbeitsintensives Geschäftsfeld mit vielen Konkurrent:innen, gegen die es sich durchzusetzen gilt. Oder aber man fokussiert sich auf ein Geschäftsfeld, das erst im Entstehen begriffen ist und bei dem man darauf hoffen muss, dass es sich dauerhaft etabliert. Wer Mediator:in werden will, setzt auf die zweite Strategie. Von der Ausbildung profitieren wird man dabei immer, weil die erworbenen Kenntnisse vielfältig einsetzbar sind. Mediator:innen sind besonders geschulte Dritte, die Streitparteien dabei helfen, ihren Konflikt in strukturierten Verhandlungen beizulegen. Um die Tätigkeit auszuüben, müssen Mediator:innen Kenntnisse im Bereich der Verhandlungsführung und der Konflikttheorie erwerben. Dagegen sind besondere Vorkenntnisse nicht erforderlich, sodass neben Jurist:innen auch Psycholog:innen und Angehörige anderer Berufsgruppen als Mediator:innen tätig sind. „Mediator:in" ist in Deutschland bislang eine ungeschützte Berufsbezeichnung. Nach den Vorgaben des neuen Mediationsgesetzes muss aber eine qualifizierte Ausbildung durchlaufen, wer sich „zertifizierter Mediator" oder „zertifizierte Mediator:in" nennen will.

Sinnvoll ist die Zusatzausbildung als Mediator:in für Jurist:innen, die gerne Konflikte betreuen – sei es in Gerichtsprozessen, Schiedsverfahren oder Verfahren außergerichtlicher Streitbeilegung wie der Mediation. Immer stärker verlangen Konfliktparteien, dass ihre Anwält:innen sie nicht stereotyp auf den Prozessweg verweisen, sondern alternative Streitbeilegungsmöglichkeiten mit ihnen erörtern. In den letzten Jahren hat die Mediation in Deutschland deshalb einen starken Aufschwung genommen. Das liegt unter anderem an mehreren Pilotprojekten deutscher Gerichte, wo (Richter-) Mediator:innen die Mediation als Alternative zum staatlichen Prozess anbieten. Das im Jahr 2012 in Kraft getretene Mediationsgesetz machte das Verfahren weiter bekannt. Die förmliche Anerkennung durch den Gesetzgeber senkt die Hemmschwelle, dieses Streitbeilegungsverfahren auszuprobieren. Für absehbare Zeit wird aber kaum jemand allein über die Mediation seine Brötchen verdienen können. Es gibt in Deutschland immer noch recht wenige privat durchgeführte Mediationen.

Zwei Berufsfelder

In den vergangenen Jahren haben sich zwei Berufsfelder für Mediator:innen herausgebildet: Einmal ist dies die Familien- oder Scheidungsmediation, bei der Mediator:innen versuchen, eine einvernehmliche Trennung der Eheleute zu ermöglichen. Das ist besonders dann sinnvoll, wenn die Eheleute auch über die Scheidung hinaus noch viele Jahre ein vernünftiges Arbeitsverhältnis zueinander haben müssen, etwa weil es gemeinsame Kinder gibt oder Unterhaltszahlungen über einen langen Zeitraum laufen werden. Das andere, immer wichtiger werdende Berufsfeld ist die Wirtschaftsmediation, in der Unternehmen um Ansprüche streiten. Hier wenden sich die Unternehmen der Mediation zu, weil ihnen (Schieds-)Gerichtsverfahren schlicht zu lange dauern und zu teuer sind. Eine einfache Kontrollüberlegung zeigt, dass Mediation funktioniert: Wenn inzwischen über die Hälfte aller größeren Wirtschaftskonflikte durch einen Vergleich beigelegt werden, meist nach jahrelangem Prozess, hätte diese Streitigkeit bei unveränderter Faktenlage doch auch nach wenigen Wochen beigelegt werden können. Das geschieht schlicht deshalb nicht, weil die Parteien falsch verhandeln. Hier setzt die Mediation an, indem sie Vergleichsverhandlungen optimiert.

Ausbildung

Wer Mediator:in werden möchte, sollte nach Abschluss eines Studiums mit einer entsprechenden Zusatzausbildung beginnen. Ohnehin verlangen die meisten (privaten) Ausbildungsinstitute ein abgeschlossenes Studium oder eine vergleichbare Berufsausbildung. Das Mediationsgesetz gibt über eine nachgelagerte Rechtsverordnung Dauer und Inhalt der Ausbildung vor, die erforderlich ist, um zertifizierte Mediatorin oder zertifizierter Mediator zu werden. Die Rechtsverordnung fordert insoweit 130 Ausbildungsstunden, in denen die theoretischen Inhalte der Mediation vermittelt und mithilfe von Rollenspielen eingeübt werden. Daneben ist der Nachweis von (begrenzten) Praxiserfahrungen erforderlich, um den Titel führen zu dürfen.

Kosten

Als Richtgröße für die entstehenden Ausbildungskosten kann man von einem Betrag zwischen 5.000 und 8.000 Euro ausgehen. Langjährig erfolgreiche Ausbildungsinstitute sind etwa das EUCON-Institut in München (www.eucon-institut.de) oder die Centrale für Mediation in Köln (www.centrale-fuer-mediation.de). Schließlich bietet die Universität Frankfurt/Oder eine renommierte Zusatzausbildung in Mediation an. Wer sich für eine solche Ausbildung entscheidet, sollte künftig sicherstellen, dass diese den gesetzlichen Anforderungen zur Erlangung der Bezeichnung „zertifizierte Mediatorin“ oder „zertifizierter Mediator“ genügt. Der Schwerpunkt der Ausbildung liegt in der Vermittlung von Soft Skills, also den sogenannten Schlüsselqualifikationen. Als Mediator:in lernt man, professionell zu verhandeln und auch mit emotional aufgeladenen Situationen umzugehen. Das sind Kenntnisse, die man auch unabhängig von einer Mediation im Berufsalltag einsetzen kann. Insofern lohnt die Ausbildung als Mediator:in immer. Wer indes damit seinen Lebensunterhalt verdienen will, braucht einen langen Atem.

Der LL.M.

Jeden März erscheint die neue Auflage unseres Karriereratgebers *Der LL.M.*

Welcher LL.M. ist der richtige? Das Buch hilft bei der Entscheidung und der Suche nach dem geeigneten LL.M.-Programm. Persönliche Erfahrungsberichte und Praxistipps für die Bewerbung an Unis und für Stipendien helfen bei der Planung des Studiums. Namhafte Hochschulen und große Kanzleien stellen ihre Angebote für Jurist:innen vor.

e-fellows.net-Stipendiat:innen können bei Erscheinen des Buchs die Printausgabe kostenlos bestellen. e-fellows.net-Mitglieder ohne Stipendium und Stipendiat:innen können das E-Book dauerhaft kostenlos herunterladen.

www.e-fellows.net/Der-LLM

3. Einstieg und Karriere

Karrierewege für Jurist:innen

Karrierewege in der Justiz

von Dr. Olaf Weber

Einstellungsvoraussetzungen
Weniger als zehn Prozent der Absolvent:innen erreichen die Note „vollbefriedigend" in beiden Examina, welche beste Chancen auf den Job in der Justiz sichert. Aufgrund der sich immer weiter öffnenden Schere zwischen Gehältern in Großkanzleien und beim Staat können aber auch Noten im befriedigenden Bereich genügen, vor allem wenn eine schöne Punktzahl im Zweiten Staatsexamen erzielt wurde. Schlüsselqualifikationen sind fundierte Kenntnisse in den Grunddisziplinen Strafrecht und bürgerliches Recht sowie eine praxisorientierte Arbeitseinstellung. Auch bedarf es der Fähigkeit, sich schnell in neue Gebiete einzuarbeiten, denn bei Gericht gibt es auch Insolvenz-, Vollstreckungs-, Betreuungs- oder WEG-Abteilungen. Daneben werden emotionale Robustheit, Stressresistenz, die Fähigkeit, sich exzellent in Schrift und Wort auszudrücken, Führungs- und Managementqualitäten sowie eine hohe Sozialkompetenz erwartet. Eine Promotion, Auslandspraktika, Fremdsprachen oder sonstige Zusatzqualifikationen gehören nicht zu den zwingenden Anforderungen. Auch Berufserfahrung ist keine Pflicht, aber sehr von Vorteil: Bewerbungen sind direkt nach dem Referendariat möglich. Rechtlich sind fixe Altershöchstgrenzen für die Einstellung kaum haltbar; bis Mitte/Ende 30 gibt es auch in der Praxis realistische Chancen.

Berufsalltag
Referendar:innen können sich bei entsprechendem Interesse in der Station eine gute Vorstellung vom Berufsalltag der Richter:innen und Staatsanwält:innen machen. Eine Karriere in der Justiz verspricht kein exorbitant hohes, aber immerhin ein sicheres Einkommen: quasi ein bar bezahlter Golf mit Vollkasko statt ein geleaster Porsche. Gerade in teuren Großstädten genügt das R1-Gehalt indes allenfalls für mittelgroße Sprünge. Die Justiz bietet nicht das modernste Arbeitsumfeld, sie bleibt aber ein spannendes und teils auch erfüllendes Berufsumfeld. Zwar mag die Justiz nicht glamourös sein, dafür bietet sie hohe persönliche Verantwortung, einen intellektuell fordernden Job auch in der Provinz, und sie ist familienkompatibel. Die Arbeitszeiten sind flexibel, wenn auch die zeitliche Belastung insgesamt nicht niedrig ist. Aufgrund der Sparbemühungen der Länder ist die Tendenz hier eher steigend. Lange Nächte wie in Frankfurter Büros sind bei Gericht die Ausnahme. Wer aber unter der Woche früh nach Hause möchte, muss am Wochenende Urteile schreiben. Problematisch ist dabei, dass der sogenannte Unterbau – v. a. die Servicekräfte – stetig dünner wird. Fortbildungen werden an den Richterakademien in Trier oder Wustrau und (z. B. über das European Judicial Training Network) sogar international von Barcelona bis Bratislava angeboten. Möglich, aber außergewöhnlich, sind auch internationale Austauschbesuche, Abordnungen nach Karlsruhe, Berlin oder Brüssel und sogar längere Auslandsaufenthalte, z. B. zum Aufbau von Justizsystemen wie etwa im Kosovo.

Bewerbung und Auswahlverfahren

Der Einstieg in die Justiz führt über die Justizministerien der Länder und/oder die jeweiligen Oberlandesgerichte, welche die Absolvent:innen auch über die Bewerbungsmodalitäten informieren. In aller Regel halten sie unabhängig von konkreten Ausschreibungen Listen mit potenziellen Kandidat:innen vor. Viele Länder eröffnen selbst trotz Einstellungsstopps Korridore für besonders geeignete Kandidat:innen. Die Bewerber:innen für die ordentliche Justiz sollten sich – je nach Bundesland – nicht nur auf eine bestimmte Funktion (Richter:in, Staatsanwalt/-anwältin), nicht auf ein bestimmtes Rechtsgebiet (Zivilrecht, Strafrecht, Familienrecht) und nicht für eine bestimmte Stadt bewerben, wenn sie ihre Chancen erhöhen möchten. Die Formulierung von Wünschen ist gleichwohl erlaubt. Mit der Zeit finden sich immer Möglichkeiten, dem eigentlich angestrebten Traumberuf näherzukommen. Erfahrungsgemäß ändern sich solche Wünsche im Laufe einer Karriere. Eine Bewerbung auf eine Gerichtsbarkeit (im Verwaltungs-, Steuer-, Arbeits- oder Sozialrecht) sollte eher separat erfolgen, auch wenn Wechsel von oder zur ordentlichen Gerichtsbarkeit möglich sind. Die Anforderungen hierfür sind teilweise höher. Finanzrichter werden meist aus der Finanzverwaltung rekrutiert.

Im mündlichen Auswahlgespräch sollten die Bewerber:innen Vertreter:innen des Justizministeriums, des Oberlandesgerichts und der Personalvertretung erwarten. Teils werden Assessment-Center vorgeschaltet. Typische Fragen reichen vom Werdegang über die persönliche Motivation bis hin zu Fachfragen. Ausgewählte Kandidat:innen müssen ihre Dienstfähigkeit beim Gesundheitsamt attestieren lassen. In den meisten Ländern wird die Auswahl, die teils durch einen Wahlausschuss erfolgt, durch die Exekutive, oft sogar die Regierung, bestätigt. Neue Richter:innen oder Staatsanwält:innen auf Probe werden dann einer Behörde oder einem Gericht zugewiesen, wo sie ihre Ernennungsurkunde erhalten und vereidigt werden.

Arbeitsbelastung

Den Richter:innen und Staatsanwält:innen werden durch den Geschäftsverteilungsplan des Gerichts oder der Staatsanwaltschaft nach jährlich abstrakt vorab bestimmte Fälle zugeordnet. Die zuständigen Präsidien sind dabei um Gleichbehandlung bemüht. Dazu bewerten sie die Verfahren und schauen auf die Zahlen aus dem abgelaufenen Jahr, um die mögliche Anzahl im nächsten Jahr zu prognostizieren. Ein Katalog namens PEBB§Y weist abstrakt jedem erledigten Verfahren einen Wert zu. Daraus errechnen sich die „erforderlichen" Erledigungen pro Monat und die Anzahl neuer Verfahren nach Turnus. Richter:innen müssen zum Beispiel im Jahr etwa 1.300 Owi-Verfahren, 600 Zivilverfahren am Amtsgericht, 120 Zivilverfahren am Landgericht oder 180 Schöffenverfahren bewältigen, um den Bestand ihres Dezernats gleich zu halten. In der Praxis werden Richter:innen jedoch oft mehr Verfahren als nach PEBB§Y berechnet zugewiesen: Belastungszahlen jenseits der 110 Prozent sind keine Seltenheit. Wegen der richterlichen Unabhängigkeit sind diese Pensen nicht bindend, sie können jedoch als Richtmaß bei Beurteilungen gelten. Die Arbeitsbelastung hängt neben den Neueingängen auch stark vom Bestand ab.

Einstieg in die Justiz

Die ersten Monate in der Justiz können sich als Probe darstellen: Probleme bereitet meist die ungewohnte Arbeitsweise (Verfügungstechnik, Prozessrecht und Verhandlungsführung). Nur wenige Stellen gewähren eine Anlernphase, ein reduziertes Pensum oder Mentor:innen. Aber allgemein helfen alle Kolleg:innen gern den Neuen. Tipps zu den Abläufen kann auch die Geschäftsstelle geben. Bestimmte Tätigkeiten dürfen Assessor:innen gar nicht (Vorsitz einer Kammer) oder erst nach dem ersten Dienstjahr (Vorsitz beim Schöffengericht, Unterbringungen) ausüben. Aber ansonsten gibt es für frisch eingestellte Richter:innen kaum Erleichterungen. Neue Staatsanwält:innen stehen in den ersten Monaten unter Aufsicht und Abzeichnungspflicht ihrer Abteilungsleiter:innen.

Beurteilung

Die erste Beurteilung erfolgt meist nach sechs, eine weitere nach 15 Monaten und eine vor der Ernennung auf Lebenszeit. Danach erfolgen die Beurteilungen in Perioden von drei bis fünf Jahren. Bei Bewerbungen auf höhere Ämter sind diese Beurteilungen vorentscheidend, , denn eine sog. Anlassbeurteilung kann nicht radikal von den Vorbeurteilungen abweichen. Bewertet werden neben dem Gesamteindruck Teilbereiche wie Fachwissen, Belastbarkeit und Erledigungszahlen. Beurteilt wird bei der Staatsanwaltschaft durch ihre Leitung, bei größeren Amtsgerichten dessen Präsident:in, bei kleineren Amtsgerichten und beim Landgericht dessen Präsident:in. Präsident:innen des Oberlandesgerichts bzw. Generalstaatsanwält:innen haben ein Kontroll- und Vetorecht, das sie ausüben werden, um einheitliche Standards im Land zu gewährleisten. Die Notenvergabe wird landesrechtlich oft durch eine Beurteilungs-Allgemeinverfügung konkretisiert.

Zur Bewertung sehen die Beurteiler:innen Akten ein. Sie prüfen formelle Kriterien wie Aktenführung, Klarheit, Sinnhaftigkeit und Form der Verfügungen. Im Fokus stehen die „großen" Entscheidungen: Anklagen, Urteile und begründete Beschlüsse. Wegen der richterlichen Unabhängigkeit wird der Inhalt der Entscheidungen nicht bewertet – wohl aber die Frage, ob die Entscheidungen in sich schlüssig, sauber aufgebaut und ausformuliert sowie mit Rechtsprechung und Literatur belegt sind. Zudem wird die Zahl der erledigten Verfahren in die Wertung einfließen. Die mündlichen Leistungen und das Auftreten prüfen die Beurteiler:innen als Zuschauer:innen von Sitzungen. Etikette, Effizienz, Durchsetzungsvermögen, Wortgewandtheit, Sicherheit im Prozessrecht und die Qualität der mündlichen Begründung von Entscheidungen sind hier gefragt. Die Ernennung auf Lebenszeit erfolgt spätestens nach fünf Jahren. In vielen Ländern ist die Assessoren-Regelzeit auf vier Jahre verlängert worden. Nicht-Übernahmen bleiben die Ausnahme. Besondere Leistungen und Zeiten in der Anwaltschaft werden auf Antrag verkürzend angerechnet. Durch die Ernennung wird aus der Dienstbezeichnung „Richter:in" dann „Richter:in am Amtsgericht/Landgericht". Richter:innen dürfen nicht mehr gegen ihren Willen versetzt werden.

Vergütung und Beförderung

Die Bezahlung ist Ländersache. Die Einstiegsstufe R 1 entspricht zunächst etwa der Stufe A 13, also der Gehaltsgruppe von Lehrer:innen am Gymnasium. Die Bezüge steigen in R 1 aber ohne Beförderung deutlich schneller, sodass bei der Endstufe die R 1 eher der A 15 gleichsteht. Zwei Beförderungen sind also automatisch eingepreist. Zwischenzeitlich ist die Eingangsbesoldung für Assessor:innen abgesenkt worden. Das Bundesverfassungsgericht (Urteil vom 5. Mai 2015 – 2 BvL 17/09) hat die Grenzen der amtsangemessenen Besoldung aufgezeigt – zwischenzeitlich wurde die abgesenkte Eingangsbesoldung daher teils wieder revisiert. Die Beförderung in die Gehaltsgruppe R 2, etwa als Richter:in am Oberlandesgericht, Vorsitzende:r einer Kammer beim Landgericht, Amtsgerichtsdirektor:in oder Oberstaatsanwältin oder -anwalt, ist im Laufe der Karriere nicht jedem vergönnt. Regelmäßig setzt die Beförderung eine erfolgreiche Erprobung bei einem Obergericht voraus, sei es am OLG oder als Mitarbeiter:in beim BGH oder BVerfG. Die Details sind in Beförderungs-Allgemeinverfügungen geregelt. Positiv wirken sich vor allem Verwaltungserfahrung (etwa bei einer Abordnung oder als Präsidialrichter:in) und neuerdings Managementkompetenzen aus.

Abordnungen und Wechsel in der Justiz

Abordnungen sind in vielerlei Gestalt möglich. Typisch ist der Ruf an ein Ministerium oder in die Staatskanzlei, zu Obergerichten oder zu Behörden des Bundes. Die Dauer beträgt meist zwei bis drei Jahre. Bei Gerichten arbeiten die Abgeordneten als wissenschaftliche Mitarbeiter:innen einem Richter oder einer Richterin zu. Im BMJ werden Abgeordnete in ein Referat eingegliedert. Diese Abordnungen genießen ein hohes Prestige, sind jedoch mit persönlichem Aufwand verbunden. Exotischer, aber möglich, sind Abordnungen zur EU-Kommission oder zu internationalen Organisationen. Wechsel innerhalb der ordentlichen Justiz (vom Zivilrecht ins Strafrecht, vom Gericht zur Staatsanwaltschaft) sind auf gleicher Besoldungsstufe leicht durchführbar. Zwischen ordentlicher Justiz, Sozial- und Arbeitsgerichtsbarkeit sind sie je nach Bundesland nicht unüblich; ein Wechsel von der und zur Verwaltungs- oder Finanzgerichtsbarkeit bleibt die Ausnahme. In der Assessorenzeit erfolgen Wechsel meist ohne Zutun des Betroffenen; die Ministerien können so Lücken schließen.

Fazit

In der Justiz können sowohl Karrierist:innen als auch Familienmenschen ihre berufliche Heimat finden. Den Jurist:innen steht es zudem frei, eine beschauliche Karriere zu verfolgen oder sich auf Stellen in der Justiz, der Verwaltung und auf Abordnungsstellen im In- und Ausland zu bewerben. Insgesamt ist die Justiz eine gute Karriereentscheidung für Menschen, die Optionen und Sicherheit in Ausgleich bringen wollen und denen das große Geld nicht ganz so wichtig ist.

Einstieg und Aufstieg in Wirtschaftskanzleien

von Dr. Oliver Michael Hübner

Im Folgenden werden die vielfältigen Einstiegsmöglichkeiten, die bestehenden Aufstiegsperspektiven und die zahlreichen Fortbildungsangebote in Wirtschaftskanzleien aufgezeigt. Dabei sind unter Wirtschaftskanzleien im Sinne dieses Kapitels die im Wirtschaftsrecht beratenden Kanzleien mit stark internationaler Ausrichtung zu verstehen, unter anderem die in den üblichen Rankings (z. B. *JUVE*, *azur* oder *Legal 500*) vertretenen Kanzleien.

Der Einstieg

Die meisten Wirtschaftskanzleien bemühen sich, frühzeitig Kontakt zu ihren zukünftigen Mitarbeiterinnen und Mitarbeitern aufzunehmen. So bieten fast alle großen Wirtschaftskanzleien – zumindest in den Sommersemesterferien – Praktika für Studierende der Rechtswissenschaften an. Diese – meist unbezahlten – Praktika sind üblicherweise jedoch nur in den deutschen Büros der Wirtschaftskanzleien möglich. Solche Praktika bieten neben ersten Einblicken in die alltägliche Berufspraxis vor allem die Chance, einen ersten Kontakt zu einer Wirtschaftskanzlei herzustellen, der dann durch weitere Praktika bzw. die Ableistung einer Referendariatsstation aufrechterhalten werden kann. Als Einstieg eignet sich auch die Tätigkeit als studentische Hilfskraft. Die bezahlten studentischen Hilfskräfte werden von den Wirtschaftskanzleien u. a. für die juristische Recherche, in den Abendsekretariaten oder den Bibliotheken eingesetzt. Auch unterstützen immer mehr Wirtschaftskanzleien unmittelbar die universitäre Ausbildung der Studierenden, z. B. durch ergänzende Lehrveranstaltungen oder praxisnahe Seminare, die von Mitarbeitenden der Wirtschaftskanzleien gehalten werden. Manche Wirtschaftskanzleien fördern sogar die universitäre Lehre durch Stiftungsprofessuren oder die Finanzierung von Fachbereichsbibliotheken.

Die Ableistung einer Referendariatsstation bei einer Wirtschaftskanzlei stellt eine weitere Einstiegsmöglichkeit dar, die von den Wirtschaftskanzleien meist – zusätzlich zum eigentlichen Referendarsgehalt – attraktiv vergütet wird. Als Stationen kommen dabei sowohl die Anwaltsstation als auch die Wahlstation infrage. Viele internationale Wirtschaftskanzleien bieten sogar an, zumindest einen Teil der Referendariatsstation an einem ausländischen Standort zu absolvieren. Im Rahmen der Referendarstätigkeit bekommt man insbesondere die Gelegenheit, unmittelbar im Mandat mitzuarbeiten, was gerade bei größeren Wirtschaftskanzleien meist im Team erfolgt. Nach erfolgreicher Beendigung des juristischen Vorbereitungsdienstes werden die ehemaligen Referendarinnen und Referendare nicht selten fest von den Wirtschaftskanzleien angestellt. Die Ableistung einer Referendariatsstation bei einer Wirtschaftskanzlei kann auch der Impulsgeber sein, eine Promotion zu beginnen und diese durch eine promotionsbegleitende Tätigkeit bei der Wirtschaftskanzlei zu finanzieren.

Die Voraussetzungen für einen beruflichen Einstieg als Rechtsanwalt oder Rechtsanwältin bewegen sich bei den Wirtschaftskanzleien überwiegend im selben Rahmen. Man benötigt überdurchschnittliche Staatsexamina (zumindest „vollbefriedigend“) und sehr gute Englischkenntnisse, die bevorzugt durch ausbildungs- bzw. berufsspezifische Auslandsaufenthalte nachgewiesen sein sollten. Weitere Zusatzqualifikationen, wie z. B. eine Promotion oder ein LL.M.-Abschluss, sind gerne gesehen. Diese hohen Einstiegsvoraussetzungen werden von den Wirtschaftskanzleien mit überdurchschnittlich hohen Gehältern vergütet. Daneben sind bei einigen Wirtschaftskanzleien derzeit auch Tendenzen zu erkennen, Diplomjuristinnen und-juristen – jedoch mit beschränkten Karriereperspektiven – als sogenannte Paralegals, Professional Support Lawyers oder Transaction Lawyers einzustellen. Neben dem Einstieg zum Berufsstart finden gerade im Segment der Wirtschaftskanzleien viele Mitarbeiterwechsel nach einige Jahren Berufserfahrung statt. Zu welchem Zeitpunkt ein Wechsel zu empfehlen ist, lässt sich nicht verallgemeinern und ist im Einzelfall zu analysieren.

Der Aufstieg

Grundsätzlich gibt es in Wirtschaftskanzleien vier Karrierestufen: Associate, Senior Associate bzw. Principle Associate, Fixed Share Partner bzw. Salary Partner und Equity Partner. In fast allen Wirtschaftskanzleien ist der Karriereweg auf das Erreichen der Equity Partnerschaft ausgerichtet. Die Kehrseite ist, dass man beim Nichterreichen der nächsten Karriereebene die Kanzlei verlassen muss (sogenanntes Up-or-Out). Manche Wirtschaftskanzleien haben als notwendige Alternative zur Partnerwerdung (sogenannter Partner-Track) auch Positionen wie die des Counsel geschaffen, die eine durchgehende Beschäftigung als angestellte:r Rechtsanwalt oder -anwältin ermöglichen. In den letzten Jahren ist zu beobachten, dass ein nicht unbeachtlicher Anteil der Associates eine Counsel-Position anstrebt, um das unternehmerische Risiko eines Partners zu umgehen. Zu beachten ist, dass sich die vier genannten Karrierestufen bei allen Wirtschaftskanzleien unterscheiden. Dies betrifft nicht nur die Bezeichnungen, sondern auch die üblichen Zeiträume, die zur Erreichung der nächsten Karrierestufe erforderlich sind, sowie die dahinterstehenden Befugnisse und Verpflichtungen. Deshalb sollte beim Einstieg in eine Wirtschaftskanzlei immer genau analysiert werden, wie die einzelnen Karrierestufen definiert werden. Aus diesem Grund kann im Folgenden lediglich eine grobe – dennoch für die meisten Wirtschaftskanzleien gültige – Skizzierung des Karrierewegs erfolgen.

Zum Berufsanfang steigt man als sogenannter Associate ein. Associates sind ein angestellte Rechtsanwältinnen und -anwälte, die unter der Führung von Partnern bei der Bearbeitung von Mandaten beteiligt ist. Nach ca. drei Jahren werden die Associates meist zu sogenannten Senior Associates bzw. Principle Associates, die nun schon mit der Organisation und der teilweise selbstständigen Durchführung von Mandaten – meist unter Hinzuziehung von Associates – betraut werden. Entscheidend ist aber, dass die Associates (zumindest im Außenverhältnis) nur an der Seite eines Partners beraten, was sich schon allein durch die Haftung begründet.

Nach etwa fünf Jahren steht bei den meisten Wirtschaftskanzleien die Ernennung zur ersten Stufe der Partnerschaft an. Die Zeiträume für die Partnerernennung sind jedoch nicht starr, sondern vielmehr Richtwerte. Letztlich sind für die Partnerernennung der aktuelle Beratungsmarkt, die Entwicklung des Tätigkeitsbereichs und der im Jahr der Ernennung tatsächliche Bedarf der Kanzlei an neuen Partnern entscheidend. Dieser Bedarf hängt stark von der Kanzleistruktur ab, d.h. von der Anzahl der Associates im Verhältnis zur Anzahl der Partner (sogenannter Leverage). Eine Übersicht über die verschiedenen Karrierestufen im Segment der Partner und deren Befugnisse und Verpflichtungen ist schwierig, da nahezu jede Wirtschaftskanzlei ein eigenes System hat. So unterscheiden z. B. einige Wirtschaftskanzleien zwischen Fixed Share Partner bzw. Salary Partner und Equity Partner. Kennzeichnend für den Partnerstatus ist, dass die Partner Mitbestimmungsrechte an der Kanzleiführung haben und am Umsatz beteiligt sind. Jedoch sind sie für die Mandatsführung, die Mandatsgenerierung und den organisatorischen Ablauf verantwortlich.

Die Fortbildung

Neben den Aufstiegsperspektiven sind die Fortbildungsmöglichkeiten für die Freude an der beruflichen Tätigkeit und auch die Qualität des Arbeitsplatzes und des Arbeitgebers maßgebend. Außerdem erhöht eine gute und nachhaltige Fortbildung die Karrierechancen in der Kanzlei, in der man beschäftigt ist, aber auch bei einem potenziellen zukünftigen Arbeitgeber. Die meisten Wirtschaftskanzleien bieten eine Vielzahl von Fortbildungsmöglichkeiten an. So existieren in nahezu allen Wirtschaftskanzleien interne fachspezifische Schulungen und Soft-Skills-Kurse (z. B. Verhandlungsmanagement oder Präsentationsführung). Daneben ist bei den meisten Wirtschaftskanzleien der Besuch von externen Fortbildungen obligatorisch. So fördern auch einige Wirtschaftskanzleien – insbesondere in bestimmten Beratungsfeldern (z. B. Arbeitsrecht und Verwaltungsrecht) – den Erwerb des Fachanwaltstitels. Schließlich bieten gerade Wirtschaftskanzleien aufgrund ihrer personellen Stärke und ihres hohen Organisationsgrads die Möglichkeit, individuelle Fortbildungswünsche wie Aufbaustudiengänge zu ermöglichen. Dabei kommt es jedoch immer auf den Einzelfall an. Die Möglichkeit der Absolvierung eines solchen Programms ist umso wahrscheinlicher, je mehr diese Fortbildungsmaßnahme die ausgeübte Beratungspraxis ergänzt, die Mandatsakquisition erleichtert und je größer die langfristigen Vorteile sind, die die Kanzlei sich davon erhofft.

Da die meisten Wirtschaftskanzleien eine Vielzahl von nationalen und ausländischen Standorten haben, besteht meist die Möglichkeit eines sogenannten Secondments. Dies bedeutet, dass die Mitarbeitenden für eine Zeit von meist drei bis sechs Monaten an einen anderen nationalen oder ausländischen Standort der Kanzlei versetzt wird. Diese „Verschickung" bietet nicht nur interessante Einblicke in die Arbeitsweise an einem anderen Standort und gegebenenfalls in einem anderen Rechtsgebiet bzw. einer anderen Jurisdiktion, sondern erleichtert auch langfristig die Kommunikation und die Positionierung innerhalb der Kanzlei. Oft finden solche Secondments auch bei Mandanten der Wirtschaftskanzleien statt, was die Zusammenarbeit zwischen Kanzlei und Mandant langfristig stärken soll. Abschließend ist noch anzumerken, dass insbesondere die großen Wirtschaftskanzleien mehr und mehr bemüht sind, die sich durch die Besonderheiten der Beschäftigung in einer Wirtschaftskanzlei langfristig ergebenden strukturellen Nachteile auszugleichen, mit dem Ziel,

Familie und Beruf in Einklang zu bringen. Derzeit versuchen einige Wirtschaftskanzleien, dieses Ziel z. B. durch flexible Arbeitszeitmodelle, durch die Einführung von obligatorischen Sonderurlauben (sogenannte Sabbaticals), Teilzeitpartnerschaften oder Krippen und Kindergärten für Kinder der Mitarbeitenden zu verwirklichen.

Fazit

Der Einstieg in eine Wirtschaftskanzlei beginnt nicht erst mit dem ersten Job. Diejenigen, die Interesse an der Tätigkeit in einer Wirtschaftskanzlei haben, sollten bereits durch die Ableistung von Praktika bzw. Referendariatsstationen Einblicke in den Berufsalltag von Wirtschaftsanwältinnen und -anwälten suchen und erste Kontakte knüpfen. Auch ist die Mitarbeit in verschiedenen Wirtschaftskanzleien während des Studiums und des juristischen Vorbereitungsdienstes zu empfehlen, um so die unterschiedlichen Kanzleikulturen kennenzulernen. Eine breite juristische Ausbildung und ein hohes Maß an Allgemeinbildung sind jedoch für eine langfristige Tätigkeit in einer Wirtschaftskanzlei unverzichtbar, neben Soft Skills, zu denen unter anderem soziale Kompetenz, Teamfähigkeit und kulturelle Offenheit gehören. Diese Fähigkeiten sind die unerlässliche Basis, um in einer Wirtschaftskanzlei Karriere zu machen. Die Aufstiegschancen in einer Wirtschaftskanzlei sind zwar beschränkt, aber immer noch vorhanden.

Wechsel zwischen Wirtschaft und Staatsdienst

von Dr. Olaf Weber

Ein Wechsel zwischen Wirtschaft und Staatsdienst ist vor allem in Richtung Staat nicht mehr unüblich, doch findet die Durchlässigkeit der Systeme Grenzen in sozialversicherungsrechtlichen Erwägungen und – noch immer – im Alter.

Work-Life-Balance

Kostendruck und Sparmaßnahmen sind an Gerichten und Staatsanwaltschaften nicht spurlos vorbeigegangen. Das vereinigte Deutschland hat heute etwa so viele Richter:innen wie Westdeutschland 1989. Die Verfahrensstatistik ist Maßgröße für richterliche Leistung geworden: Im sogenannten PEBB§Y-System wird jedem Verfahren eine durchschnittliche Soll-Arbeitszeit zugewiesen und auf die etwa 100.000 Arbeitsminuten einer vollen Stelle im Jahr umgelegt. Richter:innen mit voller Arbeitszeit und 100 Prozent Belastung erhalten nach diesem System im Zivilrecht am Amtsgericht ca. 600 und am Landgericht 120 neue Verfahren im Jahr. Die tatsächliche Belastung liegt oft nahe 110 Prozent dieser Zahlen. Anders als in Kanzleien oder der Wirtschaft sind die meisten Dezernate zeitlich flexibel – im Guten wie im Schlechten: Einerseits können eilige Fälle, z. B. einstweilige Verfügungen, oder eine punktuell schlechte Vergleichsquote zu hohen Spitzenbelastungen führen. Umgekehrt ist es meist möglich, Freizeit- und Arbeitsphasen selbstständig zu koordinieren. Abgesehen von den Sitzungstagen gibt es kaum feste Termine. Lediglich in bestimmten Dezernaten wie bei Betreuungs- oder Ermittlungsrichtern ist eine dauerhafte Anwesenheit am Gericht erforderlich. Eine Schonzeit beim Einstieg gibt es nicht. Viele junge Staatsjurist:innen berichten daher von einem nicht unerheblichen Druck. Wegen strengerer Anforderungen an den Bereitschaftsdienst kommt es vermehrt zu Nacht- und Wochenendarbeit.

In der Wirtschaft bestimmen Mandate und Sachzwänge die Dauer der Arbeit und deren Ausgestaltung. In größeren Kanzleien korreliert die hohe Belastung oft mit einem höheren Gehalt; in kleineren Kanzleien ist dem trotz hoher Belastung nicht immer so. In den im Vergleich zu Kanzleien etwas ruhigeren Rechtsabteilungen kann es je nach Branche Spitzen geben. Immer ist der Mikrokosmos – also die Ausgestaltung der betreffenden Abteilung – entscheidend. 70 oder 80 Wochenstunden wie im M&A werden in anderen Bereichen, wie etwa im „grünen“ Bereich oder im Kartellrecht, allenfalls in Spitzenzeiten gefordert.

Familien- und Kinderfreundlichkeit

Die meisten Unternehmen und Kanzleien bemühen sich um familienfreundliche Arbeitszeitmodelle. In Kanzleien erfordern Teilzeitarbeit oder Elternzeit einen hohen Einsatz aller Beteiligten, weil es schwierig ist, im Deal des Jahres zum Kindergartenschluss zu gehen oder in großen Verfahren einen Personalwechsel vorzunehmen. In Unternehmen gibt es dagegen oft eine gute soziale Absicherung und teilweise betriebseigene Betreuungsangebote. Im Staatsdienst ist die Vereinbarkeit von Beruf und Familie weitgehend unproblematisch und wird durch Ansprüche auf Teilzeitarbeit, Kinderkrankenscheine für Erziehungsberechtigte, langfristige Urlaubsplanung sowie Ehe- und Kinderzulagen gefördert.

Arbeitsumfeld und Extras

PC-Ausstattung, Personal und Dienstleistungen am Arbeitsplatz sind in den meisten Kanzleien und Unternehmen gut. Die Ausstattung der Justiz variiert. Statt einer eigenen Sekretärin gibt es oft Schreibpools oder sogar den Wunsch des Dienstherrn, per Texterkennung zu diktieren. Auch sind die Mitarbeiter:innen nicht immer gut geschult. Extras wie Dienstfahrzeuge gibt es teilweise in größeren Unternehmen und Kanzleien, nicht aber in der Justiz. Die Kleidung am Arbeitsplatz ist paradigmatisch: Für Anwält:innen und Unternehmensjurist:innen sind Anzug oder Kostüm Pflicht. Zwar sehen auch Gerichtspräsident:innen ihr Personal gerne derart schick gekleidet; in der Praxis fallen Richter:innen und Staatsanwält:innen mit Schlips außerhalb der Sitzungstage in der Kantine aber eher auf.

Vergütung

Finanziell ist die Justiz gehobene Mittelklasse. Die Gehaltsgruppe R 1 entspricht zunächst in etwa der von Gymnasiallehrer:innen (A 13), steigt dann aber schneller an und endet in etwa bei A 15. Beförderungsstellen (R 2) sind rar; noch höhere Posten sind oft nur für Ausnahmetalente und politisch Vernetzte verfügbar. Aus finanziellen Gründen ist ein Wechsel zum Staat allenfalls ob der Planbarkeit des Gehaltseingangs attraktiv, obschon sich die Gehaltsunterschiede nach Steuern und auf Stunden gerechnet relativieren. In der Kanzlei von nebenan oder in kleinen Unternehmen werden jedoch auch keine exorbitanten Gehälter gezahlt. Zudem ist die Bezahlung durch den Staat sicher – auch in Zeiten von Flauten und Stellenabbau. Boni und Zulagen gibt es in der Justiz nicht. Nebentätigkeiten und deren Vergütung sind beschränkt; Pensionen und Sozialleistungen hingegen (noch) gut. Aufgrund von Kürzungen bei diversen Leistungen und weil Gehaltssteigerungen nicht dem Tempo der Wirtschaft folgten, hat das BVerfG schon die Verfassungsgemäßheit der Richtervergütung geprüft; für die meisten Länder dürfte die Bezahlung allerdings den vom BVerfG aufgestellten Kriterien entsprechen. Anwält:innen und teilweise auch Unternehmensjurist:innen profitieren von der Absicherung durch Versorgungswerke. Teils von Unternehmen gewährte Leistungen wie Betriebsrente oder Dienstwagen machen das Paket attraktiv.

Sicherheit

Ein ernannter Richter kann, anders als z. B. eine Staatsanwältin, nicht mehr gegen seinen Willen versetzt werden. Bei beiden ist das Gehalt nicht erfolgsabhängig, und eine Kündigung ist ausgeschlossen. In der Wirtschaft weht ein deutlich schärferer Wind. In größeren Unternehmen und Anwaltsbüros mit mehreren Standorten können Transfers infrage kommen. Auch Kündigungen sind sowohl in Unternehmen als auch in Kanzleien möglich und üblich.

Fortbildung

Kanzleien bieten teils intensive Fortbildungsangebote wie Kanzleiakademie oder Mini-MBA an. Im Unternehmen werden Jurist:innen hausintern in typischen Fragen der Branche ausgebildet und dürfen daneben oft Angebote professioneller Seminaranbieter wahrnehmen. In der Justiz ist jährlich zumindest eine größere Fortbildung vorgesehen. Die einzelnen Länder und die deutsche Richterakademie in Trier und Wustrau bieten ein breites Angebot an Seminaren. Zudem sind Fachrichter:innen oft kostenlos zu Veranstaltungen der Anwaltschaft eingeladen. Inzwischen gibt es auch internationale Fortbildungen und Austauschprogramme.

Zeitpunkt für einen Wechsel

Dank der Vorgaben aus Brüssel sollte die Altersgrenze beim Wechsel in den Staatsdienst keine Rolle mehr spielen. Bis zu einem Alter von 35 Jahren ist ein Wechsel in die Justiz auch praktisch gut, bis 40 noch teilweise möglich. Ältere Semester sollten den direkten Kontakt zur Justizverwaltung suchen. Der Staat ist an anwaltlichen Vorkenntnissen interessiert. Für den umgekehrten Wechsel in die Wirtschaft gibt es formell keine zeitlichen Grenzen. Jedoch werden die meisten Kanzleien oder Unternehmen an älteren Bewerbern nur dann interessiert sein, wenn diese sich z. B. in der Wissenschaft einen Namen gemacht haben oder Spezialkenntnisse mitbringen.

Praktische Details des Wechsels

Bewerber:innen sollten sich Stillschweigen über die Bewerbung ausbedingen. Wer ernsthaft wechseln will, sollte zuvor die Risiken minimieren. Die Kündigungsfrist ist hierbei ein Problem, das man dem neuen Arbeitgeber gegenüber offen ansprechen sollte. Auch ist der Wechsel zum Staat erst dann sicher, wenn man die Urkunde in den Händen hält. Eine Zusage ist nichts mehr wert, wenn der Gesundheitscheck negativ ausfällt. Wer umgekehrt seine Lebenszeitverbeamtung aufgibt, sollte sich vom neuen Arbeitgeber entsprechende finanzielle Garantien geben lassen, insbesondere, was die Altersvorsorge angeht.

Sozialversicherungsrechtliche Fragen sind ernsthafte Hindernisse. In der Krankenversicherung ist ein Wechsel zwischen den allgemeinen Tarifen oder der gesetzlichen Kasse und den Beamtentarifen erforderlich. Da viele private Versicherungsunternehmen beides anbieten, sollte man sich beim Abschluss die Anwartschaft ausbedingen, zu gleichen Bedingungen in die andere Tarifgruppe wechseln zu dürfen. Für Rente oder Pension bringt ein Wechsel Probleme: Wer aus Versorgungswerk oder BfA in die Justiz übertritt, hat vielleicht bereits Versorgungsansprüche erworben. Oft gibt es dann ein Wahlrecht zwischen der Auszahlung der bereits entrichteten Beiträge und der Inanspruchnahme der Leistung (sprich: Rente). Beamtenrechtliche Anrechnungsvorschriften und verlorene (weil solidaritätsgebundene) Beitragsteile gefährden die persönliche Absicherung jedoch erheblich. Alle Wechselwilligen sollten sich das zuvor durchrechnen lassen.

Von der Wirtschaftskanzlei in die Wirtschaft

von Dr. Lutz Kniprath

Ein Wechsel von einer Wirtschaftskanzlei in die Wirtschaft kann sinnvoll sein und ist keineswegs unüblich. Die Wechselnden profitieren im Unternehmen von Kanzleierfahrungen, das Unternehmen erhält auch in der Praxis sehr gut ausgebildete Mitarbeitende mit breiter Branchenkenntnis, und die Kanzlei mag sich Hoffnungen auf Fürsprache im Unternehmen machen. Typisches Ziel solcher Wechsel sind Rechtsabteilungen (je nach Vorwissen des Wechselnden und Organisation des Zielunternehmens eine allgemeine oder eine spezialisierte Rechtsabteilung) oder auch das Personalwesen.

Die folgenden Ausführungen gelten tendenziell für den Wechsel von Wirtschaftskanzleien jeder Größe in Rechtsabteilungen jeder Größe. Hier soll exemplarisch der Wechsel von einer Großkanzlei in die Rechtsabteilung eines großen Unternehmens behandelt werden. Der Sprung zurück vom Unternehmen in eine Kanzlei kommt seltener vor und erfordert andere Überlegungen.

Die Arbeit in einer Kanzlei unterscheidet sich – bei allen Gemeinsamkeiten – letztlich doch deutlich von der Arbeit in einer Rechtsabteilung. Manche Unterschiede sind Triebfedern für einen Wechsel, andere halten Jurist:innen eher im Anwaltsleben, je nach persönlichen Prioritäten und Neigungen.

Der Zeitaspekt

Welche Anwält:innen haben nicht schon neidvoll davon gehört, dass der Syndikus oder die Syndika ihres Mandanten abends um sieben die Bürolampe ausknipst? Unterm Strich bieten Rechtsabteilungen in der Tat mehr Chancen auf ein verwertbares Stück Abend außerhalb des Büros als viele große Kanzleien. Hier wie dort gibt es jedoch Unterschiede. Im Unternehmen hängen sie vom Auftrag der Rechtsabteilung im Unternehmen, von den Zielen ihrer Leitung, vom Personalbudget und vielen weiteren Faktoren ab. Und die Arbeitsbelastung schwankt phasenweise – wie in einer Kanzlei. In Spitzenzeiten, etwa auf der Zielgeraden eines M&A-Deals, bieten manche Rechtsabteilungen dem Wechselnden Gelegenheit, sich in die gute alte Kanzleizeit zurückversetzt zu fühlen.

Die materielle Seite

Bot die große Kanzlei viel Geld, aber keine Zeit, um es überlegt auszugeben, so folgen dem Wechsel in eine Rechtsabteilung im Regelfall immer noch ein gut auskömmliches Gehalt und manchmal auch einige erfreuliche Zusatzleistungen wie z. B. Betriebsrente oder Geschäftswagen mit Tankkarte, aber kein Überfluss. Auch reist man gewöhnlich als Industriesyndika oder -syndikus nicht häufig Business Class oder versinkt in den weichen Sesseln der Bahn wie Anwält:innen in der Großkanzlei, und man steigt auch nur eher zufällig einmal in Fünf-Sterne-Herbergen ab. Dieser Verzicht schmerzt indes kaum, denn die Nähe zu den produzierenden Abteilungen und zu der großen Mehrzahl von Kolleg:innen, die ein geringeres Gehalt und schmalere Spesenkonten haben als die Syndizi, helfen dabei, die eigenen Möglichkeiten im rechten Verhältnis zu sehen. Und schließlich bieten auch Rechtsabteilungen Aufstiegsmöglichkeiten, wenn auch gestreckter und mit moderateren Gehaltssprüngen.

Die Mandantenseite

Anwält:innen in Wirtschaftskanzleien beraten wechselnde Mandanten, Syndizi nur einen, ihr Unternehmen. Im Konzern gibt es immerhin zusätzlich Konzerngesellschaften. Die ungleich intensivere Mandantenbeziehung hat eine intime Kenntnis des Mandanten und seiner internen Vorgänge zur Folge – und der Mandant erwartet sie auch. Wenngleich manche Wirtschaftskanzleien etwa über die Bildung mandantenspezifischer Client-Relationship-Teams ihre Vertrautheit mit einzelnen Mandant:innen steigern können, werden sie den Vorteil der ins Unternehmen eingegliederten Inhouse-Jurist:innen nicht aufholen können. So sitzen diese täglich im Unternehmen, sind teils mit Routineaufgaben des Unternehmens befasst, knüpfen persönliche Kontakte mit nicht juristischen Abteilungen und Kolleg:innen, werden in den verschiedensten Alltagsfragen zurate gezogen und sind einfach mittendrin.

Die monopolartige Stellung der Rechtsabteilung im Unternehmen erspart die Akquise. Die Kehrseite dieser komfortablen Position ist allerdings, dass die Mandate aus dem Zuständigkeitsbereich nicht abgelehnt werden können, auch nicht wegen Überlastung oder weil eine Anfrage zu unbedeutend erscheint.

Die Karriereseite

Große Kanzleien haben in jüngerer Zeit vielfältige Karrierestufen und wohlklingende Titel zwischen dem Associate und dem Equity Partner eingeführt. Damit haben sie sich den komplexen Hierarchien angenähert, nach denen viele große Unternehmen strukturiert sind. Die Rechtsabteilung ist in deren Hierarchie eingefügt, nutzt vom gesamten Spektrum jedoch üblicherweise nur zwei bis fünf Hierarchiestufen. Der Aufstieg innerhalb einer Rechtsabteilung hängt stark von verfügbaren Planstellen und Budgetfragen ab und erscheint daher zuweilen zäh. Hingegen reagieren Kanzleien insoweit flexibler auf das aktuelle Mandatsaufkommen. Dies kann zur zügigen Schaffung zusätzlicher Stellen, aber ebenso zur plötzlichen Einschränkung der Aufstiegsmöglichkeiten führen. Anders als bei Kanzleien ist es in Rechtsabteilungen unüblich, bewährten Mitarbeitenden im Stil eines Up-or-Out nach dem Ablauf einer gewissen Zeit den Ausstieg nahezulegen.

Das berufliche Selbstverständnis

Der deutsche Rechtsanwaltsberuf als freier Beruf wandelt sich: In einer großen Wirtschaftskanzlei sind die meisten Anwält:innen nur Angestellte, arbeiten unter verschieden gestalteter Aufsicht, erlangen erst allmählich Zeichnungsbefugnis und sind vielfältig in fachliche und hierarchische Strukturen eingebunden. Von dort ist der Schritt in die Strukturen eines Unternehmens nicht weit. Gleichwohl berührt es das Selbstverständnis von Jurist:innen, ob sie als Rechtsanwält:innen zugelassen sind und wie ihnen ihre Mandant:innen gegenübertreten.

Zulassung

Auch wenn Syndizi zugleich als Rechtsanwält:innen zugelassen werden können, betrifft diese Zulassung nur ihre Nebentätigkeit. Wichtige Privilegien der Rechtsanwält:innen werden Syndizi in Deutschland bislang vorenthalten, etwa das Recht, den Unternehmensmandanten vor staatlichen Gerichten zu vertreten und der Schutz des anwaltlichen Berufsgeheimnisses gegen staatliche Ermittlungen.

Verhältnis zu Mandanten

Mandanten konsultieren Rechtsanwält:innen, die Syndizi schalten sie ein. Umgekehrt müssen Rechtsanwält:innen ihre Mandate akquirieren, Syndizi lassen sie auf sich zukommen. Rechtsanwält:innen haben wechselnde Mandanten, Syndizi sind an den einen gebunden. Rechtsanwält:innen kostet Geld, in vielen großen Kanzleien sogar besonders viel, der Rat von Syndizi ist kostenlos, wenn das Unternehmen kein internes Anrechnungssystem nutzt. Die nach Stunden abrechnenden Rechtsanwält:innen werden häufig erst gerufen, wenn der Zug schon fährt, und im nächsten Bahnhof schleunigst wieder abgesetzt, während Syndizi zusätzlich die Entstehung und Abwicklung von Projekten mitgestalten. Was folgt daraus? Syndizi sind feste Bestandteile eingespielter Teams, während die Anwält:innen auf vielen Spielfeldern unterwegs sind. Wegen ihrer umfassenden Erfahrung sind Anwält:innen respektierte Gäste, während der Syndizi gleichberechtigt zur Mannschaft gehören.

Fazit

Zumeist gilt, dass eine Rechtsabteilung eine Kanzlei eigener Art ist. Sie bietet ebenfalls spannende rechtliche Beschäftigungsfelder, je nach Modell und Größe mit einem „breiten Schreibtisch" oder einer hohen Spezialisierung. Sobald Anwält:innen genügend Erfahrung im Umgang mit Mandant:innen und anwaltlichen Techniken gesammelt haben, kann ein Wechsel sinnvoll sein. In der Regel erweisen sich mindestens zwei Jahre Berufserfahrung in einer guten Kanzlei als sehr nützlich. Die zeitliche Obergrenze liegt dort, wo die anvisierte Rechtsabteilung sie sieht. Einige große Kanzleien bieten Berufseinsteiger:innen ein so hervorragendes Ausbildungsprogramm, wie es bei Unternehmen eher unwahrscheinlich ist. Schon deswegen lohnt sich eine erste Berufsphase in einer guten Kanzlei.

Übrigens: Der Weg wieder zurück in die Anwaltschaft, den der Autor nach dreieinhalb Jahren Intermezzo im Unternehmen gewählt hat, mag steinig sein. Die Erfahrung im Unternehmen ist jedoch ausgesprochen nützlich für den Wieder-Anwalt, sowohl wegen des erworbenen Fachwissens als auch wegen des Perspektivwechsels.

Vorbereitung auf die Bewerbung

von Dr. Florian Stork

Tipps für die Bewerbung

Ein Bewerbungsprozess folgt immer dem gleichen Ablauf, unabhängig davon, ob der Sprung in den (internationalen) Öffentlichen Dienst, die Karriere in Kanzlei oder Unternehmen oder eine Fortbildung (im Ausland) angestrebt wird: Am Anfang steht die Suche, gefolgt vom Versand der Bewerbungsunterlagen und dem Vorstellungsgespräch.

Die Suche – Stellenanzeigen, Messen und die Initiativbewerbung
Der klassische Weg zum ersten Job oder zur Referendarstation führt immer noch über Stellenanzeigen. Juristische Stellen werden in Jobbörsen von großen überregionalen Zeitungen wie der *FAZ* oder der *Süddeutschen Zeitung* angeboten. Akademische Anzeigen wie Ausschreibungen für Professuren sowie Postdoc- und Promotionsstellen werden insbesondere in der *ZEIT*, auf www.academics.de sowie unter www.e-fellows.net/stellenmarkt veröffentlicht. Daneben finden sich Stellenanzeigen auf der e-fellows.net-Website im Bereich „Jobs" sowie in juristischen Fachzeitschriften wie z. B. der *NJW* oder dem *JUVE Rechtsmarkt* und auf großen Internet-Portalen wie www.stepstone.de, www.indeed.com oder www.jobware.de.

Abseits der klassischen Stellenanzeige führen auch andere Wege zum Ziel, beispielsweise juristische Kontaktmessen. Dort präsentieren sich vor allem internationale Wirtschaftskanzleien, z. B. auf dem Karriere-Event e-fellows.net Perspektive Wirtschaftskanzlei oder bei den JURAcon-Veranstaltungen.

Ähnlich wie bei der Bewerbung auf einer Jobmesse wendet man sich auch mit einer Initiativbewerbung unaufgefordert an einen Arbeitgeber seiner Wahl. Die Möglichkeit, sich auf diese Art vorzustellen, sollte man nutzen, auch weil man dabei größere Freiheiten als bei bereits ausgeschriebenen Stellen und kaum Mitbewerber:innen hat. Allerdings ist das unaufgeforderte Versenden von Bewerbungsunterlagen erfolgversprechender, wenn man dafür einen Aufhänger nutzt (wie z. B. aktuelle Informationen über den Wunscharbeitgeber aus den Medien oder von der Unternehmenswebsite) und dabei eine Brücke zu seinen eigenen Qualifikationen schlägt.

Als Bewerber:in sollte man auch das eigene Netzwerk, den Freundes-, Bekannten- und Kollegenkreis in die Stellensuche einbeziehen, z. B. über die eigenen Profilseiten in einem sozialen Netzwerk, wie z. B. Xing oder LinkedIn. Dabei gilt: Je konkreter das eigene Netzwerk über das Berufsziel und die eigenen Vorstellungen informiert ist, desto eher kann es helfen.

Exkurs: der Telefonanruf
Oft ist es hilfreich, vor Versand seiner Bewerbungsunterlagen zum Telefon zu greifen – egal, ob man sich initiativ oder auf eine ausgeschriebene Stelle bewirbt. Ein Anruf beim potenziellen Arbeitgeber hat in der Regel mehrere Vorteile: Man kann seine Bewerbung an eine:n konkrete:n Ansprechpartner:in adressieren (z. B. wenn in der Stellenanzeige kein Name genannt ist), weitere Informationen sammeln und nicht zu-

letzt seine Kommunikationsfähigkeit unter Beweis stellen. Gute Vorbereitung und ein Lächeln während des Gesprächs erleichtern die telefonische Kommunikation übrigens ungemein. Denn auch wenn man sich an verschiedenen Orten aufhält, fühlen Menschen intuitiv, ob sich die Person am anderen Ende der Leitung freut, weil ein Lächeln die Stimm-Melodie, die Atmung und den Sprachrhythmus positiv beeinflusst.

Die Suche – Ausland und Aufbaustudium

Teilzeit- und Vollzeitjobs im englischsprachigen Ausland lassen sich z. B. über sogenannte Legal Staffing Agencies finden. Organisationen wie die Deutsch-Amerikanische oder die Deutsch-Britische Juristenvereinigung können in der Regel bei der Vermittlung von Referendarstellen im jeweiligen Kontaktland helfen. Für internationale Jobs lohnt ein Blick auf die Seiten des Auswärtigen Amts unter www.auswaertiges-amt.de/de/karriere.

Aufbaustudiengänge (mit wirtschaftlichem oder juristischem Schwerpunkt; in Deutschland oder im Ausland) findet man auf den Websites von e-fellows.net oder llm-guide.com sowie über spezifische Kontaktmessen wie den e-fellows.net MBA Day oder LL.M. Day. Entsprechende Stipendien vergibt in erster Linie der DAAD, aber auch hier lohnt eine intensive Recherche, beispielsweise über die Stipendiendatenbank von e-fellows.net unter www.stipendiendatenbank.de.

Versand der Bewerbungsunterlagen

In welcher Form man seine Bewerbung versendet, hängt in erster Linie von den Wünschen des potenziellen Arbeitgebers ab: klassisch auf dem Postweg, per E-Mail oder über ein Online-Formular.

Exkurs: die E-Mail-Bewerbung

Wenn möglich, sollte man auf die E-Mail-Bewerbung setzen. Diese ist für den Arbeitgeber einfach zu bearbeiten und erspart ihm die Rücksendung der Unterlagen. Sie ist zudem kostengünstig für den Bewerber. Im Gegensatz zum Online-Formular lässt sie mehr Freiraum für die eigene Präsentation und muss nicht jedes Mal von Grund auf neu erstellt werden. Selbstverständlich muss eine E-Mail-Bewerbung von einer seriösen Adresse abgeschickt werden. Mit „jurababe@e-mail.de“ erfreut man seine Kommiliton:innen, mit „jmusterfrau@e-mail.de“ die Personaler:innen.

Den E-Mail-Text selbst sollte man sehr kurz (zwei Zeilen) halten, an eine:n konkrete:n Ansprechpartner:in adressieren und auf die Anlage (Anschreiben, Lebenslauf und Anlagen, alle zusammengefasst in einer Datei) verweisen. Die Anlage sollte im PDF-Format geschickt werden und eindeutig benannt sein, z. B. also nicht „hanna5.doc“, sondern „Bewerbung_Johanna Musterfrau.pdf“. Falls das Dateivolumen sehr groß ist, empfiehlt es sich, den Anhang in einer ZIP-Datei zu komprimieren.

Achtung: Viele private E-Mail-Anbieter fügen Werbung als Signatur ein, was bei einer Bewerbung nie gut aussieht. Um auch bei der Formatierung auf Nummer sicher zu gehen, sollte man die E-Mail vor dem endgültigen Absenden an sich selbst und eine:n Freund:in mit anderem E-Mail-Provider verschicken, um den Gesamteindruck zu überprüfen.

Alle Bewerbungsformen erfordern ein gleich hohes Maß an Sorgfalt und Präzision. Mögliche Stolpersteine wie Rechtschreib- und Grammatikfehler gilt es daher um jeden Preis zu vermeiden. Fehlerfreiheit und Lesefreundlichkeit sind oberstes Gebot, weil sich die Bearbeiter:innen in der Regel nur ein paar Minuten für die Durchsicht der Unterlagen nehmen wird (in deren Vorbereitung man Bewerber dagegen viele Stunden investiert haben sollte). Und ganz wichtig: Jurist:innen brauchen eine geschliffene Sprache und Ausdrucksweise, um zu überzeugen. Denn wie wird jemand, dessen Bewerbungsunterlagen bereits zahlreiche Tippfehler, Schachtelsätze und Substantivierungen enthalten, später einen klaren und möglichst fehlerfreien Vermerk schreiben? Ein Mittel gegen „Sprach-Diarrhö" halten Michael Schmuck mit seinem Klassiker *Deutsch für Juristen*, Eva Engelken mit ihrem *Klartext für Anwälte* sowie Roland Schimmel mit seinem praktischen Übungsbuch *Juristendeutsch?* bereit. Die Zeit für das Durcharbeiten eines der Bücher ist bestens investiert.

Weiterer Ablauf

Erhält man dann die Einladung zum Vorstellungsgespräch, kann man sich gratulieren: Die Unterlagen haben den potenziellen Arbeitgeber neugierig gemacht und damit ihren Zweck erfüllt. Jetzt kommt der nächste Abschnitt, und auch der bedarf einer sorgfältigen Vorbereitung. Ist eine Kopie der Bewerbungsunterlagen bei den eigenen Akten? Wer frei nach Konrad Adenauers Worten: „Was interessiert mich mein Geschwätz von gestern?" zum Bewerbungsgespräch geht, wirkt nicht nur unvorbereitet.

Eine eventuelle Absage sollte unter keinen Umständen persönlich genommen werden, sondern eher Ansporn sein. Positiv denken, Vorstellung schafft Wirklichkeit! Vielleicht gab es noch 300 andere Bewerber:innen? Wer möchte, kann versuchen, die Gründe für die Absage bzw. die Auswahlkriterien in Erfahrung zu bringen. Davon sollte man sich allerdings nicht zu viel versprechen: Seit Inkrafttreten des Allgemeinen Gleichbehandlungsgesetzes geben Arbeitgeber in der Regel keine oder nur nichtssagende Gründe für ihre Ablehnung an, um Schadensersatzansprüche zu vermeiden.

Die Bewerbungsunterlagen

In die Zusammenstellung der eigenen Bewerbungsunterlagen kann man nicht zu viel Zeit investieren. Dabei ist es wichtig, sich die Erwartungshaltung des Arbeitgebers deutlich zu machen: Die Bewerbung ist die erste Arbeitsprobe der Kandidat:innen. Zwei Aspekte stehen im Vordergrund: Formal müssen Bewerber:innen darstellen, dass sie genau die Voraussetzungen mitbringen, die für die jeweilige Stelle erforderlich sind. Deshalb sieht die Bewerbung für jede Stelle etwas anders aus. Darüber hinaus muss die Bewerbung beim Arbeitgeber die nötige Aufmerksamkeit erwecken, damit dieser zum Vorstellungsgespräch lädt.

„Vollständige", bzw. „aussagekräftige" oder „komplette" Bewerbungsunterlagen umfassen das Anschreiben, den Lebenslauf und die Anlagen. Von einer Kurzbewerbung, die nur aus Lebenslauf und/oder Anschreiben besteht, sollte man absehen. Zu sehr drängt sich der Eindruck eines „Schnellschusses" bzw. eines Bewerber-Rundschreibens auf. Während das Anschreiben im besten Fall nur eine Seite umfasst, soll der Lebenslauf nicht mehr als zwei Seiten beanspruchen (drei, wenn ein Deckblatt beigelegt wird). Für die Unterlagen verwendet man weißes Papier, damit sie auch nach dem Einscannen leserlich bleiben. Ansonsten gilt frei nach Goethe: Erlaubt ist, was gefällt. Man sollte jedoch berücksichtigen, dass die meisten Arbeitgeber aus der Rechtsbranche einen klassisch-konservativen Stil bevorzugen.

Das Anschreiben

Das Anschreiben bietet eine Plattform zur Darstellung der Motivation des Kandidaten. Es ist nicht mit einem bloßen Begleitbrief zu verwechseln. Vielmehr soll es eine Brücke zwischen Lebenslauf und Persönlichkeit auf der einen sowie Anforderungsprofil und Unternehmenswerten auf der anderen Seite schlagen. Gerade die Gestaltung eines knappen (nicht mehr als eine Seite), aber doch umfassenden Anschreibens kostet Zeit. Das sah schon Goethe so, als er schrieb: „Heute schreibe ich Dir einen langen Brief, denn ich habe keine Zeit."

In erster Linie geht es im Anschreiben um die Stärken und um die Motivation. Warum soll es gerade diese Stelle bei gerade diesem Arbeitgeber sein? Die Kunst besteht darin, den richtigen Ton zu treffen. Plattheiten oder übertriebenes Lob wirken so authentisch wie auswendig gelernte Begeisterung. Man sollte deshalb von beidem absehen. Der Arbeitgeber will nicht gebauchpinselt werden, sondern wissen, warum er den Kandidaten oder die Kandidatin braucht und wie diese zum Geschäftserfolg beitragen können. Auch reine Wiederholungen des Lebenslaufs sind nicht angebracht. Es gilt vielmehr, die eigenen Fähigkeiten zum Arbeitgeber bzw. zur Stelle in Beziehung zu setzen. Warum passt gerade diese:r Kandidat:in in das Anforderungsprofil der Stelle? Warum passen gerade diese:r Bewerber:in und der Arbeitgeber so gut zueinander? Dabei können auch aktuelle Meldungen über den Arbeitgeber in das Anschreiben einfließen. Es ist ohne Zweifel schwierig, auf einem Blatt Papier Begeisterung und Motivation zu vermitteln. Aber es geht. Mit kurzen, prägnanten Sätzen, aktiven, dynamischen Formulierungen, bildhafter Sprache und Beispielen, aus denen die persönliche Eignung hervorgeht. Achtung: Die eigenen Fähigkeiten nur beschreiben, nicht bewerten.

Der Lebenslauf

Bewerber:innen sind kein Buchhalter:innen ihrer vergangenen Erfolge, sondern Werber:innen für eine gemeinsame Zukunft. Sie sollen sich „bewerben" und im besten Fall – natürlich meistbietend – „verkaufen". Insbesondere guter Kandidat:innen können es sich leisten, sich kurz zu fassen und brauchen daher für ihren Lebenslauf nur eine, höchstens zwei Seiten. Während eine internationale Wirtschaftskanzlei in der Regel nicht an einem Zertifikat zum Familienrecht interessiert sein wird, kann genau das in einer regional tätigen und einschlägig spezialisierten Kanzlei den Ausschlag geben. Während die Erwähnung im ersten Fall den Lebenslauf überfrachten würde, ist sie im zweiten Fall unbedingt angezeigt. Ein Lebenslauf, der sich über mehr als zwei Seiten (drei mit Deckblatt) erstreckt, ist in der Regel ein Indiz dafür, dass man sich nicht auf das Wesentliche beschränken kann.

Im Lebenslauf geht es nicht wirklich ums Leben, sondern um den berufsbezogenen Werdegang. Es empfiehlt sich, alle persönlichen Daten (Name, Titel, gegebenenfalls Berufsbezeichnung, Anschrift, Telefon, E-Mail, Geburtsdatum und -ort) samt (optionalem) Foto auf ein Deckblatt auszulagern. Das Deckblatt sollte auch den Arbeitgeber und die angestrebte Stelle nennen. Das Wort „Lebenslauf" auf der folgenden Seite ist überflüssig. Es geht vielmehr direkt los mit der umgekehrt chronologischen Darstellung der bisherigen Ausbildung bzw. bisheriger Tätigkeiten. Der umgekehrt chronologische Lebenslauf ist mittlerweile Standard, weil hier der Ausbildungsstand und die letzte Tätigkeit direkt ersichtlich sind. Die Anti-Chronologie muss für jeden Abschnitt konsequent beibehalten werden. Eine Publikationsliste, wenn vorhanden, gehört in die Anlagen.

In Deutschland ist das Beilegen eines Fotos optional. Den Kandidat:innen steht es frei, sich mit oder ohne Foto zu bewerben. Auch wenn das Foto kein ausschlaggebendes Kriterium sein wird, so rundet es doch einen positiven Gesamteindruck vom Bewerber ab und erzeugt gegebenenfalls sogar Sympathie. Jedenfalls vermittelt es neben den Freizeitinteressen einen ersten persönlichen Eindruck. Will man diese Chance für sich nutzen, muss das Foto qualitativ hochwertig und aktuell sein und soll einen mit einem freundlichen Gesichtsausdruck und in angemessener Kleidung zeigen. Tabu sind Ganzkörper-, Party- und Automatenfotos. Schwarz-Weiß-Fotos sind eine Spur konservativer, wirken klassischer und sind oft eleganter.

Ein Arbeitgeber wird in der Regel von sich aus keine Fotos oder bestimmte andere Angaben verlangen, um bereits den Anschein einer Diskriminierung zu vermeiden. Verschiedene Unternehmen, Behörden und Kommunen verwenden sogenannte anonymisierte Bewerbungsverfahren, bei denen auf ein Foto sowie auf die Angabe von Name, Adresse, Geburtsdatum, Alter, Familienstand oder Herkunft verzichtet wurde. Es bleibt abzuwarten, ob sich diese Praxis durchsetzen wird. Im Rahmen eines solchen Bewerbungsverfahrens sind die Vorgaben zur Anonymisierung unbedingt zu beachten, will man sich nicht bereits formal disqualifizieren. Es ist jedoch grundsätzlich davon abzuraten, sich ohne arbeitgeberseitige Aufforderung „anonymisiert" zu bewerben.

Die Nennung von Freizeitinteressen bzw. Hobbys im Lebenslauf ist umstritten. In der Regel ergibt sich durch ihre Erwähnung jedoch ein Gesprächsaufhänger, im besten Fall eine Gemeinsamkeit. Gemeinsamkeiten führen zu Sympathien, Gleich und Gleich gesellt sich eben gern. Man sollte diese Chance daher nutzen, um einen – wenn auch begrenzten – Einblick in seine Interessen und seine Persönlichkeit außerhalb der Arbeitswelt zu geben, insbesondere wenn man den Freizeitinteressen in organisierter Form, z. B. in Vereinen, nachgeht. Die Angabe von Hobbys kann auch dazu dienen, die eigene Team- und Führungsfähigkeit zu unterstreichen, z. B. wenn ein Mannschaftssport ausgeübt und vielleicht noch das Kapitänsamt gehalten wird. Nichtssagende Angaben wie „Lesen" oder „Reisen" entweder weglassen oder präzisieren, z. B. in „klassische Literatur" oder „Rucksackreisen in Südostasien", aber natürlich nur, wenn dies der Wahrheit entspricht.

Die Anlagen

Die Anlagen umfassen insbesondere Fotokopien von Zeugnissen (mindestens letzter Ausbildungsabschluss und Abitur), Referenzschreiben und Fortbildungszertifikate. Liegt das Ergebnis der Ersten Juristischen Prüfung noch nicht vor, reicht – neben dem Abiturzeugnis – auch ein Notenspiegel über die im Studium erbrachten Leistungen.

Die Anlagen sind nach Relevanz zu sortieren. Falls die Anlagen umfangreicher sind, sollte ihnen ein Anlagenverzeichnis vorangestellt werden, in dem die einzelnen Dokumente mit Verweis auf die jeweilige Seite aufgeführt werden. Das erleichtert die Auffindbarkeit einzelner Dokumente enorm.

Falls kein Referenzschreiben vorhanden ist, kann es sich anbieten, den Anlagen eine Seite mit Referenzpersonen beizufügen. Dort nennt man die betreffenden Personen, z. B. Ausbilder:innen, Vorgesetzte oder Professor:innen mit Namen und Kontaktdaten. Zumindest eine Referenzperson sollte aus der Sphäre des bisherigen Arbeitgebers stammen, es sei denn, man bewirbt sich aus einem bestehenden Beschäftigungsverhältnis heraus, und der derzeitige Arbeitgeber weiß nichts von den Wechselabsichten. Insbesondere als Nachwuchsjurist:in bietet es sich an, einen Professor oder eine Professorin als Referenzperson anzugeben. Selbstverständlich muss die Einwilligung der angegebenen Personen vorliegen. Will man keine Referenzen angeben oder hat keine Zeit, die Zustimmung einzuholen, kann man – auch schon im Lebenslauf – darauf verweisen, dass Referenzen auf Anfrage vorgelegt werden.

Bewerben im Ausland
Der Bewerbungsprozess im Ausland folgt dem gleichen Grundmuster wie in Deutschland. Jedoch gibt es länderspezifische Abweichungen, die man kennen muss. Denn jedes Land stellt hinsichtlich der Formalitäten unterschiedliche Anforderungen. Weiterführende Tipps zur internationalen Bewerbung bietet die e-fellows.net-Website im Bereich „Karriere“.

Bewerben in Europa: der Europass-Lebenslauf
Die Europäische Union hat einen sogenannten Europass-Lebenslauf sowie weitere Dokumente, darunter einen sogenannten Sprachenpass, entwickelt, um Kandidat:innen bei der Bewerbung im europäischen Ausland zu unterstützen und Arbeitgebern die Beurteilung der jeweiligen Fähigkeiten und Qualifikationen zu erleichtern. Im Vergleich zum deutschen Lebenslauf stehen Sprachen und Soft Skills im Vordergrund. Die Vorlage für den Europass-Lebenslauf ist abrufbar unter: europass.cedefop.europa.eu.

Der Europass-Lebenslauf ist insbesondere praktisch für die Bewerbung in einem anderen EU-Mitgliedstaat, mit dessen Konventionen man nicht vertraut ist. Auch für Bewerbungen bei europäischen Institutionen ist er geeignet, soweit nicht das Ausfüllen eines Online-Formulars verlangt wird.

Bewerben weltweit: USA und Commonwealth
Innerhalb des alten Commonwealth (d. h. Großbritannien, Kanada, Südafrika, Australien und Neuseeland) sind die Anforderungen an einen Lebenslauf grundsätzlich ähnlich.

Die USA nehmen unter den englischsprachigen Ländern eine gewisse Sonderrolle ein. Neben dem aus Deutschland bekannten umgekehrt chronologischen Lebenslauf wird dort insbesondere der Skills-based-Lebenslauf verwendet, bei dem die persönlichen Fähigkeiten und Kenntnisse im Vordergrund stehen. Weiter wird in den USA zwischen einem Resume und einem Curriculum Vitae (CV) unterschieden. Ein Resume (auch: résumé oder resumé) ist ein bis zwei Seiten lang und soll dementsprechend eine Zusammenfassung sein, während ein CV zwei oder mehr Seiten umfassen kann und eine ausführlichere Darstellung der Person enthält. Während die Wirtschaft das kürzere Resume bevorzugt, sollte man sich mit einem CV bewerben, wenn die betreffende Stelle akademischer oder wissenschaftlicher Natur ist bzw. man sich für einen

Master, ein Stipendium o. Ä. bewirbt. Der US-Lebenslauf ist z. T. aggressiver in der Selbstvermarktung als ein Commonwealth-Lebenslauf, auch wenn die Unterschiede im juristischen Bereich geringer ausfallen dürften als in anderen Branchen. Wegen der Unterschiede bei der Formatierung von numerischen Datumsangaben sollte man Daten einfach ausschreiben. Zwischen amerikanischer und englischer Rechtschreibung ist zu unterscheiden. Grundsätzlich darf ein Lebenslauf im angelsächsischen Raum kein Foto enthalten und sollte folgende Abschnitte umfassen:

Kontaktdaten – contact details: Dazu gehören Name, Anschrift, Telefon und E-Mail-Adresse, nicht dagegen Geburtsdatum und -ort sowie Familienstand.

Persönliche Karriereziele – objective, career target, career objective, goal etc.: Dieser Abschnitt ist nicht zwingend, kann aber dazu dienen, dem Arbeitgeber einen schnellen Überblick über die eigenen Ziele und den Grund für dessen Bewerbung zu liefern. Ein solcher Abschnitt ist bei Berufsanfänger:innen oder Karrierewechsler:innen angebracht sowie bei Bewerbungen bei Legal Staffing Agencies.

Fähigkeiten und Kenntnisse – skills and abilities: Hier sind Fähigkeiten, Eigenschaften, Sprachkenntnisse etc. darzustellen. Es darf sich jedoch nicht lediglich um Behauptungen handeln, vielmehr muss man anhand von Beispielen erklären, wieso man zu Recht von sich sagen kann, die jeweiligen Fähigkeiten und Eigenschaften zu haben. Dieser Abschnitt ist für Bewerbungen in der Wirtschaft sehr wichtig. Ein Arbeitgeber im angelsächsischen Raum wird in der Regel viel mehr Gewicht auf die glaubhaft dargestellten Fähigkeiten der Bewerber:innen legen als auf die akademische Ausbildung.

Arbeitserfahrung – work experience, professional experience etc.: Hierhin gehören Arbeitgeber, Dauer und Art der Arbeit. Es ist wichtig – genau wie im deutschen Lebenslauf – konkrete Aufgaben und Leistungen zu nennen.

Ausbildung – education: Dazu gehören z. B. Name und Ort der Bildungseinrichtung, Studiengebiet, Noten, Stipendien etc.

Besondere Erfolge und Leistungen – achievements, accomplishments etc.: In diesen Abschnitt gehören Stipendien, Auszeichnungen und Ehrungen (Publikationen dagegen wiederum in die Anlage) sowie sonstige Informationen, die die eigenen Qualitäten unterstreichen. Hat man nur wenig vorzuweisen, können diese Punkte auch in andere Abschnitte integriert werden.

Interessen – interests, hobbies: Wie bei einem deutschen Lebenslauf sollte man kurz solche Interessen aufführen, die Hinweise auf die Persönlichkeit geben können.

Referenzen – references: In der Regel zwei oder drei Referenzen (Einwilligung einholen) mit Namen und Kontaktdaten nennen. Der zukünftige Arbeitgeber wird sich dann gegebenenfalls an diese Referenzpersonen wenden, um sich gezielt zu informieren.

Vorbereitung auf das Bewerbungsgespräch

Die Einladung zum Bewerbungsgespräch zeigt, dass man Bewerber:innen den Job fachlich zutraut. Nun kommt es neben den Inhalten auch auf die Präsentation an. Sicheres Auftreten, Haltung, Gestik und Tonlage, und damit die Kommunikationsfähigkeit und Ausstrahlung sind ausschlaggebend dafür, wie man vom Gesprächspartner eingeschätzt wird. Die Tipps der Bewerbungsratgeber für diese Situation sind unüberschaubar. Eine Regel ist aber immer gültig: Authentizität. Wer versucht, eine Rolle zu spielen, wird scheitern.

Vorbereitung

Die richtige Vorbereitung auf das Bewerbungsgespräch umfasst zwei Aspekte: zum einen die individuelle Vorbereitung. Dazu gehören die innere Haltung und Einstellung genauso wie das äußere Erscheinungsbild, also Dresscode und Auftreten. Zum anderen gehört dazu die inhaltliche Vorbereitung, d. h., man muss Eckdaten und aktuelle Informationen über den Arbeitgeber und die Branche präsent haben.

Der Arbeitgeber sieht sein Unternehmen bzw. seine Behörde als einzigartig an, ist von seiner Organisationskultur überzeugt und mit der Geschäfts- bzw. Verwaltungstätigkeit vertraut. Man sollte daher alle wichtigen Informationen über den Wunscharbeitgeber kennen. Die Kenntnis aktueller Probleme und Projekte kann im Gespräch hilfreich sein, auch wenn man kritische Punkte in der Regel nicht selbst ansprechen sollte.

Gibt es Schwachstellen im Lebenslauf, wie z. B. Lücken? Zum Glück ist ja noch ein Exemplar der Bewerbungsunterlagen zu Hause (siehe oben, Stichwort „Was interessiert mich mein Geschwätz von gestern?"), das man zur Vorbereitung noch einmal durchgehen sollte, um entsprechende Fragen im Vorstellungsgespräch – so ehrlich wie möglich und so strategisch wie nötig – beantworten zu können. Umgekehrt freut sich auch der Arbeitgeber über kluge Fragen zur angestrebten Stelle bzw. zu Unternehmen, Behörde oder Kanzlei. Jetzt, d. h. vor dem Gespräch, ist die Zeit, diese vorzubereiten. Und schließlich sollte man sich auf das bevorstehende Gespräch freuen. Das ist die Chance! Einstellung schafft Wirklichkeit! Positives Visualisieren kann in diesem Zusammenhang eine sehr hilfreiche Technik für das eigene Selbstbewusstsein sein. Die darin liegende Macht hat bereits Henry Ford schön auf den Punkt gebracht: „Whether you think you can or you can't, you're usually right." Positive Visualisierung bedeutet, dass man das Vorstellungsgespräch vorab detailliert gedanklich durchgeht und sich dabei einen erfolgreichen Verlauf vorstellt. Auch wenn das nicht jedermanns Sache sein mag: Eine positive Grundstimmung ist – neben Authentizität und Selbstvertrauen – enorm wichtig für die eigene Ausstrahlung. Welche Methode man dafür wählt, ist zweitrangig.

Dresscode

Es gibt keinen zweiten ersten Eindruck – und für den hat man gerade einmal ein paar Sekunden. Jeder weiß, dass der Kredit am (Turn-)Schuh scheitern kann und der Job an der Jeans. Kleidung und Frisur haben Signalcharakter, sie sind eine Entscheidungshilfe bei der Einschätzung eines Fremden: An den Federn erkennt man den Vogel.

Richtig kommuniziert man mit einem klassischen, dezenten und gepflegten Kleidungsstil, der weder für einen selbst noch für sein Gegenüber wie eine Verkleidung wirkt. Dunkler Anzug mit wahrnehmbarer Bügelfalte, ein weißes oder blaues Hemd sowie eine elegante Krawatte (keine Experimente mit „lustigen“ Mustern/Motiven) sind für Männer ein Muss; Frauen sollten zum Hosenanzug greifen und mit Schmuck und Make-up zurückhaltend umgehen (weniger ist mehr). Während in London der Spruch gilt: „No brown in the city“, wird das in Deutschland entspannter gesehen. Wenn man aber ohnehin lieber Anthrazit anzieht, umso besser. Wer als Mann das Haar lang trägt, darf das selbstverständlich auch im Vorstellungsgespräch tun, aber unbedingt gepflegt. Die Garderobe übrigens am besten schon am Abend vorher aussuchen und bereitlegen.

Generell gilt: Finger weg von Fliege und Einstecktüchern, das wirkt übertrieben (Letzteres zumindest, wenn man schon eine Krawatte trägt). Manschettenknöpfe sind Geschmackssache; ihre Verwendung ist von der eigenen Position und der angestrebten Stelle abhängig. Insbesondere als Nachwuchsjurist sollte man sich jedoch von Gold- und XXL-Versionen eindeutig fernhalten. Ein (Dreitage-)Bart ist nicht generell verboten, kann aber schnell ungepflegt wirken und Sympathien kosten.

Auftreten
Wie auch sonst im Leben sollte man im Vorstellungsgespräch versuchen, abseits der Sachebene eine gute Beziehung zum Gesprächspartner aufzubauen. Faktoren auf der Beziehungsebene sind Mimik, Gestik, Blickkontakt, Körpersprache und Humor. Ein beherzter Händedruck am Anfang und ein Lächeln, vielleicht auch mal ein Schuss Selbstironie im Gespräch, machen immer einen guten Eindruck. Augenkontakt und ein Mindestmaß an Körperspannung (aufrecht sitzen!) signalisieren Respekt und Aufmerksamkeit. Wie in allen sozialen Situationen gilt auch im Vorstellungsgespräch der alte Satz von Paul Watzlawick: „Man kann nicht nicht kommunizieren.“

Auch Arroganz und prätentiöses Auftreten können helfen – wenn man den Job nicht will. Es ist bekannt, dass arrogantes Verhalten u. a. auch ein untrügliches Zeichen für Unsicherheit ist. Trotzdem provoziert man damit nicht Mitleid, sondern Ablehnung. Um Missverständnissen vorzubeugen: Natürlich darf und soll man selbstbewusst auftreten – ein Bewerbungsgespräch ist nicht der Platz, um allzu bescheiden und ruhig zu erscheinen, schließlich will man sich nicht nur „bewerben“, sondern auch „verkaufen“.

Typischer Ablauf
Auch im Bewerbungsgespräch gilt: Der erste Eindruck entscheidet und der letzte bleibt. Diese Effekte kann man gezielt für den eigenen Erfolg einsetzen.

Beginnen wir mit einer Selbstverständlichkeit: Der Gesprächstermin ist in zeitlicher Hinsicht unbedingt einzuhalten. Hier sollte man sich unter gar keinen Umständen Verspätungen erlauben. Lieber einen früheren Zug nehmen oder die Wohnung eine halbe Stunde früher verlassen, als den potenziellen Arbeitgeber auch nur fünf Minuten warten zu lassen. Auch ein Anruf, dass man es – natürlich wegen unverschuldeter Umstände – nicht rechtzeitig schafft, ist noch in Ordnung. Sonst liegen die Bewerbungsunterlagen bald wieder im Briefkasten. Kommt man doch einmal zu spät, gilt: „Wenn du in Eile bist, gehe langsam.“ Zu spät kommt man sowieso, da lohnt es sich nicht, durch Hetze und Eile noch ein weiteres Malheur zu provozieren oder seine Ruhe und Souveränität zu verlieren.

Ein Bewerbungsgespräch beginnt in der Regel mit der Begrüßung und Vorstellung der Beteiligten. Natürlich besteht dabei auf beiden Seiten erhöhte Aufmerksamkeit. Es kommt darauf an, Sicherheit auszustrahlen, lächelnd einen festen Händedruck zu geben und den prüfenden Blicken entspannt standzuhalten. Nach dem Vorgeplänkel folgt dann meist eine Kurzvorstellung des Arbeitgebers. Im Anschluss sollte man darauf vorbereitet sein, den eigenen Lebenslauf in freier Rede kurz darzustellen. Warum will man diesen Job? Wer gelassen und in einfachen Sätzen vorträgt, ohne sich in Details zu verlieren, wirkt selbstsicher.

Den weiteren Dialog bestimmt der potenzielle Arbeitgeber. In der Regel konfrontiert er die Bewerber:innen mit vielerlei Fragen zu Fach und Person. Die üblichen Standardfragen sind in jedem Bewerbungsratgeber oder unter www.e-fellows.net/bewerbung zu finden, z. B. „Warum wollen Sie gerade zu uns? Haben Sie sich auch auf andere Stellen beworben? Warum sind Sie der Richtige für uns? Was sind Ihre Stärken/Schwächen? Wie gehen Sie mit Kritik/Stress um? Wo sehen Sie sich in fünf Jahren?" „Spontane" Antworten, die so ehrlich wie möglich und so strategisch wie nötig sind, lassen sich so in aller Ruhe planen. Die Antworten sollten, wo möglich, mit Beispielen unterlegt werden.

Während des Gesprächs sollte man die Gelegenheit ergreifen, Fragen zu stellen. Dies zeugt von Interesse an der Stelle und signalisiert Aufmerksamkeit. Besonders geeignet sind Fragen, die für die Entscheidungsfindung wichtig sind und noch nicht im Gespräch geklärt wurden, z. B. mit wem man zusammenarbeiten wird oder wie es um die persönlichen Entwicklungsmöglichkeiten bestellt ist. Sich Notizen zu machen oder Unterlagen dabeizuhaben wirkt übrigens nicht unsicher, sondern professionell.

Das Ende des Gesprächs sollte dazu genutzt werden, sich noch einmal positiv in Szene zu setzen, z. B. durch eine höfliche Verabschiedung und einen festen Händedruck. Denn der letzte Eindruck bleibt, er hallt nach, das Gedächtnis der Interviewer:innen speichert ihn unbewusst ab.

Exkurs: die Videokonferenz

Personaler:innen setzen für ein erstes Bewerbungsgespräch oder für „Junior"-Stellen, wie Praktika oder Referendariatsstationen, zunehmend Videotechnik ein, wie Skype, Teams, Zoom etc. Die Vorteile liegen auf der Hand: Insbesondere spart die Videokonferenz Aufwand und Kosten, während sie für Bewerber:innen auch Fallstricke parat hält.

Vor Beginn der Videokonferenz gilt es, die Infrastruktur vorzubereiten und zu testen. Dies umfasst die Installation der App und die Funktionsprüfung von Meeting-Link, Mikrofon und Akustik. Am besten in der Videokonferenz-App eine Probe-Konferenz anlegen, um zu checken, ob alles technisch funktioniert und die nachfolgenden Punkte umgesetzt sind. Für die gute Tonqualität empfiehlt sich die Verwendung von Kopfhörern. Um einen guten Eindruck zu hinterlassen, gilt es auch, akustische Störquellen im Umfeld (Babygeschrei, Hundegebell, Verkehr etc.) so weit wie möglich zu minimieren und eine räumliche Ausweichmöglichkeit in der Hinterhand zu haben.

Als Hintergrund des Bewerbers kann entweder ein neutraler Bereich der Wohnung verwendet werden, alternativ auch ein in der App bereitgestellter Hintergrund-Weichzeichner oder gleich ein virtueller Hintergrund. Vorzuziehen ist ein echter Hintergrund, um persönliche Nähe und Authentizität zu vermitteln. Welchen Hintergrund man auch verwendet, er sendet Signale aus, z. B. die volle Bücherwand (zu professoral? Messie?), das herumliegende Baby-Spielzeug (überfordert?) oder die Wäsche (unprofessionell).

Der Dresscode ist ebenso zu wählen, wie er im Live-Gespräch ausfallen würde. Seriös wirkt ein Outfit in dunklen, gedeckten Farben mit hellem Shirt oder Hemd darunter. Muster (schmale Streifen, Fischgrat, kleine Karos) und harte Kontraste (schwarzer Anzug vor weißem Hintergrund) gilt es zu vermeiden, die Kleidung von Fernsehmoderatoren gibt gute Anhaltspunkte.

Beim Thema Make-up lesen bitte auch Männer weiter: Videokonferenz-Profis mattieren ihr Gesicht, um glänzende Stellen zu vermeiden, die den Gesprächspartner:innen Aufregung, Stress oder Unsicherheit vermitteln. Dafür gibt es im Handel einfache Pudertücher, die Wunder wirken. Für Frauen ist zudem dezentes Make-up zu empfehlen.

Auch Licht und Kamera helfen dabei, professionell und persönlich zu wirken. Die Kamera sollte unbedingt auf Augenhöhe installiert werden, gegebenenfalls sollten ein paar Bücher unter den Laptop gelegt werden. Sie darf ruhig einen halben Meter vom Körper entfernt sein, damit der sichtbare Ausschnitt größer ist, die Gesprächspartner:innen den ganzen Oberkörper und damit auch die Körpersprache der Bewerber:innen sehen kann. Beim Sprechen schaut man in die Kamera, dadurch entsteht direkter Blickkontakt aus Sicht des Gegenübers. Schaut man dagegen auf die Gesprächspartner:inen auf dem Bildschirm, wirkt dies im Auge der Betrachter:innen so, als schaue man auf dessen Mund oder Hals. Die Kamera sieht übrigens mehr als man denkt, also unbedingt den Sichtbereich bei der Vorbereitung prüfen, damit nicht doch die Wäsche in den Blick des Gegenüber gerät. Das Licht sollte so ausgerichtet sein, dass man weder von oben angestrahlt wird (Augenschatten), noch von hinten (Blendung der Kameralinse). Die frontale Bestrahlung von vorne kann einen Verhöreffekt oder Überbelichtung auslösen. Am besten wählt man einen hellen Raum mit genügend Tageslicht und unterstützt gegebenenfalls mit flächigem Licht von vorne oder von der Seite, z. B. mittels Stehlampe oder ähnlichen Hilfsmitteln. Wie im persönlichen Gespräch auch, gilt es in der Videokonferenz auf den ersten und letzten Eindruck zu achten, zu lächeln, natürliche Gestik einzusetzen und Authentizität zu bewahren. Es ist empfehlenswert, die Technik so weit wie möglich mental auszublenden, bis auf die Kamera, auf die sich der eigene Blick stets fokussieren sollte.

Das Dankesschreiben

Nach einem Bewerbungsgespräch sollte zeitnah ein Dankesschreiben verschickt werden. Das gilt besonders für Bewerbungen im angelsächsischen Raum. Man bedankt sich noch einmal für das Gespräch und das entgegengebrachte Vertrauen. Hüten sollte man sich, wie schon im Anschreiben, vor Plattheiten und übertriebenem Lob. Ein freundliches, knappes Dankschreiben rundet den positiven und professionellen Eindruck aus dem Bewerbungsgespräch ab. Zudem richtet es erneut die Aufmerksamkeit auf die eigene Bewerbung und hebt sie damit von der Konkurrenz ab.

LITERATUR-TIPPS:

Bewerbungsunterlagen

- Hesse, Jürgen/Schrader, Hans Christian (2014): *Die perfekte Bewerbungsmappe: Die 50 besten Beispiele erfolgreicher Kandidaten,* Hallbergmoos.
- Hesse, Jürgen/Schrader, Hans Christian (2015): *Training Schriftliche Bewerbung: Anschreiben – Lebenslauf – E-Mail- und Online-Bewerbung,* Hallbergmoos.
- Püttjer, Christian/Schnierda, Uwe (2011): *Die besten Bewerbungsvorlagen für Hochschulabsolventen: 222 Formulierungshilfen für individuelle Unterlagen. Diplom – Magister – Bachelor – Master – Staatsexamen – Promotion,* Frankfurt am Main.
- Püttjer, Christian/Schnierda, Uwe (2014): *Perfekte Bewerbungsunterlagen für Hochschulabsolventen: Erfolgreich zum Traumjob – auch für Online-Bewerbungen. Bachelor – Master – Diplom – Magister – Staatsexamen – Promotion,* Frankfurt am Main.

Vorstellungsgespräch

- Eßmann, Elke (2015): *111 Arbeitgeberfragen im Vorstellungsgespräch: Absichten erkennen – Pluspunkte sammeln – Stolpersteine vermeiden,* München.
- Heragon, Claus (2012): *Das Vorstellungsgespräch: Bewerbungsfragen in 50 x 2 Minuten* (Lernkarten), Berlin.
- Hesse, Jürgen/Schrader, Hans Christian (2014): *Training Vorstellungsgespräch: Vorbereitung – Fragen und Antworten – Körpersprache und Rhetorik,* Hallbergmoos.
- Püttjer, Christian/Schnierda, Uwe (2013): *Das überzeugende Bewerbungsgespräch für Hochschulabsolventen: Bachelor – Master – Diplom – Magister – Staatsexamen – Promotion,* Frankfurt am Main.

Bewerben auf Englisch

- Neuhaus, Karsta/Neuhaus, Dirk (2013): *Das Bewerbungshandbuch Englisch. Erfolgreiche Jobsuche in aller Welt: Deutsch-englische Sprachbausteine, Musterbriefe und -lebensläufe, Expertentipps für die Arbeitssuche,* Bochum.
- Püttjer, Christian/Schnierda, Uwe/Williams, Steve (2013): *Das überzeugende Vorstellungsgespräch auf Englisch: Die 200 entscheidenden Fragen und die besten Antworten,* Frankfurt am Main.
- Schürmann, Klaus/Mullins, Suzanne (2014): *Die perfekte Bewerbungsmappe auf Englisch: Anschreiben, Lebenslauf und Bewerbungsformular,* Freising.

Musterdokumente

Auf den folgenden Seiten finden sich einige deutsch- und englischsprachige Musterdokumente für die Bewerbung, die Ihnen als Anregung dienen können:

- Beispiel für ein deutschsprachiges Anschreiben
- Beispiel für einen deutschsprachigen Lebenslauf
- Beispiel für ein englischsprachiges Anschreiben
- Beispiel für einen englischsprachigen Lebenslauf (Skills-based CV)
- Beispiel für einen englischsprachigen Lebenslauf (Experience-based CV)
- Beispiel für eine Zeugnisübersetzung

Muster: Anschreiben

Felix Muster
Stud. jur.
Alpenstraße 8
80802 München
Mobil: 01 23 / 45 67 89 10
E-Mail: f.muster@campus.uni-muenchen.de

ABC LLP
Herr Dr. Abis Zeh
Königsallee 17–19
40212 Düsseldorf

8. November 2023

Bewerbung für ein Sommerpraktikum in der Fachgruppe „M&A Corporate"
der ABC LLP am Standort Düsseldorf

Unser Treffen auf der Veranstaltung ABC am 04.11.2023

Sehr geehrter Herr Dr. Zeh,

im Anschluss an unser Treffen auf der Veranstaltung ABC in dieser Woche [Anm.: dem Anschreiben sollte im besten Fall ein persönliches Treffen, zumindest aber ein Telefonat vorausgehen] übersende ich Ihnen anbei meinen Lebenslauf samt Anlagen. [Anm.: Bei Messebesuchen sollten Sie stets daran denken, mehrere Exemplare Ihrer Bewerbung dabeizuhaben; das nachträgliche Übersenden ist die zweitbeste Lösung.]

Die ABC LLP bietet fachlich starken und ökonomisch interessierten Studierenden die Gelegenheit zur Mitarbeit im Rahmen eines Sommerpraktikums. Durch den damit verbundenen Einblick in die Tätigkeit einer internationalen Sozietät erhoffe ich mir wichtige Impulse für mein weiteres Studium. [Anm.: Erläutern Sie in knapper und glaubhafter Form Ihre Motivation.]

Ich studiere derzeit im dritten Semester Rechtswissenschaften an der LMU München. Zudem belege ich im laufenden Semester eine Zusatzveranstaltung an der wirtschaftswissenschaftlichen Fakultät. [Anm.: Zeigen Sie, dass Sie fachlich über den Tellerrand blicken.] Meinem Lebenslauf können Sie entnehmen, dass ich mich seit meiner Schulzeit in verschiedenen Initiativen sozial engagiert habe. Entsprechend versuche ich, ganzheitlich zu denken und bei juristischen Fragen die wirtschaftlichen und sozialen Zusammenhänge zu berücksichtigen. [Anm.: Das ist eine starke Aussage, die aber durch die vorhergehenden beiden Sätze belegt wird; machen Sie sich darauf gefasst, dies in einem späteren Vorstellungsgespräch noch einmal erläutern zu müssen.]

Seit meinem Abitur und auch während des Grundstudiums zähle ich kontinuierlich zu den stärksten Kandidat:innen. Die Mehrzahl der bisherigen Lehrveranstaltungen an der LMU habe ich mit Prädikat [Anm.: verwenden Sie positive Schlagworte] abgeschlossen. Während meines neunmonatigen Aufenthalts bei einer Gastfamilie in Knoxville/Tennessee und des damit einhergehenden Besuchs der „Senior Class" einer Highschool habe ich nicht nur verhandlungssichere Englischkenntnisse erworben, sondern auch internationale Erfahrung gesammelt. [Anm.: Verhandlungssichere Englischkenntnisse sind ein wichtiges Pfund, mit dem Sie wuchern sollten.] Flexibilität in zeitlicher und örtlicher Hinsicht ist dementsprechend für mich selbstverständlich.

Einen Ausgleich zu meinen professionellen Aktivitäten finde ich schon seit der Schulzeit in meinen sportlichen Interessen, wie z. B. Skifahren und Schwimmen. [Anm.: Geben Sie auch etwas Persönliches von sich preis, damit Sie nicht als „Juramaschine" erscheinen.]

Über ein persönliches Vorstellungsgespräch und ein damit verbundenes Wiedersehen in Düsseldorf würde ich mich sehr freuen.

Mit freundlichen Grüßen

[Unterschrift]
Felix Muster

Muster: Lebenslauf

Johanna Musterfrau, LL.M. (NYU)
Dipl.-Juristin, Ass. Jur.

Geburtstag und -ort: 19. Oktober 1996, Düsseldorf
Staatsangehörigkeit: deutsch

Am Hügel 9
43211 Düsseldorf
Mobil: 0123/45 67 89 10
E-Mail: jmusterfrau@e-mail.de

BERUFSPRAXIS

Juni 2022 – Aug. 2022	**Black & White LLP (M&A Practice Group), New York** Aufgaben: Erstellung von Schriftsätzen aus dem Bereich des Handels- und Gesellschaftsrechts, Wahrnehmung von Gerichtsterminen, Teilnahme an Mandantengesprächen; M&A Due Diligence: *sehr gut*
April 2020 – Mai 2022	**Rechtsreferendariat (Düsseldorf/Frankfurt am Main/ Berlin/New York);** 2. Jur. Prüfung: *vollbefriedigend (10,3 Punkte)* *Jan. 2022 – März 2022* **Deutsches Generalkonsulat, New York** Aufgaben: Zusammenstellung von Informationen zur deutschen Wirtschaft, Mitarbeit in den Bereichen Kultur sowie Presse- und Öffentlichkeitsarbeit: *sehr gut* *März 2021 – Dez. 2021* **Deutsche Börse AG, Frankfurt am Main** Aufgaben: Erstellung von Schriftsätzen aus dem Bereich des Kapital- und Finanzrechts, Beratung zu allg. Vertragsrecht, Kapitalmarkt-Compliance, M&A: *sehr gut* *Dez. 2020 – Feb. 2021* **Bundesministerium der Justiz, Berlin** Aufgaben: Analyse nationaler Gesetzgebung; Vorbereitung von und Teilnahme an Konferenzen und Sitzungen von Ministerium, Parlament und Ausschüssen; Erstellung von Länderberichten; Analyse von Urteilen: *sehr gut* *Sept. 2020 – Nov. 2020* **StA Kleve (Allg. Dezernat)** Aufgaben: Verfassen von Anklageschriften und Verfügungen; Sitzungsvertretungen vor Strafrichter und Schöffengericht; Durchsuchungen; Beschuldigtenvernehmungen: *gut* *April 2020 – Aug. 2020* **LG Wuppertal (IV. Zivilkammer)** Aufgaben: Verfassen von Urteilen, Voten, Beschlüssen sowie Anfertigung von Gutachten für den Vorsitzenden; Begleitung und Durchführung mündlicher Verhandlungen: *gut*
April 2011 – März 2020	**Swift Planck & Partner, Düsseldorf** Aufgaben: Recherche und Verfassen von Vermerken zum deutschen Gesellschaftsrecht; regelmäßige Präsentation zu aktuellen gesellschaftsrechtlichen Entwicklungen; Unterstützung bei einer Due Diligence: *sehr gut*
Aug. 2015 – Dez. 2015	**Au-pair in Nanterre/Frankreich** Betreuung und Versorgung von zwei Kleinkindern

AUSBILDUNG

Sept. 2022 – Juni 2023	**Master of Laws** (LL.M., New York University School of Law), Schwerpunkt: Corporation Law; *magna cum laude*
April 2016 – Feb. 2020	**Rechtswissenschaften,** Universität Düsseldorf Schwerpunkt: Gesellschaftsrecht; 1. Jur. Prüfung: *vollbefriedigend (9,6 Punkte)*
Jan. 2019	**Märchen-Moot-Court,** European Law Students Association, Münster
Aug. 2017 – März 2018	**13th Annual Willem C. Vis International Commercial Arbitration Moot Court** mit einem Team der Universität Düsseldorf: *sehr gut*
Sept. 2016	**Universitäts-Moot-Court,** Universität Düsseldorf
Juni 2015	**Abitur** (1,4); **Klassensprecherin** in Oberstufe und 10. Klasse

SPRACHEN

Deutsch:	Muttersprache
Englisch:	verhandlungssicher (u.a. 15 Monate in New York)
Französisch:	gute Kenntnisse (u.a. fünf Monate in Frankreich)

STIPENDIEN & PREISE

Sept. 2022 – Juni 2023	**Fulbright-Stipendium** (LL.M.-Förderung)
April 2019	**Düsseldorfer Universitäts-Preis**
April 2016 – Feb. 2020	**e-fellows.net** (Online-Stipendium und Karrierenetzwerk)

EHRENAMT

April 2017 – Feb. 2020	**European Law Students Association** (ELSA), Düsseldorf; stv. Vorsitzende

SPORT & FREIZEIT

Jogging; SCUBA-Diving; klassische Literatur

[Unterschrift]
Düsseldorf, im Juli 2023 Johanna Musterfrau, LLM. (NYU)

Muster: Cover Letter

JOHANNA MUSTERFRAU
Address Am Huegel 9, 43211 Duesseldorf, Germany | **Telephone** +49 123 456 78 910
E-mail jmusterfrau@e-mail.de | **Visa** Green Card

April 29, 2023

Mr. Jonathan Goodfellow
Head of Human Resources
Black & White LLP
29 Maplewood Avenue
New York, NY 30658

Dear Mr. Goodfellow:

As agreed upon in our telephone call on April 28, 2023, I am writing to express my interest in joining Black & White's M&A practice group in New York in June 2021 for a period of three months before I begin the LL.M. program at New York University School of Law on a Fulbright scholarship.

M&A has been my main area of interest since law school and I also have relevant work experience in this area.

- Following my graduation, I worked at Swift Planck & Partner in Duesseldorf, Germany, for six months. As part of the M&A practice group, I was involved in many cross-border deals for some of Germany's and the world's largest companies.
- I specialized in German company law while at university and also participated in a seminar on US company law, in which I compared the German limited company (GmbH) to the US LLC.

I learned of Black & White while researching which New York law firms combine an excellent international M&A practice with a work environment that fosters both the professional as well as the personal growth of its employees. Black & White came out on top of the list. I believe that a law firm's long-term success depends not only on having professionally excellent people, but also on having a team that enjoys working together and one that clients enjoy working with. I believe that I am perfectly suited to these requirements.

Thank you for your time and the review of my enclosed resume. I very much look forward to hearing from you.

Sincerely yours,

Johanna Musterfrau

Muster: Skills-based CV

JOHANNA MUSTERFRAU
Address Am Huegel 9, 43211 Duesseldorf, Germany | **Telephone** +49 123 456 78 910
E-mail jmusterfrau@e-mail.de | **Visa** Green Card

OBJECTIVE

Join the Black & White LLP M&A practice group in New York in June 2018 for three months before beginning an LL.M. at NYU on a Fulbright scholarship.

SKILLS AND ABILITIES

Communication
Excellent written skills
- Drafted legal memos on German company law while working for Swift Planck & Partner, which were regularly passed on verbatim to clients.
- Wrote three 20 page research papers (time limit: one month) and nine 16 page exams (time limit: three hours) every semester while at university.

Excellent oral presentation skills
- Held a presentation on legal developments every three weeks while at Swift Planck & Partner.
- Tried over 30 criminal law cases while working at the Kleve District Attorney's office.
- Participated in three university-held moot courts.

Hard-working
- Regularly worked up to 70 hours a week while at Swift Planck & Partner during fast-paced projects that needed to be completed before a certain date.

Attention to detail
- Natural eye for detail, which was further trained at university and while working at Swift Planck & Partner.

Interpersonal skills and intercultural awareness
- Successfully worked in multi-national project teams at Swift Planck & Partner.
- Have friends and family from different cultures.

Languages
- Fluent German; very good English; conversational French.

WORK EXPERIENCE

Legal traineeship, Germany April 2021 – May 2023

Legal trainee

- Stages: German Ministry of Justice; Regional Court of Wuppertal; District Attorney of Kleve; German Consulate in New York; Deutsche Boerse (German Stock Exchange) in Frankfurt am Main.
- Final bar exam with 10.3 points (top 10% of class).

Swift Planck & Partner, Duesseldorf, Germany April 2020 – March 2021

Legal support – M&A practice group

- Legal research on German company law – my memos were regularly incorporated into reports for clients, many of which are leading corporations in Germany and worldwide.

EDUCATION

University of Duesseldorf, Germany April 2017 – February 2021

Erstes Juristisches Staatsexamen (LL.B./J.D. equivalent)

- Specialized in company law.
- Received a university scholarship for "outstanding academic achievements".
- Participated in three university-held moot courts.
- Graduation with 9.6 points (top 12% of class).

INTERESTS

- Vice president European Law Students' Association, Duesseldorf chapter.
- Jogging, classical literature and SCUBA diving.

REFERENCES

- Mr. Max Muster, Swift Planck & Partner, Duesseldorf; e-mail: max.muster@spr.de
- Ms. Martina Muster, District Attorney in Kleve; e-mail: m.muster@justiz.nrw.de
- Professor Dr. Michael Mustermann, Chair of Commercial Law, University of Duesseldorf; e-mail: mmustermann@uni-duesseldorf.de

Muster: Experience-based CV

JOHANNA MUSTERFRAU
Address Am Huegel 9, 43211 Duesseldorf, Germany | **Telephone** +49 123 456 78 910
E-mail jmusterfrau@e-mail.de | **Visa** Green Card

WORK EXPERIENCE

Legal traineeship, Germany April 2021 – May 2023
Legal trainee
- Stages: German Ministry of Justice; Regional Court of Wuppertal; District Attorney of Kleve; German Consulate in New York; Deutsche Boerse (German Stock Exchange) in Frankfurt am Main.
- Final bar exam with 10.3 points (top 10% of class).
- Skills gained: Excellent oral presentation skills through trying over 30 criminal law cases while working at the Kleve District Attorney's office.

Swift Planck & Partner, Duesseldorf, Germany April 2020 – March 2021
Legal Support – M&A practice group
- Legal research on German company law – my memos were regularly incorporated into reports for clients, many of which are leading corporations both in Germany and worldwide.
- Regular presentations on legal developments.
- Support on a due diligence operation.
- Skills gained: Excellent team-working skills through working with and supporting a team of lawyers. Memos and research tasks honed my legal writing skills.

EDUCATION & QUALIFICATIONS

2017 – 2021 **University of Duesseldorf**
Erstes Juristisches Staatsexamen (LL.B. equivalent) 9.6 Points (top 12% of class)
- Specialization in company law.
- University scholarship for outstanding academic achievements (selected as one of two top students).
- Participation in three university-held moot courts.

2008 – 2017 **Goethe-Gymnasium Duesseldorf**
Abitur (A-level equivalent) 1.4 GPA (top 2% of class):
Biology (12/15), English (13/15), German (11/15)
- Class representative for four consecutive years.

SKILLS & INTERESTS

- Fluent English and German (native) speaker, conversational French.
- President of the Duesseldorf Chapter of the European Law Students' Association.
- Jogging, classical literature and SCUBA diving.

REFERENCES

Available upon request.

Muster: Zeugnisübersetzung

North Rhine-Westphalia
Ministry of Justice
Federal Examination Office for Lawyers

The legal candidate

Ms/Mr …,
born on …,

passed on February 18, 2023,
at the local Federal Examination Office for Lawyers the

State Examination in Law
with the grade
Satisfactory (8.8 points)

and on April 10, 2019
at the University of Duesseldorf the

University Specialization Examination
with the grade
Fully Satisfactory (10.4 points).

The
First Exam
has therefore been passed with the grade
Fully Satisfactory (9.6 points).

(Signature)
Duesseldorf, February 26, 2023
President of the Federal Examination Office for Lawyers in Duesseldorf

Bewerbung bei internationalen Organisationen

von Ditmar Königsfeld

Als Alternative zum traditionellen Anwaltsberuf oder zu einer Tätigkeit bei nationalen staatlichen Institutionen stehen internationale Organisationen bei Absolvent:innen des Studiums der Rechtswissenschaften seit Langem im Fokus der Aufmerksamkeit. Hier konkurrieren die Jurist:innen mit international ausgebildeten und ausgerichteten Absolvent:innen vornehmlich aus den Bereichen der Wirtschafts- und Sozialwissenschaften, aber auch aus den Naturwissenschaften um die begehrten Positionen.

Bei welchen internationalen Organisationen können sich Jurist:innen bewerben?

Bereits im Rahmen des Rechtsreferendariats können angehende Jurist:innen eine Verwaltungs- oder Wahlstation bei einer internationalen Organisation ableisten. Grundsätzlich können sich erfolgreiche Absolvent:innen eines rechtswissenschaftlichen Studiums bei nahezu allen internationalen Organisationen um eine Mitarbeit bemühen. Natürlich gab und gibt es internationale Organisationen, die aufgrund ihrer Ziele und Aufgaben als „Hochburgen" für juristisch ausgebildetes Personal gelten. Zu nennen sind hier vor allem die verschiedenen internationalen Gerichtshöfe (Internationaler Gerichtshof, Internationaler Strafgerichtshof und die Sonderstrafgerichtshöfe für das ehemalige Jugoslawien und für Ruanda, der Internationale Seegerichtshof, der Europäische Gerichtshof, der Europäische Gerichtshof für Menschenrechte), Institute wie UNIDROIT, das sich mit der Vereinheitlichung des Privatrechts beschäftigt, die Welthandelsorganisation WTO, die Weltorganisation für geistiges Eigentum WIPO, die Kommission der Vereinten Nationen für internationales Handelsrecht UNCITRAL, der Europarat und die EU-Agentur für Grundrechte, wenn es um Menschenrechte geht. In internationalen Friedensmissionen werden häufig erfahrene Richter:innen und Staatsanwält:innen zur Unterstützung beim Aufbau nationaler Justizsysteme gebraucht. Die EU-Kommission führt Auswahlverfahren (Concours) für Jurist:innen durch. Darüber hinaus verfügt jedoch nahezu jede internationale Organisation aufgrund ihrer Organisationsstruktur über Arbeitsbereiche, in denen Jurist:innen traditionell einen interessanten Wirkungskreis finden. Dies gilt insbesondere für die Rechtsabteilung, die allgemeine Verwaltung, die Personalabteilung und die interne Korruptionsbekämpfung. Der Internationale Stellenpool des Auswärtiges Amtes (www.jobs-io.de) bietet einen sehr guten Überblick über aktuelle Ausschreibungen der internationalen Organisationen.

Fachliche Voraussetzungen

Entscheidend für eine auch langfristig erfolgreiche Positionierung im System der internationalen Organisationen ist für Jurist:innen zunächst, dass sie zum Zeitpunkt des Einstiegs im Rahmen ihrer juristischen Ausbildung und ersten berufspraktischen Erfahrung (Referendariat) fachliche Schwerpunkte gesetzt haben, die sich in den Zielsetzungen und Aufgaben der internationalen Organisation wiederfinden. Der fachlichen Ausdifferenzierung sind hier nahezu keine Grenzen gesetzt, wie gerade auch das große Angebot an LL.M.-Programmen zeigt. Juristische Fachkenntnisse sind in den Bereichen Menschenrechte, nachhaltige Entwicklung, humanitäre Hilfe, Migrations- und Flüchtlingshilfe ebenso unerlässlich wie beispielsweise Spezialkenntnisse im Recht internationaler Organisationen, im internationalen Patentrecht oder dem Weltraumrecht – die Liste ließe sich beliebig fortsetzen.

Sprachen und mehr

Zu den Mindestanforderungen zählen sehr gute Fremdsprachenkenntnisse von in der Regel zwei offiziellen VN-Sprachen (diese sind: Englisch, Französisch, Spanisch, Russisch, Chinesisch und Arabisch). Fließende Englischkenntnisse sind fast immer ein absolutes Muss. Hinzu kommt, dass die Arbeit in einem interkulturellen Umfeld ohne ein hohes Maß an sozialer Kompetenz nicht erfolgreich zu gestalten ist. Die Bereitschaft, gerade auch in Regionen abseits der großen Standorte von internationalen Organisationen zu arbeiten, rundet ein internationales Profil ab, das auf diesem kleinen aber feinen Arbeitsmarkt (Größenordnung dieses Arbeitsmarktsegments: ca. 90.000 Mitarbeiter:innen in dem höheren Dienst vergleichbaren Positionen) eher die Regel als die Ausnahme bildet.

Wie laufen Bewerbungsverfahren ab?
Nachwuchsprogramme der internationalen Organisationen

Aufgrund der Vielzahl an Aufgaben und Arbeitsgebieten gibt es kein einheitliches Rekrutierungs- und Bewerbungsverfahren, das bei allen internationalen Organisationen Anwendung findet. Grundsätzlich ist festzuhalten, dass der Bewerbungsprozess ebenso wie die Veröffentlichung der Stellen – von wenigen Ausnahmen abgesehen – unabhängig von den Hierarchieebenen auf elektronischem Wege abläuft. Die Bewerbung erfolgt in der Regel immer konkret auf ein individuelles Programm einer internationalen Organisation bzw. auf eine konkrete Vakanz. Dies bedeutet im Umkehrschluss, dass Initiativbewerbungen bei den meisten internationalen Organisationen nicht von Erfolg gekrönt sind.

Klar umrissen sind die Bewerbungsvoraussetzungen und das Bewerbungsprozedere insbesondere bei standardisierten Auswahlverfahren. Hier ist vor allem das Young Professional Programme (YPP) des Sekretariats der Vereinten Nationen zu nennen. Da am YPP nur Angehörige aus unterrepräsentierten Mitgliedsstaaten teilnehmen können, empfiehlt es sich, jeweils im Frühjahr auf der Website des VN-Sekretariats zu prüfen, ob Deutschland am Verfahren teilnehmen wird. Die europäischen Institutionen Kommission, Ratssekretariat und Parlament rekrutieren ihr Personal in der Regel durch spezielle Auswahlverfahren. Die EU hat die Organisation und Durchführung dieser Verfahren zentral dem Europäischen Institut für Personalauswahl übertragen. Eine Reform der Wettbewerbe (Concours) hat dazu geführt, dass die Verfahren verkürzt werden, regelmäßig stattfinden und stärker fähigkeitsorientiert sind. Das mehrstufige Auswahlverfahren der EU ist ebenso wie das YPP durch besondere Bewerbungsabläufe gekennzeichnet, über die die entsprechenden Websites detailliert informieren. Eine andere interessante Alternative für Jurist:innen sind die Führungsnachwuchsprogramme einzelner internationaler Organisationen wie des IWF, der OECD, UNICEF oder auch der UNIDO.

Grundsätzlich gilt für diese standardisierten Programme, dass ohne eine gezielte Vorbereitung sowohl auf die schriftlichen Tests als auch auf die Assessments die Aussichten, einen der begehrten Plätze zu erhalten, nicht sehr groß sind. Und noch etwas muss man beachten: Die Verfahren selbst sowie die nachfolgenden Entscheidungsabläufe der internationalen Organisationen erfordern nicht selten ein hohes Maß an Geduld. Bis man als erfolgreiche:r Absolvent:in eines solchen Auswahlverfahrens auf eine entsprechende Position in der Organisation berufen wird, können durchaus ein bis zwei Jahre vergehen.

Noch ein wichtiger Hinweis: Mit dem Carlo-Schmid-Programm und dem Mercator Kolleg für internationale Aufgaben gibt es für Studierende und Absolvent:innen der Rechtswissenschaften zwei hervorragende Programme, die deutschen Bewerber:innen im Rahmen der Förderung eines Praktikums bzw. im Zuge eines Trainee-Programms die Gelegenheit geben, internationale Organisationen auf dem Weg eines Internship näher kennenzulernen.

Bewerbung auf Einzelausschreibungen

Immer wieder bieten internationale Organisationen auch für Hochschulabsolvent:innen mit in der Regel zwei- bis dreijähriger relevanter Berufserfahrung Vakanzen im Einsteigerbereich (P1-/P2-Level im System der VN bzw. AD 7 im Bereich der EU) an. Die Konkurrenz in diesem Nachwuchssegment ist sehr hoch, da sich auf solche Einzelausschreibungen in der Regel weltweit eine Vielzahl von hoch qualifizierten Interessent:innen bewirbt. Zuweilen sind die Stellenausschreibungen im Hinblick auf die geforderten fachlichen Qualifikationen oder auch spezifischen Regionalkenntnisse sehr detailliert. Diese Angaben sollten die Bewerber:innen ernst nehmen – die einzelnen Anforderungspunkte der jeweiligen Vakanz sind nicht verhandelbar, und aufgrund des qualifizierten Bewerberangebots besteht aufseiten der internationalen Organisationen keine Notwendigkeit, hier irgendwelche Abstriche – beispielsweise im Bereich Fremdsprachenkenntnisse – zu machen.

Wie sieht eine Bewerbung bei einer internationalen Organisation aus?
Das Anschreiben (Cover Letter)

Im Zuge des elektronischen Rekrutierungsverfahrens bedienen sich die meisten internationalen Organisationen eines im Internet auszufüllenden Bewerbungsformulars. Abgerufen wird dieses Formular entweder auf der Website der Organisation oder auch schon als Supplement einer Vakanz. Die Ausgestaltung eines solchen elektronischen Formulars variiert je nach Organisation. Wichtig ist, dass zu allen Fragen dieses Formulars präzise Stellung genommen wird. Bei den Ausbildungsstationen werden die gängigen internationalen Bezeichnungen verwandt (etwa Admission to the Bar). Bevor dieses elektronische Bewerbungsformular die Personal- bzw. Fachabteilung der jeweiligen Organisation erreicht, hat oft bereits ein sogenanntes elektronisches Prescreening stattgefunden. Hierbei wird die Bewerbung auf relevante Schlüsselbegriffe durchforstet. Um nicht bereits in diesem Stadium der Bewerbung auf die Verliererseite zu geraten, empfiehlt es sich deshalb, die zentralen Begriffe der Stellenausschreibung in das Bewerbungsformular bzw. in die Beschreibung der Tätigkeiten und der akademischen Ausbildung mit einzubeziehen.

Vielfach haben Bewerber:innen die Gelegenheit, der elektronischen Bewerbung ein Bewerbungsschreiben (Cover Letter, Motivation Letter) beizufügen. Hier müssen auf engstem Raum das Interesse an der Position dokumentiert und die besonderen Alleinstellungsmerkmale als Jurist:in prägnant hervorgehoben werden. Das Anschreiben sollte nicht mehr als eine Seite umfassen und überzeugend darstellen, weshalb die zukünftige Beschäftigung für die Organisation einen nachweislichen Mehrwert erbringt.

Der Lebenslauf (CV)

In vielen Fällen besteht bei Bewerbungen bei internationalen Organisationen auch die Möglichkeit, einen Lebenslauf bzw. ein Curriculum Vitae (CV) beizufügen. Um sicherzustellen, dass das beigefügte CV in formaler und inhaltlicher Hinsicht den Anforderungen der betreffenden internationalen Organisation genügt, sind einige wesentliche Dinge zu beachten. Ein aussagekräftiger Lebenslauf beantwortet kurz und prägnant die entscheidenden Fragen: „Was wurde wann, in welcher Funktion, durchaus auch mit welchem Erfolg und wo (in welchen Bereichen) geleistet?" Die Erwartungen der internationalen Organisationen in puncto CV werden durch folgenden Aufbau gut bedient:

- Angabe der persönlichen Kontakt- und Adressdaten
- prägnante Zusammenfassung der Qualifikationen und Erfolge
- Beschreibung der akademischen Ausbildung und Berufserfahrung
- Nennung relevanter Qualifikationen
- Angaben zu Sprachkenntnissen und IT-Kompetenzen

Bei der Aufzählung der akademischen Qualifikationen gilt – ebenso wie bei der Nennung der Berufserfahrung – das Prinzip der umgekehrten chronologischen Reihenfolge. Internationale Organisationen sind bei der Lektüre der CVs daran interessiert zu erfahren, welche beruflichen Tätigkeiten mit welchem Erfolg (Zielerreichung) ausgeübt wurden und wie sich der Verantwortungsbereich (z. B. für Projekte, Personal oder Budget) entwickelt hat. Hier helfen in der Regel konkrete Beispiele zur Beschreibung des individuellen Profils.

Die heiße Phase der Bewerbung: schriftliche Tests und Auswahlgespräche

Viele internationale Organisationen sind dazu übergegangen, vor den eigentlichen Bewerbungsgesprächen schriftliche Prüfungen durchzuführen. Dies gilt insbesondere für die Nachwuchsprogramme bei der EU und den Vereinten Nationen. Aber auch für zahlreiche Führungspositionen ist es mittlerweile Usus, unter Nutzung des Internets Bewerber:innen einer schriftlichen Vorprüfung zu unterziehen. Üblicherweise stehen Fach- und Sprachkenntnisse sowie logisches Denken und Abstraktionsvermögen im Vordergrund.

Internationale Organisationen möchten mit solchen Testverfahren klare Aussagen über die Fähigkeit von Bewerber:innen erhalten, unter Zeitdruck Problemlösungen in angemessener Form zu entwickeln. Erste Hinweise auf mögliche Themen des schriftlichen Verfahrens lassen sich sowohl aus Aufgaben und Zielsetzung der jeweiligen internationalen Organisation als auch insbesondere aus der konkreten Stellenausschreibung herauslesen. Auch hier gilt: Eine gründliche Vorbereitung ist für das erfolgreiche Bestehen des schriftlichen Tests unerlässlich. Im Internet sowie im Printbereich gibt es eine Vielzahl von Publikationen, die als Hilfsmittel für eine sinnvolle Vorbereitung dienen können. Insbesondere Fragenkataloge aus früheren Auswahlverfahren bieten Bewerber:innen einen wichtigen Anhaltspunkt dafür, was in der schriftlichen Auswahlrunde zu erwarten ist.

Das Erreichen dieser letzten Etappe des Bewerbungsprozesses ist zunächst einmal ein großer Erfolg. Internationale Organisationen laden nur jene Bewerber:innen ein, die es erfolgreich auf die sogenannte Shortlist geschafft haben. Bedenkt man die große Zahl der Bewerbungen auf eine Vakanz, stellt das Erreichen dieser Shortlist schon einmal einen bemerkenswerten Erfolg dar. Und unabhängig vom Ausgang des Verfahrens bleibt den Bewerber:innen auf jeden Fall die Gewissheit, dass ihre Biografie im Kontext des Beschäftigungsfeldes internationale Organisationen marktfähig ist – kein schlechtes Zwischenergebnis.

Das entscheidende Auswahlgespräch kann aufgrund der zuweilen großen Distanzen und zur Vermeidung von Reisekosten häufig im Rahmen einer Telefon- oder Videokonferenz stattfinden. Für viele Bewerber:innen ist dies ein eher unbekanntes und ungewohntes Verfahren, weshalb es sich empfiehlt, eine solche Situation im Vorfeld einmal zu üben. Es ist sicherzustellen, dass zum vereinbarten Zeitpunkt das Gespräch störungsfrei durchgeführt werden kann und die technischen Voraussetzungen auch aufseiten der Bewerber:innen eine optimale Gesprächsdurchführung gestatten.

Das Panel, also die Auswahlkommission, besteht bei Telefon- und Videointerviews ebenso wie bei persönlichen Interviews aus mehreren Personen. Die Interviewer:innen kommen in der Regel aus der relevanten Fachabteilung und werden fast immer von einem Vertreter oder einer Vertreterin der Personalabteilung begleitet. Der Zeitrahmen für das Auswahlgespräch ist vorgegeben, die Dauer kann je nach Organisation erheblich variieren. Von den Bewerber:innenn wird erwartet, dass sie den Mitgliedern der Auswahlkommission ihren akademischen und beruflichen Werdegang präzise und in der gebotenen Kürze vorstellen können. Häufig steht dieser Themenkomplex am Beginn des Auswahlgesprächs. Ebenso wichtig ist, dass sich Bewerber:innen bereits im Vorfeld intensiv mit der Organisation und der individuellen Aufgabenbeschreibung der in Rede stehenden Vakanz auseinandergesetzt haben.

Die Liste der möglichen Gesprächsthemen in einem Auswahlgespräch bei internationalen Organisationen ist sehr breit gefächert, deshalb folgt an dieser Stelle nur eine kurze Auswahl:

- fachliche Fragen zu der konkreten Vakanz der internationalen Organisation
- Fragen zur Führungs- und Teamfähigkeit, die häufig nicht direkt getestet, sondern vielmehr im Rahmen von Szenarien überprüft werden. Hier empfiehlt es sich, konkret erlebte Situationen aus dem eigenen beruflichen und privaten Umfeld parat zu haben.
- Fragen zur gegenwärtigen Tätigkeit bzw. zu früheren Funktionen
- Fragen zur Motivation und Qualifikation im Hinblick auf die konkrete Bewerbung

Da die Mitglieder der Auswahlkommission die Bewerbungsunterlagen in der Regel vorab intensiv studiert haben, werden sie nicht zögern, gegebenenfalls während des Interviews in die im CV angegebenen Fremdsprachen zu wechseln. Spätestens hier würden sich zu optimistische Angaben hinsichtlich der Fremdsprachenkenntnisse als nachteilig herausstellen. Deshalb sei an dieser Stelle der an sich selbstverständliche Hinweis erlaubt: Alle Angaben, die man im Rahmen des Bewerbungsprozesses macht, sollten jederzeit einer substanziellen Überprüfung standhalten.

An dieser Stelle soll auch auf die in der Regel geforderten Referenzen eingegangen werden. Diese Referenzen werden von internationalen Organisationen meist geprüft, deshalb versteht es sich von selbst, dass nicht nur das Einverständnis der Referenzgeber eingeholt, sondern auch die entsprechende Person über den aktuellen Fortgang der jeweiligen Bewerbung informiert werden sollte. Wichtig ist, dass die Referenzgeber:innen aussagekräftige Hinweise geben können. Dies betrifft sowohl berufliche Tätigkeiten als auch persönliche Eigenschaften.

Ein besonderer Weg in internationale Organisationen: das Programm Beigeordnete Sachverständige

Beigeordnete Sachverständige (BS) sind international bekannt unter der Bezeichnung Junior Professional Officer (JPO), Associate Expert (AE) oder Associate Professional Officer (APO). Die Bundesregierung hat mit mehr als 30 internationalen Organisationen Abkommen über die Förderung von Beigeordneten Sachverständigen abgeschlossen. Die Federführung des Programms liegt beim Bundesministerium für wirtschaftliche Zusammenarbeit und Entwicklung (BMZ). Hochschulabsolvent:innen mit erster Berufserfahrung, die im Besitz der deutschen Staatsangehörigkeit sind, bietet sich mit dem JPO-Programm eine einzigartige Möglichkeit, um das Beschäftigungsfeld internationale Organisationen bereits zu einem frühen Zeitpunkt intensiv kennenzulernen. Tätigkeiten als JPO/Beigeordnete Sachverständige finden entweder am Sitz der jeweiligen Organisation oder in den Regional- und Feldbüros in Afrika, Asien, Lateinamerika oder Europa statt. Die Tätigkeitsgebiete decken alle wesentlichen Bereiche der multilateralen Entwicklungszusammenarbeit ab: Armutsbekämpfung, Demokratie und Menschenrechte, Flüchtlingshilfe und Krisenprävention, Umweltschutz, Gesundheitsvorsorge, Arbeitsschutz, Beschäftigungs- und Wirtschaftsförderung, Bildung sowie ländliche Entwicklung und Ernährungssicherung.

Das Programm richtet sich an Bewerber:innen mit erster Berufserfahrung nach einem Hochschulstudium. Vorteilhaft sind hier insbesondere sowohl akademische als auch berufspraktische Erfahrungen, die während oder nach dem Studium im Ausland erworben wurden. In sprachlicher Hinsicht müssen die Bewerber:innen neben fließendem Englisch eine weitere offizielle VN-Sprache sicher beherrschen. Gerade auch für Absolvent:innenen der Rechtswissenschaften bieten sich innerhalb des JPO-Programms kontinuierlich interessante Einsatzmöglichkeiten in den unterschiedlichsten Rechtsgebieten und Politikbereichen. Zu Anfang eines jeden Jahres werden die von der Bundesregierung zur Besetzung ausgewählten Positionen im Rahmen des JPO-Programms auf der Website des BFIO (Büro Führungskräfte zu Internationalen Organisationen) veröffentlicht.

Auf Grundlage der schriftlichen Bewerbung entscheidet das BFIO gemeinsam mit dem BMZ und den übrigen Ressorts der Bundesregierung, welche Bewerber:innen zum Auswahlverfahren nach Bonn eingeladen werden. Im Anschluss an dieses Auswahlverfahren auf deutscher Seite schlägt das BFIO den internationalen Organisationen mehrere Kandidat:innen pro Position vor (Shortlist). Die abschließende Entscheidung liegt bei den internationalen Organisationen selbst. Während ihres Einsatzes sind die JPOs/Beigeordneten Sachverständigen Bedienstete der internationalen Organisationen. Sie werden gleichwohl von deutscher Seite auf ihren Einsatz vorbereitet und während der Tätigkeit begleitet. Für deutsche Nachwuchsführungskräfte bietet das JPO-Programm eine hervorragende Gelegenheit, den ersten erfolgreichen Schritt zu einer langfristigen Positionierung im System der internationalen Organisationen zu tun.

4. Erfahrungsberichte

Vom Weg abgekommen?

Maxi Christine Conze

Rechtsanwältin im Bereich Medizin- und Strafrecht

Büsing Müffelmann & Theye

Seit ich nach meinem Ersten Staatsexamen in einer Großkanzlei als wissenschaftliche Mitarbeiterin angefangen hatte, war für mich klar: Das soll es sein. So möchte ich später auch arbeiten. Ich habe neun Monate lang bei Clifford Chance im Bereich Litigation & Dispute Resolution sowie Arbitration gearbeitet – und das meist drei bis vier Tage in der Woche. Ich bekam also einen ganz guten Einblick in die Tätigkeit und insbesondere auch in die teils langen Arbeitstage der Anwältinnen und Anwälte. Trotzdem machte mir meine Arbeit dort unglaublich viel Spaß und ich lernte viel Neues dazu. Ich fühlte mich wohl in meinem Team. Ich fühlte mich gefordert, aber auch nicht überfordert. Es war genau mein Ding.

Aus dem Ersten Examen kam ich mit einem Prädikat – ich wusste also, dass mir die Möglichkeit, in einer Großkanzlei zu arbeiten, offenstehen könnte. Doch meine Einstellung und meine Wünsche änderten sich im Laufe des Referendariats. Darum also soll es in meinem Beitrag gehen – der Weg meiner Entscheidungsfindung. Vielleicht hilft dieser Beitrag den einen oder anderen dabei, noch einmal in sich selbst reinzuhorchen und zu ergründen, was man wirklich möchte.

Ein zerplatzter Traum?
Warum änderte sich meine Wunschvorstellung vom Berufseinstieg so stark? Ehrlich gesagt, kann ich das im Nachhinein nicht nur an einem einzigen Punkt festmachen. Vielmehr war es eine Kumulation mehrerer Umstände. Als ich mit dem Referendariat in Hessen begann, war der ursprüngliche Wunsch jedenfalls noch vorhanden. Meine Position als wissenschaftliche Mitarbeiterin hatte ich aufgegeben, weil ich mich ganz auf das Referendariat konzentrieren wollte. Der Rechtsbereich, in dem ich bei Clifford Chance gearbeitet hatte, hatte allerdings nachhaltig Begeisterung bei mir ausgelöst. So absolvierte ich während meiner Zivilstation – meiner ersten Station im Referendariat – den Weiterbildungslehrgang Deutsche und Internationale Schiedsgerichtsbarkeit an der Goethe-Universität in Frankfurt am Main und schloss diesen erfolgreich ab. Ich wollte mir dadurch Wissen aneignen und für spätere Bewerbungen einen Attraktivitätspunkt sammeln.

Doch im Laufe des Referendariats merkte ich, wie sich in mir immer größerer Druck aufbaute. Ich wusste, dass Großkanzleien in aller Regel zwei Prädikatsexamina für einen Einstieg voraussetzen. Was ich jedoch nicht wusste, war, ob ich dies auch im Zweiten Examen schaffen würde. Eine wirkliche Alternative für einen Berufseinstieg hatte ich mir bislang nicht überlegt. Der Wunsch, in einer Großkanzlei zu arbeiten, war in mir so ausgeprägt, dass ich mir ernsthaft Sorgen machte, wie ich mich fühlen und was ich machen würde, wenn ich die erforderliche Punktzahl im Zweiten Examen nicht erreichen würde. Mein ganzer Traum würde zerplatzen – so kam es mir vor. In dieser Zeit lernte ich auch meinen jetzigen Mann kennen. In meiner vorherigen Partnerschaft war Karriere ein großes Thema für uns beide. Das änderte sich mit der neuen Beziehung. Zeit für Ausgleich zu haben, wurde mir, neben dem Wunsch, beruflich durchzustarten, wichtiger. Ich wollte auch diesen Druck, den ich mir letztlich nur selbst machte und der aus meinen Vorstellungen heraus resultierte, nicht mehr haben. Ich fragte mich, ob ich wirklich diese langen Arbeitstage haben wollte, wie sie in einer Großkanzlei nun einmal bekanntermaßen üblich sind. Ich möchte die Arbeit in einer Großkanzlei an dieser Stelle auch nicht schlecht reden oder abwerten. Man muss sich dessen nur bewusst sein. Ich fing an, noch mal neu zu denken. Meine

Anwaltsstation hatte ich bereits bei Heuking, ebenfalls im Bereich Litigation & Arbitration, eingeplant. In dieser Zeit rückten mittelständische Kanzleien immer mehr in meinen Fokus. Und ich fragte mich, ob ich nicht vielleicht noch einmal einen ganz anderen Rechtsbereich ausprobieren sollte. Immerhin hatte ich meinen Schwerpunkt hauptsächlich im Wirtschaftsstrafrecht absolviert.

Nicht gesucht, aber gefunden

Glücklicherweise war in genau dieser Zeit ein Kollege von mir, den ich damals noch bei Clifford Chance kennengelernt hatte, in eine mittelständische Kanzlei gewechselt. Das war die Kanzlei Büsing Müffelmann & Theye. Dort bin ich nun seit ungefähr einem Jahr als angestellte Rechtsanwältin im Bereich Medizinrecht und (Wirtschafts-) Strafrecht. Dazu kam es einzig und allein deshalb, weil mir meine Wahlstation, die ich bei Büsing Müffelmann & Theye verbracht habe, unglaublich gut gefallen hat. Hier konnte ich auch meinen ursprünglichen Schwerpunkt erweitern. Ich hatte zuvor noch nie in einer mittelständischen Kanzlei gearbeitet, merkte jedoch schnell, dass sich die Arbeit von der in einer Großkanzlei allein schon wegen des divergierenden Mandantenkreises und der schnellen Integration in die Mandate mit direktem Mandantenkontakt sehr unterscheidet. In meinem Bereich vertrete ich in aller Regel keine riesigen Unternehmen oder Firmen, sondern Einzelpersonen oder kleinere Gesellschaften. Dies sieht in anderen Rechtsbereichen natürlich anders aus. Zum Mandantenkreis der Kanzlei zählen ebenso Großunternehmen und mittelständische Unternehmen im In- und Ausland, Start-ups und die öffentliche Hand. Meine persönlichen Arbeitstage endeten zu anderen Zeiten. Ich konnte mich nach der Arbeit noch gut mit Freunden treffen oder zum Sport gehen. Auch die Zeit für den Austausch im Team, bei einem Teamevent oder im Falle des gleichzeitigen Feierabends bei einem spontanen Treffen mit den Kolleginnen und Kollegen möchte ich nicht missen. Die Freizeit begann nicht erst spät am Abend oder nachts und verlagerte sich nicht ausschließlich auf das Wochenende.

Daran hat sich ab meiner Anstellung als Rechtsanwältin eigentlich nichts geändert. Natürlich gibt es auch längere Tage. Doch diese empfinde ich nicht als unangenehm, weil mir meine Arbeit einfach sehr viel Spaß macht. Mittlerweile vertrete ich vorwiegend Mandanten im Medizinrecht und Medizinstrafrecht. Ich habe im Februar auch mit dem Fachanwaltslehrgang für Medizinrecht begonnen. Am Medizinrecht begeistert mich vor allem, dass es eine Querschnittsmaterie ist. Die Beratung und Vertretung kann sich im allgemeinen Zivilrecht, im Gesellschaftsrecht, im Verwaltungsrecht oder eben auch im Strafrecht abspielen. Es wird jedenfalls nie langweilig. Abschließend kann ich nur jedem empfehlen, sich insbesondere im Referendariat breit aufzustellen und die Möglichkeit des Ausprobierens zu nutzen. Bei mir jedenfalls hat das zu großen Veränderungen geführt.

Prof. Dr. Nikolas Eisentraut

Juniorprofessor für Öffentliches Recht

Leibniz Universität Hannover und Deutsches Zentrum für Hochschul- und Wissenschaftsforschung

Juniorprofessor im „Jülicher Modell"

Kurz vor meiner mündlichen Prüfung zum Zweiten Examen war ich zum „Vorsingen" in Hannover eingeladen – so wird das Bewerbungsgespräch für eine Professur im Wissenschaftsjargon genannt. Im Vorgespräch zur mündlichen Prüfung staunten die Prüfer dann nicht schlecht, als ich als Berufswunsch „Professor" angab. Dass dieser Karrierewunsch alles andere als sicher planbar ist, war mir durchaus bewusst. Dementsprechend hatte ich mich bereits parallel nach Möglichkeiten eines Einstiegs in der Anwaltschaft oder in einem Bundesministerium erkundigt. Doch alles lief glatt und ich konnte die Berufungskommission von mir überzeugen. Was dann folgte, war völliges Neuland: Es galt, ein Forschungsexposé zu erstellen und Berufungsverhandlungen zu führen. In den Gesprächen ging es um die Ausstattung der Professur und meine wissenschaftlichen Pläne für die Zeit der Juniorprofessur. Schon wenige Monate später (Berufungsverfahren können wirklich lange dauern!) hielt ich meine Ernennungsurkunde zum Juniorprofessor in der Hand. Nach dem „Dr." plötzlich also auch „Prof." – ein ganz besonderer Moment nach der langen juristischen Ausbildung!

Verbeamtung und Beurlaubung: Das Jülicher Modell

Meine Ernennung zum Juniorprofessor weist eine Besonderheit auf: Von meiner Verbeamtung auf Zeit an der Leibniz Universität Hannover wurde ich sofort wieder beurlaubt, um dann neuerlich – zu vergleichbaren Konditionen – am Deutschen Zentrum für Hochschul- und Wissenschaftsforschung (DZHW) angestellt zu werden. Dieses Konstrukt nennt man „Jülicher Modell". Es ermöglicht außeruniversitären Forschungseinrichtungen wie dem DZHW, in Kooperation mit einer Hochschule Professor:innen zu berufen, was ansonsten nicht möglich wäre. Das Modell führt dazu, dass ich Dienstaufgaben sowohl an der LUH als auch am DZHW wahrnehme. Was anfänglich eine totale Blackbox war – ich konnte mir schwer vorstellen, was dieser Dualismus konkret bedeuten würde – entpuppte sich als wahrer Glückgriff.

Vielfältige Tätigkeiten und hohe Selbstbestimmung

An der juristischen Fakultät der LUH bin ich mit den klassischen Aufgaben eines Professors betraut: Ich halte Vorlesungen, engagiere mich in der Selbstverwaltung, betreue Studierende und Doktorand:innen. Zugleich arbeite ich in einer außeruniversitären Forschungseinrichtung, die sich auf die Wissenschafts- und Hochschulforschung spezialisiert hat. Das Besondere an der Tätigkeit am DZHW ist das Arbeiten in interdisziplinären Kontexten. Am DZWH sind eine Vielzahl von Sozialwissenschaftler:innen tätig. Als Jurist steuere ich meine Expertise in die verschiedenen Forschungskontexte bei, weil bei der sozialwissenschaftlichen Forschung häufig auch die Frage nach dem normativen Rahmen einer untersuchten Fragestellung eine wichtige Rolle spielt. Für ein Forschungsprojekt zum Karrieremodell der Tenure-Track-Professur habe ich beispielsweise bei einem Vergleich der Regelungsmodelle in den 16 Landeshochschulgesetzen unterstützt. Ich arbeite an Kommentaren mit, schreibe Aufsätze und halte Vorträge auf wissenschaftlichen Tagungen. Zu meiner Tätigkeit gehört auch die Einwerbung von Drittmitteln. Drittmittel bieten die Chance, größere Projekte mit den nötigen Finanz- und Personalmitteln ausgestattet realisieren zu können. Im vom BMBF geförderten Projekt „OZUG: Offener Zugang zum Grundgesetz" konzipiere ich etwa den ersten Open-Access-Grundgesetzkommentar Deutschlands. Im Projekt VEStOR entwickeln wir die Community des OpenRewi e. V. weiter, einem Verein, der sich für Open Educational Resources in der Rechtswissenschaft einsetzt. Meine Arbeit ist in höchstem Maße selbstbestimmt. Da meine Stelle der Qualifizierung für eine Vollprofessur dient, ist die intrinsische Motivation sehr hoch, möglichst viele Veröffentlichungen und Projekte zu realisieren. Das bringt die Gefahr mit sich, an der Grenze des Belastbaren zu arbeiten, auch wenn niemand einen kontrolliert. Deshalb sollte man das Thema Work-Life-Balance keinesfalls aus dem Auge verlieren.

Juniorprofessur als Karriereschritt in der Wissenschaft

Die Juniorprofessur ist als Karrierepfad auf dem Weg zur Lebenszeitprofessur als Alternative zum etablierten Weg der Assistenzzeit mit abschließender Habilitation gedacht. Ziel ist es, bereits im Laufe der Postdoc-Phase (also der wissenschaftlichen Tätigkeit nach der Promotion, jedoch vor der Lebenszeitberufung) den Verantwortungsbereich des Professors kennenzulernen. Hierzu gehört, dass man vollumfänglich eigenständig forscht und in die professoralen Lehraufgaben eingebunden wird. Man übernimmt bereits Personalverantwortung je nach Umfang der Ausstattung der Juniorprofessur mit Haushalts- und Drittmitteln. Aufgrund meiner Drittmittelanträge beschäftige ich zwei studentische Hilfskräfte und drei wissenschaftliche Mitarbeiter:innen. Nach der eigenen Phase als wissenschaftlicher Mitarbeiter, in der man alles selbst oder für den Chef gemacht hat, ist es ein besonders spannender Perspektivwechsel, nun selbst Personalverantwortung zu übernehmen. Dieses „Mehr" an Verantwortung war ursprünglich als Alternative zur Habilitation gedacht. Dennoch gehört es zum guten Ton in den Karriereläufen der Rechtswissenschaft, auch als Juniorprofessor noch ein zweites großes Buch nach der Promotion zu schreiben – in der Regel eine Habilitationsschrift. Folglich arbeite auch ich an einer Habilitation, auch wenn dafür neben den laufenden Aufgaben an der Professur wenig Zeit bleibt.

Das „Prof." ist sicher – doch wie genau?

Es gibt Juniorprofessuren mit „Tenure Track" – dies bedeutet, dass bei Einstellung eine Anschlusszusage gemacht wird. Erfüllt der Juniorprofessor zum Ende der Befristung (in der Regel sechs Jahre) alle mit der Hochschule vereinbarten Kriterien, wird das Dienstverhältnis in eine Lebenszeitprofessur umgewandelt. Meine Juniorprofessur ist jedoch ohne Tenure-Track. Nach drei Jahren werde ich zwischenevaluiert und meine Stelle – so hoffe ich – um nochmals drei Jahre verlängert. Nach sechs Jahren ist jedoch Schluss. Dann muss ich mich auf freie Stellen bewerben, um Lebenszeitprofessor zu werden. Sollte das nicht klappen, was bei einer Karriere in der Wissenschaft immer in Rechnung gestellt werden sollte (#ichbinhanna), bliebe mir, als Wissenschaftler im außeruniversitären Kontext anzuknüpfen oder in die Rechtspraxis zu wechseln. Insofern sind universitäre Karrieren mit denen in Großkanzleien ein wenig vergleichbar: „Up or out". Was mir auf jeden Fall bleibt, ist das „Prof." – das Niedersächsische Hochschulgesetz erlaubt, nach Stellenende als außerplanmäßiger Professor weiterhin Lehraufgaben wahrzunehmen.

Von Balykchy nach Berlin: Mein Weg zur Kartellrechtlerin

Anara Karagulova-Glantz

Senior Associate

Dentons Europe (Germany) GmbH & Co. KG

Bereits als Schülerin in der windigen Kleinstadt Balykchy im weit entfernten Kirgisistan fand ich die Themen „Recht" und „Unrecht" spannend. So kam es, dass ich mich als Richterin im Schulgericht bereits damals für Gerechtigkeit einsetzte. Hätte mir damals jemand gesagt, dass ich irgendwann als Rechtsanwältin in Deutschland arbeiten und Deutsch fast wie eine Muttersprachlerin sprechen würde, hätte ich es wohl für ein Märchen gehalten. Doch dieses Märchen wurde wahr, wenn auch über einige Umwege.

Mit 16 erhielt ich ein Stipendium, um ein Jahr lang in den USA zur Schule zu gehen, bei einer Gastfamilie zu wohnen und Englisch zu lernen. Nach meiner Rückkehr stand ich vor der Berufswahl. Ein Jurastudium kam zwar in Frage, aber nicht das alte sowjetische Rechtssystem. Somit entschied ich mich für ein Studium der Internationalen Beziehungen an der American University of Central Asia in Bischkek. Nach Abschluss des Bachelors bekam ich ein DAAD-Stipendium für ein Master-Studium in Deutschland. Das Stipendium galt allerdings nur für ein konsekutives Master-Studium, d. h. im Fach Politikwissenschaften. Nach Abschluss des Master-Studiums an der Katholischen Universität Eichstätt-Ingolstadt, ließ mich der Gedanke nicht los, lieber an der Schnittstelle zwischen Recht, Wirtschaft und Politik zu arbeiten. So folgte mein LL.M.-Studium an der Martin-Luther-Universität Halle-Wittenberg im Wirtschaftsrecht als Stipendiatin der Friedrich-Ebert-Stiftung. Während des LL.M.-Studiums stellte ich fest, wie sehr ich die juristische Arbeit genoss. Doch ohne Staatsexamen bzw. Zulassung als Rechtsanwältin war ich von meinem Ziel, als Juristin in Deutschland zu arbeiten, immer noch weit entfernt.

Das Jura-Studium: Eine gut überlegte Entscheidung

Trotz meiner Bedenken bezüglich eines weiteren langen Studiums und Referendariats entschied ich mich letztendlich für ein Jurastudium. Zunächst arbeitete ich als wissenschaftliche Mitarbeiterin im Bereich Kartellrecht bei renommierten Kanzleien in Deutschland, u. a. bei Dentons in Berlin. Hier erlangte ich Einblicke in den juristischen Berufsalltag, lernte aber auch viel über das Studium, den Examensstress und das Referendariat. Eine besondere Herausforderung war die Sprache. Schließlich ist Deutsch nicht meine Muttersprache und bei Jura geht es vor allem ums Schreiben. Ich entschied mich schließlich für das Studium, denn am Ende des Zweiten Staatsexamens würden mir viele Berufswege offenstehen. Ich bewarb mich an der Humboldt-Universität zu Berlin und bekam glücklicherweise einen Studienplatz. Rückblickend waren die sechs Jahre, die ich vor dem Studium in Deutschland verbracht habe, entscheidend für meine Integration, Sprachkenntnisse und Lebenserfahrung. Mit dem nötigen Fokus aber auch mit Offenheit für neue Rechtsgebiete schloss ich mein Studium an der HU ab. Im Referendariat nutzte ich jede Station, um andere Berufe als die Anwaltschaft kennenzulernen. Mit dem Prädikat in beiden Examina klappte es auch. Letztlich hat mich meine jahrelange Tätigkeit als wissenschaftliche Mitarbeiterin in einer Großkanzlei aber überzeugt. Ich kam als Rechtsanwältin zurück.

Berufsalltag

Als Kartellrechtlerin in einer Großkanzlei finde ich besonders spannend, mich in unterschiedlichste Branchen einzuarbeiten und Unternehmen in komplexen internationalen Rechtsfragen zu beraten. Von Singapur über die USA bis hin zur Schweiz und China – unsere Mandanten haben weltweit verteilte Standorte und Geschäftsaktivitäten, die wir rechtlich begleiten und beraten. Im Alltag arbeite ich regelmäßig und sehr gerne mit den Kolleginnen und Kollegen aus anderen Jurisdiktionen. Bei den meisten kartellrechtlichen Beratungen ist die Vorgehensweise ähnlich: das Geschäftsmodell verstehen, die anwendbaren Vorschriften identifizieren und analysieren, und schließlich praktikable, umsetzbare und auch für Laien verständliche Lösungen ausarbeiten. Hierbei gehen wir nicht nach Schema F vor. Jede Lösung ist für die jeweilige Mandantin individuell zugeschnitten.

Ausschlaggebend für meine Rückkehr als Rechtsanwältin zu Dentons waren drei Aspekte. Erster Aspekt ist die Teamarbeit. Das mag klingen wie ein Werbespruch. Im Referendariat vermisste ich aber gerade bei der Justiz und der Verwaltung die enge und kollegiale Zusammenarbeit im Team, die ich in der Kanzlei erlebt hatte. Im Alltag arbeite ich in der Regel mit einem Partner oder einer Partnerin, mindestens einem bzw. einer weiteren Associate sowie öfter mit Referendar:innen und wissenschaftlichen Mitarbeiter:innen zusammen. So ist nicht nur das Vier-Augen-Prinzip gewährleistet, sondern ich lerne aus den Erfahrungen der Partner:innen, kann bestimmte Fragestellungen mit Kolleginnen und Kollegen besprechen und Wissen und Erfahrung weitergeben. Meine Fähigkeiten im Delegieren, in Gesprächsführung und Feedback-Kultur entwickle ich dabei schon fast nebenbei weiter. Zweitens besteht durch die Größe des Teams und der Mandantenstruktur für mich eine gewisse Freiheit, Schwerpunktthemen innerhalb des Kartellrechts wie z. B. Kartellschadensersatz, Vertriebskartellrecht, Missbrauchskontrolle oder Kartellverfahren sowie Sektoren wie Telekommunikation, Gesundheit, Pharma- oder Techbereich auszusuchen. Drittens schätze ich die Unternehmenskultur, die immer Raum und Unterstützung für neue Ideen bietet und die Freiheit für ihre Umsetzung lässt.

Vereinbarkeit von Karriere und Familie – es sieht gut aus

Natürlich gibt es auch Schattenseiten an diesem Beruf. Dazu gehört die Arbeitszeit. Eine Kanzlei ist schließlich auch ein Unternehmen, das wirtschaftlich handeln muss. Gleichzeitig ermöglicht mir die beratungs- und gestaltungsbetonte Arbeit, in Teilzeit zu arbeiten und nachmittags für meine Tochter da zu sein. In unserem Team werden die Homeoffice-Zeiten individuell und flexibel gestaltet. Ich kann frei entscheiden, an welchen und an wie vielen Tagen ich im Homeoffice arbeite. Das ganze Team – vorgesetzte Partner:innen, vollzeit- und teilzeittätige Kolleg:innen – geben ihr Bestes, um das Funktionieren der Teilzeitarbeit in einer Großkanzlei zu ermöglichen.

Ich bin sehr glücklich mit meiner Berufs- und Arbeitgeberwahl und schätze die vielfältigen Möglichkeiten, die mir mein juristischer Werdegang eröffnet hat. Der Weg war lang, aber es hat sich absolut gelohnt.

Christoph Krampe

Lektor

Nomos Verlag

Juristische Karriere mal anders: Mein Weg ins Lektorat

Als Lektor in einem juristischen Fachverlag habe ich einen Beruf gewählt, der zu den Exoten unter den juristischen Karrierewegen zählt. Und so wie alle Raritäten ist dieser Beruf vor allem eines: besonders reizvoll.

Lektor:in – das unbekannte Wesen

Wie vermutlich die allermeisten hatte ich das Berufsbild „Lektor:in" anfangs nicht auf dem Schirm. Stattdessen bewegte ich mich zunächst auf der klassischen Karriereschiene: Jurastudium, Lehrstuhltätigkeit, Erstes Staatsexamen, wissenschaftlicher Mitarbeiter in zwei Großkanzleien – mein Weg schien vorgezeichnet. Doch je weiter ich voranschritt, desto weniger konnte ich mir vorstellen, später in einem der klassischen Berufe zu arbeiten. Juristische Inhalte und Problemstellungen faszinierten mich weiterhin, gleichzeitig wünschte ich mir aber, dass der Umgang mit Sprache eine größere Rolle spielen sollte. Das kam nicht von ungefähr: Schon zu Beginn meines Studiums hatte ich lange als freier Mitarbeiter für eine kleine Fachzeitschrift gearbeitet und außerdem ein Praktikum in der Redaktion von Spiegel Online absolviert. Die Arbeit am Lehrstuhl wiederum hatte mir immer dann besonders viel Spaß gemacht, wenn es darum ging, die optimale sprachliche „Verpackung" zu finden, um die hinter einem Text stehende Idee zu transportieren.

Im Zuge meiner Suche nach einem passenden Beruf stieß ich auf den Artikel der Lektorin eines juristischen Fachverlags. Als ich las, welche Aufgaben man als Lektor:in im Einzelnen hat und welche Fähigkeiten man hierfür mitbringen muss, wusste ich: Das ist es! Kurz entschlossen bewarb ich mich für ein Volontariat im juristischen Lektorat des Nomos Verlags, erhielt die Zusage – und war damit Teil der Verlagswelt.

Während des Volontariats erlebte ich, wie aus einer Idee ein Konzept, aus dem Konzept eine Vielzahl an Texten und aus diesen Texten schließlich ein Buch wird; wie die einzelnen Verlagsabteilungen hierbei (mit dem Lektorat als Schnittstelle) zusammenwirken und wie viel Freude es bereitet, ein Werk, das man so lange begleitet hat, am Ende gedruckt in den Händen zu halten. Kurz gesagt: Alles passte zusammen und so wurde ich vom Volontär zum Lektor. Als solcher bin ich nun im Bereich Praxisliteratur tätig, betreue also vor allem Kommentare und Handbücher, die sich an Rechtsanwält:innen, Richter:innen und andere Praktiker:innen wenden.

Wie entsteht ein Buch?

Meine Aufgaben als Lektor lassen sich am besten anhand des typischen Entstehungsprozesses eines Buches beschreiben. Besonders kreativ ist die Anfangsphase eines neuen Projekts, in der wir das Konzept entwerfen und festlegen, in welchem Format das Werk später erscheinen soll. Entscheiden wir uns beispielsweise dazu, einen Kommentar zu verlegen, geht es in einem nächsten Schritt darum, das richtige Team zusammenzustellen. Die erste Frage lautet: Wer könnte die verantwortungsvolle Aufgabe der Herausgeberschaft übernehmen, also sicherstellen, dass die einzelnen Kommentierungen inhaltlich auf höchstem Niveau sind? Gemeinsam mit den Herausgeber:innen begeben wir uns anschließend auf die Suche nach geeigneten Autor:innen.

Während die Autor:innen an ihren Beiträgen arbeiten, beobachten wir permanent die aktuelle Gesetzgebung. Dieser Teil meiner Arbeit bereitet mir einerseits Freude, weil ich schon seit jeher mit großem Interesse die Tagespolitik verfolge. Andererseits stellt uns der Gesetzgeber bisweilen vor schwierige Aufgaben: Wenn beispielsweise ein Gesetz kurzfristig um eine Vielzahl von Vorschriften ergänzt wird, müssen wir innerhalb kürzester Zeit weitere Autor:innen finden. Die Lektüre relevanter Zeitungsartikel und Newsletter ist daher stets der erste Punkt auf meiner täglichen Agenda.

Nachdem die Manuskripte bei uns eingegangen sind, beginnt die Arbeit, die meinem Beruf seinen Namen gibt: das Lektorieren, also die Durchsicht und Prüfung der Texte. Dabei geht es nicht allein darum, Orthografie, Zeichensetzung und Grammatik zu prüfen, sondern immer auch um den Gesamteindruck eines Textes: Bauen die einzelnen Gedanken logisch aufeinander auf? Werden alle wichtigen Fragen beantwortet oder muss noch etwas ergänzt werden? Besteht umgekehrt Kürzungspotenzial? Die lektorierten Manuskripte werden von unserer Herstellungsabteilung gesetzt, also in das spätere Drucklayout umgewandelt. Auf diese Weise erhalten wir einen ersten Eindruck davon, wie das Buch später aussehen wird. Anschließend sind wieder die Autor:innen am Zug. Sie überarbeiten ihre Beiträge und ergänzen aktuelle Entwicklungen. Wenn die Texte schließlich konsolidiert sind und das Erscheinen näher rückt, prüfe ich gemeinsam mit den Kolleg:innen aus der Herstellungsabteilung abschließend das Drucklayout sowie das spätere Cover. Nach der intensiven Textarbeit ist diese eher gestalterische Aufgabe immer eine schöne Abwechslung.

Der Moment, in dem ich ein Werk für den Druck freigebe, ist nach Monaten (manchmal sogar Jahren) der Arbeit an einem Buchprojekt ein ganz besonderer. Wenn dann ein paar Wochen später die ersten Exemplare aus der Druckerei eintreffen, ist das für alle Beteiligten großer Anlass zur Freude. Natürlich beschäftigt mich ein Titel aber auch noch nach seinem Erscheinen: Ich lese die Rezensionen, beobachte die Verkaufsentwicklung und mache mir Gedanken, ob und wann wir eine Neuauflage angehen sollten.

Kommunikator und Problemlöser

Auch wenn die Manuskriptarbeit einen großen Teil meiner Arbeitszeit in Anspruch nimmt, bin ich nicht nur Stillarbeiter, sondern vor allem Kommunikator und Problemlöser: Täglich stehe ich im Austausch mit unseren Autor:innen, beantworte deren Fragen und suche nach Lösungen – etwa dann, wenn Texte infolge einer Reform kurzfristig umgeschrieben werden müssen. Im Problemlösemodus befinde ich mich auch dann, wenn wir nach Antworten auf die vielen neuen Fragen suchen, die sich für das Verlagswesen aus der zunehmenden Digitalisierung ergeben. Diese Vielschichtigkeit meiner Aufgaben macht für mich den besonderen Reiz meines im besten Sinne exotischen Berufs aus.

Dr. Karsten Krumm
MLC (Cambridge)
Rechtsanwalt, Local Partner
White & Case LLP, Frankfurt am Main

Von Osnabrück in die weite Welt der Großkanzlei

BWL oder Jura – das waren die Studiengänge, die mich damals in der Oberstufe am meisten interessierten. Eine genaue Vorstellung hatte ich jedoch von keiner der beiden Disziplinen. Meine Entscheidung für Jura beruhte somit mehr auf meinem Bauchgefühl als auf harten Fakten. Bereut habe ich meine Entscheidung nie – wohl auch, weil ich als Gesellschaftsrechtsanwalt in der Großkanzlei an der Schnittstelle beider Bereiche tätig bin.

Promotion und praktische Erfahrungen

Im Studium an der Uni Osnabrück war ich überrascht, wie strukturiert und logisch das Recht aufgebaut ist – auch wenn es in manchen Bereichen länger dauerte, bis ich das erkannt hatte. Nach den ersten Semestern habe ich mich vor allem für das Zivil- und hier vor allem das Arbeitsrecht begeistert. Einfluss hatte dabei sicher auch meine Teilnahme an zwei arbeitsrechtlichen Moot Courts – an der Uni Osnabrück und beim Bundesarbeitsgericht in Erfurt. Im fünften Semester habe ich dann ein Erasmus-Auslandssemester in Murcia, Spanien absolviert. Beides kann ich sehr empfehlen. Wieder zurück folgte der Schwerpunkt im Unternehmens- und Kapitalmarktrecht – mit Arbeitsrecht. Nach dem Ersten Examen war ich wissenschaftlicher Mitarbeiter an der Universität Osnabrück bei Prof. Lars Leuschner und habe auch bei ihm promoviert. Diese Zeit am Lehrstuhl war mehr als gewinnbringend. Dennoch wollte ich das Recht noch aus einer anderen, internationalen Perspektive kennenlernen und entschied mich daher für den Master of Corporate Law an der Uni Cambridge, England. Hier konnte ich durch die enge Verzahnung des Studiengangs mit Londoner Großkanzleien bereits praktische Erfahrungen im internationalen Kontext sammeln. Danach absolvierte ich das Referendariat in Hamburg und meine Anwaltsstation bei Freshfields Bruckhaus Deringer im Corporate/M&A. Nach der Wahlstation, die ich ebenfalls bei Freshfields in deren Hongkonger Büro ableistete, hatte ich wieder zurück in Hamburg an einem regnerischen 1. November 2017 meinen ersten Arbeitstag als Rechtsanwalt.

Sinnlose Umwege oder wertvolle Erfahrungen?

All das wirkt auf den ersten Blick wie ein geradliniger Weg ohne Umwege. Tatsächlich habe ich jedoch viele wertvolle Erfahrungen abseits des üblichen Wegs gemacht. Mein dringender Rat an alle angehenden Juristinnen und Juristen ist daher, sich möglichst viele unterschiedliche Bereiche anzusehen und sich nicht zu früh festzulegen. Bereits das Studium, aber vor allem das Referendariat geben hierzu unzählige Möglichkeiten – ohne zusätzliches Zeiterfordernis und ohne besonderen Aufwand. So konnte ich Erfahrungen sowohl im Arbeitsrecht in der Kanzleipraxis als auch bei mehreren Zivilgerichten, Landes- und Bundesbehörden wie Justizvollzugsanstalten und dem Bundeskartellamt sammeln. Promotion und Master of Laws sind ebenfalls wichtige Optionen. Ich durfte beides absolvieren und würde mich jederzeit wieder dafür entscheiden. Die längerfristige, tiefgehende und eigenständige Beschäftigung mit einem Thema schärft nicht nur die Kenntnisse des juristischen, sondern auch des wissenschaftlichen Arbeitens. Dabei lernt man zugleich, durchzuhalten und sich auf das Wesentliche zu fokussieren. Alles Aspekte, die sowohl im Berufsalltag als auch allgemein im Leben hilfreich sind. Ein Master of Laws – den ich immer an einer renommierten Universität in England oder USA absolvieren würde – hilft noch viel mehr, die eigene Komfortzone zu verlassen. Neben einer fremden Rechtsordnung lernt man auch Land und Leute kennen und knüpft wertvolle Kontakte in alle Welt. Der Blick in meinen juristischen Freundeskreis zeigt, dass die Präferenzen bei fast jedem unterschiedlich sind. Während für den einen die Befassung mit Umsatzsteuersachverhalten eine Erfüllung ist, würde der andere fast alles dafür geben, sich nie damit beschäftigen zu müssen. Ein anderer fühlt sich stattdessen im Transaktionsgeschäft oder gar im Verwaltungsrecht besonders wohl. Mein dritter Ratschlag wäre, nichts vorschnell auszuschließen. So habe ich schon einige Kolleginnen und Kollegen kennengelernt, die nie in einer Großkanzlei arbeiten wollten, diese aber mittlerweile nicht mehr verlassen wollen.

Erfüllte Erwartungen oder Business as usual?

Mein Arbeitstag bei White & Case beginnt meist mit der Durchsicht der über Nacht eingegangenen E-Mails. Die Arbeit in einer internationalen Kanzlei mit einem ebenso internationalen Mandantenstamm bringt es mit sich, dass andere dann arbeiten, während man selbst schläft. Ich finde es bereichernd, mit verschiedenen Menschen aus unterschiedlichen Kulturkreisen und Rechtsordnungen zusammenzuarbeiten. So wünscht eine US-amerikanische Investmentbank eine andere Ansprache als etwa ein deutscher DAX40-Konzern oder ein japanisches Familienunternehmen.

Nach dem ersten morgendlichen Überblick folgen häufig Videokonferenzen mit Mandantinnen und Mandanten der jeweiligen Gegenseite und ihren Anwältinnen und Anwälten, transaktionsbegleitenden Notarinnen und Notaren und auch Behörden wie Handelsregistern oder der BaFin. Dazu kommen Besprechungen im Team, da wir bei White & Case grundsätzlich mindestens nach dem Vier-Augen-Prinzip arbeiten. Unsere Teams sind nahezu immer nicht nur interdisziplinär, sondern auch länderübergreifend, sodass grundsätzlich in englischer Sprache kommuniziert wird. Ein wesentlicher Teil meines Arbeitstages entfällt außerdem auf die Strukturierung und Lösung verschiedenster juristischer Fragestellungen. Dazu kommen – wenn auch nicht jeden Tag – persönliche Treffen mit bestehenden oder potenziellen Mandantinnen und Mandanten, Gespräche, Verhandlungen oder andere Termine wie Beurkundungen vor Ort und interne oder externe Veranstaltungen wie Trainings oder Fachkonferenzen. Daneben verbringe ich in einer durchschnittlichen Woche einige Stunden mit der Analyse der neusten Rechtsprechung und der neuesten Aufsätze und arbeite an eigenen Publikationen.

Die Vielfältigkeit der Tätigkeit hat mich bereits im Referendariat und später nochmals mehr als Anwalt fasziniert. Jeden Tag stellen sich neue, oft unerwartete Herausforderungen. Gleichzeitig ist man als Wirtschaftsanwalt mittendrin im Geschehen, erfährt viele Interna aus verschiedenen Organisationen und Bereichen und darf bestenfalls aktiv daran mitwirken, Wirtschaftsgeschichte zu schreiben. Gerade branchenspezifische, technische Details aus dem Geschäft der Mandantinnen und Mandanten sind meistens nicht nur hochkomplex, sondern auch mehr als spannend. Nicht selten liest man von seinen Manda(n)ten später in der Zeitung und ist überrascht, wie ungenau oder gar unvollständig Sachverhalte dargestellt werden. Alles in allem sind es meistens bunt gemischte Tage, die oftmals erst in den Abendstunden enden. Dennoch oder gerade deshalb sind sie sehr erfüllend. Daher denke ich, dass mein Bauchgefühl für diesen Beruf genau richtig lag.

Das Beste aus beiden Welten?

Dr. Dominik Ortwald

Richter (Finanzgericht Münster)

Land Nordrhein-Westfalen

Mein eigentlicher Wunsch war es, nach dem Abitur Mathe und Englisch auf Lehramt zu studieren. Bei der Finanzverwaltung Nordrhein-Westfalen konnte ich im Rahmen eines dualen Studiums aber schon eigenes Geld verdienen. So entschloss ich mich, das duale Studium zum Diplom-Finanzwirt (FH) abzulegen. Immerhin, so sagte ich mir, haben Steuern auch etwas mit Zahlen zu tun. Nach einigen Monaten stellte sich heraus, dass mir das Steuerrecht nicht nur viel Spaß machte, sondern ich auch ein gewisses Talent dafür hatte. Daher wollte ich auch nach dem Abschluss des dualen Studiums gerne noch weiter „lernen" und begann an der Ruhr-Universität Bochum das Studium der Rechtswissenschaften. Während des Studiums arbeitete ich in Teilzeit im Finanzamt und ich nahm auch eine Stelle als studentische Hilfskraft an einem Lehrstuhl an. Im Studium wählte ich den in Bochum angebotenen Schwerpunktbereich Steuern und Finanzen bei Professor Seer. Hier lernte ich das Steuerrecht aus einer für mich neuen, wissenschaftlichen Perspektive kennen und lieben. Nach meinem Ersten Staatsexamen entschied ich mich daher zunächst für eine Tätigkeit als wissenschaftlicher Mitarbeiter am Lehrstuhl für Steuerrecht von Professor Seer. Während meiner Zeit dort legte ich die Steuerberaterprüfung ab und promovierte im Steuerverfahrensrecht. Im Referendariat wählte ich mit Ausnahme der Zivilstation ausschließlich Ausbildungsstationen mit Verbindung zum Steuerrecht, um mir verschiedene Berufsbilder dieser Richtung anzuschauen. Dabei merkte ich, dass ich fachlich unabhängig arbeiten wollte, ohne Mandanten- oder Verwaltungsinteressen bzw. -vorgaben unterworfen zu sein. Letztlich fiel meine Entscheidung auf den Beruf des Finanzrichters beim Finanzgericht Münster.

Der Rechtsstreit als Ausgangspunkt des Verfahrens

Als Finanzrichter schaffe ich zu allererst Rechtsfrieden bei steuerrechtlichen Streitigkeiten zwischen Steuerpflichtigen und Finanzbehörden. Diese befriedende Tätigkeit ist in meinen Augen unglaublich erfüllend und sinnhaft. Im besten Fall gehen die Beteiligten aus einer für sie konfrontativen, vielleicht sogar belastenden Situation mit einem guten Gefühl und Rechtssicherheit (auch für die Zukunft) heraus. Dabei zeigt sich, dass sich der Rechtsstreit nicht selten aus mehreren „Ebenen" zusammensetzt. Erstens ist häufig der Sachverhalt zwischen den Beteiligten streitig. Bei den Finanzgerichten gilt dabei der Amtsermittlungsgrundsatz. Finanzrichter:innen sind also nicht an das Vorbringen der Beteiligten gebunden, sondern erforschen den Sachverhalt von Amts wegen. Das ist durchaus spannend – vor allem wenn der Sachverhalt zuvor noch nicht vollständig zwischen den Beteiligten aufgeklärt worden ist und sich vielleicht noch die ein oder andere „überraschende Wende" zeigt, die den Sachverhalt im neuen Licht erscheinen lässt. Die zweite Ebene ist die Rechtsebene. Die Beteiligten streiten fast immer darum, wie eine bestimmte steuerrechtliche Norm auf den gegebenen Sachverhalt anzuwenden ist. Das ist der Kern der juristischen Arbeit. Hierbei ist es wichtig, den wirtschaftlichen Gehalt des Sachverhaltes richtig zu erfassen. Denn das Steuerrecht als systematisch erschlossenes Rechtsgebiet bietet mit der Auslegung anhand einer wirtschaftlichen Betrachtungsweise eine besondere Form der teleologischen Auslegung. Wer wirtschaftliche Zusammenhänge versteht und sich mit diesen intensiv auseinandersetzen möchte, hat auch am Steuerrecht seine Freude. Die dritte Komponente ist – sofern vorhanden – eine soziale, eine menschliche Komponente. Diese kann darin begründet liegen, dass sich die Kläger:innen vom Finanzamt ungerecht behandelt oder zu Unrecht beschuldigt sehen. Denkbar ist z. B., dass eine auch in den privaten Lebensbereich eingreifende Steuerfahndungsprüfung stattgefunden hat, die die Kläger:innen belastet. Dann ist ein gewisses zwischenmenschliches Gespür gefragt, um zunächst diesen sozialen Konflikt aufzudecken und zu entschärfen.

Die klassische finanzrichterliche Tätigkeit

Am Finanzgericht entscheiden die Richter:innen grundsätzlich in Senaten, die sich im Urteilsfall aus drei Berufsrichter:innen und zwei ehrenamtlichen Richter:innen zusammensetzen. Zu einem Urteil kommt es aber nur in etwa einem Viertel der Klageverfahren. Bevor nämlich eine Entscheidung durch den Senat getroffen wird, sind die einzelnen Richter:innen als sog. Berichterstatter:innen am Zug. Sie begleiten – und das ist letztlich der typische Berufsalltag – das Verfahren bis zur mündlichen Verhandlung. Dabei bin ich als Berichterstatter grundsätzlich frei in meiner zeitlichen und methodischen Herangehensweise an den einzelnen Fall. Zu Beginn eines Verfahrens nehme ich zunächst eine moderierende Rolle ein, während die Beteiligten in Schriftsätzen den Sachverhalt darstellen und in der Rechtsfrage argumentieren. Es bietet sich regelmäßig schon früh an, Sachverhaltsermittlungen anzustellen, den Beteiligten schriftliche Hinweise zu geben oder sie zu sogenannten Erörterungsterminen zu laden. Hierbei wird unter Anwesenheit der Beteiligten oder wahlweise auch per Videokonferenz der Sach- und Streitstand erörtert. Dies mache ich auch häufig in den Finanzämtern vor Ort, um den Beteiligten die unter Umständen weite Anfahrt zum Gericht zu ersparen. Der Erörterungstermin bietet die Möglichkeit, die gegenseitigen Standpunkte im persönlichen Gespräch auszutauschen und eventuell bestehende zwischenmenschliche Konflikte zu entschärfen. Gleichzeitig ergibt sich aber auch die Gelegenheit, sich bei komplexen Sachverhaltsfragen tatsächlich zu verständigen. Eine Verständigung über Rechtsfragen ist allerdings ausgeschlossen. Kann das Verfahren in diesem Stadium nicht z. B. durch Abhilfe oder Klagerücknahme erledigt werden, schließt sich die Vorbereitung und Durchführung der mündlichen Verhandlung mit einer Entscheidung – im Regelfall durch den Senat – an. Hierfür entwerfe ich als Berichterstatter insbesondere ein Votum, also einen Entscheidungsvorschlag, zu dem zu entscheidenden Fall.

Steuerrecht und die richterliche Tätigkeit – eine gute Kombination

Die Tätigkeit als Finanzrichter:in sieht von außen vielleicht nicht sonderlich spektakulär aus. Mich faszinieren die verschiedenen Lebenssachverhalte, Rechtsfragen und Menschen, mit denen ich zu tun habe. Dadurch ist letztlich kein Verfahren wie das andere. Mir macht es sehr viel Spaß, mich in die unterschiedlichen wirtschaftlichen Sachverhalte und Sichtweisen hineinzudenken und dem Steuerrecht im einzelnen Fall zu einer sinnvollen Geltung zu verhelfen. Für mich bietet die finanzrichterliche Tätigkeit inhaltliche Unabhängigkeit im – für mich – mit Abstand interessantesten Rechtsgebiet, das die Rechtswissenschaft zu bieten hat. Die finanzrichterliche Tätigkeit ist damit für mich das Beste aus beiden Welten.

M&A kann mehr Frauen vertragen!

Christina Peters

Juristische Mitarbeiterin

Notariat Dr. Opgenhoff und Cramer

Mein Einstieg in den Beruf verlief ganz klassisch: Vor meinem Einstieg als Anwältin hatte ich mit der Kanzlei bereits im Rahmen einer anderen Tätigkeit langjährig zusammengearbeitet. Es lag für mich nahe, meine Anwaltsstation im Referendariat dort zu verbringen. Es folgte ein Jobangebot und ich bin geblieben. So weit so alltäglich. In meinem Bericht gehe ich daher besonders auf die Besonderheit ein, als junge Frau ins M&A-Business einzusteigen – eine auch heute noch von Männern dominierte Sparte, egal ob Kollegen, Mandanten oder die Gegenseite.

Jobstart als Frau im Männerteam

Meine Jobreise startete in Düsseldorf in einer kleinen, auf Gesellschaftsrecht spezialisierten Boutique mit vier Partnern und einem angestellten Kollegen – alles Männer. Natürlich habe ich mich gefragt, wie das wohl werden wird, zumal ich aus einem Büro mit fast ausschließlich Frauen kam. Es ist ein anderes Arbeiten, das kann ich sicher sagen. Aber war es jemals ein Problem? Nein. Ich wurde von Tag eins ernst genommen und war ein vollwertiger Teil des Teams. Sicherlich ein Vorteil der kleinen Einheit. Anders sah dies über die Zeit ab und an mit Mandanten oder Kollegen auf der Gegenseite aus. Und ja, ich wähle hier bewusst die männliche Form.

Eine Sache vorab: Ich halte nichts davon, sich selbst aktiv in die Rolle der Schwächeren zu geben, damit die uns Frauen zugesprochenen Klischees zu erfüllen und dann auf die Ungleichbehandlung von Männern und Frauen zu schimpfen. Du hast es ein gutes Stück weit selbst in der Hand, das nicht mit dir machen zu lassen – wichtig ist es, selbstbewusst aufzutreten einfach dein eigenes Ding machen. Aber: Das wird dir die eine oder andere komische Situation und unangenehme Erfahrung nicht ersparen. Mit ein paar mir in lebhafter Erinnerung gebliebener Anekdoten möchte ich darauf aufmerksam machen, wie die Realität aussehen kann. Wenn du ein männlicher Leser bist, dann öffnet es dir vielleicht die Augen für die Kleinigkeiten im Umgang mit deinen Kolleginnen. Achte im Alltag doch einmal bewusst darauf.

„Na Mädchen, hast du heute etwas gelernt?"

Stell dir vor, bei euch in der Kanzlei findet ein Meeting zwischen dem von euch vertreten Verkäufer und der Käuferseite statt. Der Verkäufer ist Ende 80 und möchte sein Unternehmen, sein Lebenswerk, verkaufen. Ihr diskutiert ein paar Stunden über die Eckpunkte eines Kaufvertrages und bereitet die Due Diligence vor. Am Ende kommt der Mandant zu dir, fasst dich an den Oberarmen und fragt „Na Mädchen, hast du heute etwas gelernt?" Ich bin mir sicher, ein Mann wird das nicht gefragt, egal, wie jung er aussieht. Schluck es runter, nimm es nicht persönlich, aber erzähl es deinen Chefs und Kollegen. Es ist wichtig, dass dein Team weiß, dass man so mit dir redet. Meine Chefs haben allesamt entrüstet reagiert und mir versichert, dass sie das nicht hätten durchgehen lassen, wenn sie es mitbekommen hätten. In den nachfolgenden Terminen wurde ich bewusst präsenter eingesetzt. Eine clevere Art, klarzumachen, dass du nicht nur zur Deko dabei bist.

Auch sehr beliebt: Kommentare zu deinem Äußeren. „Sie sehen ja noch viel schöner aus als hinter der Videokamera" als Begrüßung beim ersten physischen Treffen. Wenn du es schaffst, nimm es als ehrlich gemeintes Kompliment – aber es ist ein unangepasstes Verhalten deines Gegenübers. Du hast nichts falsch gemacht. Auch dann nicht, wenn dein Kleid knallrot, dein Cashmere-Pullover quietschpink oder dein Blazer leuchtend orange ist. Farbe ist okay. Gerade als Frau übrigens ein hervorragendes Tool um zu zeigen „Hier bin ich". Hast du schon einmal überlegt, ob du die oben angesprochene Präsenz durch deine Kleiderwahl unterstützen kannst? Vielleicht macht der graue Hosenanzug dich optisch zu einem grauen Mäuschen, das du gar nicht bist.

Nutze es aus, unterschätzt zu werden!
Mach dir bewusst, dass diese Stories eins gemeinsam haben: Dein Gegenüber unterschätzt dich. Mach dir das zunutze – ein sehr wertvoller Tipp eines meiner Chefs, den ich glücklicherweise sehr früh bekommen habe. Als mich in meinem zweiten Jahr ein Mandant auf der Gegenseite am Telefon anschrie, weil er es nicht aushalten konnte, dass ich bei einer für ihn nicht so positiven Klausel hart geblieben bin, war das für mich keine angenehme Situation. Vermutlich dachte er, er könne mich damit einschüchtern. Ich erklärte ihm höflich und ruhig, dass sich an unserer Position nichts ändern würde. Auf sein Verlangen holte ich meinen Chef in die Leitung, der (natürlich) das bestätigte, was ich schon zuvor gesagt hatte. Mein Chef wurde selbstverständlich nicht angeschrien. Am Ende hat unser Mandant bekommen, was er wollte. Ziel souverän erreicht.

Es kann dir auch passieren, dass ein Partner auf der Gegenseite versucht, dich auszunutzen. Er ruft plötzlich nur dich an, anstatt wie sonst den Partner, und will von dir „mal eben" eine Aussage zu einer strittigen Frage. Ich war schon in meinem dritten Jahr und tief im Mandat. Daher wusste ich genau, worum es geht, und habe mich nicht überrumpeln lassen. Aber es ist auch genauso okay, wenn du in dem Moment überfordert bist. Lass dich nur nicht zu einer Aussage verleiten. Bleibe höflich und versuche, auch in Unwissenheit kompetent zu wirken. Dann holst du deine Chefin dazu oder vertröstest den Kollegen auf später.

Auf eins kannst du dich ganz besonders freuen: Den Moment, in dem du deinem Gegenüber am Gesicht ablesen kannst, dass er absolut überrascht ist, von dem was da gerade Schlaues aus deinem Mund kommt. Oder wo du überall mitdiskutieren kannst. Wer dich unterschätzt, erwartet das nicht. Als mich kürzlich ein Mandant bat, ab sofort die Kommunikation mit der Gegenseite zu führen, war ich erst überrascht. In meiner Anwesenheit gäbe es einen angenehmeren Umgangston, und erfreulicherweise trauten sich die Herren auf der Gegenseite auch nicht, mit mir so hart zu verhandeln. Auch so kann es laufen. Einer der vielen Gründe, warum das M&A-Business definitiv mehr Frauen vertragen kann.

Mach dein Ding – egal wo
Dieser Artikel kann nur an der Oberfläche kratzen und natürlich kann dir das alles auch in einem anderen Beruf passen. Wichtig ist, festzuhalten: Nichts davon ist ein Grund, als Frau kein Gesellschaftsrecht und M&A zu machen. Ja, die meisten Kollegen und viele Mandanten sind männlich. Ja, du kannst damit rechnen, oft die einzige Frau am Tisch zu sein. Aber was solls? Mach dein Ding!

Zum Schluss noch eine Randnotiz: Während ich diese Zeilen schreibe, endet meine Zeit als Anwältin. Das hat aber ausdrücklich nichts mit den hier geschilderten Herausforderungen zu tun. Ich habe für mich festgestellt, dass ich mich eher in einer neutralen Rolle sehe, dass mir Beratung und Gestaltung aber Spaß machen. Also heißt es für mich: back to the roots – zurück ins Notariat.

Im Dienste des Allgemeinwohls – der Stiftungsjustiziar

Marcel Werner

Chefjustiziar und Rechtsanwalt

Stiftung Mercator GmbH

An nur sehr wenigen Universitäten in Deutschland haben Studierende Berührungspunkte mit dem Stiftungsrecht. Mithin stellt sich für viele die Frage, was sich hinter dem Stiftungsrecht eigentlich verbirgt. Der Begriff Stiftungen in Deutschland dient als Sammelbegriff für alle gemeinnützigen Körperschaften, welche die Voraussetzungen der §§ 51 ff. der Abgabenordnung (einem Teilgebiet des Steuerrechts) erfüllen und damit durch die Finanzverwaltung als steuerbegünstigt anerkannt sind, weil sie ausschließlich und selbstlos gemeinnützige, mildtätige oder kirchliche Zwecke (steuerbegünstigte Zwecke), wie Bildung oder Forschung, erfüllen. Anders sieht dies bei Familienstiftungen aus, diese dienen primär dem Familieninteresse und nicht dem Allgemeinwohl. Ganz egal ob es sich um eine klassische Stiftung im Sinne des BGB handelt, einen eingetragenen Verein oder um eine gemeinnützige Gesellschaft mit beschränkter Haftung.

Erste Berührungspunkte und Berufserfahrungen

Ich hatte meine ersten Berührungspunkte mit dem Stiftungsrecht während meiner Wahlstation innerhalb des Referendariats, welches ich bei einer großen deutschen unternehmensverbundenen Stiftung absolvierte. Ich war sofort angetan von der Vielzahl an komplexen Fragestellungen, welche dort aufkamen und die Zusammenhänge mit zahlreichen anderen Rechtsgebieten. Dadurch, dass die Stiftung Ankeraktionärin eines großen Konzerns war, waren insbesondere gesellschaftsrechtliche Fragen relevant. Hier bemerkte ich direkt, dass ich mich für dieses Rechtsgebiet begeistern konnte und entdeckte erstmals eine tiefe Leidenschaft für rechtliche Fragestellungen. Denn hier konnte ich private Interessen mit professionellen Themen verknüpfen. Dies empfand ich als großes Privileg und für mich war klar, dass ich mir dies einmal für mich selbst wünschen würde. Nachdem ich sodann erste Erfahrungen in einer internationalen Wirtschaftskanzlei im Bereich Banking in Frankfurt am Main und in einer international tätigen Wirtschaftskanzlei im Corporate in Düsseldorf sammeln konnte, habe ich mich entschlossen als Rechtsanwalt Inhouse zu gehen (Syndikusrechtsanwalt), vorzugsweise in eine Stiftung. Ich wollte mehr Entscheidungsfreiheiten haben und nicht bloß hoch bezahlter Sachbearbeiter sein, der regelmäßig die gleichen Vertragsdokumente erstellt. Das war für mich ausschlaggebend, keine Karriere in einer großen Wirtschaftskanzlei zu verfolgen. Zudem wünschte ich mir mehr Abwechslung. Diese findet man gleichwohl sicherlich auch in vielen Anwaltskanzleien, gerade in kleineren oder mittelgroßen. Ebenso habe ich mir mehr Kontakt mit Mandanten gewünscht, diesen habe ich Inhouse nun täglich, da meine Geschäftsführung mein Mandant ist.

Als Chefjustiziar in einer gemeinnützigen Körperschaft

In meiner jetzigen Tätigkeit als Chefjustiziar und Syndikusrechtsanwalt beschäftige ich mich hauptsächlich mit gemeinnützigkeitsrechtlichen und steuerrechtlichen Fragestellungen. Ich bin verantwortlich dafür, dass die durch die Finanzverwaltung erteilte Steuerbegünstigung nicht gefährdet wird und überprüfe deshalb insbesondere umfassend die Förderaktivitäten der Stiftung (Förderverträge etc.). Das bedeutet die rechtliche Überprüfung von Förderprojekten mit einem jährlichen Gesamtvolumen von etwa 60 Mio. Euro. Daneben nimmt das Gesellschaftsrecht einen großen Teil im Alltag ein. Da die Stiftung Mercator GmbH eine Konzernstruktur aufweist, betreue ich die

Tochtergesellschaften in rechtlichen Fragestellungen und vertrete die Interessen der Muttergesellschaft. So gehören beispielsweise auch die Gründung neuer Gesellschaften oder die Übernahme oder Liquidation von Gesellschaften zu meinen Aufgaben. An meiner Arbeit gefällt mir insbesondere die Diversität an rechtlichen Fragestellungen und die Möglichkeit, mir meine eigenen Spezialkenntnisse anzueignen und zu vertiefen. Ich habe die Möglichkeit, jederzeit auf externe Beratung zurückzugreifen und lerne so von externen hoch qualifizierten Kolleg:innen durch gemeinsame Bearbeitungen und Diskussionen, dies empfinde ich als sehr bereichernd und wertvoll. Wegen der Vielzahl an Rechtsthemen definiere ich mich als Generalist, gleichwohl auch als Spezialist, da ich in einigen Bereichen, wie dem Gemeinnützigkeitsrecht, auch sehr vertiefend an rechtlichen Problemlösungen arbeiten muss, immer unter Berücksichtigung der aktuellen Rechtsprechung und Mitteilungen der Finanzverwaltungen. Zudem finde ich den interdisziplinären Austausch sehr anregend, denn anders als in einer Kanzlei oder einer großen Rechtsabteilung, bin ich sehr nah an unserem Business (Förderung des Allgemeinwohls und Verwirklichung der satzungsmäßigen Zwecke wie z. B. Klimaschutz und Bildung) und tausche mich deshalb mit Projektmanager:innen intensiv aus, um dadurch verschiedene Blickwinkel auf gesellschaftliche Fragestellungen kennenzulernen und einzunehmen. Zudem gefällt es mir, nah an Entscheidungsprozessen mitzuarbeiten und diese vorzubereiten. Der Berufsalltag variiert stark. Es können kurzfristige Fragen aufkommen, die zügig zu beantworten sind. Nachdem ich rechtliche Fragestellungen eigenständig bearbeitet und eine Lösung gesucht habe, berichte ich direkt an die Geschäftsführung. Geprägt wird der Berufsalltag durch eine Vielzahl an Terminen, da sowohl interne Kolleg:innen, als auch externe Partner:innen mit rechtlichen Fragestellungen an mich herantreten. Oftmals nehme ich so auch die Position eines Mediators ein, der zwischen verschiedenen Interessen vermitteln muss.

Hohe Verantwortung und vielfältiges Arbeiten

Als Chefjustiziar:in in einer Stiftung trägt man ein hohes Maß an Verantwortung, denn man entscheidet über steuerbegünstigte Mittelverwendungen, teilweise in Millionenhöhe, und ist für den Erhalt der Gemeinnützigkeit der gemeinnützigen Körperschaft maßgeblich mitverantwortlich. Gleichzeitig finden sich Überschneidungen mit den verschiedensten Rechtsgebieten. Der Austausch mit Menschen aus den unterschiedlichsten Bereichen ermöglicht verschiedenste Blicke auf gesamtgesellschaftliche Herausforderungen. In der Kanzlei steht im Fokus, die Interessen des Mandanten durchzusetzen. Hier versuchen die Anwält:innen einen Disput zwischen (meistens) zwei Menschen zu beseitigen und den Menschen bei der Sicherung und Ausübung ihrer individuellen Rechte zu helfen. In einer Stiftung kann man – wenn auch vielleicht eher mittelbar als unmittelbar – auf die Gesellschaft Einfluss nehmen und diese mitgestalten. Hier kann man helfen, die Gesellschaft durch die Förderung von gemeinwohldienlichen Projekten zu bereichern und zu verbessern. Hier „streiten" sich nicht zwei Personen, hier wird die Zukunft vielleicht positiv mitgestaltet.

Dr. Julian Wernicke
LL.M. (Cape Town)
Rechtsanwalt
Boehmert & Boehmert

Als Anwalt für geistiges Eigentum

Seit einem Jahr bin ich Rechtsanwalt in der auf gewerblichen Rechtsschutz und Urheberrecht spezialisierten Kanzlei Boehmert & Boehmert: Ein Jahr mit Marken, Designs und Patenten, ein Jahr mit Mandanten, Gerichten und Ämtern. Wie ich dazu kam, wie mein Berufsalltag seither aussieht, welche Vor- und Nachteile die Kanzleiausrichtung mit sich bringen kann und auf welchem Weg ich Anwalt geworden bin, erfährst du in diesem Bericht.

Mein Weg zum Anwaltsberuf

Nach dem Ersten Staatsexamen überbrückte ich die gut zweijährige Wartezeit auf das begehrte Berliner Referendariat mit einer Promotion und einem Master of Law. In dieser Zeit kam ich erstmals mit dem Recht des geistigen Eigentums in Kontakt. Einerseits durch die Promotion sowie die begleitende Tätigkeit als wissenschaftlicher Mitarbeiter erst an einem Lehrstuhl für Zivil- und insbesondere Immaterialgüterrecht und dann bei meinem jetzigen Arbeitgeber. Andererseits durch den auf dieses Rechtsgebiet spezialisierten Master in Kapstadt. Das anschließende Referendariat, wenngleich interessant und lehrreich, dient meines Erachtens eher dem Aussortieren von Karriereoptionen. Die verschiedenen Stationen bieten dennoch eine einmalige Gelegenheit, sich in der Praxis auszuprobieren und die eigenen Stärken und Schwächen kennenzulernen. Wer mit dem Gedanken spielt, Anwältin oder Anwalt im gewerblichen Rechtsschutz zu werden, sollte dem in der Anwalts- oder Wahlstation nachgehen. Mit etwas Glück hat man spätestens nach dem Zweiten Staatsexamen eine Vorstellung, in welche Richtung es als Volljurist tatsächlich gehen soll. Dass man zu diesem Zeitpunkt nur wenig Ahnung vom tatsächlichen Anwaltsberuf hat, sollte nicht verunsichern. Es ist auch nicht schlimm, sich erst jetzt für eine Spezialisierung zu interessieren. Das meiste lernte man ohnehin on-the-job.

Prosecution und Litigation im Immaterialgüterrecht

Mein Arbeitstag beginnt üblicherweise gegen 9 Uhr. Den Vormittag verbringe ich damit, mir einen Überblick über die mehr oder weniger dringende Aufgaben zu verschaffen und zu priorisieren. Dringendes erledige ich sofort. Meistens handelt es sich dabei um E-Mails, teilweise aber auch um fristgebundene außergerichtliche Schreiben oder Schriftsätze an das Gericht, vor allem in einstweiligen Verfügungsverfahren. Sofern eine Besprechung mit Mandant:innen erforderlich ist, fällt diese auch häufig auf den Vormittag. Zum Mittagessen verabreden sich die Rechts- und Patentanwält:innen der Kanzlei, was eine gute Gelegenheit ist, um sich mit den Kolleg:innen auszutauschen. Nachmittags bleibt dann noch Zeit für die weniger dringenden Aufgaben. Dies sind unter anderem Gutachten zu rechtlichen Fragestellungen oder umfangreichere Schriftsätze zum Beispiel an die Markenämter einschließlich der dazu erforderlichen Recherche. Mein Arbeitstag endet zuverlässig zwischen 18 und 19 Uhr.

Wie sich diesem Tagesverlauf bereits anschaulich entnehmen lässt, ist die Arbeit von Prosecution und Litigation geprägt. Was bedeutet das? Nehmen wir als Beispiel die Marke. Möchte ein Mandant oder eine Mandantin eine Marke anmelden, unterstützen wir sie dabei von Anfang an. Je nach Unternehmensausrichtung sind hierfür unterschiedliche Strategien sinnvoll. Der Schutz kann sich etwa auf Deutschland, die EU oder international auf Drittstaaten erstrecken. Besprochen werden müssen auch die Waren und Dienstleistungen, für welche die Marke eingetragen werden soll. Mit der Eintragung in das Markenregister endet unsere Arbeit nicht, vielmehr beginnt die eigentliche anwaltliche Tätigkeit hier erst. Marken müssen verteidigt werden, wenn Konkurrenten sie in verwechslungsfähiger Art für ihre Produkte verwenden. Je nach Konstellation führen wir dafür amtliche oder gerichtliche Verfahren oder verhandeln mit der Gegenseite. Gleich in meinem ersten Jahr konnte ich so einen Prozess aufgrund einer vermeintlichen Markenverletzung führen, in dem nicht nur die von uns vertretene weltweit tätige Produktherstellerin betroffen war, sondern auch ihre europäischen Abnehmer. Das Verfahren reichte von der vorgerichtlichen Abmahnung, über das einstweilige Verfügungsverfahren bis zur Berufung vor dem Oberlandesgericht. Es sind diese Prozesse, in denen für mich neben den rechtlichen und strategischen Erwägungen der besondere Reiz des Berufs als Anwalt in diesem Rechtsgebiet liegt, da Litigation und gewerblicher Rechtsschutz verknüpft werden.

Der große Mittelstand

Boehmert & Boehmert kann mit deutschlandweit rund 90 Rechts- und Patentanwält:innen als große mittelständische Kanzlei oder Boutique eingeordnet werden. Diese Ausrichtung vereint viele Vorteile von Mittelstand und Großkanzlei. Schon im ersten Berufsjahr hatte ich viel Kontakt mit internationalen Mandant:innen. Zugleich bin ich einigen nationalen Unternehmen direkt als neuer verantwortlicher Ansprechpartner vorgestellt worden. Reizvoll an diesem durchmischten Mandantenstamm sind die spannenden Arbeitsmöglichkeiten und die Eigenverantwortung. Ein weiterer Vorteil ist die zwangsläufige Spezialisierung auf den gewerblichen Rechtsschutz, wobei aufgrund des Umfangs des Rechtsgebiets eine tiefergehende Spezialisierung mit zunehmender Berufserfahrung sinnvoll ist.

Der Berliner Standort, an dem ich bin, ist mit 14 Berufsträger:innen verhältnismäßig klein. Auf der einen Seite ermöglicht dies ein hohes Maß an Austausch, beispielsweise beim täglichen Lunch. Im Vergleich zu Großkanzleien umgibt einen damit aber kein großes Team von etwa gleichaltrigen Kolleg:innen. Das bedeutet auch weniger Afterwork-Events. Bei Fragen oder Problemen muss man auf erfahrene Kolleg:innen bzw. den Partner oder die Partnerin zugehen, was einem – je nach Frage oder Problem – mehr oder weniger gelegen sein kann. Die flachen Hierarchien sind grundsätzlich jedoch sehr angenehm. Sie bieten die Möglichkeit, sich innerhalb der Kanzlei einzubringen und sie mitzugestalten.

5. Unternehmensporträts

CMS Deutschland

Standorte in Deutschland: Berlin, Düsseldorf, Frankfurt am Main, Hamburg, Köln, Leipzig, München, Stuttgart

Standorte weltweit: Brüssel, Hongkong, Peking und Shanghai sowie mehr als 80 internationale Büros innerhalb des CMS-Netzwerks

Spezialisierungen: CMS in Deutschland berät mittelständische und Großunternehmen in allen Fragen des Wirtschaftsrechts – von Arbeitsrecht über Banking & Finance, Corporate/M&A, Dispute Resolution, Gewerblicher Rechtsschutz bis hin zu Kartellrecht, Real Estate & Public, Steuerrecht, TMC – Technology, Media & Communications u. v. m.

Berufsträger:innen in Deutschland: ca. 700

Berufsträger:innen weltweit: ca. 5.800

Geplante Neueinstellungen 2025: 80–90

Die Rechtswelt stellt sich einem tiefgreifenden Wandel – wird immer komplexer, umfassender, muss schneller reagieren. Wir glauben: Wer diese Welt gestalten will, muss etwas wagen. Um neue Lösungen zu entwickeln für unerwartete Fragestellungen. Um weiter zu gehen als jemals zuvor. Die neuen Herausforderungen verlangen mutige, unabhängig denkende Persönlichkeiten, die in der Gemeinschaft so vielfältig sind wie die Problemstellungen unserer Mandant:innen. Während sich die Welt neu erfindet, bringen wir uns ein. Wir formen sie mit – gemeinsam mit Ihnen.

CMS
law·tax·future

Lennéstraße 7
10785 Berlin
career.cms-hs.com

CMS Karriere-Team
karriere@cms-hs.com

Warum sollten Absolvent:innen gerade bei Ihnen einsteigen? Bei CMS in Deutschland profitieren Sie von Anfang an vom direkten Kontakt zu Mandant:innen und vom Mentoring erfahrener Anwältinnen und Anwälte. Ob als Praktikant:in, Referendar:in oder Associate: Sie werden von Beginn an umfassend in die anwaltliche Tätigkeit einbezogen. Dabei stehen Ihnen alle unsere Geschäftsbereiche offen. Uns ist wichtig, dass Sie in unserer starken Gemeinschaft Ihre individuellen Stärken einbringen können.

Kann man bei Ihnen auch schon während des Studiums Erfahrungen sammeln? Wir legen Wert darauf, dass Sie auch schon während Ihres Studiums die Möglichkeit haben, CMS kennenzulernen. Sie können an allen unseren Standorten ein Praktikum absolvieren, um unsere Sozietät und damit auch die anwaltliche Arbeit kennenzulernen. Meist ist auch eine Tätigkeit als wissenschaftliche:r Mitarbeiter:in möglich.

Welchen Abschluss sollten Bewerber:innen haben? Grundsätzlich zählt bei uns das „Gesamtpaket". Wir vertreten die Philosophie, dass ein Prädikatsexamen allein keine Topjurist:innen ausmacht. Insbesondere bei Referendar:innen ist die erprobte Zusammenarbeit für uns wichtiger als ihre Endnote. Praktika in anderen Kanzleien, ein LL.M. oder eine Promotion sind uns willkommen, aber keine Voraussetzung.

Welche Möglichkeiten zur Weiterqualifizierung bieten Sie? Die CMS Academy bietet umfangreiche Trainings und Weiterbildungen an, um fachliche, persönliche und digitale Kompetenzen zu stärken. Die Angebote sind bedarfsgerecht gestaltet und fördern Stärken und Potenziale aller Sozietätsangehörigen. Diese Lernkultur unterstützt u. a. das Ziel, mit starken, interdisziplinären Teams unsere Mandanten optimal zu begleiten. Spezielle Veranstaltungen fördern Führungs-, Kommunikations-, Präsentations-, Geschäftsentwicklungs- und Innovationskompetenzen. Sie stärken die sozietätsweite Vernetzung, das kulturelle Alignment und die Zusammenarbeit. Für Referendar:innen gibt es zusätzlich die Möglichkeit, an Seminaren zur Examensvorbereitung und einem umfangreichen Klausurenkurs teilzunehmen.

Haben Sie Insider-Tipps für die Bewerbung? Eine Bewerbung ist wie ein erstes Kennenlernen, daher lohnt es sich, etwas Zeit und Mühe zu investieren. Insbesondere Ihr Lebenslauf sollte klar strukturiert sein und alle relevanten Daten enthalten – von den Kontaktdaten bis zu Ihren Stationen im Referendariat. Lassen Sie zugunsten der Übersichtlichkeit weniger Wichtiges weg. Im Anschreiben können Sie deutlich machen, warum die ausgeschriebene Stelle Sie interessiert und warum Sie dazu passen. Für das Interview informieren Sie sich am besten über Ihre Gesprächspartner:innen und den Geschäftsbereich, so können Sie gezielte Fragen stellen. Sollten die Interviewfragen einmal kniffelig werden: Einmal tief durchatmen und sich nicht aus der Ruhe bringen lassen, dann fällt Ihnen sicher eine gute Antwort ein. Je natürlicher Sie bleiben, desto schneller wissen Sie und auch Ihr Gegenüber, ob die Stelle zu Ihnen passt.

Was zeichnet Ihre Unternehmenskultur aus? Wir sind First Mover und Innovationstreiber im Rechtsmarkt und gestalten die Zukunft aktiv mit. Dieser Ansatz spiegelt sich auch in unserem Handeln als Arbeitgeber wider. Mit mobilem Arbeiten, flexiblen Arbeitszeitmodellen und attraktiven Karriereperspektiven geben wir bei CMS allen Mitarbeitenden die nötige Flexibilität, die es für ein modernes und arbeitnehmerfreundliches Arbeitsumfeld benötigt. Das mobile und flexible Arbeiten ist fester Bestandteil unserer Unternehmenskultur und Zeichen gegenseitigen Vertrauens.

Dr. Carolin Weiß

Senior Associate

Meine Entscheidung für CMS

Von der Referendarin zur Rechtsanwältin

Mein Weg zur Rechtsanwältin bei CMS war keineswegs vorgezeichnet. Lange reizte mich weder das Berufsbild der Anwältin noch der Berufseinstieg in einer Großkanzlei. Bis mich die Anwaltsstation bei CMS von beidem überzeugte. CMS bietet nicht nur während der Station, sondern auch im Vorfeld und im Nachgang viel über die eigentliche Tätigkeit im gewählten Geschäftsbereich hinaus – von fachlichen Weiterbildungen und Vorbereitungsseminaren für das Staatsexamen bis Kanzleievents wie Wiesn-Besuche und Weihnachtsfeiern. Meine Anwesenheitstage konnte ich flexibel gestalten, wodurch ich mein Referendariat immer im Vordergrund behalten und dennoch genug Zeit für meine Arbeit bei CMS haben konnte. Besonders bereichernd waren die praxisbezogenen Einblicke in den Arbeitsalltag eines Rechtsanwalts sowie in Compliance-Mandate – ein Bereich, der im Studium und Referendariat nur am Rande behandelt wird. Dass ich mit meinem juristischen Kenntnisstand und meinen Fähigkeiten das Compliance-Team unterstützen konnte, machte mich stolz, und die Integration in das Team und die Zusammenarbeit waren für mich eine wertvolle Erfahrung.

Mittendrin statt nur dabei

Als Rechtsanwältin im Bereich Compliance erlebe ich immer wieder, wie abwechslungsreich und interdisziplinär juristisches Arbeiten sein kann. Unsere Mandate erstrecken sich von materiellem Straf- und Zivilrecht bis hin zu Prozessrecht und Unternehmensverteidigung. Zudem stehe ich von Anfang an mit dem jeweiligen Mandanten in Kontakt. Dies ermöglicht es mir, seine Interessen zu verstehen und im Blick zu behalten und ihn ganzheitlich zu beraten. Dabei arbeiten wir – auch über verschiedene Geschäftsbereiche und Standorte hinweg – eng im Team zusammen, wobei jeder Einzelne seinen Stellenwert hat und seinen Beitrag zur Mandatsbearbeitung leistet. So kann ich von den erfahreneren Kolleg:innen lernen, aber ebenso selbstständig tätig sein und die Beratung mitgestalten. In unseren täglichen Teambesprechungen tauschen wir uns über aktuelle Themen oder die verschiedenen Mandate aus und koordinieren unsere Aufgaben. Auch steht mir ein Mentor zur Seite, der mich bei meinen Herausforderungen unterstützt und meine Weiterentwicklung fördert.

Das macht CMS aus

CMS ist für mich eine Kanzlei, in der ich mich von Anfang an willkommen fühlte und die von einer ausgewogenen Work-Life-Balance und flachen Hierarchien geprägt ist. Hinzu kommt die gute Vernetzung mit meinen Kolleg:innen. Durch das Onboarding-Programm und die Veranstaltungen wie Büroausflüge und deutschlandweite Geschäftsbereichstreffen fällt es mir leicht, mit Kolleg:innen in Kontakt zu treten. Dazu wird großer Wert auf die Weiterentwicklung gelegt. Ich nahm beispielsweise schon am Economy for Lawyers Program oder an Seminarreihen zu KI und zu Business Development teil. Außerdem bietet CMS die Möglichkeit, sich für soziale Projekte wie die CMS Sustainability Challenge oder den CMS Football Cup zu engagieren. Diese Möglichkeiten bereichern meinen Arbeitsalltag immer wieder aufs Neue.

Mein Ratschlag an angehende Jurist:innen

Die Praktika im Studium und Stationen im Referendariat ermöglichen es, Einblicke in die künftige Berufspraxis zu erhalten, potenzielle Arbeitgeber kennenzulernen und wertvolle Kontakte zu knüpfen. Nutzt diese Gelegenheiten, um verschiedene Erfahrungen für euren Karriereweg zu sammeln!

DLA Piper

Standorte in Deutschland: Düsseldorf, Frankfurt am Main, Hamburg, Köln, München

Standorte weltweit: mehr als 90 Büros in über 40 Ländern

Spezialisierungen: Arbeitsrecht, Bank- und Finanzierungsrecht, Betriebliche Altersversorgung, Compliance, Gesellschaftsrecht/ M&A, Gewerblicher Rechtsschutz, Handels- und Vertriebsrecht, Immobilienwirtschaftsrecht, Informationstechnologie und Telekommunikation, Insolvenzrecht und Restrukturierung, Kartellrecht, Medien- und Urheberrecht, Öffentliches Wirtschaftsrecht/EU-Recht, Outsourcing, PPP/ Privatisierung, Private Equity und Venture Capital, Prozessführung und Schiedsverfahren, Regulatory und Government Affairs, Steuerrecht, Vergaberecht, Versicherungs- und Rückversicherungsrecht, Wirtschaftsstrafrecht

Berufsträger:innen in Deutschland: > 300

Berufsträger:innen weltweit: ca. 5.000

Geplante Neueinstellungen 2025: 65–80 Volljurist:innen

Bei DLA Piper verstehen wir Erfolg als das Ergebnis echter Zusammenarbeit von charismatischen Menschen mit den höchsten Ansprüchen an ihr Arbeitsumfeld und an sich selbst. Sei ein bedeutender Teil unseres starken globalen Netzwerks, das von gegenseitiger Wertschätzung und dem Mut lebt, gemeinsam neue Horizonte zu überschreiten.

DLA PIPER

Neue Mainzer Straße 6–10
60311 Frankfurt am Main
www.dlapipercareers.de

Julian Bussmann
Recruitment Marketing Specialist
julian.bussmann@dlapiper.com

Was zeichnet Ihre Unternehmenskultur aus? Unsere Werte werden bei uns wirklich gelebt und prägen unser tägliches Handeln. Wir sind stolz auf die Vielfalt und die unterschiedlichen Persönlichkeiten unserer Kolleg:innen. Alle unsere Mitarbeiter:innen haben besondere Stärken und Talente, die bei DLA Piper eingebracht werden können. Eines zeichnet uns ganz besonders aus: Arbeiten in einem internationalen Kontext. Grenzüberschreitende Zusammenarbeit ist bei DLA Piper nicht nur Anspruch, sondern gelebte Realität. Wir kombinieren eine nationale Fokussierung mit einer globalen Vision.

Welche Möglichkeiten zur Weiterqualifizierung bieten Sie? Unsere internationale Mandatsstruktur ermöglicht frühzeitig globales Arbeiten und Netzwerken mit Anwältinnen und Anwälten aus anderen DLA Piper-Büros. Unseren juristischen Nachwuchs entwickeln wir im Rahmen des Programmes „Define Your Future". Ein zentraler Bestandteil davon ist die Examensvorbereitung in Kooperation mit Kaiserseminare und hemmer sowie ein Intensivtraining zum Aktenvortrag. Darüber hinaus sorgen wir für die persönliche Einbindung unserer Trainees durch unsere Trainee Champions und regelmäßige Stammtische. On-Demand-Learning inklusive unbegrenztem Vollzugriff auf die drei größten juristischen Datenbanken, Englisch und IT ist ebenso Bestandteil des Programms wie ein wechselndes Seminarangebot und persönliche Beratung. Unser Weiterbildungsprogramm „Build Your Career" bereitet u. a. mit Seminaren zum Aufbau des eigenen Business Case oder zu Kommunikation und Führung auf den nächsten Karriereschritt vor. Dies wird durch internationale Managementprogramme ergänzt, die neben der Vorbereitung auf die Counsel- oder Partnerlaufbahn auch Möglichkeiten zum Netzwerken mit internationalen Kolleginnen und Kollegen bieten. Unser On-Demand-Angebot mit Inhalten unserer internationalen Academy sowie IT- oder Englisch-Trainings inkl. 1:1-Coaching ermöglichen flexibles Lernen. Außerdem bieten wir persönliche Beratung, Coaching, Mentoring und die Förderung weiterer Qualifikationen an.

Wie sind die Verdienstmöglichkeiten in Ihrem Unternehmen? Trainees können bei DLA Piper im Rahmen unterschiedlicher Anstellungsformen tätig werden – hier legen wir besonderen Wert auf faire und transparente Vergütung. Studierende Mitarbeiter:innen können bei uns schon vor ihrem Ersten Staatsexamen Großkanzleierfahrungen sammeln und dabei 650 Euro pro Wochenarbeitstag verdienen. Wissenschaftliche Mitarbeiter:innen mit Erstem Staatsexamen und Referendar:innen erhalten 1.000 Euro pro Wochenarbeitstag (sofern die jeweils geltenden Regelungen des Bundeslands dies ermöglichen). Jurist:innen mit zwei abgeschlossenen Staatsexamina, die z. B. neben ihrer Promotion arbeiten möchten, werden bei DLA Piper als wissenschaftliche Referent:innen beschäftigt. Diese Tätigkeit vergüten wir mit 1.400 Euro pro Wochenarbeitstag. Wer bei uns als Anwältin oder Anwalt einsteigt, erhält ein Jahresgehalt von mindestens 140.000 Euro. Zudem winkt bei guter Leistung ab dem zweiten Berufsjahr ein Bonus von bis zu 50.000 Euro. Akquiseerfolge und außergewöhnliches Engagement werden zusätzlich schon ab dem ersten Jahr mit einem freiwilligen Bonus honoriert.

Sophie
von Mandelsloh

Counsel

Be one of us. Be more of you.

Warum DLA Piper?

Für DLA Piper habe ich mich das erste Mal vor neun Jahren im Referendariat entschieden: 2015 habe ich meine Anwaltsstation im Hamburger Corporate/M&A-Team absolviert. Die Entscheidung basierte auf dem Versprechen, direkt im Tagesgeschäft mitarbeiten zu können, anstatt nur auf der langen Werkbank Recherchearbeit zu leisten, sowie die Möglichkeit einer Wahlstation im Ausland an einem der über 90 DLA Piper Standorte weltweit. Beides hat sich für mich bewahrheitet. An die hitzigen Diskussionen während meiner ersten großen Beurkundung im Referendariat erinnere ich mich noch heute und für die Wahlstation war ich planmäßig bei DLA Piper in Atlanta, Georgia, USA. Dort hatte ich eine tolle Zeit, aus welcher langjährige Freundschaften entstanden sind. Bis heute überzeugen mich besonders das kollegiale Umfeld und die gelebte Internationalität der Kanzlei. Auch über Rechtsbereiche, Ländergrenzen und Zeitzonen hinweg wird Hand in Hand als ein Team gearbeitet. Dies zeigt sich nicht nur im Rahmen meiner täglichen Arbeit als M&A-Anwältin bei der Beratung grenzüberschreitender Transaktionen, die internationale Vernetzung wird auch darüber hinaus gefördert. So war ich beispielweise 2018 im Rahmen eines Flash Secondments für zwei Wochen in unserem Wiener Büro, gemeinsam mit sechs weiteren Kolleginnen und Kollegen. Wir haben uns so gut verstanden, dass wir seitdem befreundet sind und uns regelmäßig an einem unserer Standorte treffen. Wir besuchten uns bereits in Rom, Stockholm, Amsterdam, Hamburg und Brüssel und in ein paar Wochen steht die Hochzeit des holländischen Kollegen an – und die Flash Secondees sind natürlich dabei. Nach einer pandemiebedingten Pause wurden die Secondment-Programme modernisiert wieder aufgenommen. Im Jahr 2023 habe ich für vier Monate in Sydney im lokalen M&A Team gearbeitet und nebenher fast alle Sehenswürdigkeiten des Kontinents besucht.

Mein Arbeitsalltag

Als Teil des Corporate/M&A-Teams in Hamburg liegt mein Schwerpunkt auf der Beratung bei inländischen sowie grenzüberschreitenden M&A-Transaktionen, Joint Ventures, Markteintritten sowie allgemeinen gesellschaftsrechtlichen Fragestellungen. Mein Mandantenkreis ist bunt gemischt, von inhabergeführten Familienunternehmen, Private-Equity-Portfolio-Gesellschaften über deutsche Mittelständler und internationale Großkonzerne. So abwechslungsreich wie die Mandantschaft ist meine tägliche Arbeit – wir beraten bei M&A-Transaktionen in der Regel von Start bis Schluss. Dabei arbeite ich, vor allem während der Due Diligence, überwiegend mit Teams aus verschiedenen Fachbereichen und betroffenen Ländern sowie operativen Mandantenteams zusammen und stimme mich mit allen Beteiligten eng ab. Am spannendsten ist für mich die Verhandlungsphase, vor allem wenn man sich für Verhandlungen persönlich trifft, sei es in Deutschland, den USA, China oder Schweden, oder wenn wir nach einstweilen zähem Hin und Her eine kreative Lösung gefunden haben. Zwischen Anfang und Ende können je nach Projekt wenige Wochen bis – zum Glück selten – ein bis zwei Jahre liegen. Eines ist den Transaktionen aber gemeinsam: Nach erfolgreichem Abschluss klopfen sich alle, zumindest virtuell, fröhlich auf die Schultern, und während die Käufer und Zielgesellschaft voller Tatendrang auf eine gemeinsame Zukunft schauen, blicken die Beraterteams schon auf das nächste große Projekt.

Be one of us.
Be more of you.
Crossing new horizons together.
Bei DLA Piper verstehen wir Erfolg als das Ergebnis echter Zusammenarbeit von charismatischen Menschen mit den höchsten Ansprüchen an ihr Arbeitsumfeld und an sich selbst. Sei ein bedeutender Teil unseres starken globalen Netzwerks, das von gegenseitiger Wertschätzung und dem Mut lebt, gemeinsam neue Horizonte zu überschreiten.
DLA PIPER
dlapipercareers.de

Gibson, Dunn & Crutcher LLP

Standorte in Deutschland:
Frankfurt am Main, München

Standorte weltweit: Abu Dhabi, Brüssel, Century City, Dallas, Denver, Dubai, Hongkong, Houston, London, Los Angeles, New York, Orange County, Palo Alto, Paris, Peking, Riad, San Francisco, Singapur, Washington D.C.

Spezialisierungen: Antitrust, Banking & Finance, Compliance/White Collar, Corporate/M&A/Private Equity, Data Protection, Insolvency & Restructuring, Labor & Employment, Litigation & Arbitration, Tax, Technology & IP

Berufsträger:innen in Deutschland:
50–60

Berufsträger:innen weltweit: >1.900

Geplante Neueinstellungen 2025: 10

Gibson Dunn gehört zu den führenden internationalen Kanzleien mit über 1.900 Anwältinnen und Anwälten an 21 Standorten weltweit. Die Schwerpunkte unserer Beratung liegen in den Bereichen M&A und Private Equity, Gesellschaftsrecht, Prozessführung und Schiedsgerichtsbarkeit, Compliance sowie Kartellrecht. Daneben decken wir die Bereiche Arbeitsrecht, Datenschutzrecht, Technology & IP sowie Finanzierungen und Restrukturierungen ab. Wir betreuen vorwiegend nationale und internationale Blue-Chip-Konzerne, Private-Equity-Gesellschaften, mittelständische Unternehmen sowie Finanzinstitute.

GIBSON DUNN

Taunustor 1, 60310 Frankfurt am Main
Marstallstraße 11, 80539 München
www.gibsondunn.com

Dr. Wilhelm Reinhardt, Frankfurt am Main
Dr. Markus Nauheim, LL.M. (Duke), München
bewerbungen@gibsondunn.com

Was bietet Ihre Kanzlei? Wir bieten von Anfang an die Einbindung in anspruchsvolle Mandate in einem internationalen Umfeld sowie individuelle Entwicklungsmöglichkeiten in einem hochkarätigen Team. Eine offene und partnerschaftliche Kultur und flache Hierarchien bieten eine hervorragende Plattform zur beruflichen und persönlichen Entfaltung. Wir bieten unseren Associates sehr gute Aufstiegschancen und begleiten sie auf ihrem Karriereweg mit regelmäßigem Feedback, bieten interne und externe Fortbildungsmaßnahmen und fördern nicht nur die fachliche Entwicklung, sondern auch die Beraterpersönlichkeit. Berufsanfänger:innen erhalten bei uns im ersten Jahr ein Einstiegsgehalt von 165.000 Euro mit einer marktüblichen Gehaltsentwicklung in den folgenden Jahren sowie einen leistungsbezogenen Bonus.

Was ist das Besondere an Gibson Dunn? Unsere Unternehmenskultur ist geprägt von gegenseitigem Respekt, Kollegialität und Enthusiasmus. Das ist jeden Tag in der Zusammenarbeit mit den Kolleg:innen spürbar. Uns ist eine ausgezeichnete Arbeitsatmosphäre sehr wichtig, die man nur erreicht, wenn auch die Zusammenarbeit zwischen Partner:innen und Associates reibungslos funktioniert und jeder stets bereit ist, den anderen – auch über Büro- und Ländergrenzen hinweg – zu unterstützen. Besonders an Gibson Dunn ist der Wert den wir auf Pro-bono-Beratung legen. Es zeichnet unsere Kultur aus, dass wir jedes Jahr eine Vielzahl bedürftiger Mandanten auf Probono-Basis beraten. Ein weiteres zentrales Element unserer Kultur ist Diversity. Gelebte Vielfalt ist für uns essenziell und wird durch zahlreiche dezidierte Förder- und Mentoringprogramme unterstützt.

Wie fördern Sie Berufsanfänger:innen? In Ihrem ersten Berufsjahr nehmen Sie an unserer New Lawyers Academy in den USA teil. Zudem werden Sie von Anfang an in die Mandatsarbeit integriert. Dabei arbeiten Sie nicht nur an komplexen und spannenden Mandaten mit, sondern haben auch direkten Mandantenkontakt. Wir haben ein strukturiertes vierjähriges Ausbildungsprogramm für Berufsanfänger in Kooperation mit der TU München (TUM) ins Leben gerufen. Das Programm steht auch für Referendar:innen, wissenschaftliche Mitarbeiter:innen und Praktikant:innen offen. Des Weiteren unterstützen wir unsere Anwält:innen von Beginn an beim Aufbau eines eigenen beruflichen Netzwerks durch die Bereitstellung entsprechender Budgets.

Wen suchen Sie? Wir suchen hochmotivierte Persönlichkeiten als Praktikant:innen, Referendar:innen, wissenschaftliche Mitarbeiter:innen und Berufsanfänger:innen, die neben ihren überdurchschnittlichen juristischen Qualifikationen sowie hervorragenden Englischkenntnissen auch Interesse an wirtschaftlichen Zusammenhängen und der Arbeit in einem internationalen Umfeld mitbringen – und die gut zu unserer Kultur und in unser Team passen.

Wie sehen die Karriereaussichten/Langzeitperspektiven bei Ihnen aus? Wir begleiten Sie auf Ihrem Karriereweg mit regelmäßigem Feedback. Mittels eines eingehenden Review-Prozesses gewährleisten wir für jeden Einzelnen die Einschätzung der eigenen Leistungen und Entwicklungsmöglichkeiten. Durch diesen ständigen und international einheitlichen Dialog erreichen wir eine hohe Transparenz über den individuellen Leistungsprozess. Neben der juristischen Mandatsarbeit führen wir Sie frühzeitig auch an Themen wie Business und Client Development heran. Nach ca. acht Jahren können Associates Partner:in oder Counsel werden.

Was tun Sie für die Work-Life-Balance? Uns ist es sehr wichtig, dass genug Zeit für Privatleben, Familie und gesellschaftliches Engagement verbleibt. Hierzu gehört neben dem Angebot individueller Arbeitszeitlösungen auch ein klares Bekenntnis unserer Kanzleiführung zum Home Office. Die Kanzlei stellt hierfür das technische Equipment zur Verfügung und fördert eigenverantwortliches flexibles Arbeiten in enger Abstimmung mit dem jeweiligen Team.

Wie sieht es bei Ihnen mit Karrierechancen speziell für Frauen aus? Gibson Dunn hat sich in besonderem Maße dem Thema Diversity verpflichtet. Unsere Kolleginnen werden von Anfang an durch spezielle Weiterbildungs- und Mentoringprogramme begleitet und gefördert. Seit 2021 steht eine Frau als CEO an der Spitze unserer Kanzlei. Die gezielte Förderung von Frauen zeigt sich auch in der Besetzung von wesentlichen Kanzleipositionen: als (Co-)Leiterinnen zahlreicher Büros wie z. B. London, New York, Paris, Peking, Singapur und Washington, D.C. sowie als globale Praxisgruppenleiterinnen. Weiterhin hat Gibson Dunn einen bemerkenswert hohen Anteil an erfolgreichen Anwältinnen, die regelmäßig von internationalen Publikationen ausgezeichnet werden.

Welche Rolle spielen Pro-bono-Mandate für Sie? Seit jeher fühlen wir uns auch speziell der Pro-bono-Arbeit verpflichtet und unterstützen eine Vielzahl von gemeinnützigen Organisationen und hilfsbedürftigen Einzelpersonen bei der Durchsetzung ihrer Interessen. Von Law360 wurde Gibson Dunn als eine der 20 Top-pro-bono-Kanzleien des Jahres ausgezeichnet. In Deutschland unterstützen wir u. a. die Plant-for-the-Planet Initiative e. V. bei unterschiedlichen rechtlichen Fragestellungen. Es gibt aber auch die Möglichkeit, an internationalen Projekten, z. B. für Lawyers without Borders, mitzuarbeiten und so Kolleg:innen aus anderen Büros kennenzulernen. Arbeitszeit auf Pro-bono-Mandaten ist innerhalb der Kanzlei der Arbeitszeit auf regulären Mandaten gleichgestellt.

Wie sieht der Bewerbungsprozess aus? Bewerbungen erreichen uns in der Regel per E-Mail (bewerbungen@gibsondunn.com). Nach Sichtung der Unterlagen melden wir uns kurzfristig und vereinbaren mit den Bewerber:innen einen oder zwei Termine für Gespräche mit unseren Anwältinnen und Anwälten zum gegenseitigen Kennenlernen. Alles Weitere ergibt sich dann meist sehr schnell.

Warum sollte man sich für Sie entscheiden? Gibson Dunn ist nicht nur eine internationale Anwaltskanzlei, die für erstklassige Qualität steht und weltweit von Mandanten geschätzt und für ihre Arbeit ausgezeichnet wird. Wir bieten mit unserer Kultur auch eine hervorragende Arbeitsatmosphäre und mit dem weiteren Ausbau der deutschen Praxis sehr gute Entwicklungschancen.

Gleiss Lutz

Standorte in Deutschland: Berlin, Düsseldorf, Frankfurt am Main, Hamburg, München, Stuttgart

Standorte weltweit: Brüssel, London, Metaverse

Spezialisierungen: Arbeitsrecht, Bank- und Finanzrecht, Commercial, Compliance & Investigations, Gesellschaftsrecht/M&A, Immobilienrecht, Informationstechnologie, Kapitalmarktrecht, Kartellrecht, Konfliktberatung, Prozessführung und Schiedsverfahren, Lebensmittelrecht, Markenrecht, Nachfolge/Vermögen/Stiftungen, Öffentliches Recht, Patentrecht, Private Equity, Produkthaftung/-sicherheit, Restrukturierung, Steuerrecht, Subventionen und Beihilfen, Umweltrecht, Venture Capital, Vergaberecht, Wettbewerbsrecht, Wirtschaftsstrafrecht

Berufsträger:innen in Deutschland: >350

Berufsträger:innen weltweit: >350

Geplante Neueinstellungen 2025: ca. 50

Gleiss Lutz ist eine der erfolgreichsten international tätigen Kanzleien in Deutschland. Als Full-Service-Kanzlei mit über 350 Anwältinnen und Anwälten an neun Standorten deckt Gleiss Lutz sämtliche Gebiete des Wirtschaftsrechts ab. Sie erhalten bei uns eine Top-Ausbildung sowie schnell große Expertise in ihrem Beruf durch die enge Zusammenarbeit mit den Partnerinnen und Partnern. Wir legen großen Wert auf ein kollegiales Miteinander und schätzen den schnellen und flexiblen Austausch untereinander.

Gleiss Lutz

Taunusanlage 11
60329 Frankfurt am Main
www.gleisslutz.com

Central Recruiting
+49 69 95514-321
karriere@gleisslutz.com

Warum sollten Absolvent:innen gerade bei Ihnen anfangen? Qualität, Leidenschaft und Teamwork – das ist Gleiss Lutz. Wenn Sie zudem alle Vorteile einer Großkanzlei für sich beanspruchen wollen, ohne Ihre Individualität, Ihre ganz persönlichen Stärken und Vorstellungen einzubüßen, sind wir die richtige Kanzlei für Sie. Bei uns arbeiten Sie in kleinen Teams auf höchstem juristischen Niveau. Zudem legen wir größten Wert auf Ihre Ausbildung, Fortbildung und Entwicklung.

Was bieten Sie Referendar:innen und Praktikant:innen? Neben einem Praktikantenprogramm bieten wir kanzleiweit auch unser umfangreiches One Step Ahead Programm für Referendarinnen und Referendare sowie für wissenschaftliche Mitarbeiterinnen und Mitarbeiter an. Dieses beinhaltet examensrelevante Fachvorträge, einen wöchentlichen Englischkurs, Trainings zu Recherche, Vertragsgestaltung und Aktenvortrag, Klausurenkurse in Kooperation mit Kaiserseminare und Hemmer, ergänzend dazu ein Klausurencoaching, sowie regelmäßige After-Work-Veranstaltungen. Darüber hinaus können sich alle im Examen die Gleiss Lutz Examensliteratur über unsere Bibliotheken ausleihen.

Welche Karrierechancen bieten Sie? Ihre Karriere folgt einem klaren Verlauf und ist transparent. Nach einem Jahr erfolgt die Aufnahme auf unseren Briefkopf, nach dreieinhalb Jahren die Entscheidung über die assoziierte Partnerschaft und nach sieben Jahren über die Vollpartnerschaft. Ist die Partnerschaft nicht Ihr Ziel, können Sie als Counsel dauerhaft auf juristisch höchstem Niveau tätig sein und Ihre eigene Mandatsarbeit aufbauen.

Welchen Menschentyp suchen Sie? Seien Sie engagiert. Seien Sie überzeugend. Seien Sie zielstrebig. Denn als Anwältin oder Anwalt bei Gleiss Lutz müssen Sie mehr als nur vertrauensvoll und partnerschaftlich mit Mandantinnen und Mandanten, Kolleginnen und Kollegen sowie Mitarbeiterinnen und Mitarbeitern zusammenarbeiten: Sie müssen eine Unternehmerpersönlichkeit sein. Dazu gehören für uns persönliche Integrität, eine stark ausgeprägte Kommunikations- und Teamfähigkeit sowie große Leidenschaft für das, was Sie tun.

Welche internationalen Einsatzmöglichkeiten bieten Sie? Als eine der größten unabhängigen und international tätigen Full-Service-Kanzleien in Deutschland baut Gleiss Lutz auf ein flexibles und erprobtes internationales Netzwerk zu Kanzleien, die in ihren Ländern führend sind. Bereits Referendarinnen und Referendaren wird bei Interesse und vorhandener Kapazität eine Wahlstation bei einer befreundeten Kanzlei im Ausland oder in einem unserer Büros im Ausland ermöglicht. Dabei werden sie auch finanziell unterstützt.

Daneben wächst die Bedeutung von Secondments im internationalen Umfeld. So repräsentieren Anwältinnen und Anwälte die Kanzlei im Ausland als Botschafter und etablieren ein persönliches Netzwerk, das sowohl ihnen als auch der Kanzlei zugutekommt. Die Secondments reichen z. B. von drei Monaten in England, sechs Monaten oder einem Jahr in den USA bis hin zu zwei Jahren in Japan.

Dr. Till J. Trouvain

Jahrgang 1992

Rechtsanwalt/
Associate

Vom Referendariat zum Berufseinstieg bei Gleiss Lutz

Während meines LL.M.-Studiums in Chicago habe ich mich das erste Mal mit Compliance-Strukturen von Unternehmen auseinandergesetzt. Nach einem Seminar bei dem damaligen Chief Compliance Officer von Abercrombie & Fitch war mir schnell klar, dass ich auch die anwaltliche Beratungspraxis in diesem Bereich näher kennenlernen will. Die Entscheidung für die Anwaltsstation meines Referendariats fiel dann auf das Compliance & Investigations Team von Gleiss Lutz – in dem ich auch heute als Anwalt arbeite.

Gleiss Lutz – One Firm, One Team

Gleiss Lutz berät eine Vielzahl unterschiedlicher Mandanten, von Familienunternehmen über multinationale Konzerne bis hin zur öffentlichen Hand. Kein Mandat ist wie das andere, und ebenso vielfältig sind auch die Tätigkeiten eines Associates bei Gleiss Lutz. Bereits früh durfte ich ein hohes Maß an Verantwortung übernehmen und nah am Mandanten arbeiten. Dadurch war die Lernkurve extrem steil. Doch mindestens genauso wichtig für den persönlichen Erfolg ist es, ein großes Netzwerk hinter sich zu wissen. Aus diesem Grund gibt es bei Gleiss Lutz offene Türen und kurze Wege. Selbst über die Standorte verteilt sind alle Anwältinnen und Anwälte eng miteinander verbunden.

Wirtschaftsskandale und Co. – die Arbeit als juristischer Tatortreiniger

Wer im Bereich Compliance & Investigations beraten will, muss sich jeden Tag auf etwas Neues einstellen. Die Unterstützung einer Bank bei der Einhaltung geldwäscherechtlicher Vorschriften oder die Überprüfung des Compliance-Systems eines großen Industrieunternehmens erfordern neben juristischen Fähigkeiten auch die Kenntnis der Best Practices im Markt. Bei einer internen Untersuchung – etwa aufgrund möglicher Korruption im Ausland – werden dann besonders forensische Skills bei der Durchführung von Interviews und sonstigen Untersuchungsmaßnahmen gefordert. Steht ein Deal mit einer Straf- oder Aufsichtsbehörde an, ist Verhandlungsgeschick gefragt. Bei der gerichtlichen Durchsetzung von Ansprüchen eines Unternehmens, etwa im Rahmen einer Organhaftungsklage gegen ein ehemaliges Vorstandsmitglied, gilt es dagegen, die komplexen Fälle für das Gericht zugänglich und dennoch juristisch präzise in einem Schriftsatz darzustellen. Gerade in Krisensituationen muss es oftmals schnell gehen. Dann kann es natürlich auch mal intensive Tage für das Team geben und man merkt schnell, dass längere Bürosessions nicht ganz so spektakulär sind, wie es die Anwaltsserien auf Netflix anmuten lassen. Trotzdem macht es einfach unglaublich Spaß, mit einem Team von motivierten und fachlich beeindruckenden Kolleginnen und Kollegen ein gemeinsames Projekt auf höchstem juristischem Niveau voranzutreiben – solch ein Arbeitsumfeld findet man selten.

Die Qual der Wahl – jede Erfahrung mitnehmen

Am Ende der juristischen Ausbildung bieten sich einem viele Optionen. Deshalb ist es wichtig, frühzeitig unterschiedlichste Erfahrungen zu sammeln. Hierfür bieten die Praktika, das Referendariat oder eine wissenschaftliche Mitarbeit bei Gleiss Lutz eine hervorragende Gelegenheit, die Arbeitsweise einer der führenden Wirtschaftskanzleien in Deutschland kennenzulernen. So betreue ich noch heute als Anwalt Mandate, die ich bereits damals als Referendar begleitet habe.

HEUKING

RAUSFINDEN, OB ES MATCHT.
GILT AUCH FÜR IHRE KARRIERE.

MACHEN SIE DAS BESTE AUS SICH

karriere-bei-heuking.de

HEUKING

Standorte in Deutschland: Berlin, Chemnitz, Düsseldorf, Frankfurt am Main, Hamburg, Köln, München, Stuttgart

Spezialisierungen: alle Bereiche des nationalen und internationalen Wirtschaftsrechts

Berufsträger:innen in Deutschland: > 400

Berufsträger:innen weltweit: > 400

Geplante Neueinstellungen 2025: 40–50

HEUKING ist eine der großen wirtschaftsberatenden deutschen Sozietäten mit nationalem und internationalem Mandatsgeschäft. Wir fördern Persönlichkeiten, die sich bei uns weiterentwickeln und mit uns gemeinsam wachsen wollen. Sie treffen bei uns auf flache Hierarchien, ein vielfältiges Umfeld und ein kollegiales Miteinander. Unsere Kanzlei erkennt die individuellen Fähigkeiten unseres juristischen Nachwuchses und bietet beste Voraussetzungen für die berufliche Entwicklung mit einer reellen Chance auf eine Partnerschaft. Gestalten Sie Ihre Karriere gemeinsam mit uns!

HEUKING

Georg-Glock-Straße 4
40474 Düsseldorf
www.heuking.de

Recruiting Team
Human Resources
+49 211 60055-511
karriere@heuking.de

Was zeichnet Ihre Unternehmenskultur aus? Im Fokus unserer Kanzleikultur stehen die Individualität eines und einer jeden Einzelnen und die Freiheiten, die sie als Berufsträger:innen ausleben können und auch sollen. Flache Hierarchien und ein kollegiales Umfeld machen dies möglich. Wir fördern Ihren Unternehmergeist und die stetige Weiterentwicklung Ihrer Persönlichkeit.

Welche Karrieremöglichkeiten bieten Sie? Wir bieten Ihnen Einstiegsmöglichkeiten im Rahmen eines Praktikums, einer wissenschaftlichen Mitarbeit (gerne auch promotionsbegleitend) und im Referendariat. Zudem suchen wir stetig qualifizierte Volljurist:innen, die bereit sind, Verantwortung zu übernehmen und den Wunsch haben, in einem internationalen Umfeld tätig zu sein. Als große Wirtschaftssozietät decken wir die gesamte Bandbreite von A wie Aktienrecht bis Z wie Zivilprozessrecht ab und ermöglichen Ihnen den Einblick in eine Vielzahl von Rechtsgebieten. Sie profitieren von der großen Erfahrung unserer Partner:innen, die Ihnen stets als Ansprechpartner:innen zur Seite stehen. Sie werden aktiv in nationale und internationale Mandate eingebunden und stehen direkt in Kontakt mit den Mandant:innen.

Welche Möglichkeiten zur Weiterqualifizierung bieten Sie? Das Angebot der Heuking Academy richtet sich an alle Mitarbeitenden und ist auf die Zielgruppen zugeschnitten. Im Fokus stehen aktuelle Themen, auch mit direktem Praxisbezug. Unser Seminarangebot wird stetig ausgebaut und bietet die Möglichkeit, Fach- und Sozialkompetenzen zu vertiefen. In (Online-)Seminaren, Repetitorien sowie Klausurenkursen werden neben fachlicher Expertise u. a. Verhandlungskompetenzen und rhetorische Fähigkeiten vermittelt und die Teilnehmenden optimal auf ihr Examen vorbereitet. Seminare zu Resilienz runden das Angebot ab.

Wodurch zeichnet sich Ihre Arbeitsatmosphäre aus? Mandantenorientiertes Rechtsmanagement fordert Spitzenleistung von jedem und jeder Einzelnen sowie Servicebereitschaft im Team. Kreativität und unternehmerischer Spirit sind nicht nur erlaubt, sondern explizit gewünscht. Ein sympathisch-kollegiales Umfeld wartet auf Sie. Bringen Sie sich ein – auf allen Karrierestufen bieten wir interne Austauschplattformen in Form von Netzwerkevents (z. B. Praxisgruppen Treffen) an. Ergänzt wird der Austausch durch Social Events, z. B. Associatetreffen, Referendarlunch, „The Heuking Club"-Event – dies stärkt das Arbeitsklima und den Zusammenhalt der Kanzlei.

Wie läuft das Bewerbungsverfahren in Ihrer Kanzlei ab? Der erste Eindruck zählt. Im ersten persönlichen oder virtuellen Gespräch lernen Sie die Vorgesetzten und das Team kennen. Damit Sie einen umfassenden Einblick in Ihr zukünftiges Arbeitsumfeld erlangen, folgen in der Regel weitere Gespräche mit Ihren zukünftigen Kolleginnen und Kollegen von dem jeweiligen Standort. Wir geben Ihnen die Möglichkeit, vor Ihrem Eintritt Ihren Arbeitsplatz kennenzulernen.

Kann man bei Ihnen auch schon während des Studiums Erfahrungen sammeln? Ein Einstieg während des Studiums ist beispielsweise im Rahmen eines Praktikums oder einer Aushilfstätigkeit möglich. HEUKING lädt mit der HEUKING SUMMER SCHOOL dazu ein, für vier Wochen den Hörsaal gegen Kanzleiräume zu tauschen. Sie erhalten während des Praktikums einen authentischen Eindruck der Tätigkeitsfelder eine Wirtschaftssozietät.

Vom Praktikanten zum Salaried Partner im Bereich Arbeits- und Sportrecht

Dr. Christopher Wiencke

Jahrgang 1987

Salaried Partner

Wenngleich ich bereits seit 2016 Rechtsanwalt und seit 2021 Salaried Partner bei HEUKING bin, habe ich meine juristische Karriere als Praktikant bei HEUKING im Jahr 2009 begonnen. Ähnlich wie ich, haben viele meiner Kolleginnen und Kollegen schon weit vor dem Start als Berufsträger:in bei HEUKING angefangen.

Meine Anfänge

Bereits als Praktikant wurde ich in die Mandatsarbeit, vorrangig in meinem Wunschgebiet Arbeitsrecht, eingebunden und schon damals erfolgte ein unmittelbares „learning on the job". Auch während meiner promotionsbegleitenden Tätigkeit als wissenschaftlicher Mitarbeiter war ich, wie bei HEUKING durchaus für wissenschaftliche Mitarbeiter:innen üblich, stets in die Mandatsarbeit eingebunden. Mein Referendariat absolvierte ich überwiegend in Hamburg. Der Berliner HEUKING-Standort bot mir jedoch die Möglichkeit, weiterhin als wissenschaftlicher Mitarbeiter tätig zu sein, sodass ich den HEUKING-Bezug während meiner Ausbildung nie verloren habe und praktische Erfahrung sammeln konnte.

Mein Berufseinstieg und meine Rückkehr zu HEUKING

Im Jahr 2016 fand ich meinen Berufseinstieg als Rechtsanwalt im Berliner Büro von Dentons. Knapp fünf Jahre später bin ich mit dem gesamten Team zu HEUKING gewechselt und als Salaried Partner zurückgekehrt. Seither bin ich am Berliner Standort tätig und berate als Fachanwalt für Arbeitsrecht umfassend im Individual- und Kollektivarbeitsrecht mit dem Schwerpunkt des Gesundheitswesens sowie im Sportrecht. Inhaltlich bietet HEUKING allen Berufträger:innen die Möglichkeit, eigene Schwerpunkte zu entwickeln. Dies ist in meinem Fall neben dem „klassischen" Arbeitsrecht insbesondere das Sportrecht, in welchem HEUKING, angeführt von meinem Kollegen Dr. Menke, auch wiederholt Auszeichnungen erhält. Das Spannende am Sportrecht als echte Querschnittsmaterie ist, dass man sich mit Rechtsfragen aus einem Bereich befassen kann, zu dem fast alle Menschen eine Meinung haben und daher auch die juristischen Fragestellungen häufig von wirtschaftlichen und „politischen" Erwägungen geprägt sind, etwa innerhalb eines Vereins. Als Jurist ein Interview für den Kicker zu geben und hier Rechtsfragen zu diskutieren, hat einen besonderen Reiz.

Für die Kontinuität und die kollegiale Zusammenarbeit bei HEUKING spricht, dass ich trotz einer Unterbrechung von gut fünf Jahren eine Vielzahl von Kolleginnen und Kollegen wiedergetroffen habe und trotz der damaligen pandemiebedingten Einschränkungen ein herzlicher Empfang bereitet wurde. Ich freue mich, dass ich in meiner Funktion als Salaried Partner Teamführungsaufgaben wahrnehmen und unseren juristischen Nachwuchs ausbilden kann. Ich teile gerne meine Erfahrungen und zeige die Möglichkeiten für die persönliche und unternehmerische Weiterentwicklung auf, die HEUKING für angehende und bereits „fertige" Volljuristen:innen bieten kann. Die Zusammenarbeit mit allen Kolleginnen und Kollegen ist stets sehr angenehm und bereichernd.

Hogan Lovells International LLP

Standorte in Deutschland: Berlin, Düsseldorf, Frankfurt am Main, Hamburg, München

Standorte weltweit: über 48 Büros

Spezialisierungen: Wir beraten Unternehmen, Finanzinstitute und die öffentliche Hand auf allen Gebieten des nationalen und internationalen Wirtschaftsrechts.

Berufsträger:innen in Deutschland: >500

Berufsträger:innen weltweit: > 2.900

Geplante Neueinstellungen 2025: 80–85

Eine sich schnell verändernde und immer stärker vernetzte Welt erfordert sowohl innovatives Denken als auch verlässliche Erfahrungswerte. Hogan Lovells bietet beides. Wir unterstützen unsere Mandant:innen mit unserer Erfahrung aus der Beratung von Unternehmen, Finanzinstituten und der öffentlichen Hand. Wir suchen Jurist:innen, die sich neuen Herausforderungen mit Freude stellen. Als Teil unseres Teams profitierst du von individuellen Trainings- und Entwicklungsmöglichkeiten sowie globalen Karrierechancen.

Hogan
Lovells

Dreischeibenhaus 1
40211 Düsseldorf
www.hoganlovells.com

Recruitment Team Germany
+49 211 1368-120
karriere@hoganlovells.com

Was zeichnet Hogan Lovells aus? Unsere exzellente Expertise, aber auch unser starkes Netzwerk, welches zu innovativen Lösungen bei komplexen Rechtsfragen führt, machen Hogan Lovells einzigartig. Wir schreiben Teamgeist, Freiräume und Ambitionen groß. Uns verbindet der Wunsch, neue Herausforderungen mit Freude anzugehen. Wir stehen nicht nur für Rechtsberatung auf höchstem Niveau und spannende internationale Mandate, sondern ebenso für Diversity, Equity, Inclusion, soziales Engagement und eine freundliche Atmosphäre. Beratung ist Teamsport und lebt von unterschiedlichsten Persönlichkeiten.

Warum zieht es Branchengrößen zu uns? Wir liefern nicht einfach nur ab, was von uns erwartet wird. Wir schauen uns die Dinge aus einem anderen Blickwinkel an, um immer etwas mehr bieten zu können. Bei Hogan Lovells ist die einzige Konstante die Veränderung. Neues ausprobieren, sich weiterentwickeln, herausragende Ergebnisse liefern. Denn das ist es, was die Besten auszeichnet und was uns zu dem gemacht hat, was wir sind – heute und in Zukunft.

Was macht den Einstieg bei uns so besonders? Bei uns stehen Lernerfolg, Erlebnis und Gemeinschaft an oberster Stelle. Wir begleiten und unterstützen unsere Trainees intensiv auf ihrem Weg, damit sie ihr fachliches und persönliches Potenzial voll entfalten können. Als Associate, Projects Associate oder Business Lawyer bist du vom ersten Tag an ein vollwertiges Mitglied einer Praxisgruppe deiner Wahl. Arbeite gemeinsam mit Kolleg:innen an aktuellen Fällen und lerne von Anfang an den sicheren Umgang mit Mandant:innen. Regelmäßiges Feedback von deiner oder deinem zuständigen Partner:in und Mentor:in wird dir dabei helfen, deine Karriere erfolgreich zu gestalten.

Was für einen Rolle spielt bei uns Legal Tech? Wir setzen alles daran, unsere Beratung kontinuierlich weiterzuentwickeln, zukunftsweisende Technologien einzusetzen und unseren Mandant:innen den besten Service zu bieten. Nicht nur technikaffine, sondern alle Nachwuchsjurist:innen können bei uns Einblicke in die Nutzung innovativer Legal Tech Lösungen erhalten. Dies kann beispielsweise die Automatisierung von Verträgen oder Schriftsätzen sein, die Einbindung in das Handling von Datenbanken für unsere Mandant:innen oder die Aufbereitung großer Datenmengen zur Sachverhaltserfassung für interne Untersuchungen oder Gerichtsverfahren.

Was tun wir für die Work-Life-Balance? Wir verstehen, dass eine gesunde Work-Life-Balance eine der Voraussetzungen für Erfolg ist. Daher bieten wir flexible Arbeitszeitmodelle wie Teilzeit sowie Home-Office-Lösungen an. Darüber hinaus ermöglichen wir unseren Mitarbeitenden diverse Sport- und Freizeitangebote wie Yoga, Fußball und eine Fitnessstudio-Mitgliedschaft an. Am Standort München gibt es außerdem vor Ort eine Krippe und einen Kindergarten.

Was bedeutet ESG bei uns? Wir unterstützen Unternehmen aus zahlreichen unterschiedlichen Industrien bei einem verantwortungsvollen Umgang mit den zu berücksichtigenden Umweltaspekten. Mit vielseitigem Know-how konzentrieren wir uns auf Lösungen, die den anspruchsvollen Rahmenbedingungen und den sich wandelnden Geschäftsanforderungen gerecht werden.

Dr. Sebastian Gräler

Jahrgang 1987

Partner

ESG bei Hogan Lovells

Dr. Sebastian Gräler ist seit 2023 Partner im Team Investigations, White Collar und Fraud (IWCF) und Mitglied des globalen ESG Core Teams von Hogan Lovells. Er ist der jüngste Partner der Kanzlei in Deutschland und berät zu regulatorischen Themen, internen Untersuchungen und Compliance.

Wofür steht ESG?

Der Begriff ESG steht für „Environment Social Governance" und kommt aus dem angelsächsischen Rechtskreis. Er beschreibt die drei Bereiche, die bei der Analyse der Nachhaltigkeitsleistung eines Unternehmens bewertet werden: Umwelt, Soziales und gute Unternehmensführung.

Was macht den Bereich ESG so spannend?

ESG-Themen sind in den letzten Jahren in den Fokus von Gesellschaft, Politik und Wirtschaft gerückt. Als Folge hieraus gibt es eine hohe gesetzgeberische Aktivität auf europäischer und nationaler Ebene. Wir erleben einen wahren „Tsunami" an neuen Gesetzen. Es ist herausfordernd und abwechslungsreich, Unternehmen bei der Bewältigung neuer regulatorischer Anforderungen zu unterstützen und gemeinsam praxistaugliche Lösungswege zu erarbeiten.

Die ESG-Beratung ist geprägt von aktuellen Fragestellungen mit hoher gesellschaftlicher Relevanz. Wir beraten am Puls der Zeit. Neue Regulierungen erfordern es, juristisches Handwerkszeug mit praxistauglichen Lösungen zu verbinden. Unser Anspruch ist es, unseren Mandant:innen mit maßgeschneidertem Rechtsrat zu helfen, der wirtschaftliches und rechtskonformes Handeln ermöglicht.

Wie genau sieht Beratung im Bereich ESG aus?

In der Compliance-Beratung unterstützen wir Unternehmen dabei, Gesetzesverstöße durch den Aufbau eines Compliance-Management-Systems zu verhindern und Haftungsrisiken zu minimieren. Tritt der Fall ein, dass ein Verstoß gegen ESG-Regeln vorliegt, stehen wir unseren Mandant:innen bei der Aufklärung und Abstellung des Verstoßes zur Seite. Die Missachtung von ESG-Regeln wird aufgrund der gesellschaftlichen Relevanz der Thematik von ermittelnden Behörden und der Öffentlichkeit energisch verfolgt. Die Reputation von Unternehmen kann durch negative Berichterstattung erheblich leiden. Zudem drohen hohe Bußgelder.

Welche Eigenschaften sollten Berufseinsteiger:innen mitbringen?

Wer Lust auf eine anspruchsvolle und abwechslungsreiche Tätigkeit hat, ist bei uns genau richtig. Wir sind regelmäßig auf der Suche nach motivierten Mitarbeiter:innen. Für unser Team sollte man Interesse an wirtschaftlichen Zusammenhängen haben und bereit sein, sich immer wieder in neue Rechtsbereiche einzuarbeiten. Wichtig sind darüber hinaus gute Englischkenntnisse und Begeisterung für die Zusammenarbeit im Team.

Kirkland & Ellis International LLP

Standort in Deutschland: München

Standorte weltweit: Austin, Bay Area (San Francisco, Palo Alto), Boston, Brüssel, Chicago, Dallas, Hongkong, Houston, London, Los Angeles, Miami, New York, Paris, Peking, Riad, Salt Lake City, Shanghai, Washington D.C.

Spezialisierungen: Private Equity/M&A, Corporate/Capital Markets, Restructuring, Debt Finance, Tax

Berufsträger:innen in Deutschland: ca. 45
davon mit LL.M.: 9
davon mit Promotion: 23

Berufsträger:innen weltweit: ca. 3.500

Geplante Neueinstellungen 2025: 10–15

Bei Kirkland & Ellis erwarten dich komplexe Projekte für große internationale Mandanten. Im Rahmen der häufig grenzübergreifenden Transaktionen arbeitest du eng im Team mit rund 3.500 Kolleg:innen aus Großbritannien, den USA, Europa, dem Mittleren Osten und Asien. Im Münchner Kirkland Büro arbeiten rund 45 Anwält:innen verteilt auf fünf Praxisgruppen: Private Equity/M&A, Corporate/Capital Markets, Restructuring, Debt Finance und Tax.

KIRKLAND & ELLIS

Maximilianstraße 11
80539 München
karriere.kirkland.com

Nadine Kellner
Legal Recruiting & Development Specialist
+49 89 2030-6080
karriere@kirkland.com

Was bieten wir unseren Nachwuchsjurst:innen? Egal in welcher Position du zu uns kommst: Als Nachwuchjurist:in bis du Teil unseres sogenannten Legal-Staff-Teams. Ganz im Sinne unseres Prinzips „Empower the young“ bist du hautnah dran an spannenden Mandaten und gewinnst weitreichende Einblicke in die juristische Praxis. Dabei übernimmst du Eigenverantwortung und lernst direkt von unseren erfahrenen Anwält:innen – die perfekte Vorbereitung für deinen späteren Berufsalltag. Zusätzlich unterstützt wirst du von ein bis zwei Mentor:innen, die mit regelmäßigem Feedback dafür sorgen, dass du dich persönlich und fachlich weiterentwickeln kannst. Um die außerordentliche Arbeit unseres Legal-Staff-Teams wertzuschätzen und alle Mitglieder untereinander zu vernetzen, finden regelmäßig Legal-Staff-Events statt. Das Highlight unseres Jahres bietet das „Class of Event“, das alle Legal-Staff-Mitglieder eines Jahres sowie unsere Anwält:innen über den Dächern Münchens zusammenbringt.

Wie arbeiten wir? Bei uns in München erwarten dich flache Hierarchien und eine Kultur des Miteinanders. Du bist Teil eines kleinen, dynamischen Teams, mit dem du eng zusammenarbeitest. Ihr helft euch gegenseitig, lernt voneinander und erreicht gemeinsam eure Ziele. Dabei wird es dir nie langweilig. Deine Mandate sind spannend und abwechslungsreich, in der Regel fachübergreifend – und fast immer international. Bei Kirkland begegnest du unterschiedlichsten Persönlichkeiten. Das macht uns aus. Was uns vereint, ist unser hoher Qualitätsanspruch. In enger Zusammenarbeit mit deinen Kolleg:innen gibst du dein Bestes und feierst Erfolge gemeinsam im Team. Zum Beispiel beim entspannten Get-together am Freitagabend in der Kanzlei.

Welche internationalen Einsatzmöglichkeiten gibt es? Auch wenn es in München am schönsten ist – nichts geht über Auslandserfahrungen: Ein Secondment in einem unserer internationalen Büros ist für dich als Associate nach drei Jahren möglich und kann auch bei einer:m unserer Mandant:innen erfolgen. Du hast deine Anwaltsstation bei Kirkland & Ellis mit Top-Leistungen absolviert? Und möchtest deine juristische Karriere gemeinsam mit uns gestalten? Dann besteht bei uns grundsätzlich die Möglichkeit einer anschließenden Wahlstation – auch im Ausland. Hier wirst du intensiv in die Praxisgruppen eingebunden und kannst an lokalen Trainingsprogrammen teilnehmen – eine steile Lernkurve und optimale Entwicklungsmöglichkeiten sind dir sicher!

Welche Möglichkeiten zur Weiterqualifizierung bieten wir? Bei Kirkland wird manches für dich neu sein. Doch unsere offene Förder- und Feedback-Kultur garantiert dir eine steile Lernkurve. Beispielsweise kannst du an unserem internen Weiterbildungsprogramm teilnehmen. Das Kirkland Institute ist ein Trainingsprogramm bestehend aus drei Modulen. Die ersten zwei Module behandeln fachliche Themen (praxisgruppenspezifische sowie fachübergreifende Fortbildung). Das dritte Modul widmet sich dem Ausbau deiner persönlichen Fähigkeiten und Soft Skills (u. a. individuelles Coaching mit Expert:innen). Eine erfolgreiche Kanzlei ohne aktives Business Development? Heutzutage unmöglich. Networking ist eines der wichtigsten Tools, um Mandatsbeziehungen stetig weiterzuentwickeln. Mit unserem Business Development Training erhältst du das Werkzeug für einen erfolgreichen Start in deine Karriere.

Warum du zu uns passt? Du möchtest mit Kirkland durchstarten. Willst Verantwortung übernehmen und deine Talente als Teamplayer:in voll einbringen. Mit deinem wirtschaftlichen Verständnis überzeugst du Kolleg:innen und Mandant:innen gleichermaßen. Wenn du zudem über sehr gute Englischkenntnisse und zwei exzellente Examen verfügst, müssen wir unbedingt über dich reden!

Maximilian Licht

Associate
(Private Equity/M&A)

Promotionsbegleitende Tätigkeit und anschließender Einstieg bei Kirkland & Ellis

Mein erster Tag bei Kirkland liegt mittlerweile über zwei Jahre zurück. Damals wollte ich im Anschluss an das Zweite Staatsexamen und vor dem Berufseinstieg neben der Promotion weitere praktische Erfahrungen im Corporate/Capital Markets bzw. Private Equity/M&A sammeln. Ein Freund und Mentor, für den ich bereits zuvor in einer anderen Kanzlei gearbeitet hatte, war zu diesem Zeitpunkt als Anwalt zu Kirkland gewechselt. Er berichtete mir von einem besonderen Teamspirit, anspruchsvollen Mandaten sowie der Mitarbeit an öffentlichen Übernahmen – ein Bereich, der mich schon damals faszinierte. Mein Interesse war geweckt und das Bewerbungsgespräch, in dem mir sowohl Associate als auch Partnerin auf Anhieb sympathisch waren, vermittelte mir ein gutes Bild von der täglichen Arbeit. Ich entschied ich mich für eine promotionsbegleitende Tätigkeit bei Kirkland.

In den ersten zwei Monaten arbeitete ich zunächst vier Tage pro Woche. So hatte ich zwar weniger Zeit für die Themensuche bei der Doktorarbeit, konnte aber umfangreicher in die Mandatsarbeit eingebunden werden und einen Großteil der Anwält:innen sowie das gesamte Legal und Support Team kennenlernen. Nach dieser Startphase reduzierte ich meine Arbeitstage auf zwei Tage die Woche, fand ein Promotionsthema und startete mit meiner Doktorarbeit.

Seit Januar 2024 bin ich als Anwalt bei Kirkland tätig und habe meine Entscheidung für Kirkland noch keinen Tag bereut – weder in meiner Zeit als wissenschaftlicher Mitarbeiter noch als Anwalt. Das Besondere an Kirkland ist für mich, dass ich hier nicht nur von fachlich herausragenden Jurist:innen lerne, sondern, dass es sich bei diesen zugleich um tolle Menschen handelt, mit denen man gerne Zeit verbringt und sehr viel Spaß haben kann. So haben wir beispielsweise zu Beginn des Jahres unser alljährliches, fachübergreifendes und privat organisiertes Ski-Wochenende zusammen verbracht.

Dieses gute Miteinander spiegelt sich auch in der täglichen Arbeit wider und erleichtert mir den Einstieg als Rechtsanwalt enorm. Anders als noch in der Zeit als wissenschaftlicher Mitarbeiter besteht nun ein wesentlicher Teil der anwaltlichen Tätigkeit im Rahmen einer Transaktion in der eigenverantwortlichen Koordinierung verschiedener Workstreams sowie der Erstellung von Arbeitsprodukten für den Mandanten – typischerweise in Form von kurzen und prägnanten E-Mails. Dabei hilft es ungemein, wenn man Kolleg:innen hat, die sich Zeit nehmen, um Abläufe zu erklären und Verbesserungsratschläge zu geben. Denn diese Inhalte werden weder im Studium vermittelt noch kann man sie bei beck-online nachschlagen.

Wer Lust auf spannende und herausfordernde Arbeitsfelder in Verbindung mit einem freundschaftlichen Miteinander hat, dem kann ich nur empfehlen, unser Team bei einem Workshop, einem anderen Recruiting-Event oder im Rahmen von Vorstellungsgesprächen kennenzulernen, um sich selbst ein Bild von uns zu machen.

KIRKLAND & ELLIS
DU WILLST LIEBER EIN SPITZENTEAM ALS EINSAM AN DER SPITZE STEHEN? DANN GOOGLE MAL: KIRKLAND SPITZE.
#IFYOUKNOWYOUKNOW
UND JETZT LASS UNS ÜBER DICH REDEN:
KARRIERE.KIRKLAND.COM
PRIVATE EQUITY/M&A
CORPORATE/CAPITAL MARKETS
RESTRUCTURING
DEBT FINANCE
TAX

Linklaters

Where talent
meets opportunity

Linklaters LLP

Standorte in Deutschland: Berlin, Düsseldorf, Frankfurt am Main, Hamburg, München

Standorte weltweit: Abu Dhabi, Amsterdam, Antwerpen, Bangkok, Brüssel, Dubai, Dublin, Hongkong, Lissabon, London, Luxemburg, Madrid, Mailand, New York, Paris, Peking, Rom, São Paulo, Shanghai, Seoul, Singapur, Stockholm, Tokio, Warschau, Washington D.C.

Spezialisierungen: Arbeitsrecht, Aufsichtsrecht, Banking, Litigation, Arbitration & Investigations, Energiewirtschaftsrecht, Gesellschaftsrecht/M&A, Gewerblicher Rechtsschutz, Immobilienwirtschaftsrecht, Investmentfonds, Kapitalmarktrecht, Kartellrecht & Investitionskontrolle, Öffentliches Wirtschaftsrecht, Restrukturierung & Insolvenz, Steuerrecht, Technologie, Medien & Telekommunikation

Berufsträger:innen in Deutschland: ca. 315

Berufsträger:innen weltweit: ca. 2.300

Geplante Neueinstellungen 2025:
Praktikant:innen: 150
Referendar:innen: 190

Linklaters LLP ist eine international führende Wirtschaftskanzlei mit rund 5.000 Mitarbeiter:innen in 31 Büros weltweit. In Deutschland beraten wir mit unseren rund 315 Anwält:innen namhafte Unternehmen und Finanzinstitute zu komplexen Fragen im Wirtschafts-, Bank- und Steuerrecht. Gemeinsam leben wir eine Kultur des Miteinanders und der neuen Ideen. Als Teil unseres Teams erwarten Sie spannende Herausforderungen, hervorragende Entwicklungsperspektiven und Raum für individuelle Wege.

Linklaters

Taunusanlage 8
60329 Frankfurt am Main
www.linklaters.de
career.linklaters.de

Recruitment Germany
+49 69 71003-495
recruitment.germany@linklaters.com

Ihr Einstieg als Stipendiat:in: Mit dem Stipendienprogramm „Gipfelstürmer" von Linklaters werden Sie Teil der Linklaters Talent Community, mit der wir engagierte Nachwuchsjurist:innen fördern und auf ihrem Weg zum Ziel begleiten wollen. Neben persönlichen Mentor:innen, die Sie bei Fragen zu Studium, Karriere und anderen Ihnen wichtigen Anliegen beraten, erhalten Sie regelmäßig Newsletter zu spannenden Themen sowie exklusive Einladungen zu Workshops, Infoveranstaltungen und Stipendiatentreffen. Mit einem Büchergutschein für Fachliteratur und der Möglichkeit, die Lern-App „Jurafuchs" zu nutzen, unterstützen wir Sie zusätzlich in der Vorbereitung auf das Erste Staatsexamen.

Ihr Einstieg als Praktikant:in: Wir möchten Ihnen frühzeitig die Möglichkeit geben, Einblicke in die Tätigkeit und Arbeitsatmosphäre einer internationalen Sozietät zu erhalten. Dafür haben wir für die Semesterferien unser sechswöchiges Praktikantenprogramm „Experience@Linklaters" entwickelt. Neben der täglichen Arbeit in Ihrem Fachbereich bieten wir Ihnen die Möglichkeit, durch Vorträge, Workshops und Social-Skills-Trainings über den juristischen Tellerrand zu blicken und zu erfahren, wie wir in anderen Fachbereichen beraten. „Experience@Linklaters" wird durch ein attraktives Rahmenprogramm begleitet.

Ihr Einstieg als Referendar:in: Haben Sie bereits die erste große Etappe in Ihrer juristischen Ausbildung erreicht, bieten wir Ihnen mit unserem Programm „Colleagues of Tomorrow" eine exzellente Einstiegsmöglichkeit. Sie erwarten ähnlich anspruchsvolle Aufgaben wie die unserer Associates, denn genau das bedeutet für uns Training-on-the-Job. Wichtigste Ansprechpartner:innen sind dabei neben den Leitpartner:innen die persönlichen Mentor:innen, erfahrene Associates, die Sie u. a. durch regelmäßiges Feedback dabei unterstützen, die Arbeitswelt von Linklaters kennenzulernen sowie die täglichen Herausforderungen zu meistern. Während der gesamten Zeit haben Sie zusätzlich die Möglichkeit, an Fachvorträgen, Workshops, verschiedenen Examensvorbereitungskursen und Networking-Veranstaltungen teilzunehmen. Darüber hinaus haben Referendar:innen die Chance, ihre Wahlstation in einem der internationalen Büros zu absolvieren.

Ihr Einstieg als Associate: Ihr Berufseinstieg ist der nächste große Schritt, vor dem Sie möglicherweise noch weitere interessante Erfahrungen im Rahmen eines LL.M.-Studiums oder einer Promotion gesammelt haben. Ein:e Leitpartner:in begleitet Sie dabei von Anfang an und fördert Ihre fachliche und persönliche Entwicklung. Unterstützt wird diese durch maßgeschneiderte Weiterentwicklungsangebote der Linklaters Law & Business School, bei denen wir Sie auf jeder Karrierestufe individuell weiterentwickeln und Sie auch auf zukünftige Positionen vorbereiten, ob als Associate, Managing Associate oder Partner:in. Rotationen und Secondments bieten Ihnen darüber hinaus die Chance, Einblicke in andere Beratungsfelder und andere nationale sowie internationale Linklaters-Büros zu gewinnen.

YourLink – das alternative Karrieremodell: YourLink richtet sich an ausgebildete Jurist:innen, die sich die sich aus unterschiedlichsten Beweggründen planbare Arbeitszeiten innerhalb des anspruchsvollen Arbeitsfelds einer Wirtschaftskanzlei wünschen. YourLink ermöglicht eine neue Form der Work-Life-Balance: Arbeit an den Mandaten einer Top-Kanzlei bei planbaren Arbeitszeiten.

Kristina Willmes

Jahrgang 1990

Managing Associate

Teamplayer gesucht!

Der Schritt in die Großkanzlei

Seit Beginn meines Studiums trieb mich der Wunsch an, in einem internationalen Umfeld zu arbeiten. So ging ich zunächst für ein Auslandsjahr nach Südamerika und absolvierte später einen LL.M. in den USA. Meine zukünftige Tätigkeit sollte jedoch nicht nur international, sondern auch abwechslungsreich sein. Welchen Beruf ich mit diesen Vorstellungen am besten ergreifen sollte, war mir lange nicht klar. Auf Großkanzleien bin ich dann während meines Studiums ganz klassisch und langweilig im Rahmen einer Karrieremesse aufmerksam geworden. Nach einigen positiv verlaufenden Messegesprächen habe ich als wissenschaftliche Mitarbeiterin im Gesellschaftsrecht angefangen und war schnell begeistert. Teamarbeit statt Einzelkampf am Schreibtisch und Memos, Schriftsätze sowie die Vorbereitung notarieller Beurkundungen statt immer gleich aussehende Klausurskizzen. Wenig überraschend fand ich mich nicht nur im Referendariat in der Großkanzlei wieder, sondern kehrte schließlich auch als Anwältin dorthin zurück.

Der Sprung ins kalte Wasser

Obwohl ich die Tätigkeit in der Großkanzlei schon vor meinem Berufseinstieg kannte, kam ab dem ersten Tag als Anwältin doch unerwartet viel Neues hinzu. Insbesondere die organisatorischen Tätigkeiten wie Mandatsanlage und Abrechnung waren fordernd, kommen sie doch in der juristischen Ausbildung so gut wie nie vor. Die großartige Aufnahme ins Team machte mir den Einstieg jedoch leicht und die Arbeit gestaltete sich trotz mancher scheinbar unlösbaren Aufgabe als angenehm. Ich durfte mich vom ersten Tag an ausprobieren, konnte selbst Lösungen für den Mandanten erarbeiten und hatte dennoch nie das Gefühl, bei etwaigen Fragen oder Problemen alleingelassen zu werden.

Der alltägliche Trott?

Mein Arbeitsalltag hat sich seit dem Berufseinstieg nicht grundlegend geändert. Nachdem ich im ersten halben Jahr langsam Boden unter den Füßen gefunden hatte und erste Routinen in den Arbeitsabläufen entwickeln konnte, lerne ich nun jeden Tag etwas Neues dazu. So arbeite ich mit vielen Kolleg:innen aus anderen Fachbereichen und/oder anderen Ländern zusammen und muss als M&A-Anwältin stets den Überblick über die verschiedenen Facetten einer Transaktion behalten. Das ist nach wie vor herausfordernd, aber gleichzeitig sehr lehrreich und nie langweilig. Ich weiß morgens selten, was nachmittags passiert und sehe mich häufig mit einer Bandbreite verschiedenster Fragestellungen konfrontiert. Dabei werde ich nicht nur von tollen Kolleg:innen weltweit unterstützt, sondern kann mich darüber hinaus im Rahmen von internen Workshops und Seminaren weiterbilden und auf diese Weise auch neben der Mandatsarbeit viel dazulernen. Das Wichtigste für mich ist und bleibt jedoch der persönliche Austausch, sei es innerhalb der Kanzlei oder aber außerhalb mit den Mandanten und der Gegenseite: So erhält man immer wieder neue Impulse und bleibt gedanklich flexibel – die Grundvoraussetzung für jede individuelle Fortentwicklung!

Milbank LLP

Standorte in Deutschland: Frankfurt am Main, München

Standorte weltweit: Hongkong, London, Los Angeles, New York, Peking, Singapur, São Paulo, Seoul, Tokio, Washington D.C.

Spezialisierungen: Bank- und Finanzrecht, Compliance, Gesellschaftsrecht/M&A, Kapitalmarktrecht, Kartellrecht, Private Equity, Steuerrecht, Restrukturierung

Berufsträger:innen in Deutschland: ca. 70

Berufsträger:innen weltweit: ca. 900

Geplante Neueinstellungen 2025: 12–14

Milbank LLP wurde 1866 als eine der ersten Wall-Street-Kanzleien in New York City gegründet und zählt heute zu den führenden international tätigen Wirtschaftskanzleien. Mit zwölf Standorten in Europa, den USA, Lateinamerika und Asien sind wir an den wichtigsten Finanz- und Wirtschaftszentren der Welt präsent. Wir haben den Anspruch, nur bestqualifizierte Anwält:innen einzustellen und ihnen als Associates außergewöhnliche Erfahrungen, erstklassige Aus- und Weiterbildungsmöglichkeiten und eine angenehme Atmosphäre zu bieten.

Milbank

Dr. Leopold Riedl
Neue Mainzer Straße 74
60311 Frankfurt am Main
+49 69 71914-3443

Dr. Steffen Oppenländer
Maximilianstraße 15
80539 München
+49 89 25559-3716

www.milbank.com/karriere

Wodurch unterscheiden Sie sich von anderen Anwaltssozietäten? Natürlich ergibt sich im Vergleich mit vielen anderen Sozietäten ein grundlegender Unterschied bereits aus unserem Tätigkeitsfeld: Anders als sogenannte Full-Service-Kanzleien haben wir uns auf wirtschaftsrechtliche Transaktionen (M&A, Private Equity) und High-End-Beratung von Unternehmen in den Gebieten Gesellschafts-, Steuer-, Finanz- und Kartellrecht spezialisiert. Kennzeichnend für die Tätigkeit unserer Sozietät sind die enge Verzahnung und die integrierte Beratung in unseren Kernkompetenzen sowie die enge Vernetzung unserer Standorte weltweit. Daneben sind die bei uns tätigen Anwältinnen und Anwälte durchweg hervorragend juristisch qualifiziert, hoch motiviert und kreativ. Sie arbeiten in kleinen Teams an spannenden Mandaten für entsprechend hochkarätige Mandanten – dies selbstverständlich bei entsprechender Vergütung. Zudem bieten wir unter anderem mit Milbank@Harvard ein einzigartiges Fortbildungsprogramm in Kooperation mit der Harvard University.

Wie viele Anwält:innen und Referendar:innen stellen Sie pro Jahr ein? In unseren deutschen Büros – Frankfurt am Main und München – stellen wir pro Jahr 12 bis 14 Rechtsanwält:innen und ca. 30 Referendar:innen (im Rahmen einer regulären Station oder Nebentätigkeit) ein.

Kann man bei Ihnen auch schon während des Studiums Erfahrungen sammeln? Interessierte Studierende haben die Möglichkeit, uns während unseres Gruppenpraktikums „Summer@Milbank“, das jedes Jahr im September an unseren Standorten in Frankfurt und München durchgeführt wird, kennenzulernen. Mit einer vielseitigen Kombination aus Praxisvorträgen und Einbindung in das Alltagsgeschäft geben wir Jurastudierenden damit bereits nach der Zwischenprüfung einen umfassenden Einblick. Ein intensives Programm bringt Themen aus unseren Fachbereichen Finanzrecht, M&A, Gesellschaftsrecht, Private Equity, Kartellrecht und Steuerrecht nahe. Zwei zuständige Mentor:innen pro Praktikant:in, die nach zwei Wochen wechseln, sorgen dafür, dass die Praktikant:innen persönlich und fachlich in unser Team eingebunden werden. Sie geben Einblick in ihre Arbeit, übertragen eigene Aufgaben und integrieren die Praktikant:innen in Meetings mit Kolleg:innen und Mandanten.

Wie läuft das Bewerbungsverfahren ab? Sie können sich bevorzugt per E-Mail mit einem Anschreiben, Ihrem Lebenslauf und Zeugniskopien direkt bei einem der beiden genannten Partner in Frankfurt am Main oder München bewerben.

Und wen laden Sie ein? Schauen Sie nur auf die Examensnoten, oder gibt es noch andere Kriterien, die Ihnen wichtig(er) sind? Wir legen allergrößten Wert darauf, dass Bewerber:innen ihr juristisches Handwerkszeug beherrschen, und das wird nach unserer Erfahrung mit den Examensnoten in aller Regel zutreffend belegt. Deshalb sind zwei mit mindestens vollbefriedigend bestandene Examina für uns wichtig, ebenso wie möglichst Promotion und im Ausland erworbene Englischkenntnisse. Für deren Erwerb ist ein LL.M.-Studium eine hervorragende Gelegenheit. Darüber hinaus sollten Sie Spaß an der Arbeit mit wirtschaftlichen Sachverhalten haben und hierfür Verständnis und ein gutes Judiz mitbringen, am besten gepaart mit Humor und einer optimistischen Grundeinstellung.

Wie entscheiden Sie, welche Bewerber:innen zu Ihnen passen? Im Rahmen einer Vorstellungsrunde, die durchaus mehr als einen halben Tag dauern kann, haben Sie – gleich ob Sie als Referendar:in oder Berufseinsteiger:in zu uns kommen möchten – Gelegenheit, möglichst viele Anwält:innen eines Büros und unsere Arbeit kennenzulernen. Am Ende dieses Tages sollten Sie ein Gefühl dafür entwickelt haben, ob die Chemie stimmt und Sie sich vorstellen können, künftig in unserem Team mitzuarbeiten. Und genauso entscheiden auch wir – und zwar alle Anwält:innen, die Sie im Laufe des Tages gesehen haben – anhand des vermuteten „Fit" ohne weitere formale Kriterien: Es passt, oder es passt nicht. So sollten auch Sie Ihre Entscheidung fällen.

Welche Tipps können Sie Nachwuchsjurist:innen für ihre Ausbildung geben? Natürlich stehen die Examensprüfungen immer im Vordergrund – bei hervorragenden Ergebnissen stehen Ihnen ja in der Regel alle Möglichkeiten offen. Mit einem guten Ersten Staatsexamen können Sie während des Referendariats schon Erfahrungen in renommierten Kanzleien sammeln, Referendarstationen im Ausland absolvieren, nebenher promovieren und/oder ein LL.M.-Studium in Angriff nehmen.

Und welche Aus- und Weiterbildungsmöglichkeiten gibt es bei Ihnen? Unser Aus- und Weiterbildungsprogramm besteht aus verschiedenen Komponenten. Das Herzstück ist sicherlich Milbank@Harvard, eine von der Harvard Business School und der Harvard Law School exklusiv für uns ausgearbeitete und gehaltene Fortbildungsveranstaltung zu wirtschaftlichen und unternehmerischen Themen. Diese findet in drei jeweils einwöchigen Veranstaltungsblocks auf dem Campus der Harvard University statt und wird von allen unseren Associates ab dem dritten Berufsjahr besucht. Darüber hinaus bieten wir – neben dem unseres Erachtens enorm wichtigen Training-on-the-Job – ein umfassendes Programm an maßgeschneiderten internen Aus- und Weiterbildungsveranstaltungen mit großer Praxisnähe an, das um den regelmäßigen Besuch externer Seminare und die Teilnahme an Englischkursen ergänzt wird. Zu nennen sind hier zum einen unsere Ausbildungsserie „Die 20 Grundelemente", eine Präsentations- und Workshop-Reihe für unsere Junior Associates, bei der praxisnahe Themen erarbeitet werden, die man auf dem Weg zur Wirtschaftsanwältin oder zum Wirtschaftsanwalt beherrschen sollte.

Darüber hinaus finden jeweils zweimal im Jahr unsere intern entwickelten Tax- und M&A-Academies für Associates statt. Eine Blockveranstaltung, bei der alle Associates aus beiden Büros zusammenkommen und bei der ein auf die Bedürfnisse unserer Beratungspraxis zugeschnittener Überblick zu den Bereichen vermittelt wird.

Morgan Lewis

OUR PEOPLE MAKE
ALL THE DIFFERENCE
IN OUR SUCCESS

Morgan, Lewis & Bockius LLP

Standorte in Deutschland:
Frankfurt am Main, München

Standorte weltweit: Abu Dhabi, Almaty, Astana, Boston, Brüssel, Century City, Chicago, Dallas, Dubai, Hartford, Hongkong, Houston, London, Los Angeles, Miami, New York, Orange County, Paris, Philadelphia, Pittsburgh, Princeton, San Francisco, Seattle, Shanghai, Shenzhen, Silicon Valley, Singapur, Tokio, Washington D.C., Wilmington

Spezialisierungen: Arbeitsrecht, Aufsichtsrecht, Finanzierungen, Gesellschaftsrecht, Kapitalmarktrecht, Kartellrecht/Wettbewerbsrecht, Litigation/Compliance, Mergers & Acquisitions, Private Equity, Restrukturierungen, Steuerrecht

Berufsträger:innen in Deutschland: ca. 36

Berufsträger:innen weltweit: ca. 2.200

Geplante Neueinstellungen 2025:
Berufseinsteiger:innen: ca. 5–8
Referendar:innen: ca. 10–12
Praktikant:innen: ca. 6–8

Morgan Lewis ist eine der führenden internationalen Anwaltssozietäten, die mit derzeit rund 2.200 Anwält:innen in über 30 Büros ihre Mandanten weltweit auf dem Gebiet des Wirtschaftsrechts berät. Die Morgan-Lewis-Teams in Europa, USA, Asien und dem mittleren Osten sind eng miteinander verflochten und bilden eine weltweite Gemeinschaft, die interdisziplinär zusammenarbeitet. Das Frankfurter und Münchner Team arbeiten an hochkarätigen Mandaten, darunter auch Beratungen für DAX-Unternehmen.

Morgan Lewis

Königinstraße 9
80539 München
www.morganlewis.com/careers

Human Resources
+49 69 71400-761
+49 89 18951-6090
join-us@morganlewis.com

Was zeichnet die Arbeitsatmosphäre in Ihrer Kanzlei aus? Morgan Lewis bietet das Beste aus zwei Welten: Wir sind eine internationale Großkanzlei, aber unsere Anwält:innen und Mitarbeitenden arbeiten in eng zusammengeschweißten und lokal familiären Teams. Unser einzigartiges kooperatives Arbeitsumfeld, für Kolleg:innen, die sich umeinander kümmern, lebt eine Kultur der Zusammenarbeit, nicht des Wettbewerbs. In unseren Büros wird die Open-Door-Policy gelebt. Durch wöchentliche Office Meetings und regelmäßige Events wird der Teamspirit noch mehr gefördert.

Was bieten wir Associates? Wir bieten all unseren Berufseinsteiger:innen vom ersten Tag eine umfangreiche und praxisnahe Ausbildung in einem professionellen und sehr kollegialen Arbeitsumfeld. Ihre fachliche Ausbildung wird von drei Mentoren bzw. Buddys begleitet. Diese bestehen aus einem Partner der jeweiligen Praxisgruppe, sowie einem Partner (Mentor) aus dem jeweils anderem Deutschen Büro und einem Buddy (Associate) einer anderen Praxisgruppe. Die Mentor:innen stellen unter anderem die unmittelbare Einbeziehung in unsere laufenden Mandate sicher. Die individuelle Förderung und regelmäßige Qualifizierung unserer Mitarbeitenden sind wesentliche Bestandteile unserer Unternehmensphilosophie. Neben der persönlichen Betreuung und der Förderung on-the-job bieten wir ihnen ein umfangreiches Fortbildungsangebot an: Mit unserer internen „Morgan Lewis Academy“ haben wir für Anwält:innen ein lokales Weiterbildungsprogramm ins Leben gerufen, welches ein erfolgreicher Baustein der Personalentwicklung bei Morgan Lewis ist. Daher bieten wir regelmäßige nationale Workshops, Präsentationen oder Vorträge zu verschiedenen Fach- und Softskillthemen an. Diese beinhalten Themenschwerpunkte aktueller Entwicklungen und Gerichtsentscheidungen, Kenntnisse in speziellen Rechtgebieten sowie Rhetorik, Präsentations- oder Verhandlungsmethodik. Weiterhin findet ein jährliches Evaluation Gespräch statt, in dem berufliche Perspektiven und Entwicklungsmöglichkeiten besprochen werden (Evaluation Core Competencies Model: Excellence, Drive, Engagement & Collaboration).

Was bieten wir Referendar:innen? Bei Morgan Lewis werden Sie bereits vom ersten Tag an, in die laufenden Mandate einbezogen. Wir garantieren Ihnen eine umfangreiche und praxisnahe Ausbildung und ein sehr intensives Mentoringprogramm, bei dem Sie regelmäßig ausführliches Feedback erhalten. Sie werden sowohl in die fachlichen Projekte als auch in das Team fest eingebunden. Hierbei werden Sie von drei verschiedenen Mentor:innen (Partner:in, Associate und Buddy) betreut, die Ihnen jederzeit für fachliche und persönliche Fragen zur Verfügung stehen. Daneben unterstützen wir Sie durch ein frei verfügbares Budget für Klausurenkurse oder Wochenendseminare in Ihrer Vorbereitung auf das Zweite Staatsexamen. Zusätzlich nehmen Sie zusammen mit unseren Associates an großen Teilen unseres umfangreichen Weiterbildungsprogramms und einem Legal-English-Kurs teil. Nach Ihrer Anwaltsstation in Deutschland besteht die Möglichkeit, internationale Erfahrung an einem unserer ausländischen Standorte während Ihrer Wahlstation zu sammeln.

Was bieten wir Praktikant:innen? Wir bieten im Frühjahr eines jeden Jahres ein fünfwöchiges Praktikantenprogramm an. Als Student:in mit bestandener Zwischenprüfung haben Sie die Möglichkeit, hieran teilzunehmen und einen ersten authentischen Einblick in den Beruf von Wirtschaftsanwält:innen zu erhalten. Neben verschiedensten Fachvorträgen planen wir wöchentliche Abendaktivitäten, die den fachlichen und persönlichen Austausch stärken.

Dr. Jamila Pfeifer

Associate

Meine beruflichen Entwicklung als Rechtsanwältin in einer internationalen Wirtschaftskanzlei

Nach dem Zweiten Staatsexamen hatte ich zwei Ziele: promovieren und gleichzeitig einen ersten Einblick in die Berufswelt erhalten. Durch meine promotionsbegleitende Tätigkeit bei Morgan Lewis erhielt ich früh Einblicke in die verschiedenen Praxisgruppen und die vielfältige Arbeit, was ich im Hinblick auf eine spätere berufliche Ausrichtung als sehr bereichernd empfand. Bei meinem Promotionsvorhaben wurde ich aktiv unterstützt und auch längere Auszeiten wurden mir ermöglicht. Nach der Zeit als wissenschaftliche Mitarbeiterin stieg ich als Rechtsanwältin im Bereich Corporate/M&A ein. Es folgten viele spannende Mandate, bei denen ich mit diversen und internationalen Teams zusammenarbeiten durfte. Ein Secondment in einem unserer internationalen Büros half mir dabei, mich innerhalb von Morgan Lewis weiter zu vernetzen – ein wesentliches Anliegen der Kanzlei. Der Mandantenkontakt war von Beginn an vorhanden und mit der Zeit wurde ich neben den laufenden Aufgaben zunehmend in den Aufbau und die Pflege von Mandantenbeziehungen eingebunden, beispielsweise als Global Panel Coordinator eines weltweit agierenden Konzerns. Insgesamt sind die von Morgan Lewis angebotenen internen und externen Weiterbildungs- und Networking-Möglichkeiten vielfältig. Nach der Geburt meiner Kinder habe ich mir Gedanken darüber gemacht, wie es beruflich weitergeht und ob eine Familie mit einer Beschäftigung in einer internationalen Wirtschaftskanzlei zu vereinbaren ist. Diese Gedanken habe ich offen kommuniziert und gemeinsam haben wir eine für beide Seiten ausgewogene Lösung gefunden. Diese Unterstützung durch Morgan Lewis hat mir gezeigt, was der Spruch „das Beste aus beiden Welten“ in der Realität bedeutet.

Clemens Dienstbier

Associate

Das Referendariat als Sprungbrett zur Großkanzlei

Meine Zeit bei Morgan Lewis begann im Referendariat, mit einer Mischung aus Vorfreude, Nervosität und den Fragen, was mich erwartet und von mir erwartet wird. Doch von meinem ersten Tag an wurde ich herzlich empfangen und erlebte eine Kanzlei mit vielfältigen Mandaten, an denen ich sofort mitarbeiten konnte. Die internationale Ausrichtung ermöglichte es, mit Kolleginnen und Kollegen aus verschiedenen Ländern zusammenzuarbeiten und juristische Kenntnisse in einem globalen Kontext anzuwenden. Schnell stellte sich heraus, dass in diesem Arbeitsumfeld großer Wert auf Professionalität, Teamfähigkeit und lösungsorientiertes Arbeiten gelegt wird. Mit den Anforderungen wurde ich zu keinem Zeitpunkt allein gelassen, vielmehr herrschte stets ein unterstützendes Umfeld, in dem mein Team jederzeit bereit war, sein Wissen zu teilen und zu helfen. Außerdem ist nicht zu unterschätzen, wie gut bereits die juristische Ausbildung einen ersten Zugang schafft, um Kenntnisse in einem internationalen Kontext anzuwenden und zu vertiefen. Wenn darüber hinaus die Bereitschaft zum praxisnahen Lernen besteht, gelingt der Start in einer Großkanzlei. Am Ende meiner Wahlstation hatte ich einen umfangreichen Einblick in den Arbeitsalltag gewonnen, insbesondere die gute Atmosphäre und der Teamgeist haben mich von meinem Berufseinstieg bei Morgan Lewis überzeugt. Rückblickend hat mir die Zeit im Referendariat eine klare Orientierung für meine nähere Zukunft sowie vielfältige Erfahrungen für den fordernden Berufsbeginn verschafft.

Morgan Lewis & Bockius

Noerr Part GmbB

Standorte in Deutschland: Berlin, Düsseldorf, Dresden, Frankfurt am Main, Hamburg, München

Standorte weltweit: Alicante, Brüssel, London, New York

Spezialisierungen: alle Bereiche des nationalen und internationalen Wirtschaftsrechts: Gesellschaftsrecht, M&A, Finanzierungen, Bank- und Kapitalmarktrecht, Private Equity/Venture Capital, Restrukturierungen, Insolvenzrecht, IP-, IT- und Medienrecht, Urheber- und Wettbewerbsrecht, Regulierte Industrien, Kartellrecht, Vergaberecht, Öffentliches Recht, Bau- und Immobilienrecht, Vertriebsrecht, Arbeitsrecht, Produkthaftungsrecht, Litigation, Dispute Resolution, Steuerrecht, Stiftungsrecht

Berufsträger:innen in Deutschland: 497 Professionals

Berufsträger:innen weltweit: 600 Professionals

Geplante Neueinstellungen 2025: 80–100

Joint Impact. Individual Growth.

Talenten, die gemeinsam mit anderen viel bewegen wollen, geben wir den Raum, ihre Ideen einzubringen und Neues zu gestalten. Erfolgreiches Teamplaying fordert und fördert Lernen und persönliche Weiterentwicklung. Wir unterstützen dabei, neue Herausforderungen anzunehmen, an ihnen zu wachsen und sie zu meistern. Alle, die in einer Kultur kollaborativer Exzellenz ihr Potenzial entfalten wollen, finden bei uns ihr Winning Team. Wachse über Dich hinaus.

NOERR

Brienner Straße 28
80333 München
www.noerr.com/en/career

Bianca Hübel
Human Resources
+49 89 28628591
bianca.huebel@noerr.com

Was zeichnet Ihre Unternehmenskultur aus? Weltweit vernetzt und zu Hause in der ganzen Breite und Tiefe des Wirtschaftsrechts sind wir Qualitätsführer, juristische Vordenker und Wegbereiter in einer sich rasant wandelnden Welt. Rechtsberatung begreifen und gestalten wir proaktiv und mit ganzheitlicher Perspektive. Für unsere Mandanten antizipieren wir Entwicklungen, verwandeln Veränderung in Vorteil und öffnen Pfade in die Zukunft. Dabei verbinden wir Können mit Haltung, mit persönlicher Integrität, leidenschaftlichem Teamplaying, kreativem Mut und visionärem Denken. Als agile Partner:innen unserer Mandanten tragen wir entscheidend zu ihrem Erfolg bei, bringen Dinge in Bewegung und Fortschritt in die Welt: Wir sind Thought Leader und Innovationstreiber:innen unserer Branche, damit unsere Mandanten es in ihren sind.

Worin unterscheiden Sie sich von Ihren Wettbewerbern? Wir wollen für dich die beste Kanzlei und der beste Arbeitgeber, das beste Umfeld für gesundes Wachstum und nachhaltigen Erfolg sein. Und wir haben gute Gründe dafür, dass wir das sind und leisten. Warum liegt auf der Hand: Nur da, wo jede und jeder sich optimal entfalten, sich einbringen und im Team über sich hinauswachsen kann, wachsen wir auch als Kanzlei über uns hinaus. Und damit sind wir schon beim ersten Grund: eine leidenschaftlich gelebte Kultur kollaborativer Exzellenz, die auch in unserer Employer Value Proposition, dem Nutzenversprechen für unsere Mitarbeitenden zum Ausdruck kommt. „Wir sind immer noch eine Kanzlei, die angreift, die das Ziel hat weiterzukommen."

Wie sieht die Work-Life-Balance bei Ihnen aus? Nur da, wo jede und jeder den individuellen Freiraum hat, sich und seine Potenziale frei zu entfalten, können wir gemeinsam als Kanzlei wachsen. Eine gesunde Work-Life-Balance sehen wir als einen der wichtigsten Beiträge dazu. Sie wirkt sich auf Arbeitnehmer- und Arbeitgeberseite gleichermaßen aus – sozusagen eine Win-Win-Situation. Soziale Kontakte, Selbstverwirklichung, Gesundheit, Karriere und Erfolg gehen bei uns Hand in Hand und bieten dir ein gesundes Gleichgewicht zwischen Arbeit und Privatleben. Deshalb bieten wir alle Stellen in Voll- und Teilzeit an. Darüber hinaus ist Wochenendarbeit, bis auf unvermeidbare Ausnahmen tabu und auch Urlaub soll genommen werden. Im Ernst: Wir geben dir genauso viel Flexibilität wie wir auch von dir verlangen.

Welche Möglichkeiten zur Weiterqualifizierung bieten Sie? Wenn du bei uns beginnst, ist das der Anfang einer stetig aufwärts führenden Entwicklung hin zu fachlicher Brillanz und zur rundum ausgereiften Beraterpersönlichkeit. Denn beides bedingt einander und beides begleiten wir so, dass es dein persönliches und professionelles Vorankommen ideal unterstützt. Das heißt, du bekommst zu jedem Zeitpunkt genau das, was du brauchst, um mit deinen Aufgaben zu wachsen, deine Kompetenzen sukzessive auszubauen und sie in der täglichen Praxis gewinnbringend einzusetzen. Route, Rüstzeug und Rahmen für diese Lernpfade gibt das Programm Rise vor. Rise geht als ganzheitliches Programm weit über Fragen der Aus- und Fortbildung hinaus und fördert Aspekte unserer Unternehmenskultur, die uns besonders am Herzen liegen: Das Augenmerk auf Frauenförderung, die Bedeutung des individuellen Wohlbefindens aller Mitarbeitenden sowie besonders gute Bedingungen für Einsteiger und junge Talente. All das findet in den Angeboten von Rise bereits breite Berücksichtigung und hat entsprechende Schnittmengen, die spezifischen Initiativen und Programme zu diesen Themen jedoch sind weit umfassender und bieten mehr als Trainings und Schulungen.

Kann man bei Ihnen auch schon während des Studiums Erfahrungen sammeln?
Noch in der Ausbildung, aber schon Interesse an Noerr? Sehr gut, wir jedenfalls sind jetzt schon neugierig auf dich. Und wer weiß, vielleicht springt der Funke ja schon beim Praktikum über und wir können dich direkt für ein bestimmtes Rechtsgebiet begeistern. Ganz egal, ob als Praktikantin, Referendar oder in der wissenschaftlichen Mitarbeit – wir finden es sehr wertvoll, dich bereits in einer frühen Phase deines juristischen Werdegangs kennenzulernen und hoffentlich für die Kultur von Noerr gewinnen zu dürfen. Gelegenheiten dazu gibt es reichlich:

- vier- bis sechswöchiges Praktikum während deines Studiums (in Berlin, Düsseldorf und Frankfurt bieten wir dieses als Sommerakademie an)
- wissenschaftliche Mitarbeit zwischen Erstem Staatsexamen und Referendariat
- Anwaltsstation Wahlstation
- wissenschaftliche Mitarbeit nach dem Zweiten Staatsexamen

Stellen für wissenschaftliche Mitarbeit und Referendariat bieten wir auch in Brüssel, London und New York an.

Why us? Warum sollten Bewerber:innen gerade bei Ihnen einsteigen?
Außergewöhnliche Mandate: Wirtschaftsrecht ist vielschichtig und spannend. Aber manche Mandate sind spannender. Die findest du bei uns. Und du dich ihnen – ab dem ersten Tag. Als führende Wirtschaftskanzlei in Europa bearbeiten und beherrschen wir die gesamte Breite und Tiefe des internationalen Wirtschaftsrechts. Und bewegen uns darin zugleich an der Spitze: mit außergewöhnlichen Mandaten, in denen zentrale Fragen unserer Zeit auf prominenter Bühne verhandelt werden.

Weltweite Möglichkeiten: Bei uns arbeitest du nicht nur grenzüberschreitend, sondern rund um die Welt. Denn Internationalität ist für uns so wichtig wie Interdisziplinarität. Und dank unserer globalen Aufstellung für dich von Anfang an eine Option, wertvolle Auslandserfahrungen zu sammeln, Kontakte zu knüpfen und ein starkes Standing aufzubauen. Für dich als aufstrebendes Anwaltstalent bedeutet das die Chance, unmittelbar in internationalen Teams zu arbeiten und Auslandserfahrung zu sammeln. Gut ein Viertel unserer Associates nutzt darüber hinaus die Gelegenheit, uns im Rahmen eines mehrmonatigen Secondments an einem unserer ausländischen Standorte, in einer Top-Kanzlei an einem internationalen Hotspot oder bei einem Mandanten zu vertreten. In anderen Worten: Bei uns steht dir die Welt offen.

New Work: Für uns als führende unabhängige europäische Wirtschaftskanzlei sind die Entfaltung individueller Potenziale, die Anpassung an sich wandelnde Lebenssituationen und private Anforderungen, die individuelle Gestaltung von Arbeitszeiten und Einsatzorten sowie generell die Teilhabe an Entscheidungen elementar für unser Selbstverständnis. Wir brauchen deine ganze Flexibilität und wir kommen dir maximal flexibel entgegen. Denn bei uns bist du nicht Rad im Getriebe, sondern Treiber der Entwicklung. Und dafür schaffen wir optimale Voraussetzungen.

Einzigartige Förderung: Wir lieben Lernkurven. Und egal wie steil, sie hören nicht auf. Deshalb lernen und entwickeln wir uns unentwegt weiter: ganzheitlich und gemeinsam, vom Einsteiger bis zur Partnerin und unterstützt durch ein branchenweit einzigartiges Bildungsprogramm Rise mit 500+ wertvollen Trainingsstunden.

Sidley Austin (CE) LLP

Standort in Deutschland: München

Standorte weltweit: Boston, Brüssel, Century City, Chicago, Dallas, Genf, Hongkong, Houston, London, Los Angeles, Miami, New York, Palo Alto, Peking, San Francisco, Singapur, Sydney, Tokio, Washington D.C.

Tätigkeitsschwerpunkte: Corporate, Private Equity, M&A, Finance, Restructuring, Tax, Life Sciences

Berufsträger:innen in Deutschland: ca. 30

Berufsträger:innen weltweit: >2.300

Geplante Neueinstellungen 2025: ca. 4–6

2016 hat Sidley Austin, eine der führenden international wirtschaftsrechtlich beratenden Anwaltssozietäten, ein Büro in München eröffnet. Dieses zeichnet sich durch ein kleines, fachlich höchst kompetentes und dynamisches Team aus. Damit verbindet das Münchner Sidley Büro die Vorteile einer weltweit führenden Anwaltssozietät mit der ungezwungenen Atmosphäre einer modernen Boutique-Kanzlei.

SIDLEY

Maximilianstraße 35
80539 München
www.generationsidley.com

Kristina Thiel
Legal Recruiting
+49 89 244409-100
welcome@generationsidley.com

Welche internationalen Einsatzmöglichkeiten bieten Sie? Als weltweit agierende Wirtschaftskanzlei mit Büros in den USA, Asien, Europa und Australien ist unser Geschäft stark international ausgerichtet. Cross-Border-Transaktionen stehen auf der Tagesordnung, d.h., wir arbeiten größtenteils mit internationalen Mandanten an grenzüberschreitenden Projekten. Ab dem vierten Jahr bieten wir unseren Associates zudem die Gelegenheit, ein Secondment in einem unserer internationalen Büros zu absolvieren. Im Rahmen der Wahlstation besteht ebenfalls die Möglichkeit, diese an einem unserer internationalen Standorte abzuleisten, vorausgesetzt, man war bereits in der Anwaltsstation oder im Rahmen einer wissenschaftlichen Mitarbeit bei uns tätig und steht vor einem Berufseinstieg bei uns als Associate. Bei unseren internationalen Einsatzmöglichkeiten werden Associates und Referendar:innen in lokale Teams eingebunden und können so zum einen über den Tellerrand hinausschauen und sich bei internationalen Transaktionen einbringen, zum anderen aber auch die Arbeitsweise und Kultur vor Ort kennenlernen. Unser attraktives Package für Referendar:innen beinhaltet neben der überdurchschnittlichen Vergütung für die Station auch den Flug und das Visum sowie eine Unterkunft vor Ort.

Was sind die Herausforderungen in diesem Beruf? Es liegt in der Natur des Transaktionsgeschäfts, dass sich meist kurzfristig entscheidet, wie viel Arbeit anfällt. Bei Cross-Border-Transaktionen muss man sich des Öfteren der Zeitverschiebung anpassen. Unsere Anwältinnen und Anwälte sind alle bereit, bei Bedarf die „extra mile" zu gehen, um die Transaktion damit erfolgreich über die Ziellinie zu bringen – auch wenn dies im Einzelfall bedeutet, dass sich die Arbeitszeit in den Abend oder in die Nacht verlagert. Als Ausgleich legen wir großen Wert darauf, dass unsere Associates während ruhigerer Phasen frühzeitig das Büro verlassen und morgens auch später zur Arbeit erscheinen können.

Was erwarten Sie in fachlicher und persönlicher Hinsicht? Wir erwarten von unseren Associates die Motivation, juristisch auf höchstem Niveau und in einem internationalen Umfeld arbeiten zu wollen. Dieser Ehrgeiz bildet sich bei Absolvent:innen durch herausragende Examina ab, auf welche wir bei der Einstellung achten. Neben der Papierform entscheidet letztlich aber die Persönlichkeit, da es uns besonders wichtig ist, dass die Atmosphäre stimmt und alle auf einer Wellenlänge sind. Somit geht auch bei Spitzenbelastungen die positive Stimmung nicht verloren. Sidley sucht starke Persönlichkeiten, die zudem Interesse für wirtschaftliche Zusammenhänge im internationalen Kontext mitbringen und sich durch Teamfähigkeit, geistige Flexibilität und Kreativität auszeichnen.

Was sind drei Dinge, die Sie von Ihren Konkurrenten abheben? In München sind wir ein überschaubares Team, in dem man sich kennt und gegenseitig unterstützt. Der Teamgedanke wird großgeschrieben. Gleichzeitig sorgen unsere Mandate und die Zusammenarbeit mit Kolleg:innen aus anderen Sidley Büros für starkes internationales Flair. Überdurchschnittliche Gehälter, zahlreiche Zusatzleistungen und erstklassige Weiterbildungsaktivitäten für Mitarbeiter:innen sind Teil unseres Selbstverständnisses. Zudem ist die Stimmung in unserem Münchner Büro geprägt von einem kommunikativen Miteinander: Jede:r kann sich unabhängig von der Seniorität einbringen – die beste Idee zählt. Es gibt keine festgefahrenen Strukturen, sondern flache Hierarchien. So zeichnet uns neben den attraktiven Mandaten vor allem unsere lockere, für eine Großkanzlei wohl einzigartige Kanzleikultur aus.

Dr. Issouf Sako

Associate

It is a Perfect Match: Vom Referendar zum Associate

Nachdem eine Studienkommilitonin mir nach ihrer Anwaltsstation Sidley wärmstens empfohlen hatte, entschloss ich mich, meine Station ebenfalls dort zu absolvieren. Nach einem unkomplizierten und schnellen Bewerbungsverfahren wurde ich Teil von Generation Sidley – dem Münchner Team der US-Kanzlei.

Als Referendar war ich Mitglied des Legal Research Teams. Das bedeutet, dass man bei Interesse die Möglichkeit erhält, in alle Beratungsbereiche von Sidley hineinzuschnuppern. Diese Chance ließ ich mir selbstverständlich nicht entgehen. Nach kurzer Zeit verstand ich die Begeisterung der Kommilitonin für Sidley. Die Anwält:innen nehmen sich stets Zeit, Fragen zu beantworten, und man wird in jeder Hinsicht gefördert. Neben der exzellenten fachlichen Betreuung gefielen mir insbesondere die lockere Arbeitsatmosphäre sowie das freundliche Miteinander, was dazu beitrug, dass ich mich schnell wohlfühlte und effektiv einbringen konnte. Ferner stärken regelmäßige Kanzlei- und Sport-Events sowie die beliebten „Friday Drinks" den Teamzusammenhalt.

Welcome Back!

Vor und nach meiner Anwaltsstation hatte ich die Gelegenheit, nicht nur in Deutschland, sondern auch in Frankreich und in Luxemburg Praktika zu absolvieren. Die Wahlstation verbrachte ich in einer anderen US-Kanzlei. Am Ende stand für mich fest, dass mein beruflicher Einstieg bei Sidley erfolgen sollte, da ich dort die besten Erfahrungen gemacht hatte. Nach den Staatsexamina, der Promotion, dem LL.M. (University of London) sowie einem rechtswissenschaftlichen Bachelor- und Master-Studium in Paris wurde ich Associate im Bereich Financial Restructuring. Ich entschied mich für diese Praxisgruppe, da Sidley auf diesem Gebiet unter der Leitung eines sehr renommierten Anwalts deutschlandweit zu den Marktführern zählt. Zudem ermöglicht das kleine Team, direkt mit den Partnern zu arbeiten, wodurch eine steile Lernkurve gewährleistet ist.

Here We Go!

Nach dem herzlichen Empfang startete mein Onboarding im Münchner Büro sowie mit einem zweitägigen Aufenthalt im Londoner Office. So konnte ich das Team vor Ort, New Starter aus den anderen europäischen Büros sowie die Kanzlei selbst besser kennenlernen. Nach dem Onboarding unterstützte ich direkt meinen Mentor aus der Anwaltsstation bei einem spannenden Deal. Schnell durfte ich eigenverantwortlich Aufgaben übernehmen und unter Anleitung das Closing vorbereiten und zum Teil selbstständig durchführen. Die schönsten Momente dabei waren die wertschätzenden Worte des zuständigen Partners an das Team nach dem Closing und die Erkenntnis, nach so einer kurzen Zeit eine Menge gelernt zu haben.

Neben dem Training-on-the-Job legt Sidley großen Wert auf die Weiterbildung der Associates. Es finden beispielsweise regelmäßig Jours Fixes im Team sowie teamübergreifend statt. Dabei erläutern die Partner und erfahrene Associates dem Nachwuchs wichtige Transaktionsdokumente, machen auf Problemstellen aufmerksam und zeigen mögliche Lösungswege auf.

SIDLEY
azur100
TOP
ARBEITGEBER
2024
NOMINIERT
azur
AWARDS
2024
Karriere-
förderung
GENERATION
SIDLEY
unglaublich
statt unmöglich
#generationsidley
generationsidley.com
Follow us on LinkedIn

White & Case LLP

Standorte in Deutschland: Berlin, Düsseldorf, Frankfurt am Main, Hamburg

Standorte weltweit: Abu Dhabi, Astana, Boston, Bratislava, Brüssel, Chicago, Doha, Dubai, Genf, Helsinki, Hongkong, Houston, Istanbul, Jakarta, Johannesburg, Kairo, London, Los Angeles, Luxemburg, Madrid, Mailand, Maskat, Melbourne, Mexiko-Stadt, Miami, New York, Paris, Peking, Prag, Riad, São Paulo, Shanghai, Seoul, Silicon Valley, Singapur, Stockholm, Sydney, Taschkent, Tokio, Warschau, Washington D.C.

Spezialisierungen: Wir beraten in allen Fragen des nationalen und internationalen Wirtschaftsrechts.

Berufsträger:innen in Deutschland: >250

Geplante Neueinstellungen 2025: 55–65

White & Case ist deine Chance, deine persönliche und berufliche Zukunft selbst in die Hand zu nehmen. Werde Teil eines globalen Netzwerks von Top-Level-Professionals, die aufgrund ihrer Diversität und Motivation exzellente Ergebnisse erzielen – für führende Mandanten und füreinander.

Gemeinsam setzen wir ein Zeichen. Du & White & Case.

WHITE & CASE

Bockenheimer Landstraße 20
60323 Frankfurt am Main
www.whitecase.com/germanycareers

Germany Legal Recruiting
+49 69 29994-0
germanylegalrecruiting@whitecase.com

Was zeichnet Ihre Unternehmenskultur aus? Als eine der größten Kanzleien in Deutschland sind wir Teil des weltweiten White & Case Netzwerks. Unsere internationale Präsenz ist nahezu einzigartig. Bei White & Case arbeiten wir in einem der stärksten Kanzleinetzwerke über Länder und Kontinente hinweg: Paris und London gehören dabei ebenso dazu wie unsere Standorte in New York, Sydney oder Tokio. Was uns besonders macht, ist unsere Kanzleikultur: Wir fordern und fördern unsere Mitarbeiter:innen. Dazu zählen Offenheit und kollegiales Miteinander ebenso wie Freiraum für persönliche Stärken und individuelle Entfaltung. Wir stehen für Innovationsstärke: Mit Engagement, Kreativität und Persönlichkeit entwickeln unsere Associates und Partner:innen Ideen und innovative Lösungen für unsere Mandant:innen.

Was bieten Sie Referendar:innen und Praktikant:innen? Unsere Nachwuchskräfte integrieren wir bereits frühzeitig in unsere Mandatsarbeit und führen sie durch persönliches Mentoring an die Tätigkeiten von Wirtschaftsanwält:innen heran. Neben der praxisorientierten Ausbildung bieten wir in monatlichen Fachvorträgen Einblicke in die Arbeitsweisen diverser Rechtsbereiche. Unsere Referendar:innen unterstützen wir bei der examensrelevanten Vorbereitung durch maßgeschneiderte Angebote wie Alpmann-Schmidt-Online-Klausurenkurse sowie Inhouse-KAISER-Seminare. Zudem erhalten sie ein zusätzliches Budget für zwei Seminare, die flexibel gebucht werden können. In Kooperation mit JurCase erhalten sie einen exklusiven JurCase-Koffer, welcher die aktuellsten Kommentare des jeweiligen Bundeslandes enthält. In Zusammenarbeit mit Expert:innen bieten wir zudem Trainings zu Rhetorik- und Präsentationstechniken sowie Aktenvorträgen an. Ergänzt werden unsere fachlichen Angebote durch eine Reihe von Social Events. Die internationale Ausbildung fördern wir durch das „Referendar Mobility Program“, das die Möglichkeit bietet, die Wahlstation in einem unserer weltweiten Büros zu absolvieren. Für das Programm können sich alle Trainees bewerben. Die Auswahl erfolgt nach Eignung und Leistung.

Wodurch zeichnet sich die Arbeitsatmosphäre bei Ihnen aus? Unsere Mitarbeiter:innen sind für uns Mitdenker:innen, Mitmacher:innen und Mitstreiter:innen. Uns ist es wichtig, dass unsere jungen Anwält:innen zu Anwaltspersönlichkeiten heranwachsen. Kennzeichnend für unsere Arbeitsatmosphäre ist, dass unsere Partner:innen stets ein offenes Ohr für ihre Mitarbeiter:innen und deren Anregungen haben – unsere flache Hierarchie erlaubt uns eine Politik der offenen Tür. Lösungen, die wir im offenen Dialog gemeinsam erarbeiten, setzen wir auch gemeinsam um.

Wen suchen Sie? Wir haben uns zu Spitzenleistungen verpflichtet – unsere Arbeit ist anspruchsvoll und wir belohnen großes Engagement. Unsere Mitarbeitenden verfügen nicht nur über ein hohes Maß an Leistungsbereitschaft und akademischer Exzellenz, sondern sind auch kreativ, pragmatisch und innovativ. Der hohe Qualitätsstandard unserer Arbeit basiert auf dem Können unserer Mitarbeiter:innen. Deshalb sind gute Noten und exzellentes Englisch für uns wichtig. Als Mitarbeiter:in passt man zu uns, wenn man nicht nur fachlich, sondern auch von Mensch zu Mensch überzeugt. Wir binden unsere Mitarbeitenden von Anfang an in große und spannende Mandate ein. Denn wir wollen gemeinsam etwas bewegen. Dazu brauchen wir kreative Köpfe mit Tatkraft, Verantwortungsgefühl und unternehmerischem Ehrgeiz. Kurzum: Wir suchen Talente, die mit fachlicher Exzellenz und Leidenschaft im Team große Dinge voranbringen.

Kristin Brüggert
LL.M. (Cape Town)
Associate

Arbeitsrecht bei White & Case: Gesellschaftlich relevante Mandate praxisnah gestalten

Wer an internationale Großkanzleien denkt, assoziiert hiermit oft die Arbeit an grenzüberschreitenden M&A-Projekten. Werden Unternehmen beispielsweise gekauft, veräußert oder fusioniert, sind von diesen gesellschaftsrechtlichen Maßnahmen in der Regel auch Arbeitnehmer:innen betroffen. Als „A-Team" von White & Case unterstützen wir unsere Kolleg:innen aus dem M&A-Bereich und beraten Mandant:innen zu arbeitsrechtlichen Risiken und notwendigen Voraussetzung für die Durchführung dieser Maßnahmen. Dieser zweifelsohne spannende Aufgabenbereich beschreibt jedoch nur einen Ausschnitt meines Arbeitsalltags bei White & Case.

Einzigartige Verknüpfung mit Insolvenzrecht

Insbesondere am Hamburger Standort arbeiten wir eng mit unseren Kolleg:innen aus der Insolvenzrechtspraxis zusammen und unterstützen sie bei großen und öffentlichkeitswirksamen Insolvenzverfahren. Zu diesen zählten zuletzt u. a. die Verfahren von Staples, STA Travel, Goertz und The Body Shop. Bereits kurz nach der Insolvenzantragsstellung werden wir in die Verfahren eingebunden. Im Rahmen von Investorenprozessen gestalten wir die Kaufverträge mit, führen die Verhandlungen mit Betriebsräten und Gewerkschaften und setzen die beschlossenen Restrukturierungsmaßnahmen anschließend um. Nicht selten sind wir hierfür auch im betroffenen Unternehmen vor Ort im Einsatz und stehen im engen Austausch mit der Geschäftsleitung, Anwält:innen potenzieller Erwerber:innen und der Personalabteilung der insolventen Unternehmen.

Abwechslungsreicher Alltag durch Prozessführung

Nicht zuletzt bietet das „A-Team" einem auch die Möglichkeit, Erfahrungen im klassischen Anwaltsberuf zu sammeln. Neben den arbeitsgerichtlichen Streitigkeiten, die aus der Umsetzung von Restrukturierungsmaßnahmen erwachsen, beraten wir Mandanten unabhängig hiervon mit Schwerpunkt in der arbeitsgerichtlichen Prozessführung. Selten vergeht eine Woche, in der nicht einer aus unserem Team einen Gerichtstermin vor Arbeits- oder Landesarbeitsgerichten deutschlandweit wahrnimmt. Da ich bereits im Referendariat Gefallen an dem Auftritt vor Gericht gefunden habe, freue ich mich, dass ich auch diese Facette juristischer Arbeitsweise in meinem beruflichen Alltag wiederfinde.

Dein Platz im „A-Team" von White & Case

Wenn du gerne Verantwortung übernimmst, Interesse an wirtschaftlichen Zusammenhängen hast und dir vorstellen kannst, nicht jeden Tag im Büro zu arbeiten, dann bist du in unserem „A-Team" genau richtig. Hier werden wissenschaftliche Mitarbeiter:innen und Referendar:innen bereits frühzeitig und praxisnah in die Mandatsarbeit einbezogen. Aufgrund der Vielseitigkeit der Aufgabenbereiche ist die Arbeit bei uns gleichermaßen herausfordernd wie abwechslungsreich und für mich persönlich bis heute sehr erfüllend.

Du & White & Case
Gemeinsam setzen wir ein Zeichen.
“
Schon als Referendar wurde mir signalisiert, dass ich direkt einsteigen kann.
Tobias Ruthenbeck
Associate
Werde Teil unseres Teams als
Associate, Referendar oder wissenschaftlicher Mitarbeiter (m/w/d).
Wir freuen uns auf deine Bewerbung!
E germanylegalrecruiting@whitecase.com
whitecase.com/germanycareers
WHITE & CASE

Der LL.M.

Aktuelle Ausgabe: Der LL.M. 2024
ISBN (Print): 978-3-946706-99-1
ISBN (E-Book): 978-3-946706-00-7

Zielgruppe: Studierende, Doktorand:innen und Referendar:innen der Rechtswissenschaften
Inhalt: Ist der LL.M. die richtige Wahl? Das Buch hilft bei der Entscheidung und der Suche nach dem geeigneten LL.M.-Studium. Erfahrungsberichte und Praxistipps für die Bewerbung an Unis und für Stipendien helfen bei der Planung des Studiums. Namhafte Hochschulen und Kanzleien stellen ihre Angebote für Jurist:innen vor.
Nächster Erscheinungstermin: März 2025

Perspektive Unternehmensberatung

Aktuelle Ausgabe: Perspektive Unternehmensberatung 2025
ISBN (Print): 978-3-946706-02-1
ISBN (E-Book): 978-3-946706-03-8

Zielgruppe: Studierende aller Fachrichtungen
Inhalt: Das Expertenbuch liefert Antworten auf wichtige Fragen rund um den Beruf als Unternehmensberater:in. Wie gestaltet sich die Work-Life-Balance, welche Arten von Beratungen gibt es, und vor allem: Wie absolviert man Bewerbungsgespräche und Fallstudien erfolgreich? Studierende und Consultants berichten von ihren Erfahrungen, und Beratungen stellen sich als Arbeitgeber vor.
Nächster Erscheinungstermin: September 2025

Traumjob IT

Aktuelle Ausgabe: Traumjob IT 2021
ISBN (Print): 978-3-946706-64-9
ISBN (E-Book): 978-3-946706-65-6

Zielgruppe: Informatiker:innen, Mathematiker:innen und IT-Affine
Inhalt: Das IT-Studium ist abgeschlossen, die Jobmöglichkeiten sind nahezu unbegrenzt, doch wie geht es jetzt weiter? Dieses Buch liefert praxisnahe Antworten: Informatiker:innen aus verschiedenen Branchen schildern ihren Arbeitsalltag und stellen Projekte vor, die für ihren Beruf typisch sind. Alumni von e-fellows.net berichten von ihrem beruflichen Werdegang, und Expert:innen geben Tipps zu Einstieg und Bewerbung.

Weiblich, erfolgreich, MINT

Aktuelle Ausgabe: Weiblich, erfolgreich, MINT 2021
ISBN (Print): 978-3-946706-68-7
ISBN (E-Book): 978-3-946706-69-4

Zielgruppe: Studentinnen und Absolventinnen von MINT-Fächern
Inhalt: Absolventinnen von MINT-Fächern werden in jeder Branche gesucht. Dieses Buch hilft bei der Entscheidung für den persönlichen Traumjob: Praktikerinnen aus verschiedenen Wirtschaftszweigen erklären, was ihre Branche speziell für Frauen zu bieten hat. Außerdem gibt es viele Tipps zu Einstieg, Bewerbung und Vereinbarkeit von Beruf und Familie sowie Erfahrungsberichte von e-fellows.net-Alumnae.

Startschuss Abi

Aktuelle Ausgabe: Startschuss Abi 2020/2021
ISBN (Print): 978-3-946706-59-5
ISBN (E-Book): 978-3-946706-60-1

Zielgruppe: Oberstufenschüler:innen und Abiturient:innen
Inhalt: Das Buch bietet Informationen zur Wahl des richtigen Studienfachs und der passenden Hochschule ebenso wie zu Studienfinanzierung, Praktika und Auslandsaufenthalten. Hochschulen, Unternehmen und Stipendiat:innen von e-fellows.net stellen wirtschaftswissenschaftliche, technische und juristische Studiengänge vor und informieren über Anforderungen, Bewerbungsprozedere und Studienaufbau.

Perspektive Trainee

Aktuelle Ausgabe: Perspektive Trainee 2018
ISBN (Print): 978-3-946706-13-7
ISBN (E-Book): 978-3-946706-14-4

Zielgruppe: Studierende aller Fachrichtungen
Inhalt: Das Buch liefert einen Überblick über Trainee-Programme als attraktive Alternative zum Direkteinstieg: Welche Programme gibt es, was sollten sie bieten, und welche Karriereperspektiven bestehen danach? Darüber hinaus geben (ehemalige) Trainees ihre persönlichen Eindrücke wieder, und Unternehmen präsentieren ihre Programme.